JN334959

はじめに

　月刊「大学への数学」の増刊号として，2002年から
　　　　　　『合否を分けたこの1題』
を刊行して来ました．
　その増刊号の特徴は，
- 大学（学部）ごとに，その年の「合否を分けたこの1題」を厳選
- 入試突破に必要なレベルが分かり，今後の勉強の指針となる
- 問題ごとに，それを解くのに必要な手法や定理などを詳しく説明．問題によってはその背景や周辺の話題，類題も解説

です．
　その過去3年分の増刊号で取り上げた問題をまとめて書籍にしたものが本書「この問題が合否を決める！2010～2012年入試」です．「07～09年入試」版に続いて第3弾です．過去3年分について同じようなテーマの重複をなくし，68題を精選しました．
　本書の特徴は，
- 最近の入試傾向に沿った"重要問題"に一通りあたることができる
- どの問題からも始められる
- 1題1題詳しい解説がしてある

とまとめることができるでしょう．
　（なお，原則として，本書の解説は，増刊号をそのまま転載しています．「なぜこの1題か」も出題当時に書かれたものです．出題年度を表示するなどはしています．）

　本書で取り上げる問題は，やや程度の高い，入試の
　　　　典型問題，融合問題，総合問題
です．
　この本では，次のような使い方を想定しています．
　入試の標準問題にほぼ一通りあたった人，
たとえば，
　　「1対1対応の演習」シリーズや，
　　「新数学スタンダード演習」
　　「数学ⅢCスタンダード演習」
をほぼ終えた人が，
　　　　さらなるレベルアップを図る
　　あるいは
　　　　総仕上げのために用いる
などです．
　また，本書の問題編は，原則として
　　　　見た目の分野で分類
　　　　（複数の分野にまたがるときは主要な1つ）
したので，分類のタイトルがヒントになることはなく，実戦的な演習をするのに最適です．
　見た目だけで分類したので，たとえば「座標」の問題を解くにも，場合によっては，数ⅢCの知識が必要になることもあります．数ⅢCが必要でない問題を解きたいという場合もあるでしょうから，p.4に文系範囲（数ⅠAⅡB）の問題を一覧表にしてまとめておきました．

　いろいろな使い方に配慮した本書で，より実戦力をつけていって下さい．また，今年の増刊号『合否を分けたこの1題』（7月末日発売予定）とは問題が重複していない（入試年度が違う）ので，併せて活用すると，より効果的でしょう．

本書の構成と利用法

本書の対象者などは，前頁で述べました．次に，本書の構成などを説明しましょう．本書は大きく問題編（p.5～29）と解説編（p.31～231）に分かれています．本書で使う記号については，p.4にまとめました．

○問題編
見た目の分野で分類しました．その分類のタイトルが解く上でのヒントとなることはほとんどありませんので，実戦的な演習をするのに最適です．文系範囲の問題の一覧が p.4 にあります．

○解説編
問題文の右上に，その年のセットがどのようなものであったか分かるように，各問の難易，目標時間，分野をまとめたものを掲載しました．また，取り上げた問題の番号を❸，それ以外を①のように表しました．

* *

「**なぜこの1題か**」：その問題が合否を分けた1題となっている理由を書いています．入試傾向の分析などについての情報を盛り込んでいる場合もあります．最後に，その問題について，何分くらいで解いたらよいのかなどの［目標］をコメントしています．

「**解答**」：実際の答案ではこの程度で十分と思われる詳しさで書いていますが，その行間等を補うために解答の右側に傍注として，なぜそのような解法をとったのか，あるいは使った定理，公式などの補足，また，どんな計算や工夫をしているのか，などの説明を加えました．

「**解説**」：その問題を解くのに必要な手法や定理をここで詳しく説明しました．また，問題によってはその背景や周辺の話題，類題にも踏み込みました．

「**受験報告**」：これは，実際に入試を受けてこられた「大学への数学」の読者のみなさんから届いた手紙などからこの1題として取り上げた問題を中心に紹介したものです．試験においてどう解いたのか，またどのくらいの時間がかかったのか，出来具合はどのようであったのかなどが書かれています．大半が試験当日，あるいは翌日に書かれた生々しいものであり，非常に参考になることが多いはずです．

○本書で学習するにあたって
普段の学習での問題演習においては，その分野の理解が目標であるので，解答にかかった時間をあまり気にすることはありません．しかし，本書で，合否を分けたかどうかをテーマにして学習する場合は，実際の試験を想定して，とりあえず30分でできるだけ多く得点できるような解き方をして下さい．さらに，完答するのにどれだけかかったかをメモしておきましょう．なお，「なぜこの1題か」の［目標］のところに時間についてコメントのある場合もあります．時間を意識して演習することで，より志望大学のレベルが分かり，今後の勉強の指針となるでしょう．

* *

以上の方法を入試直前期に行えば，かなり実戦的で，効果的な演習となることでしょう．

大学への数学

この問題が合否を決める！
2010〜2012年入試

CONTENTS

はじめに	坪田三千雄	**1**
本書の構成と利用法	坪田三千雄	**2**
問 題 編		**5**
解 説 編		**31**

掲載校一覧（解説編）

北大・理系	12年	**32**	医科歯科大	11年	**80**	金沢大・理系11年	**132**	阪大・文系	10年	**174**
	11年	**36**	横浜市大・医10年	**84**	信州大・医	12年	**135**	阪大・理系	10年	**176**
東北大・理系12年	**40**		11年	**88**		11年	**138**	阪府大・工	10年	**179**
	11年	**44**	上智大・理工10年	**91**	名大・理系	12年	**140**		12年	**182**
筑波大・医系10年	**48**		11年	**94**		11年	**142**	神戸大・理系12年	**185**
	11年	**50**	防衛医大	11年	**98**	京大・文系	12年	**144**		11年	**188**
千葉大・医薬12年	**53**	慈恵医大	11年	**100**		11年	**146**		10年	**192**
	11年	**56**	日本医大	10年	**103**	京大・理系	12年	**148**	岡山大・理系12年	**195**
	10年	**59**	慶大・理工	12年	**106**		10年	**150**	広島大・理系11年	**198**
東大・文系	10年	**62**	慶大・医	11年	**109**	京都府医大	10年	**153**		10年	**202**
東大・理系	10年	**64**	慶大・薬	10年	**112**		12年	**156**	熊本大・医	11年	**205**
一橋大	12年	**66**		12年	**115**	京都薬大	10年	**158**	九大・理系	12年	**208**
	11年	**68**	早大・理工系10年	**118**	同志社大・理系11年	**162**		11年	**212**
	10年	**70**	早大・政経	12年	**121**	近畿大・医	12年	**164**	産業医大	12年	**216**
東工大	12年	**72**	山梨大・医	12年	**124**		10年	**166**		10年	**220**
	11年	**74**		11年	**126**	大阪医大	12年	**169**	徳島大・医歯薬11年	**224**
	10年	**76**	新潟大・医歯11年	**130**		10年	**172**		10年	**228**

表紙写真提供：amanaimages

本書で使う記号の説明など

◇問題の右側の枠囲みについて

一番上に，解説編の頁（太字が解答の頁）を，その下に小社の刊行物に掲載されている類題を紹介した（2013年に発売されている本の頁を紹介）．

なお，書名は以下のように略称した．

「入試数学基礎演習」……………………基礎演
「新数学スタンダード演習」……………新スタ
「数学ⅢCスタンダード演習」…………ⅢCスタ
「新数学演習」……………………………新数演
「解法の探求・微積分」…………………解探微積
「解法の探求・確率」……………………解探確率
「センター必勝マニュアル数学ⅠA」…必マニⅠ
「センター必勝マニュアル数学ⅡB」…必マニⅡ
「1対1対応の演習」シリーズ……………1対1
　　　［新訂版の場合は（新訂版 p.8）などと表記］
「教科書 Next ベクトルの集中講義」…ベクトル
「教科書 Next 数列の集中講義」…………数列
「教科書 Next 図形と方程式の集中講義」図形と方程式
「教科書 Next 三角比と図形の集中講義」三角比
「マスター・オブ・整数」………………整数
「マスター・オブ・場合の数」…………場合の数
「微積分・基礎の極意」…………………極意
「数学を決める論証力」…………………論証力
「ハッとめざめる確率」…………………ハッ確
「解法の突破口」…………………………突破
「数学ショートプログラム」……………ショート
「難関大入試数学・解決へのアプローチ」
　　　　　　　　　……アプローチ
「ちょっと差がつくうまい解法」………うまい
「東大数学で1点でも多く取る方法
　　　　理系編［増補版］」………東大理系
「東大数学で1点でも多く取る方法
　　　　文系編［増補版］」………東大文系
「入試の軌跡」シリーズ…………………軌跡

◇解説編の記号について

・問題文の右上で使っている記号（C**など）

問題の難易は，入試問題を10段階に分けたとして，
　　A(基本)…5以下，B(標準)…6, 7,
　　C(発展)…8, 9，D(難問)…10

目標時間は ＊1つにつき10分，○は5分である．平均的な難関校志望者が入試直前期において，自分の力を出しきれた場合を基準にしている．

分野は，Ⅰ…数Ⅰ，Ⅱ…数Ⅱ，Ⅲ…数Ⅲ，A…数A，B…数B，C…数Cである．

例えば，「① B** B/ベクトル」とあれば，標準問題で目標時間は20分，数学Bのベクトルの問題であることを意味する．

・解答・解説で現れる記号

解答の 別解 などにつけた☆，★について．
　　☆ 巧妙であるが，ぜひ身につけて欲しい解法
　　★ 相当に巧妙で，思いつかなくても心配のいらない解法

次に，主に解答の最後にある注意事項について．
　　⇨注 すべての人のためのもの
　　➡注 意欲的な人のためのもの

◇受験報告の出来具合について

　○……完答（のつもり）
　△……半答（のつもり）
　×……誤答・手つかず・ほぼダメ

文系範囲（数ⅠAⅡB）の問題一覧

問題編の頁を紹介する．

場合の数
11 防衛医大 ………………………………6

確率
12 早大・政経，10 神戸大・理系 ………6
11 広島大・理系，10 阪大・理系（(3)まで）…7
12 阪府大・工，12 千葉大・医，薬，理，工 …8

図形
10 京大・理系，12 京大・文系 …………8

ベクトル
11 千葉大・医，薬，理，工，10 京都薬大 …9
10 慶大・薬，11 京大・文系，12 大阪医大 …10
10 上智・理工，10 日本医大（(2)まで）…11

整数
10 広島大・理系，12 一橋大 ……………12
11 新潟大・医，歯，12 山梨大・医 ……12
10 東大・理系，10 京都府医大 …………13

数列
10 近大・医，12 慶大・理工 ……………14
11 九大・理系 ……………………………15

方程式
12 近大・医 ………………………………15

関数
12 京大・理系 ……………………………16

座標
10 東大・文系，11 東工大 ………………16
10 千葉大・医，薬，理，工，11 神戸大・理系 …17
11 筑波大・医，11 東北大・理系 ………17

微分・積分（数Ⅱ）
10 筑波大・医，11 一橋大 ………………18
10 阪大・文系，12 名大・理系 …………18
12 慶大・薬，10 一橋大 …………………19

小問セット
11 信州大・医(1) …………………………28
10 産業医大(1)(2)(8) ………………………29

問題編

- 場合の数・確率 …………………………… 6
- 図　形 ……………………………………… 8
- ベクトル …………………………………… 9
- 整　数 ……………………………………… 12
- 数　列 ……………………………………… 14
- 方 程 式 …………………………………… 15
- 関数／座標 ………………………………… 16
- 微分・積分（数Ⅱ） ………………………… 18
- 数Ⅲ（極限） ………………………………… 20
- 数Ⅲ（微分，数式の積分） ………………… 21
- 数Ⅲ（面積，体積など） …………………… 24
- 行列・1次変換 …………………………… 26
- 2次曲線／小問セット（数Ⅰ〜C） ……… 28

場合の数・確率

○11 防衛医科大学校

0，1，2，3，4，5の6つの数字を重複せずに用いて，n桁の整数を作る（$n \leq 6$）．このとき，以下の問に答えよ．

(1) $n=3$，すなわち3桁の整数で，隣り合う数字の和がどれも5にならないような整数はいくつできるか．

(2) $n=4$，すなわち4桁の整数で，隣り合う数字の和がどれも3にならないような整数はいくつできるか．

(3) $n=4$，すなわち4桁の整数で，隣り合う数字の和が5になる箇所が2つあるような整数をすべて加えるといくらになるか．

> p.98
> 1対1 A p.28
> （新訂版 p.8）
> 場合の数 p.12
> 研究問題 3

○12 早稲田大学・政治経済学部

ある競技の大会に，チーム1，チーム2，チーム3，チーム4が参加している．大会は予選と決勝戦からなる．まず，抽選によって，図のように2チームずつに分かれて予選を行う．次に，各予選の勝者が決勝戦を行う．過去の対戦成績から次のことが分かっている．

チームiとチームj（$1 \leq i < j \leq 4$）が試合をするとき，確率pでチームjが勝利し，確率$1-p$でチームiが勝利する．ただし$0 < p < 1$である．

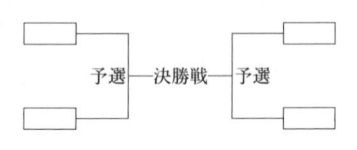

このとき，次の各問に答えよ．ただし，（1），（2），（3）は答のみ解答欄に記入せよ．

(1) チーム1が優勝する確率を求めよ．

(2) 予選においてチーム1とチーム2が対戦する確率を求めよ．

(3) 予選においてチーム1とチーム2が対戦するとき，チーム2が優勝する確率を求めよ．

(4) この大会においてチーム2が優勝する確率$f(p)$を求めよ．

(5) $f(p)$を最大にするpの値を求めよ．

> p.121
> 新数演 6・7

○10 神戸大学・理系（前期）

Nを自然数とする．赤いカード2枚と白いカードN枚が入っている袋から無作為にカードを1枚ずつ取り出して並べていくゲームをする．2枚目の赤いカードが取り出された時点でゲームは終了する．赤いカードが最初に取り出されるまでに取り出された白いカードの枚数をXとし，ゲーム終了時までに取り出された白いカードの総数をYとする．このとき，以下の問に答えよ．

(1) $n=0, 1, \cdots, N$に対して，$X=n$となる確率p_nを求めよ．

(2) Xの期待値を求めよ．

(3) $n=0, 1, \cdots, N$に対して，$Y=n$となる確率q_nを求めよ．

> p.192
> 新スタ 5・4

6

11 広島大学・理系（前期）

△ABC の頂点は反時計回りに A，B，C の順に並んでいるとする．点 A を出発した石が，次の規則で動くとする．

コインを投げて表が出たとき反時計回りに隣の頂点に移り，裏が出たときは動かない．

コインを投げて表と裏の出る確率はそれぞれ $\frac{1}{2}$ とする．

コインを n 回投げたとき，石が点 A，B，C にある確率をそれぞれ a_n，b_n，c_n とする．次の問いに答えよ．

(1) a_1，b_1，c_1 の値を求めよ．
(2) a_{n+1}，b_{n+1}，c_{n+1} を a_n，b_n，c_n で表せ．また，a_2，b_2，c_2 および a_3，b_3，c_3 の値を求めよ．
(3) a_n，b_n，c_n のうち2つの値が一致することを証明せよ．
(4) (3)において一致する値を p_n とする．p_n を n で表せ．

p.198
新スタ5・13

10 大阪大学・理系（前期）

n を 0 以上の整数とする．立方体 ABCD-EFGH の頂点を，以下のように移動する2つの動点 P，Q を考える．時刻 0 には P は頂点 A に位置し，Q は頂点 C に位置している．時刻 n において，P と Q が異なる頂点に位置していれば，時刻 $n+1$ には，P は時刻 n に位置していた頂点から，それに隣接する3頂点のいずれかに等しい確率で移り，Q も時刻 n に位置していた頂点から，それに隣接する3頂点のいずれかに等しい確率で移る．一方，時刻 n において，P と Q が同じ頂点に位置していれば，時刻 $n+1$ には P も Q も時刻 n の位置からは移動しない．

(1) 時刻 1 において，P と Q が異なる頂点に位置するとき，P と Q はどの頂点にあるか．可能な組み合わせをすべて挙げよ．
(2) 時刻 n において，P と Q が異なる頂点に位置する確率 r_n を求めよ．
(3) 時刻 n において，P と Q がともに上面 ABCD の異なる頂点に位置するか，またはともに下面 EFGH の異なる頂点に位置するかのいずれかである確率を p_n とする．また，時刻 n において，P と Q のいずれか一方が上面 ABCD，他方が下面 EFGH にある確率を q_n とする．p_{n+1} を，p_n と q_n を用いて表せ．
(4) $\lim_{n \to \infty} \dfrac{q_n}{p_n}$ を求めよ．

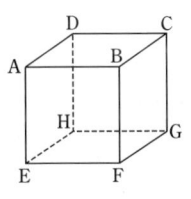

p.176
解探確率 p.30
4番

○ 12 大阪府立大学・工学域（中期）

表が出る確率が p, 裏が出る確率が $1-p$ である1個のコインがある．ただし，p は $0<p<1$ である定数とする．このコインをくりかえし投げる試行を考える．n を2以上の自然数とし，Q_n を n 回目に初めて2回続けて表が出る確率とする．以下の問いに答えよ．ただし，計算の過程は記入しなくてよい．

（1）Q_2, Q_3, Q_4 を p を用いて表せ．

（2）1回目に表が出た場合と裏が出た場合に分けることによって，Q_{n+2} を Q_n, Q_{n+1} および p を用いて表せ．

（3）$p=\dfrac{3}{7}$ のとき，一般項 Q_n を n を用いて表せ．

p.182
解探確率 p.31

○ 12 千葉大学・医, 薬, 理, 工学部（前期）

さいころを n 回（$n \geqq 2$）投げ，k 回目（$1 \leqq k \leqq n$）に出る目を X_k とする．

（1）積 $X_1 X_2$ が18以下である確率を求めよ．

（2）積 $X_1 X_2 \cdots X_n$ が偶数である確率を求めよ．

（3）積 $X_1 X_2 \cdots X_n$ が4の倍数である確率を求めよ．

（4）積 $X_1 X_2 \cdots X_n$ を3で割ったときの余りが1である確率を求めよ．

p.53
1対1A p.54
（新訂版 p.37）
ハッ確
p.238, 9番
東大理系
問題 25

図形

○ 10 京都大学・理系（乙）

$1<a<2$ とする．3辺の長さが $\sqrt{3}$, a, b である鋭角三角形の外接円の半径が1であるとする．このとき a を用いて b を表せ．

p.150
新数演 3·12

○ 12 京都大学・文系

正四面体 OABC において，点 P, Q, R をそれぞれ辺 OA, OB, OC 上にとる．ただし P, Q, R は四面体 OABC の頂点とは異なるとする．△PQR が正三角形ならば，3辺 PQ, QR, RP はそれぞれ3辺 AB, BC, CA に平行であることを証明せよ．

p.144
軌跡京大
11年⑥

ベクトル

○ **11 千葉大学・医，薬，理，工学部（前期）**

三角形 ABC の外心を O，重心を G，内心を I とする．

（1） $\vec{OG} = \dfrac{1}{3}\vec{OA}$ が成り立つならば，三角形 ABC は直角三角形であることを証明せよ．

（2） k が $k \neq \dfrac{1}{3}$ を満たす実数で，$\vec{OG} = k\vec{OA}$ が成り立つならば，三角形 ABC は二等辺三角形であることを証明せよ．

（3） $\vec{OI} \cdot \vec{BC} = 0$ が成り立つならば，三角形 ABC は二等辺三角形であることを証明せよ．

> p.56
> 1対1B p.21
> （新訂版 p.21）
> 新数演 7・8
> 軌跡京大
> 06 年後期⑧

○ **10 京都薬科大学**

1辺の長さ1の正四面体 OABC において，辺 OA, OB, OC, AB, BC, CA の中点をそれぞれ，S, T, U, V, W, X とおく．また，点 O から平面 ABC に下した垂線の足を H とおくとき，次の □ にあてはまる数を解答欄に記入せよ．ただし，分数形で解答する場合は，既約分数にすること．

（1） OH の長さは ア で，正四面体の表面積は イ ，体積は ウ である．また，このとき，正四面体に内接する球の体積は エ となる．

（2） S, T, U, V, W, X を頂点とする立体の表面積は オ で，体積は カ である．また，このとき，この立体に内接する球の体積は キ となる．

（3） $\vec{ST} = \vec{t}$, $\vec{SU} = \vec{u}$, $\vec{SV} = \vec{v}$ とおくとき，
$\vec{TX} = \boxed{ク}\vec{t} + \boxed{ケ}\vec{u} + \boxed{コ}\vec{v}$, $\vec{OC} = \boxed{サ}\vec{t} + \boxed{シ}\vec{u} + \boxed{ス}\vec{v}$,
$\vec{OH} = \boxed{セ}\vec{t} + \boxed{ソ}\vec{u} + \boxed{タ}\vec{v}$ となる．

> p.158
> 新スタ 9・2

10 慶應義塾大学・薬学部

1辺の長さが1の正四面体 OABC がある．$\overrightarrow{OA'}=2\overrightarrow{OA}$, $\overrightarrow{OB'}=3\overrightarrow{OB}$, $\overrightarrow{OC'}=4\overrightarrow{OC}$ を満たす点を A′, B′, C′ とする．点 O から平面 A′B′C′ に垂線 l をひく．l と平面 A′B′C′ との交点を H, l と平面 ABC との交点を P とする．$\overrightarrow{OA}=\vec{a}$, $\overrightarrow{OB}=\vec{b}$, $\overrightarrow{OC}=\vec{c}$ とするとき，

(1) $\overrightarrow{OH}=\dfrac{\Box}{\Box}\vec{a}+\dfrac{\Box}{\Box}\vec{b}-\dfrac{\Box}{\Box}\vec{c}$ である．

(2) $\dfrac{|\overrightarrow{OP}|}{|\overrightarrow{OH}|}$ の値は $\dfrac{\Box}{\Box}$ である．

(3) △APB と △ABC の面積の比は 1：$\Box$ である．

(4) 四面体 OAPB と四面体 OA′B′C′ の体積の比は 1：$\Box$ である．

p.112
1対1B p.34
（新訂版 p.35）
新数演 7・16

11 京都大学・文系

四面体 OABC において，点 O から3点 A, B, C を含む平面に下ろした垂線とその平面の交点を H とする．$\overrightarrow{OA}\perp\overrightarrow{BC}$, $\overrightarrow{OB}\perp\overrightarrow{OC}$, $|\overrightarrow{OA}|=2$, $|\overrightarrow{OB}|=|\overrightarrow{OC}|=3$, $|\overrightarrow{AB}|=\sqrt{7}$ のとき，$|\overrightarrow{OH}|$ を求めよ．

p.146
新スタ 9・11

12 大阪医科大学

空間に四面体 OABC がある．△OAB, △OBC, △OCA の垂心をそれぞれ P, Q, R とする．ここで三角形の垂心とは，各頂点からそれぞれの対辺またはその延長に下ろした3本の垂線の交点である．次の記号を用いる．
$\overrightarrow{OA}=\vec{a}$, $\overrightarrow{OB}=\vec{b}$, $\overrightarrow{OC}=\vec{c}$, $|\vec{a}|=a$, $|\vec{b}|=b$, $|\vec{c}|=c$,
$\vec{a}\cdot\vec{b}=f$, $\vec{b}\cdot\vec{c}=g$, $\vec{c}\cdot\vec{a}=h$

(1) 直線 OA 上の点 D が $\vec{a}\perp\overrightarrow{BD}$ をみたすとき，$\overrightarrow{OD}$ を $\vec{a}$, a, f を用いて表せ．

(2) $\overrightarrow{OP}$ を $\vec{a}$, $\vec{b}$, a, b, f を用いて表せ．

(3) $a=b=c=1$ かつ $f=g=h$ のとき，3直線 AQ, BR, CP は1点で交わることを示し，その交点を M とするとき，$\overrightarrow{OM}$ を $\vec{a}$, $\vec{b}$, $\vec{c}$ と f を用いて表せ．

p.169
新スタ 9・3

10 上智大学・理工学部（B方式）

xyz 空間において，原点 O を中心とする半径 $2\sqrt{3}$ の球面 Q を考える．

(1) 球面 Q と平面 $z=\sqrt{6}$ が交わってできる円を S_1 としたとき，円 S_1 の半径は $\sqrt{\boxed{ス}}$ である．

(2) 円 S_1 において x 座標が $\sqrt{3}$ である 2 つの点を
$$A(\sqrt{3},\ a,\ \sqrt{6}),\quad B(\sqrt{3},\ b,\ \sqrt{6})\quad (\text{ただし，}a>b)$$
とする．$a=\sqrt{\boxed{セ}}$ である．

(3) 円 S_1 において，2 つの弧 AB のうち短い方の長さは $\dfrac{\sqrt{\boxed{ソ}}}{\boxed{タ}}\pi$ である．

(4) 線分 AB の中点を C，円 S_1 の中心を P とする．$\cos\angle\mathrm{COP}=\dfrac{\sqrt{\boxed{チ}}}{\boxed{ツ}}$ である．

(5) 2 点 A，B と原点 O を通る平面が球面 Q と交わってできる円を S_2 とする．円 S_2 において，2 つの弧 AB のうち短い方の長さは $\dfrac{\boxed{テ}}{\boxed{ト}}\sqrt{\boxed{ナ}}\pi$ である．

p.91
新数演 3・18

10 日本医科大学

座標空間において，3 点 $A(a,\ 0,\ 0)$，$B(0,\ b,\ 0)$，$C(0,\ 0,\ c)$ を通る平面を考える．ただし，$a>0$，$b>0$，$c>0$ とする．原点 O とこの平面との距離を d，原点 O と点 $M(a,\ b,\ c)$ との距離を m とおく．

(1) $d=\dfrac{1}{\sqrt{\dfrac{1}{a^2}+\dfrac{1}{b^2}+\dfrac{1}{c^2}}}$ であることを導け．

(2) a，b，c が，正の数すべてを動くとき，$\left(\dfrac{m}{d}\right)^2$ の最小値を求めよ．

(3) 正の数 a，b，c が，いずれも他の 2 倍をこえないように動くとき，$\left(\dfrac{m}{d}\right)^2$ の最大値を求めよ．また，$\left(\dfrac{m}{d}\right)^2$ を最大にする a，b，c の比を，$a\leqq b\leqq c$ として求めよ．

p.103
1対1Ⅱ p.19
演習題
（新訂版 p.22）
ⅢCスタ 1・12

整数

○ 10 広島大学・理系（前期）

4で割ると余りが1である自然数全体の集合を A とする．すなわち，$A = \{4k+1 \mid k \text{ は } 0 \text{ 以上の整数}\}$ とする．次の問いに答えよ．

(1) x および y が A に属するならば，その積 xy も A に属することを証明せよ．

(2) 0以上の偶数 m に対して，3^m は A に属することを証明せよ．

(3) m, n を0以上の整数とする．$m+n$ が偶数ならば $3^m 7^n$ は A に属し，$m+n$ が奇数ならば $3^m 7^n$ は A に属さないことを証明せよ．

(4) m, n を0以上の整数とする．$3^{2m+1} 7^{2n+1}$ の正の約数のうち A に属する数全体の和を m と n を用いて表せ．

p.202
整数 p.20
研究

○ 12 一橋大学（前期）

1つの角が $120°$ の三角形がある．この三角形の3辺の長さ x, y, z は $x<y<z$ を満たす整数である．

(1) $x+y-z=2$ を満たす x, y, z の組をすべて求めよ．

(2) $x+y-z=3$ を満たす x, y, z の組をすべて求めよ．

(3) a, b を0以上の整数とする．$x+y-z=2^a 3^b$ を満たす x, y, z の組の個数を a と b の式で表せ．

p.66
1対1 I p.98
新スタ 6・1

○ 11 新潟大学・医，歯学部

実数 a, b, c に対して，3次関数 $f(x) = x^3 + ax^2 + bx + c$ を考える．このとき，次の問いに答えよ．

(1) $f(-1), f(0), f(1)$ が整数であるならば，すべての整数 n に対して，$f(n)$ は整数であることを示せ．

(2) $f(2010), f(2011), f(2012)$ が整数であるならば，すべての整数 n に対して，$f(n)$ は整数であることを示せ．

p.130
新スタ 6・11

○ 12 山梨大学・医学部（後期）

$f(m, n) = m^2 - mn + n^2$ とおく．自然数 k に対して，平面上の点 (m, n) の集合 $X(k) = \{(m, n) \mid m, n \text{ は整数}, f(m, n) = k\}$ を考える．

(1) $X(k)$ は有限集合であることを示せ．また，$X(1)$ の要素をすべて求めよ．

(2) $k=2, 4$ に対して，$X(k)$ の要素の個数をそれぞれ求めよ．

(3) 自然数 r に対して，$X(2^r)$ の要素の個数を求めよ．

p.124
新数演 1・11

10 東京大学・理系

C を半径 1 の円周とし，A を C 上の 1 点とする．3 点 P，Q，R が A を時刻 $t=0$ に出発し，C 上を各々一定の速さで，P，Q は反時計回りに，R は時計回りに，時刻 $t=2\pi$ まで動く．P，Q，R の速さは，それぞれ m，1，2 であるとする．（したがって，Q は C をちょうど一周する．）ただし，m は $1 \leqq m \leqq 10$ をみたす整数である．△PQR が PR を斜辺とする直角二等辺三角形となるような速さ m と時刻 t の組をすべて求めよ．

p.64
東大理系 10 番

10 京都府立医科大学

n を 3 以上の整数とする．1 以上の整数 M を n で割ったときの商を M_1，余りを a_1 とする．続いて，M_1 を n で割ったときの商を M_2，余りを a_2 とする．このようにして 1 以上の整数 i に対して，M_i を n で割ったときの商を M_{i+1}，余りを a_{i+1} とおく．このとき $M_i=0$ となるような i の最小値を k とする．次に，M に対して，$a_1+a_2+\cdots+a_k$ を対応させる関数を $f(M)$ と表す．すなわち

$$f(M)=\sum_{i=1}^{k} a_i$$

である．

たとえば $M=5^3$，$n=10$ のときは，$k=3$ であり，$f(M)=8$ となる．

（1）M を a_1, a_2, $\cdots$, a_k と n を用いて表せ．
（2）$f(M) \leqq M$ であることを示せ．また，等号が成立するための条件を n と M を用いて表せ．
（3）$M-f(M)$ は $n-1$ で割り切れることを示せ．

次に，$f^1(M)=f(M)$，$f^j(M)=f(f^{j-1}(M))$（$j \geqq 2$）により $f^j(M)$ を定める．M に対して，$f^j(M)<n$ となるような j の最小値を s とし，$f^s(M)$ の値を $R(M)$ とおく．

（4）M が $n-1$ で割り切れるとき，$R(M)$ を求めよ．
（5）M が $n-1$ で割り切れないとき，$R(M)$ がどのような値となるかを n, M を用いて説明せよ．

p.153
整数 p.14
5 番

10 東京工業大学（前期）

a を正の整数とする．正の実数 x についての方程式

$$(*) \qquad x=\left[\frac{1}{2}\left(x+\frac{a}{x}\right)\right]$$

が解を持たないような a を小さい順に並べたものを a_1, a_2, a_3, $\cdots$ とする．ここに [ ] はガウス記号で，実数 u に対し，$[u]$ は u 以下の最大の整数を表す．

（1）$a=7$, 8, 9 の各々について（*）の解があるかどうかを判定し，ある場合は解 x を求めよ．
（2）a_1, a_2 を求めよ．
（3）$\sum_{n=1}^{\infty} \dfrac{1}{a_n}$ を求めよ．

p.76
突破 p.105
7 番

数列

○ 10 近畿大学・医学部

3つの条件

① $0<x<1$ ② $\dfrac{1}{x}$ の小数部分が $\dfrac{x}{2}$ に等しい ③ $\dfrac{1}{x}$ の整数部分が n

（n は自然数）

をみたす実数 x を x_n として，数列 $\{x_n\}$ を作るとき

（1） 初項 x_1 を求めよ．また，一般項 x_n を求めよ．

（2） $x_n<\dfrac{1}{n}$ がなりたつことを示せ．

（3） 数列 $\{x_n\}$ の第1項から第 n 項までの和 S_n に対して $S_n<1+\log_2 n$ がなりたつことを示せ．ただし，

> 任意の自然数 n に対して $\dfrac{1}{1}+\dfrac{1}{2}+\dfrac{1}{3}+\cdots+\dfrac{1}{n}\leqq 1+\log_2 n$ がなりたつ …（*）

を利用せよ．

（4）（*）を，以下のようにして証明せよ．（n は自然数）

　（ⅰ） 二項定理を利用して $\left(1+\dfrac{1}{n}\right)^n\geqq 2$ を示し，$\log_2\left(1+\dfrac{1}{n}\right)\geqq \dfrac{1}{n}$ を示せ．

　（ⅱ）（*）がなりたつことを，数学的帰納法を用いて示せ．

p.166
1対1B p.84
（新訂版 p.70）
ⅢC スタ 2·16
突破 p.43
例題2

○ 12 慶應義塾大学・理工学部

円 $x^2+(y-1)^2=1$ と外接し，x 軸と接する円で中心の x 座標が正であるものを条件 P を満たす円ということにする．

（1） 条件 P を満たす円の中心は，曲線 $y=\boxed{\text{カ}}$ （$x>0$）の上にある．また，条件 P を満たす半径9の円を C_1 とし，その中心の x 座標を a_1 とすると，$a_1=\boxed{\text{キ}}$ である．

（2） 条件 P を満たし円 C_1 に外接する円を C_2 とする．また，$n=3$，4，5，… に対し，条件 P を満たし，円 C_{n-1} に外接し，かつ円 C_{n-2} と異なる円を C_n とする．円 C_n の中心の x 座標を a_n とするとき，自然数 n に対し a_{n+1} を a_n を用いて表しなさい．求める過程も書きなさい．

（3）（1），（2）で定めた数列 $\{a_n\}$ の一般項を求めなさい．求める過程も書きなさい．

p.106
1対1A p.90
（新訂版 p.103）
1対1B p.65
（新訂版 p.66）

○ 11 九州大学・理系（前期）

数列 $a_1, a_2, \cdots, a_n, \cdots$ は
$$a_{n+1} = \frac{2a_n}{1-a_n^2} \quad n=1, 2, 3, \cdots$$
をみたしているとする．このとき，以下の問いに答えよ．

(1) $a_1 = \dfrac{1}{\sqrt{3}}$ とするとき，一般項 a_n を求めよ．

(2) $\tan\dfrac{\pi}{12}$ の値を求めよ．

(3) $a_1 = \tan\dfrac{\pi}{20}$ とするとき，
$$a_{n+k} = a_n \quad n=3, 4, 5, \cdots$$
をみたす最小の自然数 k を求めよ．

p.212
新数演 15・6

方程式

○ 12 近畿大学・医学部

p を実数の定数として，実数 x の関数を
$$f(x) = 25^x + \frac{1}{25^x} + 2p\left(5^x + \frac{1}{5^x} - 1\right) + 7 \text{ とする．}$$

$t = 5^x + \dfrac{1}{5^x}$ とおき，$f(x)$ を t で表した関数を $g(t)$ とおく．

(1) 関数 $g(t)$ を求めよ．
(2) 方程式 $g(t) = 0$ が実数解を 1 個もつとき，p の値と解 t の値を求めよ．
(3) 方程式 $g(t) = 0$ が次の条件をみたす 2 個の実数解 t_1, t_2 をもつとき，p がとりうる値の範囲をそれぞれ求めよ．
　（i）$t_1 < 2$, $t_2 > 2$　（ii）$t_1 = 2$, $t_2 > 2$　（iii）$2 < t_1 < t_2$　（iv）$t_1 < t_2 < 2$
(4) t を定数とみなし $t = 5^x + \dfrac{1}{5^x}$ を x の方程式とみなして，方程式 $t = 5^x + \dfrac{1}{5^x}$ が異なる 2 つの実数解 x をもつように t の値を定めるとき，t がとりうる値の範囲を求めよ．
(5) 方程式 $f(x) = 0$ の異なる実数解 x の個数を，p の値で場合分けして求めよ．

p.164
1対1B p.94
（新訂版 p.99）
新スタ 10・7

関数

○ **12 京都大学・理系**

実数 x, y が条件 $x^2+xy+y^2=6$ を満たしながら動くとき
$$x^2y+xy^2-x^2-2xy-y^2+x+y$$
がとりうる値の範囲を求めよ.

> p.148
> 1対1 I p.44
> （新訂版 p.46）
> 突破 p.112,
> 1番

座標

○ **10 東京大学・文系**

O を原点とする座標平面上に点 A$(-3, 0)$ をとり，$0°<\theta<120°$ の範囲にある θ に対して，次の条件（ⅰ），（ⅱ）をみたす 2 点 B, C を考える．
 （ⅰ） B は $y>0$ の部分にあり，OB$=2$ かつ $\angle$AOB$=180°-\theta$ である．
 （ⅱ） C は $y<0$ の部分にあり，OC$=1$ かつ $\angle$BOC$=120°$ である．ただし △ABC は O を含むものとする．
以下の問（1），（2）に答えよ．
（1） △OAB と △OAC の面積が等しいとき，θ の値を求めよ．
（2） θ を $0°<\theta<120°$ の範囲で動かすとき，△OAB と △OAC の面積の和の最大値と，そのときの $\sin\theta$ の値を求めよ．

> p.62
> 新スタ 10・13

○ **11 東京工業大学**（前期）

定数 k は $k>1$ をみたすとする．xy 平面上の点 A$(1, 0)$ を通り x 軸に垂直な直線の第 1 象限に含まれる部分を，2 点 X, Y が AY$=k$AX をみたしながら動いている．原点 O$(0, 0)$ を中心とする半径 1 の円と線分 OX, OY が交わる点をそれぞれ P, Q とするとき，△OPQ の面積の最大値を k を用いて表せ．

> p.74
> 1対1 B p.78
> （新訂版 p.82）
> 新スタ 11・13

○ 10 千葉大学・医,薬,理,工学部（前期）　　　　　　　　　　p.59
　　a を1より大きい実数とし，座標平面上に，点 O(0, 0)，A(1, 0) をとる．　新スタ 11・13
　　曲線 $y=\dfrac{1}{x}$ 上の点 P$\left(p, \dfrac{1}{p}\right)$ と，曲線 $y=\dfrac{a}{x}$ 上の点 Q$\left(q, \dfrac{a}{q}\right)$ が，3条件
　　　（1）　$p>0$, $q>0$
　　　（2）　∠AOP<∠AOQ
　　　（3）　△OPQ の面積は 3 に等しい
をみたしながら動くとき，tan∠POQ の最大値が $\dfrac{3}{4}$ となるような a の値を求めよ．

○ 11 神戸大学・理系（前期）　　　　　　　　　　　　　　　p.188
　　以下の問に答えよ．　　　　　　　　　　　　　　　　　1対1Ⅱ p.96
　（1）　t を正の実数とするとき，$|x|+|y|=t$ の表す xy 平面上の図形を図示せよ．（新訂版 p.96）
　（2）　a を $a\geqq 0$ をみたす実数とする．x, y が連立不等式　　　　　新スタ 7・17
　　　　$\begin{cases} ax+(2-a)y\geqq 2 \\ y\geqq 0 \end{cases}$
　　をみたすとき，$|x|+|y|$ のとりうる値の最小値 m を，a を用いた式で表せ．
　（3）　a が $a\geqq 0$ の範囲を動くとき，（2）で求めた m の最大値を求めよ．

○ 11 筑波大学・医学群　　　　　　　　　　　　　　　　　　p.50
　　O を原点とする xy 平面において，直線 $y=1$ の $|x|\geqq 1$ を満たす部分を C とする．　1対1Ⅱ p.95
　（1）　C 上に点 A$(t, 1)$ をとるとき，線分 OA の垂直二等分線の方程式を求めよ．（ロ）
　（2）　点 A が C 全体を動くとき，線分 OA の垂直二等分線が通過する範囲を求め，それを図示せよ．（新訂版 p.95）

○ 11 東北大学・理系（前期）　　　　　　　　　　　　　　　p.44
　　実数 a に対し，不等式 $y\leqq 2ax-a^2+2a+2$ の表す座標平面上の領域を $D(a)$ とおく．　新スタ 7・15
　（1）　$-1\leqq a\leqq 2$ を満たすすべての a に対し $D(a)$ の点となるような点 (p, q) の範囲を図示せよ．　論証力 p.25～26
　（2）　$-1\leqq a\leqq 2$ を満たすいずれかの a に対し $D(a)$ の点となるような点 (p, q) の範囲を図示せよ．

微分・積分（数Ⅱ）

○10 筑波大学・医学群

$f(x) = \dfrac{1}{3}x^3 - \dfrac{1}{2}ax^2$ とおく．ただし $a > 0$ とする．

（1） $f(-1) \leq f(3)$ となる a の範囲を求めよ．

（2） $f(x)$ の極小値が $f(-1)$ 以下となる a の範囲を求めよ．

（3） $-1 \leq x \leq 3$ における $f(x)$ の最小値を a を用いて表せ．

p.48
1対1ⅠⅡ p.114
（新訂版 p.118）
新スタ 12・2

○11 一橋大学（前期）

xy 平面上に放物線 $C: y = -3x^2 + 3$ と 2 点 $A(1, 0)$，$P(0, 3p)$ がある．線分 AP と C は，A とは異なる点 Q を共有している．

（1） 定数 p の存在する範囲を求めよ．

（2） S_1 を，C と線分 AQ で囲まれた領域とし，S_2 を，C，線分 QP，および y 軸とで囲まれた領域とする．S_1 と S_2 の面積の和が最小となる p の値を求めよ．

p.68
1対1ⅠⅡ p.161
（新訂版 p.147）
新スタ 13・8

○10 大阪大学・文系（前期）

曲線 $C: y = -x^2 - 1$ を考える．

（1） t が実数全体を動くとき，曲線 C 上の点 $(t, -t^2 - 1)$ を頂点とする放物線 $y = \dfrac{3}{4}(x-t)^2 - t^2 - 1$ が通過する領域を xy 平面上に図示せよ．

（2） D を（1）で求めた領域の境界とする．D が x 軸の正の部分と交わる点を $(a, 0)$ とし，$x = a$ での C の接線を l とする．D と l で囲まれた部分の面積を求めよ．

p.174
1対1ⅠⅡ p.95
（新訂版 p.94）
新スタ 7・15

○12 名古屋大学・理系

a を正の定数とし，xy 平面上の曲線 C の方程式を $y = x^3 - a^2 x$ とする．

（1） C 上の点 $A(t, t^3 - a^2 t)$ における C の接線を l とする．l と C で囲まれた図形の面積 $S(t)$ を求めよ．ただし，t は 0 でないとする．

（2） b を実数とする．C の接線のうち xy 平面上の点 $B(2a, b)$ を通るものの本数を求めよ．

（3） C の接線のうち点 $B(2a, b)$ を通るものが 2 本のみの場合を考え，それらの接線を l_1，l_2 とする．ただし，l_1 と l_2 はどちらも原点 $(0, 0)$ を通らないとする．l_1 と C で囲まれた図形の面積を S_1 とし，l_2 と C で囲まれた図形の面積を S_2 とする．$S_1 \geq S_2$ として，$\dfrac{S_1}{S_2}$ の値を求めよ．

p.140
1対1ⅠⅡ p.156
（新訂版 p.119）

12 慶應義塾大学・薬学部

$y=|f(x)|$ のグラフと2直線 l, m に囲まれた部分の面積を考える．ただし $f(x)$ は，等式

$$f(x)=\frac{1}{4}x^2+\frac{15}{4}\int_{-2}^{0}xf(t)dt-\frac{4}{3}\int_{-3}^{3}\{f(t)+6\}dt$$

を満たし，直線 l は $y=|f(x)|$ の $x=8$ における接線である．また直線 m は，直線 l と $y=|f(x)|$ の交点と点 $(1, 3)$ の2点を通る，傾き負の直線である．

(1) $f(x)=\dfrac{\Box}{\Box}x^2-\Box x-\Box$ である．

(2) 直線 m の方程式は $y=-\Box x+\Box$ である．

(3) $y=|f(x)|$ のグラフと2直線 l, m に囲まれた部分の面積は $\dfrac{\Box}{\Box}$ である．

p.115
1対1 II p.141
（新訂版 p.142）
新スタ 12・14

10 一橋大学（前期）

実数 p, q, r に対して，3次多項式 $f(x)$ を $f(x)=x^3+px^2+qx+r$ と定める．実数 a, c, および0でない実数 b に対して，$a+bi$ と c はいずれも方程式 $f(x)=0$ の解であるとする．ただし，i は虚数単位を表す．

(1) $y=f(x)$ のグラフにおいて，点 $(a, f(a))$ における接線の傾きを $s(a)$ とし，点 $(c, f(c))$ における接線の傾きを $s(c)$ とする．$a \neq c$ のとき，$s(a)$ と $s(c)$ の大小を比較せよ．

(2) さらに，a, c は整数であり，b は0でない整数であるとする．次を証明せよ．

(i) p, q, r はすべて整数である．

(ii) p が2の倍数であり，q が4の倍数であるならば，a, b, c はすべて2の倍数である．

p.70
1対1 II p.46
（新訂版 p.43）
新スタ 6・12

数III（極限）

○12 九州大学・理系（前期）

p と q はともに整数であるとする．2次方程式 $x^2+px+q=0$ が実数解 α, β を持ち，条件 $(|\alpha|-1)(|\beta|-1)\neq 0$ をみたしているとする．このとき，数列 $\{a_n\}$ を
$$a_n=(\alpha^n-1)(\beta^n-1) \quad (n=1, 2, \cdots)$$
によって定義する．以下の問いに答えよ．

(1) a_1, a_2, a_3 は整数であることを示せ．

(2) $(|\alpha|-1)(|\beta|-1)>0$ のとき，極限値 $\displaystyle\lim_{n\to\infty}\left|\dfrac{a_{n+1}}{a_n}\right|$ は整数であることを示せ．

(3) $\displaystyle\lim_{n\to\infty}\left|\dfrac{a_{n+1}}{a_n}\right|=\dfrac{1+\sqrt{5}}{2}$ となるとき，p と q の値をすべて求めよ．ただし，$\sqrt{5}$ が無理数であることは証明なしに用いてよい．

> p.208
> 1対1 III p.9
> III C スタ 5・2

○12 東北大学・理系（前期）

数列 $\{a_n\}$ を $a_1=1$, $a_{n+1}=\sqrt{\dfrac{3a_n+4}{2a_n+3}}$ $(n=1, 2, 3, \cdots)$ で定める．以下の問いに答えよ．

(1) $n\geqq 2$ のとき，$a_n>1$ となることを示せ．

(2) $\alpha^2=\dfrac{3\alpha+4}{2\alpha+3}$ を満たす正の実数 α を求めよ．

(3) すべての自然数 n に対して $a_n<\alpha$ となることを示せ．

(4) $0<r<1$ を満たすある実数 r に対して，不等式 $\dfrac{\alpha-a_{n+1}}{\alpha-a_n}\leqq r$ $(n=1, 2, 3, \cdots)$ が成り立つことを示せ．さらに，極限 $\displaystyle\lim_{n\to\infty} a_n$ を求めよ．

> p.40
> 1対1 III p.16
> III C スタ 5・12
> 極意 p.84

○12 東京工業大学

n を正の整数とする．数列 $\{a_k\}$ を
$$a_1=\dfrac{1}{n(n+1)}, \quad a_{k+1}=-\dfrac{1}{k+n+1}+\dfrac{n}{k}\sum_{i=1}^{k}a_i \quad (k=1, 2, 3, \cdots)$$
によって定める．

(1) a_2 および a_3 を求めよ．

(2) 一般項 a_k を求めよ．

(3) $b_n=\displaystyle\sum_{k=1}^{n}\sqrt{a_k}$ とおくとき，$\displaystyle\lim_{n\to\infty}b_n=\log 2$ を示せ．

> p.72
> 1対1 III
> p.136（ロ）

数Ⅲ（微分，数式の積分）

○ 10 横浜市立大学・医学部

$a>0$ とする．以下の問いに答えよ．

（1） $0 \leqq x \leqq a$ をみたす x に対して $1+x \leqq e^x \leqq 1+\dfrac{e^a-1}{a}x$ を示せ．

（2） （1）を用いて $1+a+\dfrac{a^2}{2}<e^a<1+\dfrac{a}{2}(e^a+1)$ を示せ．

（3） （2）を用いて $2.64<e<2.78$ を示せ．

p.84
ⅢCスタ 9・15

○ 12 北海道大学・理系（前期）

次の問に答えよ．

（1） $x \geqq 0$ のとき，$x-\dfrac{x^3}{6} \leqq \sin x \leqq x$ を示せ．

（2） $x \geqq 0$ のとき，$\dfrac{x^3}{3}-\dfrac{x^5}{30} \leqq \displaystyle\int_0^x t\sin t\, dt \leqq \dfrac{x^3}{3}$ を示せ．

（3） 極限値 $\displaystyle\lim_{x \to 0}\dfrac{\sin x - x\cos x}{x^3}$ を求めよ．

p.32
1対1Ⅲ
p.135（イ）

○ 11 北海道大学・理系（前期）

$0<a<2\pi$ とする．$0<x<2\pi$ に対して $F(x)=\displaystyle\int_x^{x+a}\sqrt{1-\cos\theta}\,d\theta$ と定める．

（1） $F'(x)$ を求めよ．

（2） $F'(x) \leqq 0$ となる x の範囲を求めよ．

（3） $F(x)$ の極大値および極小値を求めよ．

p.36
解探微積
p.75，9番

○ 10 大阪府立大学・工学部（中期）

次の問に答えよ．

（1） a を正の定数とするとき，関数 $f(x)=\log(x+\sqrt{a+x^2})$ の導関数 $f'(x)$ を求めよ．

（2） $t=\sqrt{3}\tan\theta$ とおくことにより，定積分 $I=\displaystyle\int_0^1\dfrac{dt}{\sqrt{(3+t^2)^3}}$ を求めよ．

（3） $0 \leqq x \leqq 1$ であるすべての x に対して，不等式

$$\int_0^x\dfrac{dt}{\sqrt{(3+t^2)^3}} \geqq k\int_0^x\dfrac{dt}{\sqrt{3+t^2}}$$

が成り立つための実数 k の範囲を求めよ．ただし，$\log 3=1.10$ とする．

p.179
1対1Ⅲ p.47

数III（数式の積分）

○ 10 大阪医科大学

すべての実数で $f(x)$ は連続な導関数 $f'(x)$ をもつ関数として，$g(x)=\int_{-1}^{1}f'(t)f(x-t)dt$ とおく．一般に関数 $h(x)$ において，常に $h(-x)=h(x)$ が成り立つとき $h(x)$ は偶関数，常に $h(-x)=-h(x)$ が成り立つとき $h(x)$ は奇関数であるという．

（1） $f(x)$ が偶関数ならば $f'(x)$ は奇関数，$f(x)$ が奇関数ならば $f'(x)$ は偶関数であることを示せ．

（2） $f(x)$ が偶関数または奇関数であるとき，$g(x)$ は奇関数であることを示せ．

（3） $f(x)=x^n$（n は自然数）のとき $g(x)$ は整式である．その $g(x)$ の 0 でない最高次の項を求めよ．

> p.172
> 新数演 10·8

○ 11 東京医科歯科大学・医学部（医）

自然数 n に対し
$$S_n=\int_0^1\frac{1-(-x)^n}{1+x}dx \qquad T_n=\sum_{k=1}^{n}\frac{(-1)^{k-1}}{k(k+1)}$$
とおく．このとき以下の各問いに答えよ．

（1） 次の不等式を示せ．$\left|S_n-\int_0^1\frac{1}{1+x}dx\right|\leq\frac{1}{n+1}$

（2） T_n-2S_n を n を用いて表せ．

（3） 極限値 $\lim_{n\to\infty}T_n$ を求めよ．

> p.80
> 1対1 III p.83
> III C スタ 2·17

○ 11 山梨大学・医学部（後期）

自然数 n に対して，$S_n=\sum_{k=1}^{n}\log k$ とおく．

（1） n を 2 以上の自然数とするとき，$S_{n-1}+\dfrac{1}{2}\log n\leq\int_1^n\log x\,dx$ となることを示せ．ただし，$0<a<b$，$a\leq x\leq b$ のとき，
$\dfrac{\log b-\log a}{b-a}(x-a)+\log a\leq\log x$ が成り立つことを用いてもよい．

（2） n を 2 以上の自然数とするとき，$S_{n-1}+\dfrac{1}{2}\sum_{k=1}^{n-1}\dfrac{1}{k}\geq\int_1^n\log x\,dx$ となることを示せ．

（3） 任意の自然数 n に対して，$e^{-n+\frac{1}{2}}n^{n+\frac{1}{2}}\leq n!\leq e^{-n+1}n^{n+\frac{1}{2}}$ となることを示せ．

> p.126
> III C スタ 9·3

12 京都府立医科大学

2以上の整数 n に対し
$$I_n = \int_{2(n-1)\pi}^{2n\pi} \frac{1-\cos x}{x-\log(1+x)} dx$$
とおく.

(1) $I_n \leq \dfrac{2\pi}{2(n-1)\pi - \log(1+2(n-1)\pi)}$ であることを証明せよ.

(2) $\displaystyle\lim_{n\to\infty} nI_n = 1$ であることを証明せよ. ただし, $\displaystyle\lim_{x\to\infty} \dfrac{\log x}{x} = 0$ であることは証明なしに用いてよい.

p.156
新数演 10・13
突破 p.115, 7番

12 産業医科大学

自然数 n と0以上の整数 m に対して, $p_n = {}_{2n}C_n \left(\dfrac{1}{2}\right)^{2n}$, $I_m = \displaystyle\int_0^{\frac{\pi}{2}} \sin^m x\, dx$ とおく. 次の問いに答えなさい.

(1) すべての自然数 n について $\left(n+\dfrac{1}{2}\right) p_n^2 = \dfrac{b I_{2n}}{I_{2n+1}}$ が成り立つように, 定数 b の値を求めなさい.

(2) $0 < x < \dfrac{\pi}{2}$ のとき, $\sin^m x > \sin^{m+1} x > 0$ であることを用いて, 極限 $\displaystyle\lim_{n\to\infty} \sqrt{n}\, p_n$ を求めなさい.

p.216
極意 p.96
23番

11 横浜市立大学・医学部

平面上の点 A を中心とする半径 a の円から, 中心角が $60°$ で $AP = AQ = a$ となる扇形 APQ を切り取る. つぎに線分 AP と AQ を貼り合わせて, A を頂点とする直円錐 K を作り, これを点 O を原点とする座標空間におく.

A, P はそれぞれ z 軸, x 軸上の正の位置にとり, 扇形 APQ の弧 PQ は xy 平面上の O を中心とする円 S になるようにする.

また弦 PQ から定まる K の側面上の曲線を C とする. 以下の問いに答えよ.

(1) S の半径を b とする. S 上の点 $R(b\cos\theta, b\sin\theta, 0)$ ($0 \leq \theta \leq 2\pi$) に対し, K 上の母線 AR と C の交点を M とする. b と線分 AM の長さを a と θ を用いて表せ.

(2) ベクトル $\overrightarrow{OM}$ を xy 平面に正射影したベクトルの長さを r とする. r を a と θ を用いて表し, 定積分 $\displaystyle\int_0^{2\pi} \dfrac{1}{2}\{r(\theta)\}^2 d\theta$ を求めよ. ただし, ベクトル $\overrightarrow{OE} = (a_1, a_2, a_3)$ を xy 平面に**正射影したベクトル**とは $\overrightarrow{OE'} = (a_1, a_2, 0)$ のことである.

p.88
1対1 I p.75
(新訂版 A p.105)

数Ⅲ（面積，体積など）

○12 信州大学・医学部（後期）

実数 a は $0<a<1$ とする．関数 $f(x)=x\log(x^2+a^2)$ を考える．このとき，次の問いに答えよ．

（1） 関数 $f(x)$ が極小値をとる点はただ 1 つであることを示せ．

（2） $x\geq 0$ の範囲で，x 軸と曲線 $y=f(x)$ で囲まれた図形の面積 $S(a)$ を求めよ．

p.135
1対1 Ⅲ p.41

○11 慶應義塾大学・医学部

以下の文章の空欄に適切な数または式を入れて文章を完成させなさい．また，設問（3）に答えなさい．

関数 $y=\dfrac{1}{x}$ および $y=\dfrac{k}{x}$（ただし $k>1$）のグラフの $x>0$ に対する部分をそれぞれ曲線 C_1，C_2 とする．曲線 C_2 上の点 $\mathrm{P}\left(a,\dfrac{k}{a}\right)$ を通って負の傾き m をもつ直線 l が曲線 C_1 と交わる 2 点のうち，x 座標の小さいほうを $\mathrm{A}(x_1,y_1)$，x 座標の大きいほうを $\mathrm{B}(x_2,y_2)$ とする．また直線 l と曲線 C_1 で囲まれる領域の面積を S とする．

（1） $\mathrm{AB}=\sqrt{\boxed{あ}}$ である．また $m<0$ を固定し，a を正の実数全体にわたって動かすとき，$a=\boxed{い}$ において AB は最小値をとる．

（2） $a>0$ を固定するとき，$\mathrm{AP}=\mathrm{PB}$ が成り立つような m の値は $\boxed{う}$ である．

（3） $a>0$ を固定し，m を負の実数全体にわたって動かすとき，x_1，x_2，S を m の関数と考えてそれぞれ $x_1(m)$，$x_2(m)$，$S(m)$ と書く．$S(m)$ の導関数 $\dfrac{d}{dm}S(m)$ を $x_1(m)$，$x_2(m)$ を用いた式で表しなさい．また $S(m)$ は $m=\boxed{う}$ において最小値をとることを示しなさい．

（4） $m=\boxed{う}$ に対する $S(m)$ の値を S_0 とすると $S_0=\boxed{え}$ である．したがって S_0 は a の値にはよらず，k だけで定まる．

p.109
新数演 11·9

11 上智大学・理工学部（B方式）

座標平面において，動点Pの座標(x, y)が時刻tの関数として
$$x = t^{\frac{1}{4}}(1-t)^{\frac{3}{4}}, \quad y = t^{\frac{3}{4}}(1-t)^{\frac{1}{4}} \quad (0 \leq t \leq 1)$$
で与えられている．

(1) 動点Pのx座標が最大になるのは$t = \dfrac{\text{ナ}}{\text{ニ}}$のときであり，$y$座標が最大になるのは$t = \dfrac{\text{ヌ}}{\text{ネ}}$のときである．

(2) $0 < t < 1$のとき，動点Pの速さの最小値は$\dfrac{\sqrt{\text{ノ}}}{\text{ハ}}$である．

(3) 動点Pが直線$y = x$上に来るのは$t = 0$のとき，$t = \dfrac{\text{ヒ}}{\text{フ}}$のとき，$t = 1$のときの3回である．

(4) tが$0 \leq t \leq 1$の範囲を動くとき，動点Pの描く曲線をLとする．Lで囲まれる図形の面積は$\dfrac{\text{ヘ}}{\text{ホ}}$である．

12 岡山大学・理系

aを正の定数とし，座標平面上の2曲線$C_1: y = e^{x^2}$，$C_2: y = ax^2$を考える．このとき以下の問いに答えよ．ただし必要ならば$\displaystyle\lim_{t \to +\infty} \dfrac{e^t}{t} = +\infty$であることを用いてもよい．

(1) $t > 0$の範囲で，関数$f(t) = \dfrac{e^t}{t}$の最小値を求めよ．

(2) 2曲線C_1，C_2の共有点の個数を求めよ．

(3) C_1，C_2の共有点の個数が2のとき，これらの2曲線で囲まれた領域をy軸のまわりに1回転させてできる立体の体積を求めよ．

12 神戸大学・理系（前期）

座標平面上の曲線Cを，媒介変数$0 \leq t \leq 1$を用いて$\begin{cases} x = 1 - t^2 \\ y = t - t^3 \end{cases}$と定める．以下の問に答えよ．

(1) 曲線Cの概形を描け．

(2) 曲線Cとx軸で囲まれた部分が，y軸の周りに1回転してできる回転体の体積を求めよ．

○ **10 早稲田大学・理工系**（基幹，創造，先進）

xyz 空間において，2 点 P(1, 0, 1)，Q(-1, 1, 0) を考える．線分 PQ を x 軸の周りに 1 回転して得られる曲面を S とする．以下の問に答えよ．

（1）曲面 S と，2 つの平面 $x=1$ および $x=-1$ で囲まれる立体の体積を求めよ．

（2）（1）の立体の平面 $y=0$ による切り口を，平面 $y=0$ 上において図示せよ．

（3）定積分 $\int_0^1 \sqrt{t^2+1}\,dt$ の値を $t=\dfrac{e^s-e^{-s}}{2}$ と置換することによって求めよ．これを用いて，（2）の切り口の面積を求めよ．

p.118
新数演 11・16

○ **11 名古屋大学・理系**

$-\dfrac{1}{4} < s < \dfrac{1}{3}$ とする．xyz 空間内の平面 $z=0$ の上に長方形
$$R_s = \{(x, y, 0) \mid 1 \leq x \leq 2+4s,\ 1 \leq y \leq 2-3s\}$$
がある．長方形 R_s を x 軸のまわりに 1 回転してできる立体を K_s とする．

（1）立体 K_s の体積 $V(s)$ が最大となるときの s の値，およびそのときの $V(s)$ の値を求めよ．

（2）s を（1）で求めた値とする．このときの立体 K_s を y 軸のまわりに 1 回転してできる立体 L の体積を求めよ．

p.142
1 対 1 Ⅲ p.121
Ⅲ C スタ 4・6

行列・1 次変換

○ **11 金沢大学・理系**（前期）

行列 $A = \begin{pmatrix} 2 & 3 \\ 1 & 2 \end{pmatrix}$，$P = \begin{pmatrix} \sqrt{3} & -\sqrt{3} \\ 1 & 1 \end{pmatrix}$ に対して，$B = P^{-1}AP$ とおく．また，$n=1, 2, 3, \cdots$ に対して，a_n, b_n を $\begin{pmatrix} a_n \\ b_n \end{pmatrix} = A^n \begin{pmatrix} 2 \\ 0 \end{pmatrix}$ で定める．次の問いに答えよ．

（1）P^{-1} および B を求めよ．

（2）a_n, b_n を求めよ．

（3）実数 x を超えない最大の整数を $[x]$ で表す．このとき
$$[(2+\sqrt{3})^n] = a_n - 1 \quad (n=1, 2, 3, \cdots)$$
を示せ．また，$c_n = (2+\sqrt{3})^n - [(2+\sqrt{3})^n]$ とするとき，$\displaystyle\lim_{n\to\infty} c_n$ の値を求めよ．

p.132
新スタ 3・16
Ⅲ C スタ 6・9

○ 11 同志社大学・理系

原点を O とする座標平面内で行列 $A=\begin{pmatrix} a & b \\ c & d \end{pmatrix}$ の表す1次変換 f を考える. この f によって，P(1, 0)，Q(0, 1) が移る点をそれぞれ P′，Q′ とすると，線分 OP′ と線分 OQ′ の長さが等しいとする．また，f によって，点 (1, 2) はそれ自身に移るとする．次の問いに答えよ．

（1） a, c の満たす条件を求めよ．また，この条件を満たす図形を ac 平面に図示せよ．

（2） 1次変換 f によって，点 R(1, 1) が移る点を R′ とする．また，線分 OR′ の長さを r とする．r の最大値および最小値とそのときの a, c の値，および点 R′ の座標をそれぞれ求めよ．

p.162
1対1 Ⅱ p.98
演習題
(新訂版 p.98)

○ 11 徳島大学・医，歯，薬学部（前期）

$X=\dfrac{1}{4}\begin{pmatrix} \sqrt{6} & 2\sqrt{2} \\ 5\sqrt{2} & 2\sqrt{6} \end{pmatrix}$, $Y=\begin{pmatrix} -1 & \sqrt{3} \\ \sqrt{3} & -2 \end{pmatrix}$ のとき $A=XY$ とする．行列 A^n ($n=1, 2, 3, \cdots$) の表す移動によって，点 $(-10^8, \sqrt{3}\times 10^8)$ が点 P_n に移るとする．$\log_{10} 2=0.3010$ として次の問いに答えよ．

（1） $A=k\begin{pmatrix} \cos\theta & -\sin\theta \\ \sin\theta & \cos\theta \end{pmatrix}$ を満たす k と θ を求めよ．ただし，$k>0$ とし，θ は $0\leqq\theta<2\pi$ とする．

（2） 点 P_n が中心 (0, 0)，半径1の円の内部にある n のうちで，最小の n の値を求めよ．

（3） 不等式 $2^8<\sqrt{x^2+y^2}<2^{15}$，$y>|x|$ の表す領域を D とする．点 P_n が D 内にある n の値をすべて求めよ．

p.224
1対1 C p.32
ⅢC スタ 7・5

○ 10 徳島大学・医，歯，薬学部（前期）

行列 A で表される移動によって，点 (x, y) は点 $(x+y, x-y)$ に移る．行列 B で表される移動によって，点 (x, y) は点 $(2x+y+ax, x+2y-ay)$ に移る．行列 X が $AX=B$ を満たすとき，次の問いに答えよ．

（1） X の逆行列が存在しないような a の値を求めよ．

（2） a が整数で，行列 X^{-1} のすべての成分が整数になるような a をすべて求めよ．

p.228
1対1 Ⅱ p.14
例題 (2)
新スタ 6・7

2次曲線

○11 東京慈恵会医科大学（医学科）

t は $0<t<1$ をみたす定数とする．xy 平面上に長さが 1 の線分 PQ がある．点 P は x 軸上を動き，点 Q は y 軸上を動くとき，線分 PQ を $t:1-t$ に内分する点の軌跡を C とする．このとき，次の問いに答えよ．

（1） 曲線 C の方程式を t を用いて表せ．

（2） 点 $A\left(-\dfrac{\sqrt{3}}{3},\ \dfrac{\sqrt{2}}{3}\right)$ から C にひいた 2 本の接線が直交するような t の値を求めたい．

　（i） 条件をみたす 2 本の接線の一方が直線 $x=-\dfrac{\sqrt{3}}{3}$ となることはない．
　　その理由を述べよ．

　（ii） t の値を求めよ．

> p.100
> 1対1C p.57
> ⅢCスタ 8・4

○11 熊本大学・医学部（医）

楕円 $C:x^2+4y^2=4$ と点 $P(2,\ 0)$ を考える．以下の問いに答えよ．

（1） 直線 $y=x+b$ が楕円 C と異なる 2 つの交点をもつような b の値の範囲を求めよ．

（2） (1) における 2 つの交点を A, B とするとき，三角形 PAB の面積が最大となるような b の値を求めよ．

> p.205
> 新数演 14・8

小問セット（数Ⅰ〜C）

○11 信州大学・医学部（後期）

次の問いに答えよ．

（1） 和 $\dfrac{{}_nC_0}{2}+\dfrac{{}_nC_1}{2\cdot2^2}+\dfrac{{}_nC_2}{3\cdot2^3}+\dfrac{{}_nC_3}{4\cdot2^4}+\cdots\cdots+\dfrac{{}_nC_n}{(n+1)\cdot2^{n+1}}$ を求めよ．

（2） 実数 a に対し，$A=\begin{pmatrix}1 & a \\ a & 1\end{pmatrix}$ とする．$n=1,\ 2,\ 3,\ \cdots\cdots$ に対し，$\begin{pmatrix}x_n \\ y_n\end{pmatrix}=A^n\begin{pmatrix}1 \\ 0\end{pmatrix}$ とする．このとき，$x_n+y_n=(1+a)^n$ を示せ．また，$x_n,\ y_n$ を求めよ．

> p.138
> 1対1B
> p.88, 66
> （新訂版 p.93, 67）
> 新数演 4・8

10 産業医科大学

空欄にあてはまる適切な数，式，記号などを解答用紙の所定の欄に記入しなさい．

(1) 等差数列をなす 3 つの数を初項から順に a, b, c とする．a, b, c の和が 24 で，a と c の差の絶対値が b であるとき，$\dfrac{ac}{b}$ の値は ア である．

(2) 実数 x についての関数 $f(x) = \sum_{k=1}^{99} |x-k| = |x-1| + |x-2| + \cdots + |x-99|$ の最小値は イ である．

(3) 初項が $a_1 = \cos\dfrac{\pi}{6}$，第 2 項が $a_2 = \cos\dfrac{\pi}{6}\cos\dfrac{\pi}{12}$，一般項が

$$a_n = \cos\dfrac{\pi}{3\cdot 2}\cos\dfrac{\pi}{3\cdot 2^2}\cdots\cos\dfrac{\pi}{3\cdot 2^n} \quad (n=1,\ 2,\ \cdots)$$ で与えられる数列の極限 $\lim_{n\to\infty} a_n$ の値は ウ である．

(4) 極限値 $\lim_{x\to 0} \dfrac{\cos x - x^2 - 1}{x^2}$ の値は エ である．

(5) 関数 $y = x\sqrt{x^2+1} + \log(\sqrt{x^2+1} + x)$ の導関数 $\dfrac{dy}{dx}$ を $g(x)$ とおくとき $g(7)$ の値は オ である．

(6) θ を変数とする 2 つの関数 $x_1 = \cos^4\theta$，$x_2 = \sin^4\theta$ に対して，定積分 $\displaystyle\int_0^{\frac{\pi}{2}} \sqrt{\left(\dfrac{dx_1}{d\theta}\right)^2 + \left(\dfrac{dx_2}{d\theta}\right)^2}\, d\theta$ の値は カ である．

(7) 媒介変数 t を用いて $x = \sin 2t$，$y = \sin 5t$ と表される座標平面上の曲線を C とする．C と y 軸が交わる座標平面上の点の個数は キ である．

(8) 1, 2, 3, 4, 5, 6, 7, 8 の数字が書かれた 8 枚のカードの中から 1 枚取り出してもとに戻すことを n 回行う．この n 回の試行で，数字 8 のカードが取り出される回数が奇数である確率を p_n とするとき，p_n を n の式で表すと ク である．

解説編

右京一美（予備校講師）　奥山智彦（塾講師）　高橋和正（予備校講師）
平島邦彦（塾講師）　古川昭夫（数理専門塾主宰）　宮西吉久（高校教諭）
安田　亨（予備校講師）　米村明芳（予備校講師）　東京出版編集部

北海道大学・理系（前期）……………32	金沢大学・理系（前期）………………132
東北大学・理系（前期）………………40	信州大学・医学部（後期）……………135
筑波大学・医学群（前期）……………48	名古屋大学・理系（前期）……………140
千葉大学・医，薬学部（前期）………53	京都大学・文系（前期）………………144
東京大学・文系（前期）………………62	京都大学・理系（前期）………………148
東京大学・理系（前期）………………64	京都府立医科大学（前期）……………153
一橋大学（前期）………………………66	京都薬科大学……………………………158
東京工業大学（前期）…………………72	同志社大学・理系………………………162
東京医科歯科大学・医学部（前期）…80	近畿大学・医学部………………………164
横浜市立大学・医学部（前期）………84	大阪医科大学……………………………169
上智大学・理工学部（B方式）………91	大阪大学・文系（前期）………………174
防衛医科大学校…………………………98	大阪大学・理系（前期）………………176
東京慈恵会医科大学……………………100	大阪府立大学・工（中期）……………179
日本医科大学……………………………103	神戸大学・理系（前期）………………185
慶應義塾大学・理工学部………………106	岡山大学・理系（前期）………………195
慶應義塾大学・医学部…………………109	広島大学・理系（前期）………………198
慶應義塾大学・薬学部…………………112	熊本大学・医学部（前期）……………205
早稲田大学・理工系（基幹，創造，先進）…118	九州大学・理系（前期）………………208
早稲田大学・政治経済学部……………121	産業医科大学……………………………216
山梨大学・医学部（後期）……………124	徳島大学・医，歯，薬学部（前期）…224
新潟大学・医，歯学部（前期）………130	

北海道大学・理系 （前期）

12年のセット 120分

① B** C/一次変換
② B** II/三角関数(最大最小)
❸ B*** III/微積分(不等式), 極限
④ B*** I/2次不等式
⑤ B**○ A/確率

次の問に答えよ．

（1） $x \geq 0$ のとき，$x - \dfrac{x^3}{6} \leq \sin x \leq x$ を示せ．

（2） $x \geq 0$ のとき，$\dfrac{x^3}{3} - \dfrac{x^5}{30} \leq \displaystyle\int_0^x t \sin t \, dt \leq \dfrac{x^3}{3}$ を示せ．

（3） 極限値 $\displaystyle\lim_{x \to 0} \dfrac{\sin x - x \cos x}{x^3}$ を求めよ． (12)

なぜこの1題か

2年前までは試験中の完答をあきらめたくなる難問が5問中1問は含まれていた．去年からはそれがなくなり，全体的に解きやすい．傾向について言えば，北大頻出の平面（または空間）座標が，今年は出題されていない．

①は一次変換．「直線 $y=x$ 上の点は直線 $y=x$ 上の点に移る」などの条件を，座標，行列の成分で言い換え，計算する．②は三角関数の最大最小．(1)で指示される置き換えにより，3次関数の増減に帰着する．❸は，まず不等式の証明で，次にそれを用い「はさみうちの原理」で極限を求める．④は連立不等式．北大らしく文字が多く，また「必要十分条件を求め」の表現が厳しい．⑤は2チームのうちどちらが先に k 勝するかを求める確率．2006年にも「一つのサイコロを投げ続けて，同じ目が2回連続して出たら終了」という確率があり，類似する．

①は，点の移動としては標準的．②と⑤は文理共通（小問に一部違いがあるが）でもあり，手堅く解きたい．④は受験報告でも後半まで手がまわらない人がほとんど．となると，解答の分量がさほど多くない割に，小問の利用の仕方で点差がつきそうな❸が，合否に影響したと思われる．

【目標】 (2)の方針に迷いが生じるかもしれない．(2)まで15分．(3)と見直しで15分．合計30分で完答したい．

解答

（1）は 最右辺−中辺 を $f(x)$ などとおき，$0 \leq x$ で $0 \leq f(x)$ を示す．(2)も同じ方針で可能だが（☞別解），問題文をよく見ると(1)の辺々に x をかけて積分するとはやい．(3)は $x \to 0$ なので，$x < 0$ のときに成り立つ不等式も準備する．

* *

（1） $f(x) = x - \sin x$ とおく．

$f'(x) = 1 - \cos x \geq 0$ （$\because -1 \leq \cos x \leq 1$）と，$f(0) = 0$ とから，$0 \leq x$ では $0 \leq f(x)$ ……① つまり $\sin x \leq x$ が成立する． ⇐ $f(x)$ は x の増加関数

次に $g(x) = \sin x - \left(x - \dfrac{x^3}{6}\right)$ とおく．

$g'(x) = \cos x - 1 + \dfrac{x^2}{2}$, $g''(x) = -\sin x + x = f(x)$

①より $g''(x) \geq 0$ ($x \geq 0$) であり，$g'(0) = 0$ とから，$0 \leq x$ では $0 \leq g'(x)$．これと $g(0) = 0$ とから，$0 \leq x$ では $0 \leq g(x)$ つまり，$x - \dfrac{x^3}{6} \leq \sin x$ が成立する． （証明終わり）

⇐ $g''(x) \geq 0$ により，$g'(x)$ は $x \geq 0$ で増加する．

32

（2）（1）の x を全て t（$\geqq 0$）に置き換え
$$t-\frac{t^3}{6}\leqq \sin t\leqq t$$
が成立．t（$\geqq 0$）を各辺にかけ，0から x（$\geqq 0$）まで積分することで
$$\int_0^x \left(t^2-\frac{t^4}{6}\right)dt \leqq \int_0^x t\sin t\,dt \leqq \int_0^x t^2 dt$$
$$\therefore \quad \frac{x^3}{3}-\frac{x^5}{30}\leqq \int_0^x t\sin t\,dt\leqq \frac{x^3}{3}$$

⇐ $a\leqq x\leqq b$ において，常に $p(x)\leqq q(x)$ ならば
$$\int_a^b p(x)dx \leqq \int_a^b q(x)dx$$
が成立する．

（3）$\int_0^x t\sin t\,dt = \Big[t(-\cos t)\Big]_0^x - \int_0^x 1\cdot(-\cos t)dt$
$\qquad\qquad\quad = -x\cos x + \Big[\sin t\Big]_0^x$
$\qquad\qquad\quad = \sin x - x\cos x$

⇐ 部分積分法

これと（2）から，$0\leqq x$ のもとでは
$$\frac{x^3}{3}-\frac{x^5}{30}\leqq \sin x - x\cos x \leqq \frac{x^3}{3} \quad\cdots\cdots ②$$
が成立する．$0<x$ のとき②の両辺を x^3 で割り
$$\frac{1}{3}-\frac{x^2}{30}\leqq \frac{\sin x - x\cos x}{x^3}\leqq \frac{1}{3} \quad\cdots\cdots ③$$
$\lim_{x\to +0}\left(\frac{1}{3}-\frac{x^2}{30}\right)=\frac{1}{3}$ と，はさみうちの原理により
$$\lim_{x\to +0}\frac{\sin x - x\cos x}{x^3}=\frac{1}{3} \quad\cdots\cdots ④$$

⇐ まず，$x\to +0$ を調べる．

次に，（$0<$）$x=-t$ とおくと $t<0$ であり，③から
$$\frac{1}{3}-\frac{(-t)^2}{30}\leqq \frac{\sin(-t)-(-t)\cos(-t)}{(-t)^3}\leqq \frac{1}{3}$$
$$\frac{1}{3}-\frac{t^2}{30}\leqq \frac{\sin t - t\cos t}{t^3}\leqq \frac{1}{3}$$
$\lim_{t\to -0}\left(\frac{1}{3}-\frac{t^2}{30}\right)=\frac{1}{3}$ と，はさみうちの原理により（文字を t から x に書き換え）
$$\lim_{x\to -0}\frac{\sin x - x\cos x}{x^3}=\frac{1}{3} \quad\cdots\cdots ⑤$$

⇐ $x=-t$ とおくかわりに，
「$r(x)=\dfrac{\sin x - x\cos x}{x^3}$」とおくと，
$r(-x)=\dfrac{-\sin x + x\cos x}{-x^3}=r(x)$
つまり $r(x)$ は偶関数なので，
④より $\lim_{x\to -0}r(x)=\dfrac{1}{3}$」としてもよい．

⇐ $\lim_{t\to -0}\dfrac{\sin t - t\cos t}{t^3}=\dfrac{1}{3}$
が成り立ち，上式で $t\Rightarrow x$ とする．

④，⑤より，$\lim_{x\to 0}\dfrac{\sin x - x\cos x}{x^3}=\dfrac{1}{3}$

⇐ $x\to 0$ は，$x\to -0$ も含むので，④に加え⑤も示す必要がある．

解　説 （受験報告は p.35）

【（2） 差をとって微分の方針だと】

別解 $h(x)=\dfrac{x^3}{3}-\int_0^x t\sin t\,dt$ とおく．
$h'(x)=x^2-x\sin x = x(x-\sin x)=xf(x)$
$0\leqq x$ では，（1）より $0\leqq f(x)$ なので，$0\leqq h'(x)$
これと $h(0)=0$ とから，$0\leqq x$ では $0\leqq h(x)$
$k(x)=\int_0^x t\sin t\,dt - \left(\dfrac{x^3}{3}-\dfrac{x^5}{30}\right)$ とおく．
$k'(x)=x\sin x - x^2 + \dfrac{x^4}{6}=x\left(\sin x - x + \dfrac{x^3}{6}\right)$
$\qquad = xg(x)$

$0\leqq x$ では，（1）より $0\leqq g(x)$ なので，$0\leqq k'(x)$
これと $k(0)=0$ とから，$0\leqq x$ では $0\leqq k(x)$
以上により題意の不等式は成立する．

【右側極限，左側極限】
$\lim_{x\to a+0}f(x)=\alpha$，$\lim_{x\to a-0}f(x)=\beta$（$\alpha$，$\beta$ は定数）
とする．
$\alpha=\beta$ のとき，$\lim_{x\to a}f(x)=\alpha$，といえる．
$\alpha\neq\beta$ のとき，$\lim_{x\to a}f(x)$ は，ない．
なお，「$x\to a$」とは，x が a と異なる値をとりながら

a に限りなく近づくことであり，上の事実は，$f(a)$ が存在してもしなくても成り立つ．

例題 1. 次の $f(x)$ に対し，$\lim_{x\to 0} f(x)$ を求めよ．

(1) $f(x)=\begin{cases} x+2 & (x<0) \\ 1 & (x=0) \\ x & (x>0) \end{cases}$

(2) $f(x)=\dfrac{x^2}{x}$

解 (1)

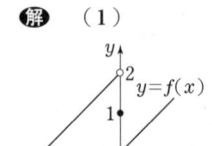

$\lim_{x\to -0} f(x)=2$，
$\lim_{x\to +0} f(x)=0$
これらが一致しないので，
$\lim_{x\to 0} f(x)$ は，**ない**．

(2)

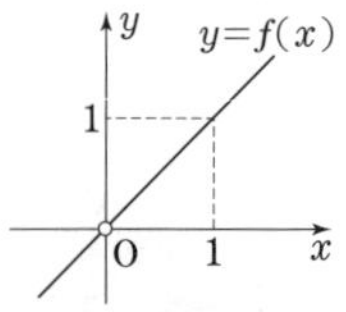

$f(x)=\begin{cases} x & (x\ne 0) \\ \text{なし} & (x=0) \end{cases}$

であり，$x\to -0$, $x\to +0$ のとき，ともに $f(x)\to 0$ なので，$x\to 0$ のとき $f(x)\to \mathbf{0}$ である．

【不等式→積分→はさみうち】

本問(3)では，三角関数が含まれる $\sin x - x\cos x$ を不等式でおさえた．対数関数も同じように扱う場合がある．

例題 2. 次の問いに答えよ．
(1) 実数 $x\geq 0$ に対して，次の不等式が成り立つことを示せ．
$$x-\frac{1}{2}x^2\leq \log(1+x)\leq x$$
(2) 数列 $\{a_n\}$ を
$$a_n=n^2\int_0^{\frac{1}{n}}\log(1+x)dx \quad (n=1, 2, 3, \cdots)$$
によって定めるとき，$\lim_{n\to\infty} a_n$ を求めよ．
(3) 数列 $\{b_n\}$ を
$$b_n=\sum_{k=1}^{n}\log\left(1+\frac{k}{n^2}\right) \quad (n=1, 2, 3, \cdots)$$
によって定めるとき，$\lim_{n\to\infty} b_n$ を求めよ．

(12 新潟大)

(2)だけでなく，(3)も(1)の不等式を利用する．新潟大の受験報告によると，もう(3)では(1)を使わないだろうと考え，b_n を区分求積の形にもちこもうとして
$$b_n=\frac{1}{n}\sum_{k=1}^{n}\left\{n\log\left(1+\frac{k}{n^2}\right)\right\}$$

「あれ？ $\dfrac{k}{n}$ がつくれない」と行き詰ったケースがあるようだ．

解 (1) 以下，$0\leq x$ とする．
$f(x)=x-\log(1+x)$ とおくと，
$$f'(x)=1-\frac{1}{1+x}=\frac{x}{1+x}\geq 0$$
$f(0)=0$ とから，$f(x)\geq 0$
次に $g(x)=\log(1+x)-\left(x-\dfrac{1}{2}x^2\right)$ とおくと
$$g'(x)=\frac{1}{1+x}-1+x=\frac{x^2}{1+x}\geq 0$$
$g(0)=0$ とから，$g(x)\geq 0$
以上により，題意の不等式は成立する．

(2) (1)から $0\leq x\leq \dfrac{1}{n}$ で
$$x-\frac{1}{2}x^2\leq \log(1+x)\leq x$$
が成立するので，この区間で積分し
$$\int_0^{\frac{1}{n}}\left(x-\frac{1}{2}x^2\right)dx\leq \int_0^{\frac{1}{n}}\log(1+x)dx\leq \int_0^{\frac{1}{n}}xdx$$
$$\frac{1}{2}\cdot\frac{1}{n^2}-\frac{1}{6}\cdot\frac{1}{n^3}\leq \int_0^{\frac{1}{n}}\log(1+x)dx\leq \frac{1}{2}\cdot\frac{1}{n^2}$$
$n^2(>0)$ をかけ
$$\frac{1}{2}-\frac{1}{6n}\leq a_n\leq \frac{1}{2}$$
$\lim_{n\to\infty}\left(\dfrac{1}{2}-\dfrac{1}{6n}\right)=\dfrac{1}{2}$ と，はさみうちの原理から
$$\lim_{n\to\infty} a_n=\mathbf{\frac{1}{2}}$$

(3) (1)の x を $\dfrac{k}{n^2}(>0)$ に置き換え
$$\frac{k}{n^2}-\frac{1}{2}\cdot\frac{k^2}{n^4}\leq \log\left(1+\frac{k}{n^2}\right)\leq \frac{k}{n^2}$$
$k=1, 2, \cdots, n$ とし，辺々加えることで
$$\sum_{k=1}^{n}\left(\frac{k}{n^2}-\frac{k^2}{2n^4}\right)\leq b_n\leq \sum_{k=1}^{n}\frac{k}{n^2}$$
ここで，上式の
$$\text{左辺}=\frac{1}{n^2}\sum_{k=1}^{n}k-\frac{1}{2n^4}\sum_{k=1}^{n}k^2$$
$$=\frac{1}{n^2}\cdot\frac{n(n+1)}{2}-\frac{1}{2n^4}\cdot\frac{n(n+1)(2n+1)}{6}$$
$$\to \frac{1}{2} \quad (n\to\infty)$$
$$\text{右辺}=\frac{1}{n^2}\sum_{k=1}^{n}k=\frac{1}{n^2}\cdot\frac{n(n+1)}{2}\to \frac{1}{2} \quad (n\to\infty)$$
なので，はさみうちの原理により，$\lim_{n\to\infty} b_n=\mathbf{\dfrac{1}{2}}$

(奥山)

受験報告

○12 北海道大学・理系 （解説は前頁）

▶北大医学部医学科の報告です．試験が始まり，全体を見渡すと❷が飛び抜けて簡単だということがわかり，まずは❷に手をつける．センターにもよく出るタイプで，手が止まることは全くなく，最後はお約束の定数分離で，$f(\theta)$のグラフを描いてからkを動かして考えて完答（10分）．次に典型問題の❸へ．勿論両辺の差をとった関数が単調増加することを示す．(2)でまん中の積分を求めた時点で(3)の結果が見え見えで完答気分．しかし(2)の両辺の差をとった関数を何度微分しても上手くいかず，(1)の利用方法もわからずとりあえずパスすることにする．その前に(3)だけは解いておく（30分）．❹(1)は瞬殺．しかし(2)でそれぞれの関数の判別式を出した後何をすればいいのか全くわからずパスすることにする（55分）．❺はよく見るとkが小さい値までしか問われておらず，何の工夫もしないやり方でも大したことは無いようなので普通に(3)まで進める．(4)を解く際に$q=1-p$を代入してP_3-P_4を計算していくときれいに因数分解ができたのでほっとする．問題でqを設定した意味があまり無い気がする（75分）．あまり好きでない一次変換の❶へ．でもイロハの条件を数式で表していたら実は大したことは無いことがわかり，すぐに完答（90分）．もう少し粘ればなんとかなりそうな❸へ．色々とやってみたら両辺の差をとった関数を微分した後で(1)の結果を使えば上手くいくことに気づき，やっと完答（105分）．❹に戻るが，やっぱり何の進展もなく，仕方ないので諦めて時間いっぱい見直しをして終了．結果は①○○②○○○③○○○○④○××⑤○○○で8割強か．今年の内容ならば医学科では満点近く要求されそうで，危ないのではないだろうか．

（受験オタクの親戚）

○12 東北大学・理系 （解説はp.40）

▶仮面浪人生による東北大学工学部受験報告です．前日の試験の出来が素晴らしく，数学は2完か1完もすればいいのではと思考に浸っていると試験開始．まず6問見渡した時点で解けそうな問題がなく，手持ち6匹が瀕死になった主人公の状況になりかかるが❷を解きにかかる（5分）．(2)で$g\circ f$の記号を見て順番が分からなくなりガチでやる．(3)で変な答えが出るが解けたことにする（30分）．❹は場合分けをして一完（60分）．❺は計算が大変なことになり明らかに誤った答えがでたので後で計算することに（70分）．❻は(1)はすぐにできたが(2)は両辺を2乗して整理してもうまくいかない．(3)(4)もできずに撤退（90分）．❶の(1)は$x\geq 1$はすぐ分かるとして，$y=s-t-1$を利用できずそれらしき図を描いて(2)へ．(2)はs, tを消去すると，放物線の形の式がでてきて一安心（120分）．ここまでで2完分の得点は入っていると思いつつ❸へ．(1)$X=1$だけやる．p_nは瞬殺．q_nはなぜか余事象を考えてしまい，分からなくなる．❸と❺と❻を行ったりきたりして試験終了（150分）．大丈夫だろうと思いつつも過去問では3完以上だったので不安になる．結局出来は①△○②○○△③△△④○⑤○❻○××．発表までは不安な気持ちを緩めるためにShining Starをずっと聞いていると，合格．諦めずに得点を取りにいったのがよかったのではないだろうか．そして最後に，大数には感謝しています．ありがとうございました．

（仙台は近くて遠い）

○11 京都大学・文系 （解説はp.146）

▶京都大学文学部の受験報告です．前日夜のチョコレート八ツ橋＆興奮気味で全く寝付けずに，午前4時頃には泣きそうになる．しかし4:30頃に開き直り，睡眠0時間を覚悟する．ローソンでFRISKとブラックガムを購入し，眠気を絶とうと試みる．午前，国語はまあ…なんとかなった…つもり．学食がボリューム多過ぎで，残し，気持ち悪くなる．いよいよ数学だ．今年こそ難化くるか？と思っているいると試験開始．

パラッとめくると…⑤が一目で捨て問決定．その他は激しく易化の匂いがする．①(1)から手をつける．センターかよと思いつつ撃破を試みるが…ヤバイ．頭が回らずパニック寸前に．仕方ない，I shall return じゃ．③へ…これって普通にやればいいんだよなぁ…と思いつつ正攻法で完答（25分）．④へ．絶対値に一瞬目を背けるが，ふつうに外すとなんと$|x|\leq 2$にぴったり入るではないか．こここんなのでいいのか，京大よ．おかしい，何かある，と思い色々探るが，それでも変わらず．不安を残しつつ完答．2完？40分だぞ，オイ．I have returnedで①(1)を攻撃．しかしまたハネ返される（バカ）．(2)へ転進．$X<9$, $Y<9$ を示してガチる．どうやらkを使って累乗で表せるっぽかったが，それよりもガチの方が早いと思い，愚直に攻略（60分）．❷へ．立体は苦手．ただ，$\overrightarrow{OA}\perp\overrightarrow{OB}$ なので内積を出していけばいいと思い，そうすると△ABCの面積が求まり，リーチまで到達．しかし焦りのためか，それ以上進めずに結局停滞（80分）．えーい，三度目の正直や！と①(1)に挑む．余弦定理を用い難なく完答．あのパニックは何だったんだ．そうして❷で図を回したりして手がかりを探るが，よく分からない．とりあえず答らしきものは出たが，確証はない．⑤(1)へ．$n=1$, 2の場合で実験すると，$T_1=3$, $T_2=66$が出て来，手がかりらしきものが出るが，それよりも見直しが先決．③と④をしっかり確認．そうしているうちに終了．

①○○❷○(△?)③○④○⑤××

まあ，易化で差がつかないからこんなんでいいか，と思うが，しかし簡単すぎ．皆ができてる所で恐ろしいケアレスをしてそうで怖いが，こけとらんかったら合格や！と思いつつ祈る．27日朝刊を見，カンニングに怒り心頭．卑しくも京大受験生に斯くの如き不逞の輩が居ることが信じ難い．全受験生への冒涜だと思う．

（赤と白のつぶつぶ）

北海道大学・理系（前期）

11年のセット
120分

① A*○　Ⅰ/2次関数, 整数
② B**○　C/行列
③ B***　ⅡB/座標(円), 空間図形(球)
④ B***　ⅠB/場合の数, 数列
⑤ C***　Ⅲ/定積分で表された関数

$0 < a < 2\pi$ とする．$0 < x < 2\pi$ に対して $F(x) = \int_x^{x+a} \sqrt{1-\cos\theta}\, d\theta$ と定める．

（1）$F'(x)$ を求めよ．
（2）$F'(x) \leqq 0$ となる x の範囲を求めよ．
（3）$F(x)$ の極大値および極小値を求めよ．

（11）

なぜこの1題か

今年度は昨年に比べ，難易度は下がり計算量も減った．試験会場では手応えを感じた人が例年より増えただろう．

①はガウス記号と方程式．北大では97年の証明問題以来だが，5問中最も簡単なので完答したい．②の行列は頻出タイプ．③は空間図形．球と直線が交わる条件を，方程式が実数解を持つ条件に言い換えればよい．④は確率の漸化式．長文で設問を頭に入れるのに一苦労する．式変形はすぐに終了するものの，それは試験の最中にすぐわかることでもないため，見た目で後まわしにした人が多いだろう．

⑤は何を要求されているのかすぐ分かるし，唯一の数Ⅲなので，理系としてはぜひとも得点したい．

ところが，文字定数 a が最後まで消えずに残り（北大にはこのタイプが多い），しかも $\sqrt{}$ と絶対値の処理に手間どる．数行で済むはずの(1)にしても，実は白紙の人が案外いたはず．その場合，(2)も手つかずとなり点差がひらく．微積分のみならず，三角関数の変形が身についているか，そこまで総合的に問われる⑤が合否を分けただろう．

【**目標**】(2)まで15分．(3)は積分計算に時間を要し15分．計30分で完答できれば実力十分．

解答

（1）積分区間の上端が $x+a$，下端が x なので，「微積分学の基本定理」
（☞解説）を利用.

◁ 北大では時々出されている．

（2）三角関数の不等式．「和積の公式」で，散らばる x を1ヵ所に集める．

（3）$\sqrt{1-\cos\theta}$ の変形が眼目．$\sqrt{}$ を解消するためには $1-\cos\theta$ を（　）² にしたい．また，$\sqrt{A^2} = |A|$ にも注意．必要に応じて，A の正負で積分区間を分ける．

◁ 半角の公式: $1-\cos\theta = 2\sin^2\dfrac{\theta}{2}$ を連想できたかが勝負．

（1）$F(x) = \displaystyle\int_x^{x+a} \sqrt{1-\cos\theta}\, d\theta = \int_x^{0} \sqrt{1-\cos\theta}\, d\theta + \int_0^{x+a} \sqrt{1-\cos\theta}\, d\theta$

後者の積分で $\theta - a = t$ と置換．$dt = d\theta$,

θ	$0 \longrightarrow x+a$
t	$-a \longrightarrow x$

より，

$F(x) = \displaystyle\int_{-a}^{x} \sqrt{1-\cos(t+a)}\, dt - \int_0^{x} \sqrt{1-\cos\theta}\, d\theta$

両辺を x で微分して

$\boldsymbol{F'(x) = \sqrt{1-\cos(x+a)} - \sqrt{1-\cos x}}$

（2）$F'(x) \leqq 0$ のとき

$\sqrt{1-\cos(x+a)} \leqq \sqrt{1-\cos x}$

両辺とも0以上なので2乗し

$1 - \cos(x+a) \leqq 1 - \cos x$

$\cos(x+a) - \cos x \geqq 0$ ……………………………①

◁ 微積分学の基本定理

$\dfrac{d}{dx} \displaystyle\int_c^{x} f(t)\, dt = f(x)$

(c は定数で，$f(t)$ は x によらないとき) を使えるよう，下端を0にした．0でなくとも定数なら何でもよい（1とか2とかでも）．さらに，上端が x になるように置換．

◁ 解説の「定積分で表された関数の微分」を使えば，積分区間 $x \sim x+a$ を $x \sim 0$，$0 \sim x+a$ に分けなくても

$F'(x) = \dfrac{d}{dx} \displaystyle\int_x^{x+a} \sqrt{1-\cos\theta}\, d\theta$
$= \sqrt{1-\cos(x+a)} - \sqrt{1-\cos x}$

とできる．

36

ここで任意の角 α, β に対し
$$\cos(\alpha+\beta)-\cos(\alpha-\beta)=-2\sin\alpha\cdot\sin\beta \quad \cdots\cdots\cdots\cdots ②$$
が成り立ち

$\begin{cases}\alpha+\beta=x+a \\ \alpha-\beta=x\end{cases}$ のとき $\begin{cases}\alpha=x+\dfrac{a}{2} \\ \beta=\dfrac{a}{2}\end{cases}$ なので，②から

$$\cos(x+a)-\cos x=-2\sin\left(x+\dfrac{a}{2}\right)\cdot\sin\dfrac{a}{2} \quad \cdots\cdots ②'$$

これを用い，①は
$$-2\sin\left(x+\dfrac{a}{2}\right)\cdot\sin\dfrac{a}{2}\geqq 0$$

$0<a<2\pi$ より，$0<\dfrac{a}{2}<\pi$ ……③ $0<\sin\dfrac{a}{2}$ なので，上式は

$$\sin\left(x+\dfrac{a}{2}\right)\leqq 0 \quad \cdots\cdots\cdots\cdots\cdots\cdots\cdots ④$$

③と $0<x<2\pi$ より $0<x+\dfrac{a}{2}<3\pi$ なので，④から
$$\pi\leqq x+\dfrac{a}{2}\leqq 2\pi$$
$$\therefore\ \pi-\dfrac{a}{2}\leqq x\leqq 2\pi-\dfrac{a}{2}$$

◁ ②を忘れた場合は，次のように加法定理から導く．
$\cos(\alpha+\beta)=\cos\alpha\cos\beta-\sin\alpha\sin\beta$
$\cos(\alpha-\beta)=\cos\alpha\cos\beta+\sin\alpha\sin\beta$
辺々差をとると②が得られる．

◁ $x+a$ と x の平均 $x+\dfrac{a}{2}$ を用いて
$\cos(x+a)=\cos\left(\left(x+\dfrac{a}{2}\right)+\dfrac{a}{2}\right)$,
$\cos x=\cos\left(\left(x+\dfrac{a}{2}\right)-\dfrac{a}{2}\right)$
を加法定理で展開することで②'の右辺を直接求めてもよい．

（3）（2）より，$F(x)$ の増減表は次のようになる．

x	0		$\pi-\dfrac{a}{2}$		$2\pi-\dfrac{a}{2}$		2π
$F'(x)$		+	0	−	0	+	
$F(x)$		↗	極大	↘	極小	↗	

$$F(x)=\int_x^{x+a}\sqrt{1-\cos\theta}\,d\theta=\int_x^{x+a}\sqrt{2\sin^2\dfrac{\theta}{2}}\,d\theta=\sqrt{2}\int_x^{x+a}\left|\sin\dfrac{\theta}{2}\right|d\theta$$

$$F\left(\pi-\dfrac{a}{2}\right)=\sqrt{2}\int_{\pi-\frac{a}{2}}^{\pi+\frac{a}{2}}\left|\sin\dfrac{\theta}{2}\right|d\theta$$

$\pi-\dfrac{a}{2}\leqq\theta\leqq\pi+\dfrac{a}{2}$ のとき③から $0<\theta<2\pi$ なので，$0<\sin\dfrac{\theta}{2}$ となり

$$F\left(\pi-\dfrac{a}{2}\right)=\sqrt{2}\int_{\pi-\frac{a}{2}}^{\pi+\frac{a}{2}}\sin\dfrac{\theta}{2}\,d\theta=\sqrt{2}\left[-2\cos\dfrac{\theta}{2}\right]_{\pi-\frac{a}{2}}^{\pi+\frac{a}{2}}$$
$$=-2\sqrt{2}\cos\left(\dfrac{\pi}{2}+\dfrac{a}{4}\right)+2\sqrt{2}\cos\left(\dfrac{\pi}{2}-\dfrac{a}{4}\right)$$
$$=2\sqrt{2}\sin\dfrac{a}{4}+2\sqrt{2}\sin\dfrac{a}{4}=4\sqrt{2}\sin\dfrac{a}{4}$$

$$F\left(2\pi-\dfrac{a}{2}\right)=\sqrt{2}\int_{2\pi-\frac{a}{2}}^{2\pi+\frac{a}{2}}\left|\sin\dfrac{\theta}{2}\right|d\theta$$

$2\pi-\dfrac{a}{2}\leqq\theta\leqq 2\pi+\dfrac{a}{2}$ のとき③から $\pi<\theta<3\pi$ なので，$\dfrac{\pi}{2}<\dfrac{\theta}{2}<\dfrac{3}{2}\pi$

$\dfrac{\theta}{2}$ が単調に増加するとき，$\dfrac{\theta}{2}=\pi$ の前後で $\sin\dfrac{\theta}{2}$ は正から負に変わるから，

◁ $F'(x)>0$ となるのは，$0<x<2\pi$ のうち（2）の答に含まれない方．なお

◁ $F'(x)$ と $\sin\left(x+\dfrac{a}{2}\right)$ の符号は一致する．

◁ A の符号がわからないときに $\sqrt{A^2}=A$ としてはいけない．正しくは $\sqrt{A^2}=|A|$．

◁ $|\ |$ がついたままでは積分計算が進まないので，$\sin\dfrac{\theta}{2}$ の正負を調べる．

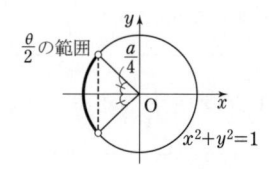

◁ $\dfrac{\theta}{2}=\pi$，つまり $\theta=2\pi$ を積分区間の境目にして $|\ |$ をはずす．

37

$$F\left(2\pi-\frac{a}{2}\right)=\sqrt{2}\int_{2\pi-\frac{a}{2}}^{2\pi}\sin\frac{\theta}{2}d\theta-\sqrt{2}\int_{2\pi}^{2\pi+\frac{a}{2}}\sin\frac{\theta}{2}d\theta$$

$$=\sqrt{2}\left[-2\cos\frac{\theta}{2}\right]_{2\pi-\frac{a}{2}}^{2\pi}-\sqrt{2}\left[-2\cos\frac{\theta}{2}\right]_{2\pi}^{2\pi+\frac{a}{2}}$$

$$=2\sqrt{2}\left[\cos\frac{\theta}{2}\right]_{2\pi}^{2\pi-\frac{a}{2}}+2\sqrt{2}\left[\cos\frac{\theta}{2}\right]_{2\pi}^{2\pi+\frac{a}{2}}$$

$$=2\sqrt{2}\left\{\cos\left(\pi-\frac{a}{4}\right)+1\right\}+2\sqrt{2}\left\{\cos\left(\pi+\frac{a}{4}\right)+1\right\}$$

$$=2\sqrt{2}\left(-\cos\frac{a}{4}+1\right)+2\sqrt{2}\left(-\cos\frac{a}{4}+1\right)$$

$$=4\sqrt{2}\left(1-\cos\frac{a}{4}\right)$$

以上より,

$F(x)$ の**極大値は** $4\sqrt{2}\sin\dfrac{a}{4}$, **極小値は** $4\sqrt{2}\left(1-\cos\dfrac{a}{4}\right)$

解説

【定積分で表された関数の微分】

$f(t)$ は x によらないとする. a, b を定数として

$$\frac{d}{dx}\int_a^b f(t)dt=0$$

であるが,積分区間に x が入ると,c を定数として

$$\frac{d}{dx}\int_c^x f(t)dt=f(x)$$

となる.数Ⅱではここまででよいだろう.数Ⅲでは次の公式まで知っておきたい.

> u, v は x の関数で,$f(t)$ は x を含まないとき,
> $$\frac{d}{dx}\int_u^v f(t)dt=f(v)v'-f(u)u'$$

理由は,$f(t)$ の原始関数の1つを $F(t)$ とすると,

$$\int_u^v f(t)dt=\Big[F(t)\Big]_u^v=F(v)-F(u)$$

$$\therefore\ \frac{d}{dx}\int_u^v f(t)dt=\frac{d}{dx}\{F(v)-F(u)\}$$
$$=f(v)v'-f(u)u'$$

となるからである.

> **例1** $f(x)=\displaystyle\int_{x^2}^{\sin x}e^{t^2}dt$ を x で微分せよ.

$f'(x)=e^{(\sin x)^2}(\sin x)'-e^{(x^2)^2}(x^2)'$
$\qquad=e^{\sin^2 x}\cdot\cos x-2xe^{x^4}$

> **例2** $f(x)$ を微分可能な関数,n を自然数とする.等式
> $$\frac{1}{x-1}\int_1^x f(t)dt=x^n\ (x\ne 1)\quad\cdots\cdots\text{①}$$
> を満たす関数 $f(x)$ を求めよ.
> (02 北大(一部))

①より $\displaystyle\int_1^x f(t)dt=x^n(x-1)=x^{n+1}-x^n$

両辺を x で微分し

$$f(x)=(n+1)x^n-nx^{n-1}$$

> **例3** 連続関数 $f(x)$ は $f(0)=1$ であり,任意の実数 x について
> $$\int_{-x}^x f(t)dt=a\sin x+b\cos x\quad\cdots\cdots\text{①}$$
> を満たしている.このとき,定数 a,b の値を求めよ.
> (94 北大(一部))

①で $x=0$ とおき,$0=0+b$ $\quad\therefore\ \boldsymbol{b=0}$

このとき,①の両辺を x で微分し

$$f(x)\cdot(x)'-f(-x)\cdot(-x)'=(a\sin x)'$$
$$f(x)+f(-x)=a\cos x$$

$x=0$ とし,$f(0)=1$ を用い $1+1=a$ $\quad\therefore\ \boldsymbol{a=2}$

【$1-\cos x$】

本問では $\sqrt{1-\cos\theta}$ の $\sqrt{}$ 記号をはずせば，高得点への道がひらける．ここは同様の計算を以前にしたことがあるかどうかで違いが出ただろう．$1-\cos x$ の次数を上げるとうまくいく問題は，過去にも出されている．

> **例 4** 不等式 $\cos 2x + cx^2 \geq 1$ がすべての実数 x について成り立つような定数 c の値の範囲を求めよ．
> （01 北大）

$\cos 2x + cx^2 \geq 1$ より $cx^2 \geq 1 - \cos 2x = 2\sin^2 x$ … ①
（一種の次数上げ）

cx^2，$2\sin^2 x$ はともに偶関数なので，$0 \leq x$ で①が成り立つための c の条件を求めればよい．

$x = 0$ のとき①の等号が成立．以下，$x > 0$ として①より

$$c \geq \frac{2\sin^2 x}{x^2} = 2\left(\frac{\sin x}{x}\right)^2 \quad \cdots\cdots\cdots ②$$

$\lim_{x \to +0}\left\{2\left(\frac{\sin x}{x}\right)^2\right\} = 2 \cdot 1^2 = 2$ なので，②を成立させる c として 2 より小さいもの，例えば，$c = -1$, 0, 1.99 などは不適．少なくとも $c \geq 2$ でなければならない．また②の右辺は 2 を超えない．というのも，$0 < x$ では $|\sin x| < x$（証明略）なので，

$$0 < \left(\frac{\sin x}{x}\right)^2 < \left(\frac{x}{x}\right)^2 = 1 \text{ より } 2\left(\frac{\sin x}{x}\right)^2 < 2$$

が成立するから．結局，②を満たす c は 2 以上であればすべて O.K. なので，求める c の値の範囲は $\boldsymbol{c \geq 2}$

（奥山）

受験報告

○11 慶應義塾大学・医学部（解説は p.109）

▶先日，日本医科大学の受験報告をした者です．**慶應義塾大学医学部の受験報告**をします．ちなみに日医は補欠でした．デカイ解答用紙が配られて最後の受験数学がスタート．小問集合の①からとりかかる．(1)は多項式で一瞬ひるむも方程式の解を考えれば OK．重解は微分してれば OK？で特に問題なし．(2)も求める変数が多いけど，成分計算してみれば簡単ということで．(3)はただの双曲線の移動ってことで簡単に終了．あっさりと①が終わってしまう．あれ，これが慶應か？と疑いながら②へ（10分）．③の(1)は，余弦定理と正弦定理を使ってゴリゴリ計算する．多少計算がキツイが，慶應だから，と思って計算をすすめる．(2)は内接円の半径を求める公式を使って OK．(3)は円に外接する四角形という定番問題．しかし，円の半径がとんでもない値になってしまう．さらに最大を求めるので微分してみるも，ごちゃごちゃしてしまったので❹へすすむ（40分）．❹の(1)からゴッツイ．しかし最小値がうまくでない．なんだかんだで20分ほど試行錯誤していると l が $y = \frac{k}{x}$ の接線だと勘違いしていたことが判明．問題文はちゃんと読みましょう（笑）．その後は(3)まですすんで，ただ min を示すのがメンドくさそうだから②へ（75分）．②はこの大学の顔でもある確率．ただ今年は易化かなぁ．(5)までやって勝手に満足して深呼吸をしていたら変な音のチャイムが鳴って終了．回収時に❹の(3)が $\frac{d}{dm}S(m)$ ではなくて $S(m)$ を書いていたことが判明．結果は①○○○②○○○○○×③○○△(or×)❹○○×

英語は爆死しました（笑）．あの量は無理です．自分はこれで受験が終わりなのでしばらく休みます（笑）．

（センター失敗で私立専願．）

○10 大阪医科大学（解説は p.172）

▶大阪医大受験報告．今日，国公立2次試験の面接が終わって（府立医大を受けたのでそっちの報告もします！）後期を受けない僕は一段落したので張り切って報告します．最初の数学，5問100分と府立医大とは違い結構ハードなはずだが過去問を一度も見たことがなかったので気楽にスタート．①三角関数がネタなのは，ばればれ．軽々一完（12分）．②オリスタに類題を見たことがあるせいでそっちに思考が引っぱられて混乱し，逃亡（20分）．③ベクトル．(1)うーわ定義かよと思いつつ丁寧に書いて(2)アホみたい．瞬殺（33分）．❹ $h(-x) = -h(x)$：奇関数，$g(-x) = g(x)$：偶関数の性質を用いての証明問題．(2)で少しゴマカすもとりあえず完答？（60分）⑤この問題は学校の数学の先生が大好きな雰囲気の問題（だって2学期の7割が確率，そのうちの8割は漸化式が絡んでるタイプ）．結論も書いてあるので秒殺（72分）．となると②に戻るが中々頭が切り替わらずに悩む（85分）．仕方がないので②以外の見直しをして終了．類題経験が仇になるとは…(´・ω・`) ちなみに僕が類題と感じたのは2006年の芝浦工大です．えっ!? 全然違う!? でも与えられた式は同じでしょ（笑）．$\lim_{n \to \infty} n(\log 2 - S_n)$ なら求められるのに

$$\left(S_n = \frac{1}{n+1} + \frac{1}{n+2} + \cdots + \frac{1}{n+n}\right)$$

①○ ②× ③○ ❹○△ ⑤○
たぶん大分易化ですよね？

大阪医大を受けた人たちに質問です．
1. 物理の万有引力の問題って簡単ですか!? 2. 英作の「出産」と「妊娠」ってちゃんと書けましたか？
（政権は鳩（ハト）がとっても垣（ガキ）がとっても一緒でしょ!?）

39

東北大学・理系（前期）

12年のセット　150分

① B** Ⅱ/座標, 領域
② C*** C/一次変換(折り返し, 回転)
③ C*** AB/確率(期待値), 数列
④ C*** Ⅲ/微分(最大, 最小), 積分
⑤ B*** Ⅲ/図形, 微分(最大・最小)
⑥ CⅢ*** BⅢ/数列, 極限

数列 $\{a_n\}$ を $a_1=1$, $a_{n+1}=\sqrt{\dfrac{3a_n+4}{2a_n+3}}$ $(n=1, 2, 3, \cdots)$ で定める．以下の問いに答えよ．

（1）$n\geq 2$ のとき，$a_n>1$ となることを示せ．

（2）$\alpha^2=\dfrac{3\alpha+4}{2\alpha+3}$ を満たす正の実数 α を求めよ．

（3）すべての自然数 n に対して $a_n<\alpha$ となることを示せ．

（4）$0<r<1$ を満たすある実数 r に対して，不等式 $\dfrac{\alpha-a_{n+1}}{\alpha-a_n}\leq r$ $(n=1, 2, 3, \cdots)$ が成り立つことを示せ．さらに，極限 $\lim\limits_{n\to\infty} a_n$ を求めよ．

(12)

なぜこの1題か

今年のセットは計算量の増加や証明主体の問題の出題などがあり，全体的に標準レベルだった昨年より難化したと言える．

各問題を分析してみると次のようになる．

①（座標，領域）は2つのパラメタで与えられる点の存在領域についてであり，この問題が全く手につかないようでは数学での合格点は厳しい．気付けばアッサリ終わってしまう(1)より，実は類題が多い(2)の方が手をつけやすい，という人が多かったのではないだろうか？　②（一次変換）は昨年の一次変換の問題と比較すると，計算量も大幅に増え，議論も複雑である．前半は決まった手法だが，後半は適切な手法の選択が必要となってくる．③（確率）も昨年の問題と比較すると難化している．(1)と(2)が無関係な分，得手・不得手の差が確実に出る問題である．④（微分法，積分法，最大・最小）は絶対値を含む積分計算なので，場合分けをキチンと出来るかが関門である．しかし，これをクリアすれば，微分での計算量はやや多いものの得点に結び付く問題である．⑤（図形，微分法）は全体として処理の仕方で差が出る問題である．なまじ有名角に着目してしまうと，余弦定理を使って $AQ+QB=1$ から x，y の関係式を出しても，そこから $y=(x\text{の式})$ が容易には出ないからである．(2)も処理に差が出てしまうので，全体として時間制限がある入試では重たい問題だろう．

最後に，⑥（数列，極限）について．理系受験者ならば一度は経験しておくべき頻出問題であるが，6題中唯一の証明設問を含む問題であり，しっかりとした論述力が問われる．出来たつもりになりやすい分，標準レベルの証明問題は差がつきやすい．

全体を眺めると，時間差がつくという点では①②もあるが，得点では③⑥が合否ラインを引く問題だろう．今回は，最後の問題で証明主体の⑥を解説しよう．

【目標】　類題が多い．その経験を生かして，誘導の流れを意識しながら証明問題は丁寧に論述し，30分程度で処理をしたい．

解答

（1）は $\{a_n\}$ の定義式を変形するだけ．（2）は"正の実数"に捉われ過ぎずに，そのまま高次方程式を解けばよい．（3）は数学的帰納法で確実に処理したい．（4）では，（3）での過程式を利用できることに注意しよう．

（4）は $X_{n+1}=F(X_n)$ を満たす $\{X_n\}$ が，（2）で求めた α に収束すること（収束するならば α は $\alpha=F(\alpha)$ を満たす）を，
$$|X_{n+1}-\alpha|\leq r|X_n-\alpha|\ (0<r<1)$$
を導かせて示させるという流れである（☞解説）．この流れを意識して解いていこう．

＊　　　　　＊

漸化式とは，例えば
$$a_{n+2}=3a_{n+1}-a_n$$
⇐のように，欲しい●番目の項を，それより前の項を使って記述している．"帰納的関係式"とも言われるが，数学的帰納法とは相性が良い式である．

従って，ベストな証明法かは別として，漸化式絡みの証明に，数学的帰納法が使えないかと考えることは自然な思考だろう．

（1） まず，$\sqrt{} \geqq 0$ なので，すべての自然数 n に対して，$a_n \geqq 0$ ……①
に注意する．

このとき，$n \geqq 1$ で，$\dfrac{3a_n+4}{2a_n+3} > 1$ ……② であれば $\sqrt{\dfrac{3a_n+4}{2a_n+3}} > 1$ となる
ので，$a_{n+1} > 1$，すなわち，$n \geqq 2$ で $a_n > 1$ となる．

したがって，②を示せばよいが，
$$\dfrac{3a_n+4}{2a_n+3} - 1 = \dfrac{3a_n+4-(2a_n+3)}{2a_n+3} = \dfrac{a_n+1}{2a_n+3} > 0 \;(\because \;①より)$$
となるので，$n \geqq 1$ で②は成立する．よって題意は示された．

▷ 帰納法が使えるかと考えても構わないが，②を言えば良いので，結局 $a_k \geqq 0$ なら示せてしまう．$a_k \geqq 1$ を仮定する必要はない．
なお，帰納法の注意点については ☞解説

（2） $x^2 = \dfrac{3x+4}{2x+3}$ より，$x^2(2x+3) = 3x+4$

$\therefore\; 2x^3 + 3x^2 - 3x - 4 = 0$ ……③

ここで，$f(x) = 2x^3 + 3x^2 - 3x - 4$ とすると，$f(x) = (x+1)(2x^2+x-4)$
より，α は $2x^2 + x - 4 = 0$ ……④ の正の解である．

④より，$x = \dfrac{-1 \pm \sqrt{33}}{4}$ $\quad \therefore\; \alpha = \dfrac{-1+\sqrt{33}}{4}$ $\;(\because\; \alpha > 0)$

▷ 高次方程式の解法の基本に戻って，$x = \pm 1, \pm 2, \cdots$ と代入すると，$f(-1) = 0$ が見つかる．よって，因数定理より $f(x)$ は $x+1$ を因数にもつ．
なお，$f(x)$ が整数を係数とする多項式で（定数項）$\neq 0$ のとき，$f(x) = 0$ の有理数解は
$$\pm \dfrac{（定数項の約数）}{（最高次の係数の約数）}$$
に限ることも押さえておこう．

（3） 数学的帰納法により示す．
$n = 1$ のとき，$\sqrt{33} > \sqrt{25} = 5$ であるから，
$$\alpha = \dfrac{-1+\sqrt{33}}{4} > \dfrac{-1+5}{4} = 1 = a_1$$
よって，$a_1 < \alpha$ は成立する．
$n = k$ のとき，$a_k < \alpha$ の成立を仮定すると，
$$\alpha^2 - a_{k+1}^2 = \dfrac{3\alpha+4}{2\alpha+3} - \dfrac{3a_k+4}{2a_k+3}$$
$$= \dfrac{(3\alpha+4)(2a_k+3) - (3a_k+4)(2\alpha+3)}{(2\alpha+3)(2a_k+3)}$$
$$\therefore\; \alpha^2 - a_{k+1}^2 = \dfrac{\alpha - a_k}{(2\alpha+3)(2a_k+3)}$$ ……⑤

仮定より，$\alpha - a_k > 0$ であるから，①，$\alpha > 0$ とあわせて，（⑤の右辺）> 0
したがって，$\alpha^2 - a_{k+1}^2 > 0$ より，$a_{k+1}^2 < \alpha^2$
これと $\alpha > 0$，$a_{k+1} \geqq 0$ より $a_{k+1} < \alpha$ を得るので，$n = k+1$ でも成立する．
以上から，数学的帰納法により題意は示された．

▷ $\sqrt{}$ を含む式での数値評価なので，2乗して $\sqrt{}$ を回避したい．
a_{k+1}, α はともに正だから2乗しても大小は変わらないので，2乗する．——— を断る習慣を付けよう．
このとき，α は具体的な数値で扱うのではなく，α のまま変形していくことがポイント !!（☞解説）

（4） （3）の⑤において，k を n にして，
$$\alpha^2 - a_{n+1}^2 = \dfrac{\alpha - a_n}{(2\alpha+3)(2a_n+3)}$$
この両辺を $\alpha + a_{n+1} > 0$，$\alpha - a_n > 0$ で割ると，
$$\dfrac{\alpha - a_{n+1}}{\alpha - a_n} = \dfrac{1}{(\alpha+a_{n+1})(2\alpha+3)(2a_n+3)}$$ ……⑥

ここで，$a_n \geqq 0$，$\alpha > 1$ より，⑥ $< \dfrac{1}{1 \cdot 5 \cdot 3} = \dfrac{1}{15}$

よって，$\dfrac{\alpha - a_{n+1}}{\alpha - a_n} \leqq r$ ……⑦ となる r として，$r = \dfrac{1}{15}$ ととれるので，題意は示された．

さらに，この r に対して，（3）から $\alpha - a_n > 0$ であることと⑦より
$$\alpha - a_{n+1} \leqq r(\alpha - a_n)$$
$\therefore\; \alpha - a_n \leqq r(\alpha - a_{n-1}) \leqq r^2(\alpha - a_{n-2}) \leqq \cdots \leqq r^{n-1}(\alpha - a_1)$
$\therefore\; 0 < \alpha - a_n \leqq r^{n-1}(\alpha - a_1)$ ……⑧

▷ （3）と同様に，$\alpha - a_{n+1}$ を変形していく議論は避けたい．結局，
$$(\alpha - a_{n+1}) \cdot \bullet = (\alpha - a_n) \cdot \blacktriangle$$
の形さえあれば，$\dfrac{\alpha - a_{n+1}}{\alpha - a_n}$ の式を得られることに注意しよう．

▷ （⑥の右辺）< 1 を示すだけだから，大雑把に評価することができる．

▷ 等比数列の感覚で !（☞解説）

41

いま，$0<r<1$ より，$\lim_{n\to\infty} r^{n-1}=0$ であるから，⑧において，挟み撃ちの原理より，

$$\lim_{n\to\infty}(\alpha-a_n)=0 \quad \therefore \quad \lim_{n\to\infty} a_n=\alpha=\frac{-1+\sqrt{33}}{4}$$

⇐「**不等式と極限**」ときたら挟み撃ちが**使えないかと考える**のは重要な発想!!

⇐ $\lim_{n\to\infty}|X_n-p|=0$（$p$ は定数）
　は $\lim_{n\to\infty} X_n=p$ と同値．

解　説 （受験報告は p.35）

【数学的帰納法と（1）について】

（1）で帰納法を使うとき，次のように書いて出来たつもりになってはいけない．

〈解？〉（$n=k$ での成立を仮定した後）

$$a_{k+1}=\sqrt{\frac{3a_k+4}{2a_k+3}} \underset{*}{>} \sqrt{\frac{3\cdot 1+4}{2\cdot 1+3}} \underset{*}{=} \sqrt{\frac{7}{5}} \underset{*}{>} 1$$

$g(x)=\dfrac{3x+4}{2x+3}$ が，$g'(x)=\dfrac{1}{(2x+3)^2}$ から $x>1$ で単調増加，ということを言わないと，$g(1)>1$ でも，それ以外の x で $g(x)>1$ かどうかは解らないからである．

【難しい数列 $\{X_n\}$ の極限と本問の流れ】

本問の流れは，冒頭に述べたように，"解けない漸化式 $X_{n+1}=F(X_n)$ の極限" として解説される話である．

この問題の極限を求める仕組み（流れ）は，

① 極限値の候補 α を見つけ出す
② 実際に α に収束することを示す

という二段構えで極限値を答えることである．

では，各ステップを見てみよう．

（i）①について

$\{X_n\}$ が α に収束するということは，一般項 X_n が α に収束することという約束事から，極限値 α の候補の決め手は，

もし X_n が α に収束しているならば，X_{n+1} も α に収束している

ということである．

したがって，もし $\{X_n\}$ が α に収束するなら，$n\to\infty$ の極限状態での漸化式 $X_{n+1}=F(X_n)$ は，

$$\alpha=F(\alpha) \quad \cdots\cdots\cdots\cdots\cdots\cdots (*)$$

という状態になるはずである．そしてこれは，

方程式 $F(x)=x$ の解 α が極限値の候補

ということを意味している．

本問では？：この部分が，設問（2）である．

実際，$a_n\to\alpha$（$n\to\infty$）となるならば，$\alpha=\sqrt{\dfrac{3\alpha+4}{2\alpha+3}}$

となるはずで，この両辺を2乗したものが，（2）の与式，

$\alpha^2=\dfrac{3\alpha+4}{2\alpha+3}$ （（$*$）に相当する式）なのである．

（ii）②について

後半の議論は，X_n が α に収束することの証明である．

X_n が定数 α に収束するということは，'X_n と α の差がなくなる' ということで，これを式にしたものが，

$\boxed{\lim_{n\to\infty} X_n=\alpha\text{ とは，}\lim_{n\to\infty}|X_n-\alpha|=0\text{ のこと}}$ ………Ⓐ

であることに注意しよう．

さて，ここでの証明に使う道具が，$\{X_n\}$ が漸化式で定義されていることを利用した，

$$|X_{n+1}-\alpha|\le r|X_n-\alpha| \quad (r\text{ は }0<r<1\text{ を満たす定数})$$
$$\cdots\cdots\cdots\cdots(☆)$$

という不等式である．（☆）さえ作れれば，等比数列と同様に番号を下げることが出来るのである．つまり，

$$|X_{n+1}-\alpha|\le r|X_n-\alpha|\le r^2|X_{n-1}-\alpha|$$
$$\le r^3|X_{n-2}-\alpha|\le\cdots\le r^n|X_1-\alpha|$$

となるので，このことからすべての自然数 n に対して，

$$|X_n-\alpha|\le r^{n-1}|X_1-\alpha|$$

が成り立つことがわかるだろう．

最後の仕上げは，r が $0<r<1$ を満たす定数，ということを利用して挟み撃ちの原理を用いれば，

$$|X_n-\alpha| \xrightarrow{n\to\infty} 0 \text{ であること}$$

すなわち，Ⓐより，$\lim_{n\to\infty} X_n=\alpha$ を示すことができる．

*　　　　　*　　　　　*

流れは以上の通りであるが，この手の問題で一番苦労する部分が，不等式（☆）を導く部分である．

そこで，まず仕組みと議論のコツをつかんでみよう．

$|X_{n+1}-\alpha|$ を不等式で変形をし，$|X_n-\alpha|$ と 1 より小さい正の定数 r を使って表すことを考えると，

$$|X_{n+1}-\alpha|=|F(X_n)-F(\alpha)|$$

が第一歩だろう．問題はここから $X_n-\alpha$ をどのようにして取り出すか？　であるが，このとき活躍するのが，⦿（2）でも登場した，解を用いて因数分解をするとい

う**因数定理**である.

もし，$F(x)$ が本問のように有理化などで，多項式の話にもっていけるなら，因数定理を利用できる．
$G(X)=F(X)-F(\alpha)$ とすれば，$G(\alpha)=0$ から，**$G(X)$ は $G(X)=(X-\alpha)h(X)$ と因数分解できる**のである．X を X_n と見れば，
$$|X_{n+1}-\alpha|=|F(X_n)-F(\alpha)|=|X_n-\alpha||h(X_n)|$$
と変形でき，残る課題は，$|h(X_n)|\leq r$ となる 1 より小さい正の定数 r を見つけることだけとなる．

議論のコツは，$X_n-\alpha$ を因数にもつことと，必要に応じて，$\alpha=F(\alpha)$ を使って，α でなく $F(\alpha)$ で議論することである．

本問では？：(☆)の不等式を示す部分が，設問(4)の前半である．
(1)(3)は，この(☆)を導くために必要な小道具であり，これらの小道具を使って r を炙り出せというヒントである．（r を出しにくいときはこのようなヒントの小道具が付くことも忘れないで欲しい．）

　初めてこの話を学ぶ人は，ここまでの流れの復習として，1対1（数III）などを演習するとよい．なお，このタイプは，東北大では03年にも出題されているので，そちらも参照してもらいたい（☞IIIC スタ演 5・12）．

　　　　　　　＊　　　　　＊　　　　　＊

　さて，一歩上のレベルに上がるためには，$F(x)$ が多項式とは無縁の場合はどうするのか？である．$F(x)$ が微分可能な関数の場合，ここで活躍するのが "**平均値の定理**" である．

　すなわち，X_n と α の間にある数 c_n（n によって変化し得る値なので c_n と表す）を用いて，
$$F(X_n)-F(\alpha)=(X_n-\alpha)F'(c_n)$$
と表せることを利用し，残る課題は，$|F'(c_n)|\leq r$ となる r を見つけていくことである．

　平均値の定理は，実はこのように，**因数定理を一般の微分可能な関数に拡張したもの**と解釈できるのである．

【$X_{n+1}=F(X_n)$ の視覚的な捉え方】

　さて，前節での一連の話は，$y=F(x)$ のグラフを使って視覚的に捉えることができる．
　例えば，$y=F(x)$ のグラフを右上の左側の図として，X_1 から X_2, X_3, … と順に値を出していくことを考えてみよう．

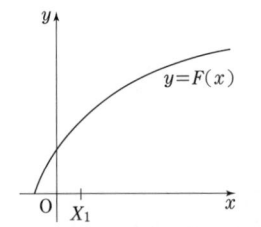

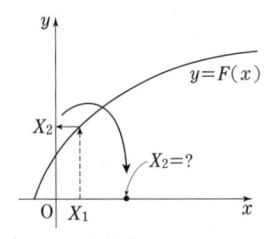

このとき，$y=F(x)$ で $x=X_1$ とすれば，出てくる X_2 は y 座標，つまり，y 軸上での値である（右上図）．

　すると，次に X_3 を出すために，$X_3=F(X_2)$ なので $x=X_2$ としたいのだが，このままでは目分量でないと x 軸上に X_2 の値をとることは出来ない．

　そこで，直線 $y=x$ のグラフの出番である．

　この直線の図形操作としての意味は，「y 軸上の値を x 軸上の値にすることができる」ということで，もう少し言えば，「x 座標と y 座標を取り替えることができる」ということである．

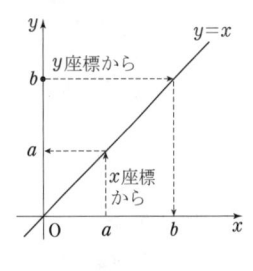

　これを使って，数列 $\{X_n\}$ の値の推移を見ていくと下のように各項をとっていける様子がわかる．

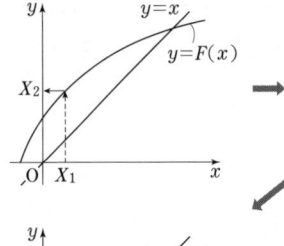

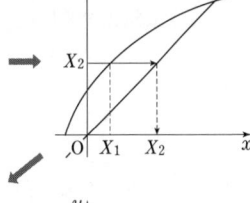

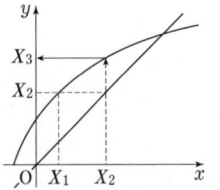

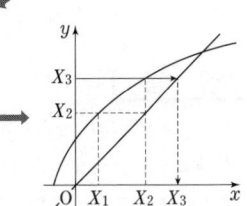

するとどうだろう？
順に X_1, X_2, X_3, … と取られていく様子から，X_n は $y=F(x)$ と $y=x$ の交点の x 座標，$x=\alpha$ に近づいていくことが視覚的に理解できるだろう．

（中里）

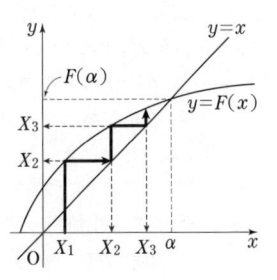

東北大学・理系（前期）

11年のセット
150分

① B*** ⅠⅡ/座標(不等式,最大・最小)
② B*** ⅡⅢ/座標(軌跡),積分(面積)
③ B*** A/確率
④ B*** B/ベクトル
⑤ C*** Ⅱ/複素数
⑥ B** C/行列(一次変換)

実数 a に対し，不等式 $y \leq 2ax - a^2 + 2a + 2$ の表す座標平面上の領域を $D(a)$ とおく．
（1）$-1 \leq a \leq 2$ を満たすすべての a に対し $D(a)$ の点となるような点 (p, q) の範囲を図示せよ．
（2）$-1 \leq a \leq 2$ を満たすいずれかの a に対し $D(a)$ の点となるような点 (p, q) の範囲を図示せよ．

(11)

なぜこの1題か

　今年のセットは，昨年度よりもだいぶ手を着けやすいセットだった．その要因として，
・問題設定が標準問題から大きくはずれていないこと
・したがって，第一手を迷う問題が少なかったこと
・全体的に計算量も落ち着いていたこと
などが挙げられる．それでも，限られた時間内でキチッと答案を作っていくにはそれなりの力が必要である．
　では，各問題を見てみよう．①(不等式，最大・最小)は文字定数を含む2次不等式であり，領域内の点といった仰々しい言い方に戸惑い，どのように手を着けて良いか分かりにくく，1問目からこれか…と思った人も多いだろう．②(軌跡，積分(面積))は軌跡を扱いつつも軌跡の難しさはほとんどなく，標準的で答えにたどり着きやすい問題である．③(確率)は標準的ながら，やや込み入った設定になっているので，得意・不得意での差が出るような問題である．また，④(ベクトル)は文字定数を含むものの頻出問題の設定であり，方針に大きく手間取るようなこともない．⑤(複素数)は複素数に慣れていない人が多く，手が着かなくても合否に大きく影響する問題ではない．他方，⑥(一次変換)は合格のためにはとっておきたい1題である．

　以上から，②と④と⑥は手が動く問題であるので，①と③をどのように取り組むかがポイントだろう．後者の2問はどちらも落ち着いて考えれば，問われていることは大げさなことではない．しかし，実際に緊張感の高い試験時間内では，それが出来るかどうかも実力のうちであり，こういった問題は合否の分岐点を作りやすいのである．方針を立ててからの処理は③より①の方に難しさがある分((1),(2)では処理の仕方が異なるので)，この①をどのように処理したかが合否の分かれ目になるだろう．

【目標】 (1),(2)を合わせて30分程度で処理を出来れば文句ないだろう．x, y, a のうち，どの文字に着目をするかを考えて，**解**のような方針に気付けると良い．

解答

　(1),(2)を通じて，「領域 $D(a)$ の点となるような点 (p, q)」といった表現に惑わされないようにしたい．結局，(1)では，
「$-1 \leq a \leq 2$ を満たすすべての a に対し，$y \leq 2ax - a^2 + 2a + 2$ が成り立つような点 (x, y) の範囲」を図示すればよいだけである．
　x, y の2文字についての条件を調べるときに，『まず，x を固定して考える』という手法は有効である．本問では，これによって，右辺を $-1 \leq a \leq 2$ を定義域とする a の関数と見て，「a の関数が作る不等式」として考える．このとき，次の言い換えができると見通しが立つ（☞解説）．
（1）「すべての t について $k \leq F(t)$」は
「$k \leq (F(t)$ の最小値)」と言い換えられることに注意しよう．
（2）（1）の対比で，「いずれかの t について $k \leq F(t)$」は
「$k \leq (F(t)$ の最大値)」と言い換えられることに注意しよう．

⇦ 数学で固定するとは，具体的な数が代入された，と思い込むことと考えておくのが良い．

⇦ ここではまず，固定された文字(x)に対して，もう一つの文字(y)の条件を考える．
次に，最初に固定した文字を動かすことで条件を求めていく．これが(広い意味で)"ファクシミリの原理"(☞p.51)と呼ばれる手法である．

x を $x=X$ と固定し，
$$y \leq 2aX - a^2 + 2a + 2 = -a^2 + 2(X+1)a + 2 \ (=f(a)) \cdots\cdots (*)$$
とする．

（1） $-1 \leq a \leq 2$ における $f(a)$ の最小値を m とすると，
「$-1 \leq a \leq 2$ を満たすすべての a で $(*)$ が成立」
とは，
「$y \leq m$」
ということである．

ここで，$f(a)$ が上に凸の 2 次関数だから，m の候補は
$f(-1) = -2X - 1,$
$f(2) = 4X + 2$
である．

m はこれらのうちの小さい方であるから，X を実数全体で動かして，xy 平面上で
$y = -2x - 1 \cdots\cdots\cdots ①, \quad y = 4x + 2 \cdots\cdots\cdots ②$
を描くと，$y = m$ のグラフは上図 1 の太線になる．

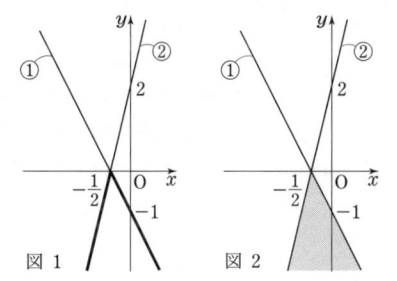

以上より，求める範囲は上図 2 の網目部分（境界を含む）となる．

（2） $f(a) = -\{a - (X+1)\}^2 + (X+1)^2 + 2$
の $-1 \leq a \leq 2$ における最大値を M とすると，
「$-1 \leq a \leq 2$ を満たすいずれかの a で $(*)$ が成立」
とは，
「$y \leq M$」
ということである．

ここで，a が $X+1$ をとるのは，$-1 \leq a \leq 2$ より $-1 \leq X+1 \leq 2$ つまり $-2 \leq X \leq 1$ のときであるから，M の候補は
$f(-1), f(2)$ および $f(X+1) \ (-2 \leq X \leq 1)$
である．

ここで，$f(X+1) = (X+1)^2 + 2$ である．

M はこれらのうちの大きい方であるから，X を実数全体で動かして，xy 平面上で①②および，
$$y = (x+1)^2 + 2 \quad (-2 \leq x \leq 1) \cdots\cdots\cdots ③$$
を描くと，$y = M$ のグラフは下図 3 の太線になる．

以上より，求める範囲は下図 4 の網目部分（境界を含む）となる．

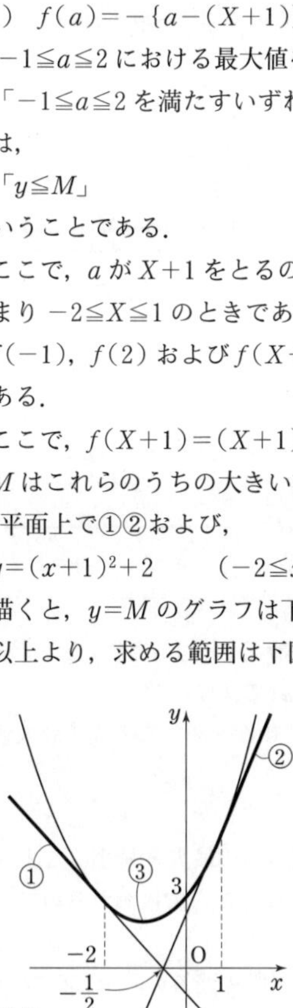

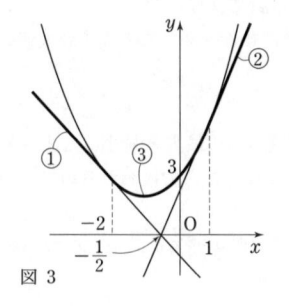

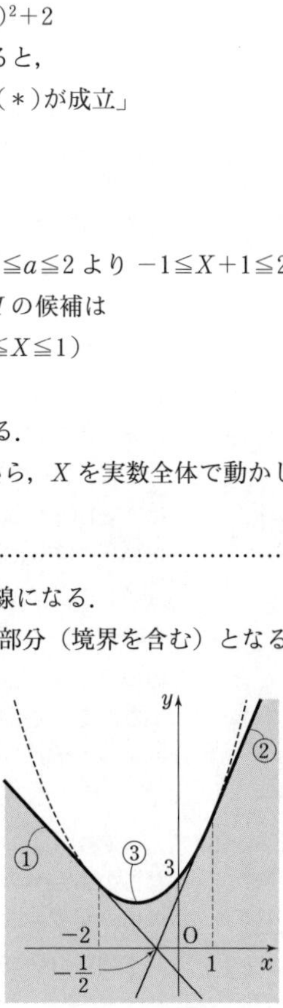

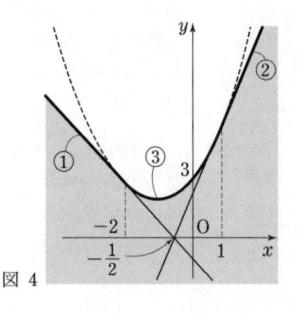

⇦ 慣れれば，このように固定する度に文字を置き換える必要はない．

⇦ $a \leq x \leq b$ で定義された連続な関数は，必ず最大値・最小値を持つ．このことから，（1）では最小値 m を，（2）では最大値 M を考えることができる．

⇦ どこで最小値をとるのかがすぐにわからないケース（最小値の中に文字を含む場合もこのケース！）では，『最も小さそう（最小値の候補）なもの同士』を比較する．
肝心なのはその候補だが，
極値および定義域の端点の値
がそれである（ただし，極値は定義域内でとれるときのみ参加）．
その際，候補となるもののグラフを描く（文字の変化によって，最小値がどう変化するか？を視覚的に捉える）とよい．
最大値も同様である．

⇦ いつでも極値（本問の場合は，2 次関数の頂点の y 座標なので極値というと大げさだが）が候補になる訳ではないので，まずは「定義域内で極値をとることがあるか？」を考えなければならない．

⇦ 境界・除外点についても触れる習慣を付けよう．

⇦ ①は $x=-2$ で③と接し，②は $x=1$ で③と接している．図示に複数のグラフが絡む場合，共有点や接しているかどうかなどには注意する．

解 説 （受験報告は p.231）

【「すべて」と「ある（存在）」】

数学を学んでいく中で，とりわけ重要になるのが，
- 『すべての～』（『任意の～』）
- 『ある～』（『適当な～』『となる～が存在する』）

という 2 つの話である．
（☞ 1 対 1／数Ⅰ p.51（新訂版 p.53），論証 p.6 など）

数学のあちこちで見かけるが，例えば，未知なる X についての等式について（厳密な部分は排除して），
『すべての X に対して成り立つ等式が恒等式』
であり，
『ある X に対して成り立つ等式が方程式』
であることから，実は身近なテーマであることはわかってもらえるのではないだろうか？

およそ数学の問題文は，この 2 つを使い分けながら書かれていると言っても良い．そして，この 2 つを入れ替えれば，問題として別の問題になるのである．
例えば次のような問題である．

例題 実数 x, t の等式
$$(x-1)t^2+(x^2+3x)t+3x^2+9=0 \quad \cdots\cdots\text{①}$$
を考える．
(1) すべての x に対して，①が成り立つような t の条件を求めよ．
(2) ある x に対して，①が成り立つような t の条件を求めよ． （☞解答は次項）

【「すべて」と「ある（存在）」が織り成す不等式】

本問でポイントになったのは，「すべて」と「ある（存在）」に関わる次の不等式の言い換えである．
⇨注 以下，「すべての」とは「定義域内のすべての」を表し，「ある」とは「定義域内のある」を表す．

〈関数が表す不等式の言い換え〉
a を定数とする．関数 $f(x)$ が
(ア) 最小値を持つとき，
　すべての x に対して $f(x) \geq a$
　$\iff$ ($f(x)$ の最小値) $\geq a$ 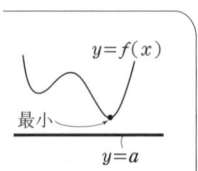
(イ) 最大値を持つとき，
　ある x に対して $f(x) \geq a$
　$\iff$ ($f(x)$ の最大値) $\geq a$

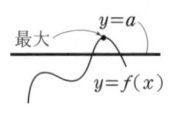

ただし，このような文言を繰り返して覚えようとするのではなく，枠内のように，模式的な図を用いながら，本当に同値なのかを考えてみることを薦める．
数学の理解を深めるには，「言葉だけ」や「数式だけ」でなく，図を交えたり，他の事項と関連させたりすることも大切である．

さて，話ついでであるが，この理解を深めるための関連事項を確認しておこう．**先の言い換えが最大値や最小値を用いている**ことから，不等式で最大・最小が絡むときに気を付けるべき次の事項についてである．ここでも，「すべて」「ある」などの表現に注意しておくと良いだろう．

〈関数 $f(x)$ の最大値の捉え方〉
関数 $f(x)$ と定数 M に対して，
1° すべての x に対して，
　常に $f(x) \leq M$
2° ある x_0 に対して，
　$f(x_0) = M$
を同時に満たすような M が **$f(x)$ の最大値**である．

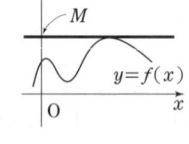

先程の言い換えと同様に，模式図で良いので，ここでも，キチンと図を交えて押さえておくと良いだろう．

1°で言っていることは，右図 1 のような $y=M$ という"上限ライン"の存在である．
ただし，図からも見て取れるように，"上限ライン"は必ずしも"最大値のライン"という訳ではない．

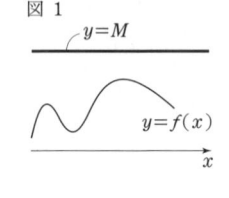

次に，2°で言っていることは，右図 2 のように，$y=M$ という"確かに取りうる値のライン"の存在である．

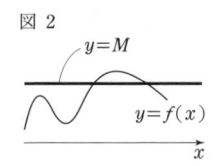

ただし，これも図からわかるように，必ずしも"最大値のライン"を表している訳ではない．
この 2 つを同時に成立させるラインこそが"最大値のライン"なのである．

　　　＊　　　＊　　　＊

「すべて」「ある」「不等式」「最大・最小」などが絡むこのあたりの話は，様々なところで扱われるので，確実にマスターしておきたい．

本問において，すぐに"左段枠囲みの不等式の言い換

えで処理できること"に気付けた人は多くはないかもしれない．しかし，それ以前に，「すべて」と「ある」に着目し，(1)(2)の対比を意識できた人にはこの問題は

> a を含む x, y についての不等式が，
> (1) すべての a に対して成り立つ x, y の条件
> (2) ある a に対して成り立つ x, y の条件

と簡略化して問題を眺めることができただろう．闇雲に式を扱ってもやがては光明を見出せるかもしれないが，それではいたずらに時間を使う可能性もある．標準的で，基本に忠実であり，また学習効果も高い問題である．

【直線の通過領域の利用】

本問で用いた手法は，一般的には"ファクシミリの原理"と呼ばれる手法と同じ考え方である．

"ファクシミリの原理"を利用する問題については，筑波大（☞p.50〜52），あるいは『教科書Next 図形と方程式の集中講義』§30を参照してもらいたい．

ここでは，(1)，(2)を別の角度から眺めてみよう．
そもそも，第一手を出しにくくしているのは"不等式"である．
それならば，等式で考えられないだろうか？
というのが，ここでの発想である．すなわち，数学の発想法の1つとしてある，『不等式を等式で考えられないか？』で攻めてみるのである．ここでは，

> 与えられる a の値によって定まる直線
> $l(a): y=2ax-a^2+2a+2$
> に対して，この直線の通過領域を利用できないか？

と考える．
そもそも a によって領域 $D(a)$ が動く（変化する）から考えにくいのであるが，

領域とどちら側が塗られるか，で領域は決定する
という当たり前なところに着目すれば，

・境界を見る（等式の処理），
・領域を塗る（不等式の処理）

であるから，本問で境界となる $l(a)$ の動きを追うことは決して悪くはない．

このようにすると，実は本問の本質的な部分は筑波大の問題（☞p.50）と同じと言える．

まず，直線 $l(a)$ を次図のように動かし（等式を扱う），

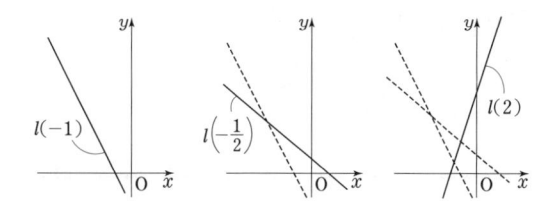

それぞれの場合の $D(a)$ を考えて（不等式の処理），

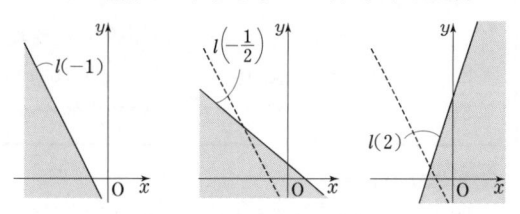

とすると，$D(a)$ の変化の様子がわかるだろう．

これを踏まえた上で，結局本問において，
(1)では，
常にどの直線 $l(a)$ よりも下側にあるような領域は？
（集合としては，すべての $D(a)$ の共通部分）
(2)では，
どれかの直線 $l(a)$ よりも下側にあるような領域は？
（集合としては，すべての $D(a)$ の和集合）
を問われていると解釈することもできる．

したがって，(1)の答えが⦿のようになることは納得がいくだろう．なお，(2)では，$l(a)$ が
$y=(x+1)^2+2$ の点 $(a-1, a^2+2)$ における接線であることがわかれば，求める領域が⦿のようになることは納得できる．

直線 $l(a)$ の動きの正体がわかる人にとって，実は答えだけを出すならば，このやり方は速いだろう．（ただし，キチンと論述するのは面倒に感じる…．）

〈例題の解答〉①を x について整理して，
  $(t+3)x^2+(t^2+3t)x-t^2+9=0$ ……②
(1) ②が x の恒等式となる t の条件は，
  $t+3=0$ かつ $t^2+3t=0$ かつ $-t^2+9=0$
  ∴ $t+3=0$ かつ $t(t+3)=0$ かつ $-(t+3)(t-3)=0$
  よって，t の条件は，$t=-3$
(2) (1)より，$t=-3$ のときはすべての x で②が成立するので，②をみたす x がある．
  $t \neq -3$ のとき，②は $x^2+tx-t+3=0$ ……③
これは x についての2次方程式だから，求める条件は，
  （③の判別式）$=t^2-4(-t+3) \geqq 0$
  ∴ $t^2+4t-12 \geqq 0$ ∴ $t \leqq -6$, $2 \leqq t$
よって，t の条件は，$t \leqq -6$, $t=-3$, $2 \leqq t$ （中里）

筑波大学・医学群

10年のセット
120分
(④〜⑥から
2問選択)

❶ B**○ Ⅱ/微分(最大・最小)
② B*** Ⅲ/積分(面積)
③ B*** Ⅲ/微積分総合
④ B**   B/ベクトル
⑤ B*** C/1次変換(不変直線)
⑥ B*** C/2次曲線(楕円)

$f(x) = \dfrac{1}{3}x^3 - \dfrac{1}{2}ax^2$ とおく．ただし $a>0$ とする．

(1) $f(-1) \leq f(3)$ となる a の範囲を求めよ．
(2) $f(x)$ の極小値が $f(-1)$ 以下となる a の範囲を求めよ．
(3) $-1 \leq x \leq 3$ における $f(x)$ の最小値を a を用いて表せ．   (10)

なぜこの1題か

　筑波大学では，受験する学群，学類で，必答問題，選択問題が異なる．医学群では❶〜③を必答，④〜⑥のうち2問を選択して解答する．数ⅢCの比重が高い．難易は，ほとんどがBレベルで，一部Cレベルの問題が含まれる年もある．Bレベルの問題でもCに近いものが多い．

　必答問題で毎年2題出題される数Ⅲは，十分対策ている人が多いだろう．③のテーマは高級だが，誘導が親切だし，「1対1対応の演習/数Ⅲ」p.137や「数学ⅢCスタンダード演習」9・3に類題がある．ポイントとなるのは，②は交点の x 座標を α とおいて計算を進めること，③ (この(1)(2)を p.87 で紹介した) は $\log n! = \sum_{k=2}^{n} \log k$ などであるが，これらは経験済みの人が多いのではないか．

　選択問題では，⑤の直線に関する1次変換は，現行課程では経験不足の人が多く，敬遠した人が多かったのではないか．④のベクトルはやり易い．⑥は時間はかかるかもしれないが方針は立てやすい．

　一方，数Ⅱの必答問題である❶は，場合分けが生じてミスしやすい．❶を確実に押さえられたかどうかで差がついただろう．

【目標】 最小値の候補を活用して，見通しよく解きたい．ミス無く25分程度で完答しよう．

解　答

(3) $-1 \leq x \leq 3$ における最小値の候補は，

　極小値（区間内にあるときのみ参加），$f(-1)$，$f(3)$

である．本問の場合，$y=f(x)$ の概形を描くと，極小値が参加するときは $f(3)$ は候補からはずれると分かる．(1)，(2) の結果を利用する．

⇐極小値か端点で最小値をとる．

⇐グラフを描くことが重要で，グラフを描けば，つねに $f(x)$ の極小値が $f(3)$ 以下が見てとれる．

     ＊   ＊

(1) $f(-1) \leq f(3)$ のとき，

$-\dfrac{1}{3} - \dfrac{1}{2}a \leq 9 - \dfrac{9}{2}a$ ∴ $4a \leq \dfrac{28}{3}$ ∴ $(0<)\ a \leq \dfrac{7}{3}$

⇐問題文から $a>0$

(2) $f'(x) = x^2 - ax = x(x-a)$

$(a>0)$ により，$y=f(x)$ の概形は右図のようになるから，極小値は $f(a)$ である．

$f(a) \leq f(-1)$ のとき，$-\dfrac{1}{6}a^3 \leq -\dfrac{1}{3} - \dfrac{1}{2}a$

∴ $a^3 - 3a - 2 \geq 0$
∴ $(a+1)(a^2 - a - 2) \geq 0$
∴ $(a+1)^2(a-2) \geq 0$ $a>0$ により，$a \geq 2$

⇐ $a=-1$ のとき $f(a)=f(-1)$ であり，$a^3-3a-2 \geq 0$ の等号が成り立つから，――は $a+1$ を因数にもつ．

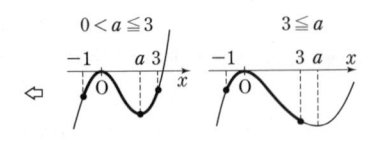

(3) $x \geq 0$ のとき，$f(x)$ は $x=a\ (>0)$ で最小であるから，つねに $f(a) \leq f(3)$ である．よって，$x=a$ が $(0<) x \leq 3$ にあるかどうかで場合分けして，$-1 \leq x \leq 3$ における $f(x)$ の最小値は，

$0<a\leqq 3$ のとき，$f(-1)$ と $f(a)$ のうち大きくない方
$3\leqq a$ のとき，$f(-1)$ と $f(3)$ のうち大きくない方
である．したがって，(2)，(1)とから，答えは，($a\geqq 3$ のとき，$a\geqq 7/3$ であることに注意して，)

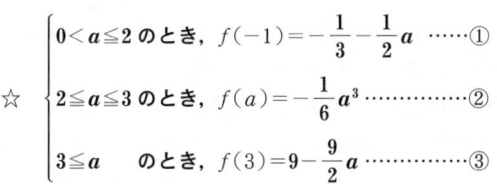

☆ $\begin{cases} 0<a\leqq 2 \text{ のとき}, f(-1)=-\dfrac{1}{3}-\dfrac{1}{2}a \cdots\cdots ① \\ 2\leqq a\leqq 3 \text{ のとき}, f(a)=-\dfrac{1}{6}a^3 \cdots\cdots ② \\ 3\leqq a \quad\text{のとき}, f(3)=9-\dfrac{9}{2}a \cdots\cdots ③ \end{cases}$

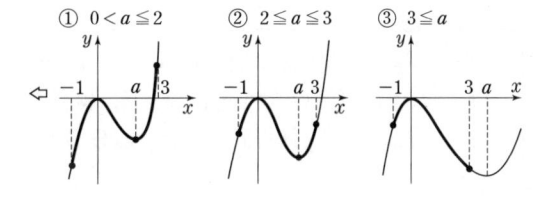

(2)と(1)の結果から，
$0<a\leqq 2$ のとき，$f(-1)\leqq f(a)$
⇔ $2\leqq a\leqq 3$ のとき，$f(a)\leqq f(-1)$
$3\leqq a \quad$ のとき，$f(3)\leqq f(-1)$

① $0<a\leqq 2$ ② $2\leqq a\leqq 3$ ③ $3\leqq a$

解説

【場合分けの境目の最小値が同じになるかチェック】

$a=2$ のとき，①＝②＝$-\dfrac{4}{3}$，

$a=3$ のとき，②＝③＝$-\dfrac{9}{2}$

となることを確認して，計算ミスを防ごう．

【最小値の候補の活用】

解答の前文でも書いたように，最小値になり得るのは $f(a)$（$0<a\leqq 3$ のときのみ参加），$f(-1)$，$f(3)$ しかない．これらを a の関数と見て，この3つのグラフを描いて，一番低いところをたどったものが最小値のグラフである．一般にはこのように視覚化するのが明快でよいだろう（本問の場合，つねに $f(a)\leqq f(3)$ が成り立つことと，(1)(2)を使えば容易に結論が得られるので上の解答では描かなかった）．実際にやってみよう．

別解 (3) $-1\leqq x\leqq 3$ における $f(x)$ の最小値を $m(a)$ とする．$a>0$ において，a-b 平面上に

$b=f(a)=-\dfrac{1}{6}a^3$ （$0<a\leqq 3$ ……④）

$b=f(-1)=-\dfrac{1}{3}-\dfrac{1}{2}a$, $b=f(3)=9-\dfrac{9}{2}a$

の3つのグラフを描いて，一番低いところをたどったものが $b=m(a)$ のグラフである．(2)の $y=f(x)$ の概形から，つねに $f(a)\leqq f(3)$ が成り立つことと（$f(a)$ の参加は④のみ），(1)，(2)の結果も考慮して，$b=m(a)$ のグラフは図の太線のようになる．

したがって，答えは上の☆のようになる．

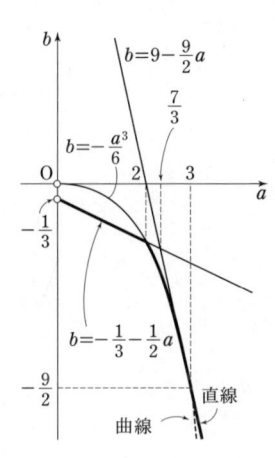

【3次関数のグラフの特徴】

3次関数が極値をもつとき，右図の黒丸の5点を通るようなグラフになる（極大点と極小点を使って，長方形の枠を作図する．⇨「ちょっと差がつくうまい解法」p.101）．これを活用した別解を紹介しよう．

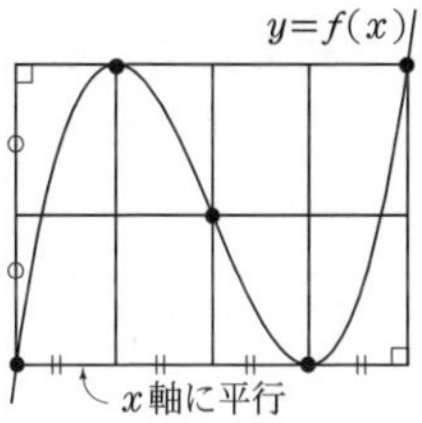

(2) $f'(x)=x(x-a)$ などにより，$y=f(x)$ の概形は右図のようになる．

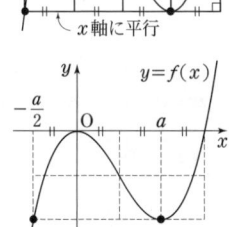

よって，極小値 $f(a)$ と $f(-1)$ の大小は下図のように $-\dfrac{a}{2}$ と -1 の大小で決まる．

1° $-\dfrac{a}{2}\geqq -1$ ($0<a\leqq 2$) 2° $-\dfrac{a}{2}\leqq -1$ ($a\geqq 2$)

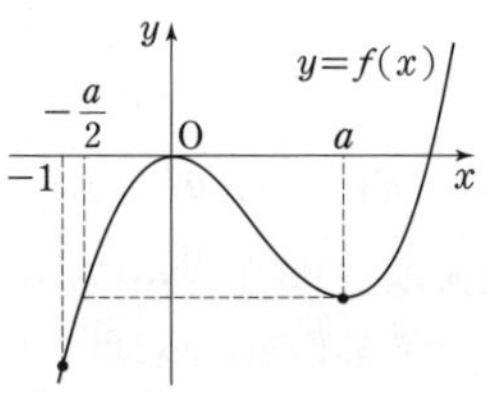

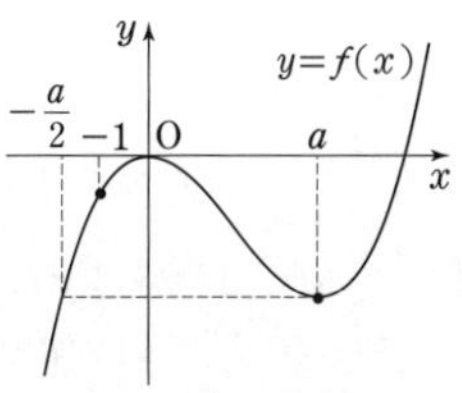

よって，$f(a)\leqq f(-1)$ となるのは，$a\geqq 2$ のとき．

(3) 上の1°，2°の場合分けに加え，極小値が区間内にあるかどうかで場合分けする．$a\geqq 3$ のとき，(1)により，$f(-1)\geqq f(3)$ に注意すると，下図のようになる．

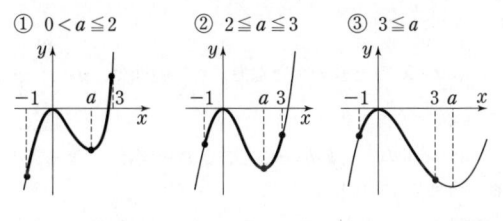

① $0<a\leqq 2$ ② $2\leqq a\leqq 3$ ③ $3\leqq a$

したがって，答えは上の☆のようになる． (坪田)

筑波大学・医学群

11年のセット
120分
(④〜⑥から2問選択)

① B*** Ⅱ/座標(通過範囲)
② C**○ Ⅲ/積分, 極限
③ C**** Ⅲ/積分(体積)
④ B** B/数列(漸化式, 和)
⑤ B*** C/1次変換(不変直線)
⑥ B*** C/2次曲線(楕円)

Oを原点とするxy平面において，直線$y=1$の$|x|\geq 1$を満たす部分をCとする．
(1) C上に点A$(t, 1)$をとるとき，線分OAの垂直二等分線の方程式を求めよ．
(2) 点AがC全体を動くとき，線分OAの垂直二等分線が通過する範囲を求め，それを図示せよ．

(11)

なぜこの1題か

筑波大学では，受験する学群，学類で，必答問題，選択問題が異なる．医学群では❶〜③を必答，④〜⑥のうち2問を選択して解答する．数ⅢCの比重が高い．難易は，大抵Bレベルで，一部はCレベルの問題である．Bレベルでも Cレベルに近いものが多い．

必答問題で毎年2題出題される数Ⅲは，十分対策している人が多いだろう．②は微分するときに注意が必要（p.38 の解説で説明した公式を使う）で，指数部分の処理にもポイントがある．③は半円の回転体の体積の問題．ボリュームがある．

選択問題を見てみよう．⑤は昨年に引き続き直線に関する1次変換の問題で，④は数列，⑥は楕円である．④の誘導は親切で「お買い得」といえるだろう．

さて，数Ⅱの必答問題である❶は，直線の通過範囲の問題．解法が複数あり，手間や見通しが違ってくる．本問をうまく短時間で処理できれば，他の問題に時間を掛けられ，大きなアドバンテージになったはず．

【目標】できれば25分くらいで完答したい．

解 答

(2) 点(X, Y)が求める通過範囲上にあるための条件を考え，tの条件に帰着させると解の配置の問題になり，やや面倒になる（逆手流，詳しくは☞解説）．ここでは，xを固定してtを動かしたときのyの範囲を求めることで解く（本誌ではファクシミリの原理と呼んでいる．☞解説）．

*　　　　　　　　　*

(1) OAの垂直二等分線上の点をP(x, y)とおくと，OP^2＝AP^{2}から
$$x^2+y^2=(x-t)^2+(y-1)^2 \quad \therefore \quad 2tx+2y=t^2+1$$

よって，OAの垂直二等分線の方程式は，$y=-tx+\dfrac{1}{2}(t^2+1)$ ……①

⇦OAの中点を通り，OA（傾き$\dfrac{1}{t}$）に垂直な直線として求めてもよい．

(2) A$(t, 1)$がC上にあるから，$|t|\geq 1$ ……②
tを②の範囲で動かすときの①の通過範囲を求めればよい．
xをXに固定し，tを②で動かすときのyの範囲を求める．①に$x=X$を代入して，
$$y=-tX+\dfrac{1}{2}(t^2+1)$$
$$=\dfrac{1}{2}t^2-Xt+\dfrac{1}{2}=\dfrac{1}{2}(t-X)^2-\dfrac{1}{2}X^2+\dfrac{1}{2} \quad \cdots\cdots ③$$

⇦$x=$一定，つまりy軸に平行な直線で切った切り口を調べる．

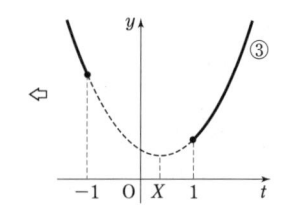

1° $|X|\geq 1$のとき．

③は$t=X$のとき最小となり，yの範囲は，$y\geq -\dfrac{1}{2}X^2+\dfrac{1}{2}$

2° $0\leq X\leq 1$のとき．

③は$t=1$のとき最小となり，yの範囲は，$y\geq -X+1$

3° $-1\leq X\leq 0$のとき．

③は$t=-1$のとき最小となり，yの範囲は，$y\geq X+1$

50

したがって，①の通過範囲は，
$$\begin{cases} y \geq -\frac{1}{2}x^2 + \frac{1}{2} & (|x| \geq 1) \\ y \geq -x+1 & (0 \leq x \leq 1) \\ y \geq x+1 & (-1 \leq x \leq 0) \end{cases}$$
であり，これを図示すると右図の網目部のようになる（境界を含む）．

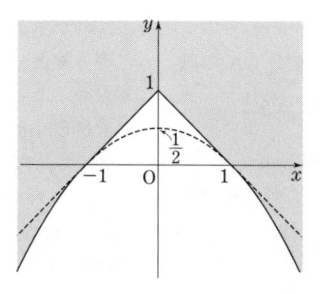

解　説

【ファクシミリの原理】

t を動かすとき，直線①の通過範囲を，直接，一挙に捉えるのは難しい．そこで，まずは「①の通過範囲を直線で切った切り口（直線との共通部分）」を捉えることにしよう．ある直線上でどの範囲を動くかを調べるのである．$x=$ 一定，つまり y 軸に平行な直線で切った切り口を調べてみよう．例えば直線 $x=3$ で切った切り口を求めてみる．①に $x=3$ を代入し，$y=-3t+\frac{1}{2}(t^2+1)$ この t を $|t| \geq 1$ で動かすときの y の範囲が，切り口の y 座標の範囲である．t について整理し，平方完成して，
$$y = \frac{1}{2}(t-3)^2 - 4$$
$$\therefore \ y \geq -4$$
したがって，$x=3$ のとき，y は $y \geq -4$ の範囲を動く．

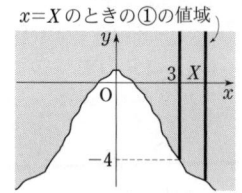

x を X に固定すれば $x=X$ のときの y の動く範囲が得られ（t の関数と見たときの値域），さらに X を動かすことで，求める領域が分かる．
（ファクシミリの原理について，さらに詳しくは，☞『教科書Next 図形と方程式の集中講義』§30）

【通過領域を逆手流でとらえる】

点 (X, Y) が，直線 $y = -tx + \frac{1}{2}(t^2+1)$ ……①
を $|t| \geq 1$ で動かすときの通過領域上にあるための条件を求めてみよう．

例えば，①が $(0, 0)$ を通ることがあるのか？と尋ねられたら，$x=0, y=0$ を代入して，
$$0 = \frac{1}{2}(t^2+1) \quad \therefore \ t^2 = -1$$
これを満たす実数 t は存在しないので，①が $(0, 0)$ を通ることはない，と答えるだろう．

$(0, 9/10)$ を通ることがあるのか？なら，
$$\frac{9}{10} = \frac{1}{2}(t^2+1) \quad \therefore \ t^2 = \frac{4}{5} \quad \therefore \ t = \pm\frac{2}{\sqrt{5}}$$

$|t| \geq 1$ を満たさないから，通ることはない，と答える．

$(2, 1)$ を通ることがあるのか？なら，
$$1 = -2t + \frac{1}{2}(t^2+1) \quad \therefore \ t = 2 \pm \sqrt{5}$$

よって，$t = 2+\sqrt{5}$ （≥ 1）のとき，①は $(2, 1)$ を通る，と答える．

このように考えると，点 (X, Y) を①が通る条件は，この座標を①に代入して得られる t の方程式が $|t| \geq 1$ を満たす実数解を少なくとも1つもつことと同値である．

［逆手流で解くと］　求める通過範囲を W とする．

点 (X, Y) が W 上の点であるための条件は，
$$Y = -tX + \frac{1}{2}(t^2+1) \quad \cdots\cdots ㋐$$
を満たす実数 t で $|t| \geq 1$ を満たすものが存在することである．㋐を t について整理すると，
$$t^2 - 2Xt - (2Y-1) = 0 \quad \cdots\cdots ㋑$$
この t の方程式が $|t| \geq 1$ を満たす実数解を少なくとも1つもつための条件を求めればよい．

㋑の左辺を $f(t)$ とおき，$u = f(t)$ の軸 $t = X$ の位置で場合分けする．また，㋑の判別式を D とすると，
$$D/4 = X^2 + 2Y - 1$$

1° $|X| \geq 1$ のとき．
$D \geq 0$ が条件で，
$$Y \geq -\frac{1}{2}X^2 + \frac{1}{2}$$

2° $|X| < 1$ のとき．
$t \geq 1$ の解をもつ $\iff f(1) \leq 0$ ［軸<1だから］
$t \leq -1$ の解をもつ $\iff f(-1) \leq 0$ ［軸>-1だから］
であるから，「$f(1) \leq 0$ または $f(-1) \leq 0$」が条件．
つまり，「$Y \geq -X+1$ または $Y \geq X+1$」

1°，2°により，求める範囲は一番上の図のようになる．

＊　　　　　　　　　＊

上の解法を本誌では逆手流と呼んでいる．このように解くと本格的な解の配置の問題になってしまう．是非ともファクシミリの原理を身につけて欲しい．

【通過領域の境界の放物線について】

点 A が直線 $l:y=1$ 全体を動くとき，線分 OA の垂直二等分線 m が通過する範囲は，$y\geqq -\dfrac{1}{2}x^2+\dfrac{1}{2}$ である．この境界の放物線 E について考察しよう．

実は，E の焦点は O，準線は l である．これを確認してみよう．$y=-\dfrac{1}{2}x^2$ のとき，$x^2=4\cdot\left(-\dfrac{1}{2}\right)y$ により焦点は $\left(0,\ -\dfrac{1}{2}\right)$，準線は $y=\dfrac{1}{2}$ である．この放物線を y 軸方向に $\dfrac{1}{2}$ 平行移動すると，$E:y=-\dfrac{1}{2}x^2+\dfrac{1}{2}$ になるから，E の焦点は O(0, 0)，準線は $l:y=1$ である．

また，直線 m は放物線 E と接している．これは直線①と放物線 E の方程式を連立させると，$x=t$ を重解にもつことから確認できる．しかも，接点は A と x 座標が等しいので，A を通り l に垂直な直線と E との交点が接点である．

以上から，次のことが成り立つことが分かる．

点 A が直線 l 上を動くとき，線分 OA の垂直二等分線 m は，O を焦点とし l を準線とする放物線 E に接する．接点 P は，A を通り l に垂直な直線と E との交点である．　　　図1

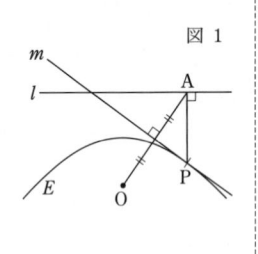

さらに，この事実は，上図において，

　P における接線は，OA の垂直二等分線になる　…☆

と言い換えることができる．

☆は次の有名性質と関連がある．

放物線の接線の性質

放物線 C の焦点を F，準線を l とする．C 上の点 P における接線を m とし，P を通り C の軸に平行な直線を n とする．右図のように Q，R，S を定めると，

　　$\angle$FPQ＝$\angle$SPR

が成り立つ．　　　図2

（よって，放物線の軸に平行な光線が放物線の内側で反射すると，必ず焦点 F を通ることになる．）

これから，$\angle$FPQ＝$\angle$HPQ，つまり m は $\angle$FPH の二等分線と分かる．放物線の定義により PF＝PH が成り立つ．よって，△PFH は PF＝PH の二等辺三角形であるから，m は FH の垂直二等分線である．

よって，図1で☆が成り立つわけである．

　　　＊　　　　　　　　＊

図2の有名性質を証明しておこう．

（証明）　$C:y=ax^2$ …⑦

とすると，$F\left(0,\ \dfrac{1}{4a}\right)$，

$l:y=-\dfrac{1}{4a}$ である．

⑦のとき，$y'=2ax$

であるから，$P(p,\ ap^2)$

とおくと，m の方程式は，$y=2ap(x-p)+ap^2$

∴　$m:y=2apx-ap^2$

m と y 軸との交点を T とすると，$T(0,\ -ap^2)$

n と l の交点を H とすると，H は P から準線 l に下した垂線の足であるから，PF＝PH

$PH=ap^2+\dfrac{1}{4a}=FT$ から，PF＝FT

よって，△FPT は FP＝FT の二等辺三角形だから

　　$\angle$FPT＝$\angle$FTP＝$\angle$SPR

⇨注　PF＝PH なので，$m\perp$FH を示してもよい．

　m の傾き＝$2ap$

　$F\left(0,\ \dfrac{1}{4a}\right)$，$H\left(p,\ -\dfrac{1}{4a}\right)$ により，

　FH の傾き＝$-\dfrac{1}{2ap}$

　（m の傾き）×（FH の傾き）＝-1 なので，$m\perp$FH

【接線の通過範囲を見ると】

先程述べたように，OA の垂直二等分線①，つまり $y=-tx+\dfrac{1}{2}(t^2+1)$ は，放物線 $E:y=-\dfrac{1}{2}x^2+\dfrac{1}{2}$ の $x=t$ における接線である．t を $|t|\geqq 1$ で動かすとき，この接線の通過範囲は解答の図になることが分かるだろう（$y=-x+1$ は $t=1$ のときの①，$y=x+1$ は $t=-1$ のときの①である）．

⇨注　直線①から，放物線 E の方程式を得るには（解答の途中経過をふり返ってみると），①の右辺を t について平方完成すればよい．次のようである．

$$y=-tx+\dfrac{1}{2}(t^2+1)=\dfrac{1}{2}(t-x)^2\underline{-\dfrac{1}{2}x^2+\dfrac{1}{2}}$$

～～の部分，つまり $y=-\dfrac{1}{2}x^2+\dfrac{1}{2}$　………④

が E の式である（①－④：$\dfrac{1}{2}(x-t)^2=0$ であるから，①と④を連立させると $x=t$ を重解にもつ）．　　（坪田）

千葉大学・医, 薬, 理, 工学部 (前期)

12年のセット
120分
医学部は
⑦⑧⑩⑪⑫
薬, 工, 理(物, 化, 生, 地)は
③⑤⑥⑦⑨

③ B**○ A/確率
⑤ B*** II/座標(領域), 積分
⑥ B**○ B/数列(漸化式)
⑦ C**** II/図形(面積)
⑧ C**○ BI/数列, 整数(証明)
⑨ C** III/積分(評価)
⑩ C*** AI/確率, 整数
⑪ B**○ III/微分, 積分(回転体の体積)
⑫ C*** I/整数(証明)

さいころを n 回 ($n \geq 2$) 投げ, k 回目 ($1 \leq k \leq n$) に出る目を X_k とする.
(1) 積 $X_1 X_2$ が18以下である確率を求めよ.
(2) 積 $X_1 X_2 \cdots X_n$ が偶数である確率を求めよ.
(3) 積 $X_1 X_2 \cdots X_n$ が4の倍数である確率を求めよ.
(4) 積 $X_1 X_2 \cdots X_n$ を3で割ったときの余りが1である確率を求めよ. (12)

なぜこの1題か

今年は例年に比べると, 全体的に難易度がやや高めの印象を受ける. その中でも⑦図形や⑫整数は難しい. ⑨(2)は評価(不等式ではさむ)の経験がないと厳しい. ⑤座標⑥数列は完答したい. ⑧整数の論証と⑩(3)確率(後半で重複に注意が必要)は差がつき易い. ⑪は有名曲線(アステロイド)に関する典型問題.

今年の問題を次の3つのタイプに分類してみると
[αタイプ：典型問題<完答したい問題>]
 薬, 理, 工学部では⑤⑥. 医学部では⑪

[βタイプ：準典型問題<知識＋議論の力が必要>]
 薬, 理, 工学部では③. 医学部では⑧⑩
[γタイプ：難問<発想力, 習熟度が必要な問題>]
 薬, 理, 工学部では⑦⑨. 医学部では⑦⑫(細かく言えば共通の⑦はβとγの間だろう).

 (3)までは典型的な⑩確率が鍵を握っただろう. なお, ③の(1)は⑩の(1)と同じ, (2)以降は $n=7$ としたもの.

【目標】 (1)(2)は易しいので確実に. (3)では重複に注意し, (4)まで30分程度で仕上げれば文句なし.

解 答

(1) 試行は2回なので, 表を作るのが手早いだろう.
(2), (3) 余事象を活用する.
(4) 3で割ったときの余りが1と2になる回数に着目するか(☞解説), 漸化式をつくるところだろう.

* *

(1) さいころを2回投げたときに出る目の場合の数は 6^2 通りで, これらは同様に確からしい. ここで積 $X_1 X_2$ を表にする.

$X_1 X_2 \leq 18$ となるのは, 右の表により28通り.

よって, 答えは, $\dfrac{28}{6^2} = \dfrac{7}{9}$

X_1＼X_2	1	2	3	4	5	6
1	1	2	3	4	5	6
2	2	4	6	8	10	12
3	3	6	9	12	15	18
4	4	8	12	16	20	24
5	5	10	15	20	25	30
6	6	12	18	24	30	36

⇔表を作らずに, 余事象を考えてもよい.
　「$X_1 X_2 > 18$」となるのは,
　$(X_1, X_2) = (4, 5), (4, 6),$
　　$(5, 4), (5, 5), (5, 6),$
　　$(6, 4), (6, 5), (6, 6)$
の8通り.
　よって, $1 - \dfrac{8}{6^2} = \dfrac{7}{9}$

(2) さいころを n 回投げたときに出る目の場合の数は 6^n 通りで, これらは同様に確からしい.
　「積 $X_1 X_2 \cdots X_n$ が偶数である」の余事象は,
　「積 $X_1 X_2 \cdots X_n$ が奇数である」
つまり, 「$X_1, X_2, \cdots, X_n$ がすべて奇数となる」ときで,

⇔積が偶数となるのは, 「$X_1, X_2, \cdots, X_n$ のうち少なくとも1つ偶数の目が出る」場合であるが, 余事象を考えたほうが数えやすい.

53

求める確率は，$1-\dfrac{3^n}{6^n}=1-\dfrac{1}{2^n}$

（3）「積 $X_1X_2\cdots X_n$ が4の倍数である」の余事象は，
　　（i）「積 $X_1X_2\cdots X_n$ が奇数である」
または（ii）「積 $X_1X_2\cdots X_n$ が4の倍数でない偶数である」

（i）の確率は $\dfrac{1}{2^n}$　　　　　　　　　　　　　　　⇐ n 回とも奇数の目が出る.

（ii）となるのは，n 回の試行のうち1回のみ，さいころの2または6の目が出て，残りの $n-1$ 回が奇数の目が出る場合であるから，

$$\text{（ii）の確率は } {}_nC_1\left(\dfrac{2}{6}\right)\left(\dfrac{3}{6}\right)^{n-1}=\dfrac{n}{3}\cdot\dfrac{1}{2^{n-1}}$$

（i）と（ii）は排反なので，求める確率は

$$1-\left(\dfrac{1}{2^n}+\dfrac{n}{3}\cdot\dfrac{1}{2^{n-1}}\right)=1-\dfrac{2n+3}{3\cdot 2^n}$$

（4）以下，$\equiv$ は $\bmod 3$ とする．　　　　　　　　　　　⇐ 整数 a, b を自然数 m で割った余りが等しいとき $a\equiv b\pmod{m}$ と表す．

積 $X_1X_2\cdots X_n=J_n$ について，
　　$J_n\equiv 1$ である確率を p_n　　　　　　　　　　　　⇐ J_n を3で割ったときの余りが1である確率が p_n であるということ．
　　$J_n\equiv 2$ である確率を q_n
　　$J_n\equiv 0$ である確率を r_n とおくと
　　$p_n+q_n+r_n=1$　　　　　　　　　　　　　　　　　⇐ 全事象の確率=1

いま，J_n が3で割り切れないのは，出る目がすべて1, 2, 4, 5 のときであるので，

$$1-r_n=\left(\dfrac{4}{6}\right)^n=\left(\dfrac{2}{3}\right)^n$$

よって，$p_n+q_n=\left(\dfrac{2}{3}\right)^n$ ……………① $(\because\ p_n+q_n+r_n=1)$

ここで，$J_{n+1}\equiv 1$ となるのは，$J_{n+1}=J_nX_{n+1}$ により　　⇐ J_{n+1} の余りは J_n と X_{n+1} の余りで計算できる．
　（i）$J_n\equiv 1$ かつ $X_{n+1}\equiv 1$ ($X_{n+1}\equiv 1\iff X_{n+1}=1, 4$)　⇐ $J_nX_{n+1}\equiv 2\times 2=4\equiv 1\pmod 3$
　（ii）$J_n\equiv 2$ かつ $X_{n+1}\equiv 2$ ($X_{n+1}\equiv 2\iff X_{n+1}=2, 5$)
のいずれかであるので，

$$p_{n+1}=p_n\cdot\dfrac{2}{6}+q_n\cdot\dfrac{2}{6}=\dfrac{1}{3}(p_n+q_n)=\dfrac{1}{3}\left(\dfrac{2}{3}\right)^n\ (\because\ ①)$$

これは $n\geq 1$ で成立するので，$n\geq 2$ のとき，$p_n=\dfrac{1}{3}\left(\dfrac{2}{3}\right)^{n-1}$

解説

【(4) 余りが1と2になる回数を考察する】

(3)と同様な考え方，つまり，出る目について，3で割った余りが1と2の回数がどうなるかを考えて解くこともできる．3番では $n=7$ と具体的なので，この方針でも難しくはない．一般の n だと，二項定理を活用する．

別解 1回の試行で，3で割った余りが0, 1, 2となる目が出る確率は $\dfrac{1}{3}$ ずつである．

また3で割った余りについて2数の積は右表のようになる．
（余り2が2回出ると余り1になることに注意する．）

表☆

	0	1	2
0	0	0	0
1	0	1	2
2	0	2	1

「$X_1X_2\cdots X_n$ を3で割った余りが1」となるのは，
n 回の試行のうち余りが2となるのが偶数回（$2l$ 回），残りの試行がすべて余りが1となる場合なので，

$$(求める確率) = \sum_{0\leq l\leq \frac{n}{2}} {}_nC_{2l}\left(\frac{1}{3}\right)^{2l}\left(\frac{1}{3}\right)^{n-2l}$$

$$= \sum_{0\leq l\leq \frac{n}{2}} {}_nC_{2l}\left(\frac{1}{3}\right)^n$$

$$= \left(\frac{1}{3}\right)^n \sum_{0\leq l\leq \frac{n}{2}} {}_nC_{2l} \quad \cdots\cdots\cdots ①$$

となる．ここで，$\sum_{0\leq l\leq \frac{n}{2}} {}_nC_{2l} = {}_nC_0 + {}_nC_2 + {}_nC_4 + \cdots\cdots$
を求める．二項定理により，

$(1+1)^n = {}_nC_0 + {}_nC_1 + {}_nC_2 + \cdots\cdots + {}_nC_n$
$(1-1)^n = {}_nC_0 - {}_nC_1 + {}_nC_2 + \cdots\cdots + (-1)^n {}_nC_n$

が成立し，辺々加えると，

$2^n = 2({}_nC_0 + {}_nC_2 + {}_nC_4 + \cdots\cdots)$

$\therefore\ 2^{n-1} = {}_nC_0 + {}_nC_2 + {}_nC_4 + \cdots\cdots$

$$= \sum_{0\leq l\leq \frac{n}{2}} {}_nC_{2l}$$

よって，$① = \left(\frac{1}{3}\right)^n \cdot 2^{n-1} = \frac{1}{2}\left(\frac{2}{3}\right)^{n-1}$

（なお，「解探・確率」を持っている人は，p.14～15の「${}_nC_r$の重要公式」を確認しておきたい）

【(4) 対等性を考える】

実は(4)は対等性を考えると，答えはすぐ分かる．

別解 出る目を3で割った余りが0，1，2となる確率は$\frac{1}{3}$ずつであることと，表☆により，出る目の積の余りが1，2になるのは対等である．

出る目の積の余りが0にならない確率は$\left(\frac{2}{3}\right)^n$なので，求める答えは，この半分で

$$\frac{1}{2}\left(\frac{2}{3}\right)^n$$

【(4)の類題】

> 「3個のさいころを同時に投げる」試行をTとおき，試行Tにおいて，「3個のさいころの目の和が，6，9，12のいずれかである」事象をAとおく．試行Tをn回繰り返し行うとき，事象Aが奇数回起こる確率p_nを求めよ． （11 慶大・薬（一部））

解 まず，試行Tを1回行うとき，事象Aが起こる確率を求める．3つの目の組合せと，各組について，どのサイコロがどの目かについて場合の数を求めると

和が6：$\{1, 1, 4\}$…3通り，$\{1, 2, 3\}$…6通り，
$\{2, 2, 2\}$…1通り
和が9：$\{1, 2, 6\}$…6通り，$\{1, 3, 5\}$…6通り，
$\{1, 4, 4\}$…3通り，$\{2, 2, 5\}$…3通り，
$\{2, 3, 4\}$…6通り，$\{3, 3, 3\}$…1通り
和が12：$\{1, 5, 6\}$…6通り，$\{2, 4, 6\}$…6通り，
$\{2, 5, 5\}$…3通り，$\{3, 3, 6\}$…3通り，
$\{3, 4, 5\}$…6通り，$\{4, 4, 4\}$…1通り

以上により，事象Aが起こる確率は$\frac{60}{6^3} = \frac{5}{18}$

ここからの方針は漸化式を立てるか，二項定理の利用．

[漸化式を立てる]

$n+1$回のうちAが奇数回起こるのは，

(ⅰ) n回のうちAが奇数回起き（確率p_n），かつ，

$n+1$回目にAが起きない（確率$\frac{13}{18}$）

(ⅱ) n回のうちAが偶数回起き（確率$1-p_n$），かつ，

$n+1$回目にAが起こる（確率$\frac{5}{18}$）

(ⅰ)または(ⅱ)のいずれかの場合であるから，

$$p_{n+1} = p_n \cdot \frac{13}{18} + (1-p_n) \cdot \frac{5}{18} \quad \begin{pmatrix} p_0 = 0 とすると \\ n = 0 でもOK \end{pmatrix}$$

$\therefore\ p_{n+1} = \frac{4}{9}p_n + \frac{5}{18}\quad \therefore\ p_{n+1} - \frac{1}{2} = \frac{4}{9}\left(p_n - \frac{1}{2}\right)$

$\therefore\ p_n = \frac{1}{2} + \left(-\frac{1}{2}\right)\cdot\left(\frac{4}{9}\right)^n = \frac{1}{2}\left\{1 - \left(\frac{4}{9}\right)^n\right\}$

[二項定理の利用]

$p = \frac{5}{18}$，$q(=1-p) = \frac{13}{18}$とおくと

$p_n = {}_nC_1 p^1 q^{n-1} + {}_nC_3 p^3 q^{n-3} + \cdots$

ここで，二項定理を用いると，

$(q+p)^n = {}_nC_0 q^n + {}_nC_1 q^{n-1}p$
$\qquad\qquad + {}_nC_2 q^{n-2}p^2 + {}_nC_3 q^{n-3}p^3 + \cdots$
$(q-p)^n = {}_nC_0 q^n - {}_nC_1 q^{n-1}p$
$\qquad\qquad + {}_nC_2 q^{n-2}p^2 - {}_nC_3 q^{n-3}p^3 + \cdots$

なので，

$p_n = \{(q+p)^n - (q-p)^n\} \times \frac{1}{2}$

$\qquad = \frac{1}{2}\left\{1 - \left(\frac{4}{9}\right)^n\right\}$

【合同式について】

(4)の解答では合同式を用いたが，合同式の知識があると見通しよくなることが多い．合同式やその使い方について，p.204や，「新スタ」6・9，6・12や，「うまい解法」の9章を参照しておくと良い． （右京）

千葉大学・医, 薬, 理, 工学部（前期）

11年のセット
120分
医学部は
⑩⑫⑬⑭⑮
薬, 理(物, 化),
工(機械等)は
⑨⑩⑪⑫⑬

⑨	B**○	BⅢ(C)/点列の極限
⑩	C**○	BA/平面ベクトル(証明)
⑪	C***	Ⅲ/微積(不等式, 区分求積)
⑫	B**	AB/確率(確率漸化式)
⑬	B***	ⅡⅢ/4次方程式
⑭	D****	Ⅱ(Ⅲ)/不等式(証明)
⑮	C***	C(Ⅱ)/いろいろな曲線, 最大

三角形 ABC の外心を O, 重心を G, 内心を I とする.

(1) $\vec{OG} = \dfrac{1}{3}\vec{OA}$ が成り立つならば, 三角形 ABC は直角三角形であることを証明せよ.

(2) k が $k \ne \dfrac{1}{3}$ を満たす実数で, $\vec{OG} = k\vec{OA}$ が成り立つならば, 三角形 ABC は二等辺三角形であることを証明せよ.

(3) $\vec{OI} \cdot \vec{BC} = 0$ が成り立つならば, 三角形 ABC は二等辺三角形であることを証明せよ. (11)

なぜこの1題か

千葉大学の出題は学部学科ごとに細かく分類されていて, 学部間での難易度の差があるので注意が必要である. 各学部とも例年の出題通り, 各分野から標準的な典型問題が出題され, 完答するには計算力＋論証力が必要なのも同じである. 医学部専用問題（今年は⑭と⑮の2題だった）は毎年難し目であることも特徴的.

今年の問題を3つのタイプに分類してみると

[αタイプ：典型問題（完答したい問題）]
⑨点列の極限. 規則性を見つければよいが, 回転行列を用いて記述すれば簡略化出来る. これが典型と言えるようにしたい問題. ⑫これは落とせない問題である. 漸化式を立てるだけ. この漸化式を解くことは易しい.

[βタイプ：準典型問題（計算力＋論証力が必要）]
⑩見かけはベクトルだが, 実体は幾何の問題. どのように示すべきかは正確な幾何の知識を持っていたかに依る. 何を示せばよいのか, きちんと見定められたかで差がついたと思われる. ⑬4次方程式が異なる2実数解, 2虚数解をもつ条件. 2実数解をもつ2次方程式を作り, 4次式を2次式で割ればよいが, 正確な計算遂行力が必要な問題. ⑮極座標表示することが本質的で $r = \sin 3\theta$ で表される三葉線の一部分であることがわかれば答えは見える. が, $x^2 + y^2 = r^2$ とおき x を消去して r と y の関係式にして処理することも可能.

[γタイプ：発想力, 深い知識や習熟度が必要な問題]
⑪(1)部分積分に気づくことが必要. (2)は典型問題. (3)区分求積で解決する. ⑭(1)文字定数を分離する手法が使える. (2)これは経験がないと難しい.

【目標】 ベクトルの条件を図形の条件に言い換えて示す. (1)(2)は目標が定め易いので押さえておきたい. (3)まで30分程度で完答できれば文句なし.

解答

問題文の条件から得られるベクトルで表された関係式を図形的に解釈する.

(1) 重心をベクトル表示した後, 外心の位置を決定する.　　⇦ 直角三角形のとき, 外心 O は斜辺の中点である.

(2) 式の形より B と C は対等なので, AB = AC の二等辺三角形が導かれるはず ((3)も同様). AB = AC をベクトルの計算で示すことも可能 (☞別解).

(3) (内積) = 0 から, OI ⊥ BC. よって I は辺 BC の垂直二等分線上に存在し, このとき △ABC が二等辺三角形であることを示せばよい.　　⇦ 外心 O は各辺の垂直二等分線の交点である.

＊　　　　＊

(1) 点 G は △ABC の重心なので,

$$\vec{OG} = \dfrac{1}{3}(\vec{OA} + \vec{OB} + \vec{OC}) \quad \cdots\cdots ①$$

⇦ 重心のベクトル表示

と表せる．これを条件 $\overrightarrow{OG}=\dfrac{1}{3}\overrightarrow{OA}$ に代入して整理すると，
$$\overrightarrow{OB}+\overrightarrow{OC}=\vec{0}$$
これは外心 O が辺 BC の中点であることを示す．
よって，△ABC の外接円は辺 BC を直径とする円であり，直径に対する円周角は 90° なので，∠BAC＝90°

⇐ 実は Euler 線の性質により点 A は △ABC の垂心である．☞解説

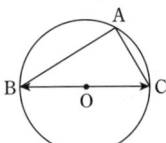

(2) $\overrightarrow{OG}=k\overrightarrow{OA}$（ただし $k\neq 1/3$）に①を代入して， 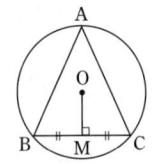
$$\dfrac{1}{3}(\overrightarrow{OA}+\overrightarrow{OB}+\overrightarrow{OC})=k\overrightarrow{OA}$$
つまり，$(3k-1)\overrightarrow{OA}=\overrightarrow{OB}+\overrightarrow{OC}$
BC の中点を M とすると，$\overrightarrow{OB}+\overrightarrow{OC}=2\overrightarrow{OM}$ であるから，
$$(3k-1)\overrightarrow{OA}=2\overrightarrow{OM}$$
（O＝M はこの式を満たさないから，O≠M）
よって，$\overrightarrow{OA}/\!/\overrightarrow{OM}$ となり点 O, A, M は同一直線上にある．
今，O は外心なので OM は BC の垂直二等分線である．
よって，A は BC の垂直二等分線上にあるから，AB＝AC

⇐ この式から，BC の垂直二等分線上に A が存在することを目標にしよう．

⇐ $\overrightarrow{OA}\neq\vec{0}$, $k\neq 1/3$ に注意．

⇐ $t\overrightarrow{OA}=u\overrightarrow{OM} \Longleftrightarrow \overrightarrow{OA}/\!/\overrightarrow{OM}$
（t, u は 0 でない実数）
このとき O, A, M は同一直線上の点．

(3) 外心 O は辺 BC の垂直二等分線上にある．
また，$\overrightarrow{OI}\cdot\overrightarrow{BC}=0$ より OI⊥BC が成立する．
よって，内心 I は辺 BC の垂直二等分線上に存在することがわかるので，
$$\angle IBM=\angle ICM \quad\cdots\cdots②$$
(∵ △IBM と △ICM は二辺夾角相等で合同) 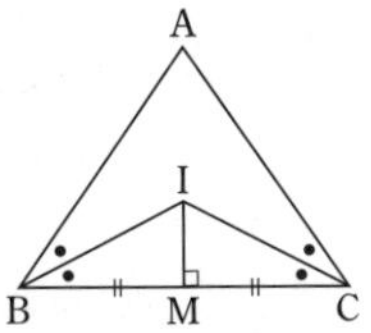
また，内心 I は内角の二等分線上の点なので，
$$\begin{cases}\angle ABI=\angle CBI\\ \angle ACI=\angle BCI\end{cases}\cdots\cdots③$$
②, ③ より
$$\angle ABC=\angle ACB$$
よって，底角が等しいので，△ABC は AB＝AC の二等辺三角形．

⇐ (2)と同様に，BC の垂直二等分線に着目する．

⇐ O (外心)＝I (内心) のとき，$\overrightarrow{OI}=\vec{0}$ となるが，O (＝I) は辺 BC の垂直二等分線上にあるので，このときも成り立つ．また，I は △ABC の内部にあるから，I≠M．

解説

【(2)の別解：AB＝AC をベクトルの計算で示す】
$(3k-1)\overrightarrow{OA}=\overrightarrow{OB}+\overrightarrow{OC}$ より
$$\overrightarrow{OA}=\alpha(\overrightarrow{OB}+\overrightarrow{OC}) \quad\left(\alpha=\dfrac{1}{3k-1}\right)$$
とおくとき，
$$|\overrightarrow{AB}|^2=|\overrightarrow{OB}-\overrightarrow{OA}|^2=|(1-\alpha)\overrightarrow{OB}-\alpha\overrightarrow{OC}|^2$$
$$=(1-\alpha)^2|\overrightarrow{OB}|^2-2(1-\alpha)\alpha\overrightarrow{OB}\cdot\overrightarrow{OC}+\alpha^2|\overrightarrow{OC}|^2$$
同様にして
$$|\overrightarrow{AC}|^2=|\overrightarrow{OC}-\overrightarrow{OA}|^2=|(1-\alpha)\overrightarrow{OC}-\alpha\overrightarrow{OB}|^2$$
$$=(1-\alpha)^2|\overrightarrow{OC}|^2-2(1-\alpha)\alpha\overrightarrow{OB}\cdot\overrightarrow{OC}+\alpha^2|\overrightarrow{OB}|^2$$
点 O は △ABC の外心なので，$|\overrightarrow{OB}|=|\overrightarrow{OC}|$ より
$$|\overrightarrow{AB}|=|\overrightarrow{AC}|$$

【三角形の五心】
　本問を解く上で，方針を決定付けているのは幾何の知識である．三角形の五心とは「重心」「外心」「内心」「垂心」「傍心」のことで，これらの作図法は確認しておきたい．

重心：Center of Gravity
　三角形の頂点とその対辺の中点を結ぶ中線の交点

外心：Circumcenter
　三角形の 3 辺の垂直二等分線の交点

内心：Incenter
　三角形の 3 つの内角の二等分線の交点

垂心：Orthocenter
　三角形の頂点から対辺に下した 3 本の垂線の交点

傍心：Excenter
　三角形の1つの内角と他の2つの外角の二等分線の交点

以上の事実とこれらが存在することなどを教科書などで確認しておきたい．図は右下．

【Euler 線】

外心 O，重心 G，垂心 H について，次の事実が有名．

　△ABC の O，G，H は同一直線上にあり，OG：GH＝1：2 である．

これは外心 O，重心 G，垂心 H が同一直線上にあり，（これを Euler 線という）しかも線分 OH を 1：2 に内分する点が重心 G ということである．

（1）の条件とこの事実 $\vec{OG}=\dfrac{1}{3}\vec{OH}$ を考えると A＝H となり，点 A が △ABC の垂心と分かる．したがって，△ABC は ∠A＝90° の直角三角形である．

さて，上の事実を証明しておこう．

（証明）（「教科書 Next ベクトルの集中講義」p.76）

まず，$\vec{OA}+\vec{OB}+\vec{OC}=\vec{OH}$ となる点 H をとり，この点が垂心であることを示す．
$\vec{OA}=\vec{a}$，$\vec{OB}=\vec{b}$，$\vec{OC}=\vec{c}$ とする．
$\vec{AH}=\vec{OH}-\vec{OA}=(\vec{a}+\vec{b}+\vec{c})-\vec{a}=\vec{b}+\vec{c}$

また，
$\vec{BC}=\vec{OC}-\vec{OB}=\vec{c}-\vec{b}$

より
$\vec{AH}\cdot\vec{BC}=(\vec{b}+\vec{c})\cdot(\vec{c}-\vec{b})$
$\quad=|\vec{c}|^2-|\vec{b}|^2=0$
$\quad(\because\ |\vec{b}|=|\vec{c}|=$ 外接円の半径$))$

∴　AH⊥BC or A＝H

ゆえに，点 H は A から対辺 BC に引いた垂線上にある．同様にして，点 H は B，C から対辺に引いた垂線上にもあるので，点 H は △ABC の垂心である．

次に，点 G が重心より
$\vec{OG}=\dfrac{1}{3}(\vec{a}+\vec{b}+\vec{c})$ ……………………①

が成立．これと
$\vec{OH}=\vec{a}+\vec{b}+\vec{c}$ ……………………②

より　$3\vec{OG}=\vec{OH}$

ゆえに，点 O，G，H は同一直線上にあり，点 G は線分 OH を 1：2 に内分する．

（別証）

OB＝OC より $(\vec{b}-\vec{c})\cdot(\vec{b}+\vec{c})=0$ ……………………③

$\vec{OH}=\vec{h}$，$\vec{OG}=\vec{g}$ とすると CB⊥AH より
$(\vec{b}-\vec{c})\cdot(\vec{h}-\vec{a})=0$ ……………………④

④－③ より $(\vec{b}-\vec{c})\cdot\{\vec{h}-(\vec{a}+\vec{b}+\vec{c})\}=0$

いま，$\vec{g}=\dfrac{1}{3}(\vec{a}+\vec{b}+\vec{c})$ なので，
$(\vec{b}-\vec{c})\cdot(\vec{h}-3\vec{g})=0$ ……………………⑤

同様にして，
$(\vec{c}-\vec{a})\cdot(\vec{h}-3\vec{g})=0$ ……………………⑥

ところで，$\vec{b}-\vec{c}=\vec{CB}$，$\vec{c}-\vec{a}=\vec{AC}$ はともに $\vec{0}$ でなく，しかも平行でない（1次独立）ので⑤，⑥が同時に成り立つ条件は，
$\vec{h}-3\vec{g}=\vec{0}$　∴　$\vec{OH}=3\vec{OG}$

【重心・垂心の位置ベクトル】

一般に △ABC の重心 G は O を任意の点として，
$\vec{OG}=\dfrac{1}{3}(\vec{OA}+\vec{OB}+\vec{OC})$

と表せる．

これに対して，先程の証明で現れた②式，つまり，△ABC の垂心を H として
$\vec{OH}=\vec{OA}+\vec{OB}+\vec{OC}$ ……………………（＊）

と H を表すときの点 O は △ABC の外心でなければならない．つまり，（＊）は O が外心でなければ一般には成り立たない式であることに注意したい．

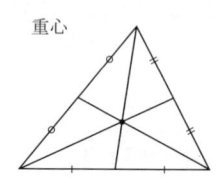

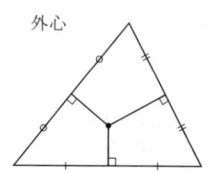

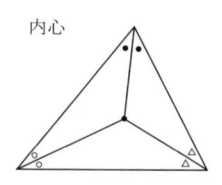

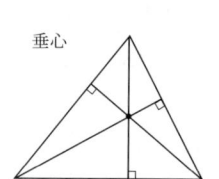

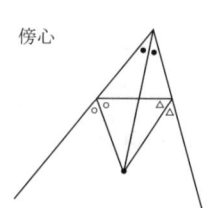

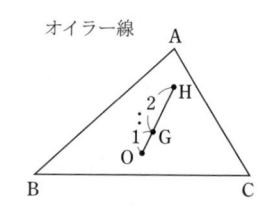

重心　　　　　　外心

内心　　　　　　垂心

傍心　　　　　　オイラー線

（右京）

千葉大学・医, 薬, 理, 工学部（前期）

10年のセット 120分
医学部は ⑤⑥⑨⑩⑪
薬, 理（物, 化）,
工（機械等）は ⑤⑥⑦⑧⑨

⑤ C*** ⅡB/積分（面積）, 格子点
⑥ B**○ A/確率（数直線上の動点）
⑦ B**○ BⅠ/ベクトル（内積）, 最小
⑧ B** Ⅲ/定積分（三角関数）, 最小
⑨ C*** Ⅱ/座標, 三角関数, 最大
⑩ D**** Ⅰ/整数（不定方程式）
⑪ C*** Ⅲ/微分（極値, 微分可能性）

---

a を1より大きい実数とし，座標平面上に，点 O(0, 0), A(1, 0) をとる．
曲線 $y=\dfrac{1}{x}$ 上の点 $P\left(p, \dfrac{1}{p}\right)$ と，曲線 $y=\dfrac{a}{x}$ 上の点 $Q\left(q, \dfrac{a}{q}\right)$ が，3条件
 (1) $p>0$, $q>0$
 (2) $\angle AOP < \angle AOQ$
 (3) $\triangle OPQ$ の面積は3に等しい
をみたしながら動くとき，$\tan \angle POQ$ の最大値が $\dfrac{3}{4}$ となるような a の値を求めよ． (10)

なぜこの１題か

　千葉大学の出題は学部学科ごとに細かく分類されている．薬学部，理学部（物理，化学），工学部（機械，メディカルシステム，電子，ナノ，共生応用化学，画像，情報画像）が同一問題．医学部は専用問題がある為，他の学部より難易度は高めになっている．今年も例年通り各分野から標準的な典型問題が出題されていて，完答するには計算力が必要なのが特徴である．昨年に引き続き今年も数学Ｃからの出題はない．
　今年の問題を3タイプに分類すると，
[αタイプ：典型問題型（完答したい問題）]
⑥確率は最短経路問題に帰着する方法もあるが，丁寧に数え上げればよい．⑨三角関数は2直線のなす角をtangentでとらえるのに慣れているかが鍵で，この経験がないと解ききるのは苦しい問題となるので差がついたであろう．
[βタイプ：準典型問題（計算力＋論証力が必要）]
⑤(1)領域内の格子点個数は易しい．(2)の整数条件を用いるところで差がつく．⑦ベクトルはやるべきことは単純だが計算量が多い．⑧積分は計算力がないと途中で止まる．関数の偶奇性を利用して手早く処理したい問題である．
[γタイプ：発想着想型問題or深い知識が必要（難問）]
⑩整数は(1)(2)とも答えを見つけられた人はいると思うが，それ以外に答えがないのを示すのが大変．例えば(2)で，n が奇数のときには解は存在しないが，これは余りに着目することで導ける（余りで解を絞りこむ）．近年は余りに着目するタイプの整数問題が多い．⑪極値の定義，微分可能の定義に関する問題である．微分不可能な点での極値の判定など普段あまり触れないことを問われたので，普通の受験生にとっては難問である．しかし，深く学習したことがあれば手が付かないことはなかったと思われる．この問題が理学部数学・情報数理学科との共通問題であると鑑みれば，大学側のメッセージとも受け取れる出題である．
　合格にはαタイプ，βタイプの問題を完答する為の知識と計算力を身につけておくことが必要である．
【目標】 傾きと tangent の加法定理で $\tan \angle POQ$ を立式していく．30分程度で答えを出したい．

解　答

$\tan \angle POQ$ は，OP, OQ の傾きと tan の加法定理でとらえられる．

＊　　　　　　　　　　　　　＊　　　　　　　　　　　　　＊

$\angle AOP = \alpha$, $\angle AOQ = \beta$ とおく．

$\tan \alpha = \dfrac{\frac{1}{p}}{p} = \dfrac{1}{p^2}$, $\tan \beta = \dfrac{\frac{a}{q}}{q} = \dfrac{a}{q^2}$ ……………①

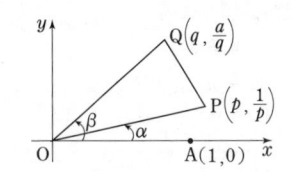

また，$\triangle OPQ = \dfrac{1}{2}\left|q\cdot\dfrac{1}{p}-\dfrac{a}{q}\cdot p\right| = \dfrac{1}{2}\left|\dfrac{q^2-ap^2}{pq}\right|$ ……②

ここで，条件 $p>0$, $q>0$, $a>1$ より，$0<\alpha<\dfrac{\pi}{2}$, $0<\beta<\dfrac{\pi}{2}$

よって，条件 $\alpha<\beta$ より $\tan\alpha<\tan\beta$ である．

これと①より，$\dfrac{1}{p^2}<\dfrac{a}{q^2}$ つまり $q^2-ap^2<0$ ……③

また，条件 $\triangle OPQ=3$ と②，③より

$$3=\dfrac{1}{2}\cdot\dfrac{ap^2-q^2}{pq}\quad \text{つまり，}\quad 6pq=ap^2-q^2 \quad\cdots\cdots④$$

である．さて，

$$\tan\angle POQ = \tan(\beta-\alpha) = \dfrac{\tan\beta-\tan\alpha}{1+\tan\alpha\tan\beta} = \dfrac{\dfrac{a}{q^2}-\dfrac{1}{p^2}}{1+\dfrac{1}{p^2}\cdot\dfrac{a}{q^2}} = \dfrac{ap^2-q^2}{p^2q^2+a}$$

$$\overset{④}{=}\dfrac{6pq}{(pq)^2+a} = \dfrac{6}{pq+\dfrac{a}{pq}} \quad\cdots\cdots⑤$$

ここで，$pq>0$ より，相加・相乗平均の関係を用いると，

$$pq+\dfrac{a}{pq} \geq 2\sqrt{pq\cdot\dfrac{a}{pq}} = 2\sqrt{a}$$

等号は $pq=\dfrac{a}{pq}$，つまり，$pq=\sqrt{a}$ のとき成立．

したがって，⑤は，$pq=\sqrt{a}$ かつ④のとき，つまり右図の点Cにおいて，最大値 $\dfrac{6}{2\sqrt{a}}=\dfrac{3}{\sqrt{a}}$ をとる．

この値が $\dfrac{3}{4}$ に等しいので，$\dfrac{3}{\sqrt{a}}=\dfrac{3}{4}$ $\quad\therefore\quad a=16$

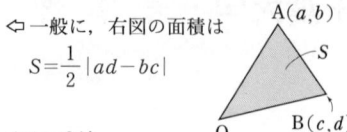

⇦ 一般に，右図の面積は $S=\dfrac{1}{2}|ad-bc|$

⇦ $\tan\theta$ は，$0<\theta<\dfrac{\pi}{2}$ で単調増加であり，OPの傾き＜OQの傾き である．これを使って②の絶対値をはずす．

⇦ ④が使える形が現れる．

⇦ 分母・分子を pq で割って，相加・相乗平均の関係が使える形にする．

⇦ 相加・相乗平均の関係に気づかなくても $pq=t\ (>0)$ とおいて，
$f(t)=\dfrac{6t}{t^2+a}\ (t>0)$
$f'(t)=\dfrac{6(a-t^2)}{(t^2+a)^2}$ より
増減を調べ，最大値を求めてもよい．$(t=\sqrt{a}\ で極大かつ最大)$

⇦ 解説の「⑤が最大となるとき」を参照のこと．

解　説　（受験報告は p.129）

【なす角は tan の加法定理】

2直線のなす角がでてきたら tangent の加法定理を思いだそう．この事実は教科書（三角関数の章）に記載がある．角度には向きがあることに留意しつつ実際に使いこなせるようにまとめておこう．

2直線のなす角

2直線 l と l' が直交せず2本とも x 軸に垂直でないとする．l, l' の傾きを m, m'，l から l' に反時計回りに測った角を θ とすると，

$$\tan\theta=\dfrac{m'-m}{1+mm'}$$

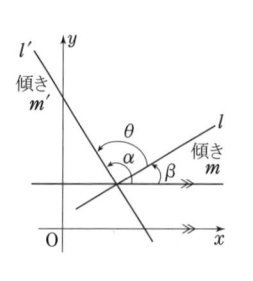

［証明］ x 軸の正方向から l, l' に反時計回りに測った角を β, α とすると，$m=\tan\beta$, $m'=\tan\alpha$ であるから，

$$\tan\theta=\tan(\alpha-\beta)=\dfrac{\tan\alpha-\tan\beta}{1+\tan\alpha\tan\beta}=\dfrac{m'-m}{1+mm'}$$

＊　　　　　＊

角度の測り方は，反時計回りを正，時計回りを負と考え，符号をもった角とする（図で $\alpha=120°$, $\beta=40°$ とすると，$\theta=\alpha-\beta=80°$ だが，$\alpha=-60°$ と考えて，$\theta=\alpha-\beta=-100°$ でもよい．どちらにせよ tan の値は同じである（$\tan(\theta\pm180°)=\tan\theta$））．このようにすると，傾きの正負などによる場合分けが起こらず都合がよいことが多い（例えば，以下で紹介する産業医大の問題）ので，このようにとらえよう．

＊　　　　　＊

なす角を tan の加法定理でとらえるのがよい典型例は見込の角の最大値を求める問題（例えば，「1対1/数B」p.78（新訂版 p.82），「新数学演習」3・9）である．これについては幾何的に解く解法もあるので，これらの本を持っている人は，合わせて確認しておくとよい．

【類題の紹介】

今年は，産業医大，京大にも類題が出ている．京大では角度そのものの最大値を求めさせる問題である．この場合，実は角度をどう式でとらえるかの方がポイントになるが，tan なら簡単である．

放物線 $y=x^2$ 上の2点 $P(p, p^2)$, $Q(q, q^2)$ における接線をそれぞれ l, m とし，l と m の交点を R とする．ただし，$p<q$ とする．$\angle PRQ=\theta$ とおくとき，次の問いに答えなさい．
(1) 点 R の座標を p, q を用いて表しなさい．
(2) $\tan\theta$ を p, q を用いて表しなさい．
(3) 点 R が直線 $y=-2$ 上を動くとき，$\tan\theta$ の最小値を求めなさい． (10　産業医大)

交点のまわりに角を集めよう．

解 (1) $y=x^2$ のとき，$y'=2x$ であるから，
l の式: $y=2p(x-p)+p^2$
$\therefore\ y=2px-p^2$
m の式: $y=2qx-q^2$
連立して，$R\left(\dfrac{p+q}{2},\ pq\right)$

(2) x 軸正方向から l, m に反時計回りに測った角をそれぞれ α, β とおくと，$\tan\alpha=2p$, $\tan\beta=2q$ であるから，
$\tan\theta=\tan(\alpha-\beta)$
$=\dfrac{\tan\alpha-\tan\beta}{1+\tan\alpha\tan\beta}=\dfrac{2(p-q)}{1+4pq}$

⇒注 $1+4pq=0$ のときは，$\theta=90°$ となり，$\tan\theta$ は存在しない．なお，下図のように $0<p<q$ や $p<q<0$ のときも，$\tan\theta=\tan(\alpha-\beta)$ で OK．右下図で，β は負であることに注意．

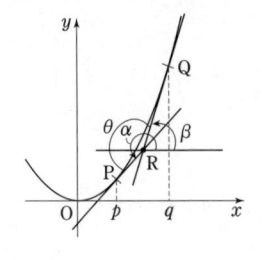

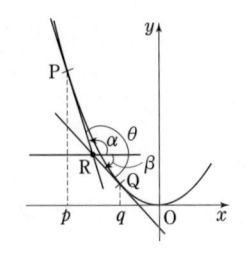

(3) (1)より，$pq=-2$ である．これと $p<q$ より $p<0$ かつ $q>0$．(2)の結果を用いて，
$\tan\theta=\dfrac{2\left(\dfrac{-2}{q}-q\right)}{1-8}=\dfrac{2}{7}\left(\dfrac{2}{q}+q\right)$
$\geq\dfrac{2}{7}\cdot 2\sqrt{\dfrac{2}{q}\cdot q}=\dfrac{4}{7}\sqrt{2}$

等号は $q=\dfrac{2}{q}$ つまり $q=\sqrt{2}$ のとき成立．

よって，求める $\tan\theta$ の最小値は $\dfrac{4\sqrt{2}}{7}$

---

x を正の実数とする．座標平面上の3点 $A(0, 1)$, $B(0, 2)$, $P(x, x)$ をとり，$\triangle APB$ を考える．x の値が変化するとき，$\angle APB$ の最大値を求めよ．
(10　京大・理系)

解 x 軸正方向から $\overrightarrow{PA}$, $\overrightarrow{PB}$ に反時計回りに測った角をそれぞれ α, β とし，$\angle APB=\theta$ とおく．
$x>0$ より
$\dfrac{\pi}{2}<\beta<\alpha<\dfrac{3}{2}\pi$
$\therefore\ \theta=\alpha-\beta$

ここで，$\tan\alpha=\dfrac{x-1}{x}$, $\tan\beta=\dfrac{x-2}{x}$ であるから，
$\tan\theta=\tan(\alpha-\beta)$
$=\dfrac{\tan\alpha-\tan\beta}{1+\tan\alpha\tan\beta}=\dfrac{\dfrac{x-1}{x}-\dfrac{x-2}{x}}{1+\dfrac{x-1}{x}\cdot\dfrac{x-2}{x}}$
$=\dfrac{x}{2x^2-3x+2}=\dfrac{1}{2x+\dfrac{2}{x}-3}\leq\dfrac{1}{2\sqrt{2x\cdot\dfrac{2}{x}}-3}=1$

等号は $2x=\dfrac{2}{x}$ つまり $x=1$ のとき成立．

よって，$\tan\theta$ は $x=1$ のとき最大値 1 をとり，このとき $\angle APB$ は最大値 $\dfrac{\pi}{4}$ となる．

【⑤が最大となるとき】

$pq=\sqrt{a}$ かつ④を同時に満たす正の実数 p, q が存在しないと，⑤の最大値 $=3/\sqrt{a}$ とは言えない．解答ではグラフを活用した．$q=\sqrt{a}/p$ を④に代入して得られる方程式 $a(p^2)^2-6\sqrt{a}\,(p^2)-a=0$ が正の解 p をもつことを言ってもよい．これは $g(u)=au^2-6\sqrt{a}\,u-a$ のグラフが下に凸で $g(0)<0$ から言える．　　(右京)

東京大学・文系

10年のセット
100分

❶ A** Ⅱ/座標, 三角関数
❷ B**○ Ⅱ/積分法
❸ C**○ AB/確率, 数列(漸化式)
❹ C*** Ⅰ/図形, 整数

Oを原点とする座標平面上に点 A(-3, 0) をとり，$0° < \theta < 120°$ の範囲にある θ に対して，次の条件（ⅰ），（ⅱ）をみたす2点 B，C を考える．

（ⅰ） B は $y > 0$ の部分にあり，OB$= 2$ かつ $\angle$AOB$= 180° - \theta$ である．

（ⅱ） C は $y < 0$ の部分にあり，OC$= 1$ かつ $\angle$BOC$= 120°$ である．ただし $\triangle$ABC は O を含むものとする．

以下の問（1），（2）に答えよ．

（1） $\triangle$OAB と $\triangle$OAC の面積が等しいとき，θ の値を求めよ．

（2） θ を $0° < \theta < 120°$ の範囲で動かすとき，$\triangle$OAB と $\triangle$OAC の面積の和の最大値と，そのときの $\sin\theta$ の値を求めよ．

（10）

なぜこの1題か

今年の東大文系は，後半2題（③の確率と④の図形と整数は，理系と共通．理系では③にもう1つ設問がある）が難し過ぎで，この2題は解けなくても仕方ないだろう．一方，前半2題は軽めで，この2題は押さえておかないと厳しくなる．

❶は座標平面上の図形の問題．題意を満たす図を描いて立式すればよい．❷は例年出題される微積の問題．

例年より軽めで，正直に計算すればよい．ところで，❶は試験中に『$\triangle$ABC は O を内部に含むとする，を加えてください』と補足があったことなので，この影響も無視できない．❶が鍵を握ったと考えられる．

【目標】 20分で完答しよう．さらに見直しの時間をとって，ミスがないようにしておこう．

解　答

まず，座標平面上に，3点 A，B，C を図示しよう．『$\triangle$ABC は O を含むものとする』というただし書きがなければ，右図のケースも考えられ場合分けが生じることになる．ただし書きから，下のケースしかしない．

（2） $a\cos\theta + b\sin\theta$ の形を内積と見よう．内積と見ると，どんなときに最大になるかが視覚的にとらえられるので，合成よりお勧めである．

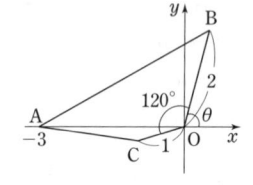

直線 OB を O を中心に $120°$ 回転して直線 OC に重ねるとき，左図は時計回りにまわした場合で，上図は反時計回りにまわした場合である．

*　　　　　　　　　*

（1） 右図のようになるから，

$\triangle$OAB $= \dfrac{1}{2} \cdot$OA$\cdot$BH

$= \dfrac{1}{2} \cdot 3 \cdot 2\sin\theta = 3\sin\theta$ ……①

$\triangle$OAC $= \dfrac{1}{2} \cdot$OA$\cdot$CK

$= \dfrac{1}{2} \cdot 3 \cdot \sin(120° - \theta) = \dfrac{3}{2}\left\{\dfrac{\sqrt{3}}{2}\cos\theta - \left(-\dfrac{1}{2}\right)\sin\theta\right\}$

$= \dfrac{3}{4}(\sqrt{3}\cos\theta + \sin\theta)$ ……②

①$=$②のとき，この両辺を $4/3$ 倍して，$4\sin\theta = \sqrt{3}\cos\theta + \sin\theta$

∴ $3\sin\theta = \sqrt{3}\cos\theta$　∴ $\tan\theta = \dfrac{1}{\sqrt{3}}$　∴ $\boldsymbol{\theta = 30°}$

⇦ 両辺を $3\cos\theta$ で割って，$\dfrac{\sin\theta}{\cos\theta} = \dfrac{\sqrt{3}}{3}$

62

（2） $\triangle \text{OAB} + \triangle \text{OAC} = ① + ② = \dfrac{3}{4}(\sqrt{3}\cos\theta + 5\sin\theta)$ ……③

$\vec{u} = \begin{pmatrix} \sqrt{3} \\ 5 \end{pmatrix}$, $\vec{v} = \begin{pmatrix} \cos\theta \\ \sin\theta \end{pmatrix}$ とおくと，③ $= \dfrac{3}{4}\vec{u}\cdot\vec{v}$ ……④

$|\vec{u}|$, $|\vec{v}|$ は一定であるから，$\vec{u}$ と $\vec{v}$ のなす角が小さいほど $\vec{u}\cdot\vec{v}$ は大きい．

よって，$\vec{u}\cdot\vec{v}$ は，$\vec{u}$ と $\vec{v}$ が同じ向きのとき，最大値 $|\vec{u}||\vec{v}| = \sqrt{3+5^2}\cdot 1 = 2\sqrt{7}$ をとる．よって④の最大値は，$\dfrac{3}{4}\cdot 2\sqrt{7} = \dfrac{3}{2}\sqrt{7}$

このとき，θ は図の θ_0 で，$\sin\theta = \dfrac{5}{2\sqrt{7}}$

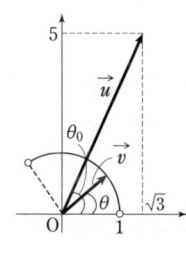

⇦ $\vec{u}$ と $\vec{v}$ のなす角を φ $(0° \leq \varphi \leq 180°)$ とすると，
$\vec{u}\cdot\vec{v} = |\vec{u}||\vec{v}|\cos\varphi$
$= 2\sqrt{7}\cos\varphi$
よって $\cos\varphi$ が大きいほど，つまり φ が小さいほど $\vec{u}\cdot\vec{v}$ は大きい．

解　説

【三角関数の式の最大・最小】

$a\cos\theta + b\sin\theta$ （a, b は定数）の形の最大・最小に帰着できれば，解答のように内積と見るのがよい．

次の問題で練習してみよう．

> **例題** $0° \leq x \leq 90°$ のとき，関数
> $$y = \sin^2 x + 3\sin x \cos x + 5\cos^2 x$$
> の最大値は □ で，最小値は □ である．
> （09 神戸女子大）

$\cos x$, $\sin x$ の2次式は，"半角公式"

$$\left. \begin{array}{l} \cos^2 x = \dfrac{1+\cos 2x}{2},\ \sin^2 x = \dfrac{1-\cos 2x}{2} \\ \sin x \cos x = \dfrac{1}{2}\sin 2x \end{array} \right\} \cdots Ⓐ$$

を用いると，$\cos 2x$, $\sin 2x$ についての1次式になる．

解 （1） $y = \dfrac{1-\cos 2x}{2} + \dfrac{3}{2}\sin 2x + 5\cdot\dfrac{1+\cos 2x}{2}$

$= \dfrac{1}{2}(4\cos 2x + 3\sin 2x) + 3$ ……①

$\vec{u} = \begin{pmatrix} 4 \\ 3 \end{pmatrix}$, $\vec{v} = \begin{pmatrix} \cos 2x \\ \sin 2x \end{pmatrix}$ とおくと ① $= \dfrac{1}{2}\vec{u}\cdot\vec{v} + 3$

また，$0° \leq 2x \leq 180°$

$|\vec{u}|$, $|\vec{v}|$ は一定だから，$\vec{u}$ と $\vec{v}$ のなす角が小さいほど $\vec{u}\cdot\vec{v}$ は大きい．よって，$\vec{u}\cdot\vec{v}$ は，$\vec{u}$ と $\vec{v}$ が同じ向きのとき最大となり，求める**最大値**は $\dfrac{1}{2}\cdot 5\cdot 1 + 3 = \dfrac{11}{2}$

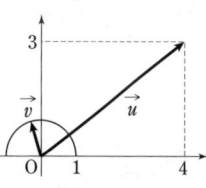

$\vec{u}\cdot\vec{v}$ は $\vec{v} = \begin{pmatrix} -1 \\ 0 \end{pmatrix}$ のとき最小，求める**最小値は 1**

（坪田）

受験報告

▶東京大学文科一類の受験報告です．目標は4完！…といって臨んだ秋の東大模試で爆死したので，2完出来ればO.K. それ以上できれば万々歳くらいの心構えで直前期を過ごした．当日はさわやかな天気で休み時間は友達と外で過ごした（-60分）．去年楽だったから今年は文系難化かなと思いつつ問題が配られる（-10分）．試験開始！（0分）まずざっと全部見る．③めんどくさそう…．とりあえず❶→②→④→③と大体解く順番を決めた（5分）．さっそく❶から．普通に計算したら出来た．すぐに清書して②へ（15分）．②…ってこれは…絶対にミスれない問題（笑）．慎重に計算してちょっと一息つく（20分）．④へ．とりあえず条件を色々数式化してみる．PRの中点はO，OP⊥OQ，OR⊥OQ…．ここで試験官が補足説明を始めた（30分）．「❶に『△ABCはOを内部に含むとする』を加えて下さい」とのこと…えっ！もっと早く言ってくれよー！ ❶を見直すけど特に問題なさそう．他に場合分けが生じないか一応確認する（40分）．再び④へ．あれ一答えが「なし」になったぞ…パスして③へ（55分）．「x に対して y をうまく選び…」問題文の意味よくわからない… y を自分で決めるってどういうこと？？（あとで単に一手目で場合分けするだけと気付くけど試験場では気付かず．）とりあえず答えらしきものは出た．(2)も適当に漸化式を書いて，また④に戻る（80分）．今度は答えがあり得ないくらい沢山でた．いよいよ時間が危ない．ここで整数条件に気付きなんとか答えを絞れた，と思ったら終了（100分）．

翌日速報を見たら❶○○②○③△△④△（2つ足りなかった…）．50～60位の予想．周りに聞くと今年は（去年より）やや難化って人が多かった．

（日本語力弱いのに文系）

東京大学・理系

10年のセット　150分

① C*** Ⅱ/図形, 微分(値域)
② C*** ⅢB/積分(不等式), 数列(和)
③ C*** AB/確率, 数列(漸化式)
④ C*** Ⅲ/積分(面積)
❺ C*** Ⅰ/図形, 整数
⑥ C**** B/ベクトル(空間図形)

C を半径 1 の円周とし，A を C 上の 1 点とする．3 点 P, Q, R が A を時刻 $t=0$ に出発し，C 上を各々一定の速さで，P, Q は反時計回りに，R は時計回りに，時刻 $t=2\pi$ まで動く．P, Q, R の速さは，それぞれ m, 1, 2 であるとする．（したがって，Q は C をちょうど一周する．）ただし，m は $1 \le m \le 10$ をみたす整数である．△PQR が PR を斜辺とする直角二等辺三角形となるような速さ m と時刻 t の組をすべて求めよ．

(10)

なぜこの1題か

　昨年は，とりあえず完答できそうな問題（ただし，答えに自信が持てない確率）がある代わりにDレベルの問題が2つあった．今年はすべてCレベルの問題になり，訓練した手法で頑張れば完答できるものもなく，全体として昨年並みの難易度である．このうち③は，問題文が難解で，⑥は見るからに大変そうなので，この2題ではあまり差はつかないだろう．残る4題の勝負になったはず．❺以外は小問に分かれているので，部分点を積み上げた人が多いだろうから，これらの問題ではどれも大きな差がついたとは考えにくい．

　❺は，回転角に着目することにピンと来れば解きやすいが，長さに着目などすると泥沼にはまりやすい．泥沼にはまりそうなら，ほかの問題に移ればよいのだが，その判断が難しいところだろう．回転角に着目できれば部分点も取りやすい．そこで，❺が鍵を握ったと考えられ，合否にも影響したことだろう．

【目標】 回転角に着目することに気付いた人は，30分で完答を目指そう．うまく処理できそうもないときは，早めに撤退して，他の問題に移ろう．

解答

　C の中心を O とする．P, Q, R の（OA からの）回転角が求まる．そこで，△PQR が PR を斜辺とする直角二等辺三角形となる条件を，O のまわりの角でとらえられないかと考えてみる．右図から，その条件は，『∠POR = 180° かつ ∠QOR = 90°』と分かる．例えば ∠QOR の条件を，「Q の回転角 − R の回転角」（$=\theta$ とおく）の条件に言い換え，∠QOR = 90° は，$\theta = 90°, 270°, 450°, \cdots$ （一般角）ととらえればよい．

　このように，回転角だけで処理できることに着目しよう．

◁解答の図を参照．

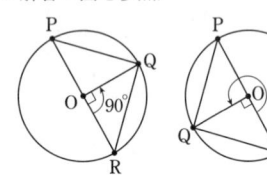

＊　　　　　＊

　P, Q, R の速さが，それぞれ m, 1, 2 であることに注意すると，時刻 t までの回転角は，

　　P は mt，Q は t，R は $-2t$

円 C の中心を O とする．C 上の点 P, Q, R が作る三角形が，PR を斜辺とする直角二等辺三角形となる条件は，

　　PR が直径で，かつ OQ⊥OR

となることである．すなわち，

$$\begin{cases} mt - (-2t) = (2k+1)\pi & \cdots\cdots\text{①} \\ t - (-2t) = \left(n + \dfrac{1}{2}\right)\pi & \cdots\cdots\text{②} \end{cases}$$

となる整数 k, n が存在することである．

◁m が関与する P がなるべく現れないようにとらえる．

◁∠POR = 180°

◁∠QOR = 90°

まず，②により，$t=\dfrac{2n+1}{6}\pi$ ……③ ◁②からtを消去する．

$0\leqq t\leqq 2\pi$ により，$0\leqq n\leqq 5$ ◁$0\leqq\dfrac{2n+1}{6}\leqq 2$

①により $(m+2)t=(2k+1)\pi$ であるから，③を代入して，

$$(m+2)\cdot\dfrac{2n+1}{6}\pi=(2k+1)\pi$$

$$\therefore\ (m+2)(2n+1)=6(2k+1)\ \cdots\cdots\text{④}$$

$0\leqq n\leqq 5$ かつ $1\leqq m\leqq 10$ かつ④を満たす (m,n) を求めればよいことになった．

◁$6(2k+1)=2\cdot 3\cdot\underbrace{(2k+1)}_{奇数}$

$2k+1$ は奇数であるから，④の右辺は 4 の倍数でない偶数である．これと $2n+1$ が奇数であることから，$m+2$ は 4 の倍数でない偶数であり，$1\leqq m\leqq 10$ により，$m=4,\ 8$

$m=4$ のとき，④に代入して整理すると，$n=k$

よって，n は $0\leqq n\leqq 5$ の整数であり，③に代入して，

$$t=\dfrac{\pi}{6},\ \dfrac{3}{6}\pi,\ \dfrac{5}{6}\pi,\ \dfrac{7}{6}\pi,\ \dfrac{9}{6}\pi,\ \dfrac{11}{6}\pi$$

$m=8$ のとき，④に代入して両辺を 2 で割ると，$5(2n+1)=3(2k+1)$

よって，$2n+1$ は 3 の倍数であるから，$2n+1=3,\ 9$ $\therefore\ n=1,\ 4$

($n=1$ のとき $k=2$，$n=4$ のとき $k=7$ で k は整数) $\therefore\ t=\dfrac{3\pi}{6},\ \dfrac{9\pi}{6}$

以上により，求める $m,\ t$ の組は，

$$(m,\ t)=\left(4,\ \dfrac{\pi}{6}\right),\ \left(4,\ \dfrac{\pi}{2}\right),\ \left(4,\ \dfrac{5}{6}\pi\right),\ \left(4,\ \dfrac{7}{6}\pi\right),$$

$$\left(4,\ \dfrac{3}{2}\pi\right),\ \left(4,\ \dfrac{11}{6}\pi\right),\ \left(8,\ \dfrac{\pi}{2}\right),\ \left(8,\ \dfrac{3}{2}\pi\right)$$

解説

【整数の組 $(m,\ n)$ の求め方】

結局，$0\leqq n\leqq 5$ かつ $1\leqq m\leqq 10$ かつ④を満たす $(m,\ n)$ を求めればよい．解答では④の右辺が 4 の倍数でない偶数であることに着目して，うまく $m=4,\ 8$ と m を 2 つに絞った．

このようなことに着目できなくても心配はいらない．$0\leqq n\leqq 5$ により，$n=0,\ 1,\ \cdots,\ 5$ の場合について，④を満たす m を求めればよいからである．実際に例えば $n=2$ の場合についてやってみよう．

$n=2$ のとき，④は，$5(m+2)=6(2k+1)$ ……⑤

これを満たす整数の組で，$1\leqq m\leqq 10$ を満たすものを求めればよい．それには⑤を k について解いた

$$k=\dfrac{5m+4}{12}$$

に $m=1\sim 10$ を代入して，整数になるものを求めればよい．このうち，k が整数になるのは，$m=4$ ($k=2$) のときのみである（シラミつぶしすればよい）．

⇒注 ⑤から，m の候補が絞れることに気づくと――$m+2$ は 6 の倍数であるから，$1\leqq m\leqq 10$ により，$m+2=6,\ 12$ の可能性しかない． （坪田）

受験報告

▶**東京大学理科二類**の受験報告です．午前，得意の国語でおそらく 50 をキープ．一安心する (−170 分)．校内を散歩したり，友達と雑談したり，昼食を流し込んだりしているとあっという間に集合時間になる (−30 分)．問題が配られ，定番の『透かし』を試みる…が，ダメッ！(−10 分)．今年は流石に易化するだろうから，何とか 3 完したいものだ，と考えているとチャイムがなり試験開始 (0 分)．一通り目を通すも，正直難易度がよく分からないので①から手をつけることに．(1)を多少手間取りながらも片付け，(2)は一文字消去，置き換え，実数条件出して後は予選決勝だけ！これで勝つる！…はずが，上手くいかないのでページをめくる (30 分)．②．帰納法って感じでもないし…(2)とのつながりも分からないし…飛ばして次へ．③．何度読んでも題意が分からない．泣く泣く飛ばす (40 分)．40 分で 0 完か…．いかんなァ…ここは整数で決めよう，と⑤へ．これは PR が直径かつ∠POQ=90°だけで大丈夫か？と不安になるもそのままつっきり，大量の場合分けを乗り越え，ようやく 1 完（ということにする）(75 分)．⑥．(1)すら手が出ない．ベクトルは苦手なので，⑥はなかったことにする (85 分)．いよいよ最後の④．これも出来ないとマズい…とヒヤヒヤ．(1)は出来たが(2)で案の定詰まる．時間を費やす状況は変わらない (120 分)．③へ戻る．どうしても(1)に手が付かない．出来っこないよこんなの！と心中で叫ぶ．結局この後も微分したり，④に極座標を試したりするも何も変わらず，試験終了 (150 分)．解答は怖くて見てないので，

①△②×③×④△❺○⑥×

を信じるしかありません．翌日の理科も良くなかったので，現在は後期の東工対策中です．

(昨年 33 点の高 4 生（浪一生とも言う))

一橋大学（前期）

12年のセット 120分

① C*** Ⅰ/平面図形, 整数(不定方程式)
② C*** Ⅱ/座標, 微分
③ B*** Ⅱ/座標
④ C*** B/空間座標
⑤ C*** A/確率

1つの角が120°の三角形がある．この三角形の3辺の長さ x, y, z は $x<y<z$ を満たす整数である．

（1） $x+y-z=2$ を満たす x, y, z の組をすべて求めよ．

（2） $x+y-z=3$ を満たす x, y, z の組をすべて求めよ．

（3） a, b を0以上の整数とする．$x+y-z=2^a 3^b$ を満たす x, y, z の組の個数を a と b の式で表せ．

(12)

なぜこの1題か

一橋大は，毎年文系としてはトップレベルの難しさで，理系で出されてもおかしくない高品質なセットを出題する．今年もCレベルの問題が4題あり厳しいセットであった．例年，整数，確率，微積分，幾何的な問題がよく出される．今年は，整数が①で，確率が⑤で，座標と微分の融合問題が②で，図形色の濃い空間座標の問題が④で出されている．なお，③は座標のBレベルの問題．これは比較的取り組み易い．

さて，この得点しにくいセットにおいても部分点を確保していきたい．各自，得意・不得意分野があるだろうが，Cレベルの4題のうち，①の(1)(2)は，よくある不定方程式の問題に帰着される．この部分は是非とも押さえたいし，ここをしっかり取れれば合格に近づいただろう．

【目標】(2)までは15分程度で解きたい．30分で完答できれば文句なし．

解答

三角形において，角の大小と対辺の大小は一致する．とくに，最大角の対辺が三角形の最大の辺になっている．いま，最大角は120°なので，この対辺の長さが z である．余弦定理を使って x, y, z の関係式を作る．

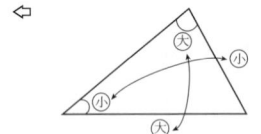

（1）〜（3）の条件式の形は，$x+y-z=\square$ の形なので，右辺を k とおいてこの式を使って余弦定理の式を整理しておこう．等式の条件があるときは，それを使ってどれか1文字を消去するのが原則である．いまは，式の形から z を消去するところだろう．

不定方程式の整数解を考えることになる．（負）×（負）となる場合を忘れないように．（3）では，条件 $x<y<z$ が非常に効いてくる．

⇦ なお，2つ下の傍注も参照．

⇦ この条件から，（負）×（負）の場合がないことが導かれる．

⇦ 1つの角が120°の三角形を描いてみると，120°の対辺が最大の辺であることに気づくはず．

*　　　　　*　　　　　*

三角形の最大の内角は120°，最大の辺の長さは z であるから，右図のようになる．

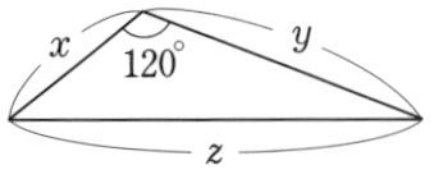

余弦定理により，

$z^2 = x^2 + y^2 - 2xy\cos 120°$
$ = x^2 + y^2 + xy$ ……①

いま，$x+y-z=k$ とおくと，$z=x+y-k$ ……②

であるから，①に代入すると，$(x+y-k)^2 = x^2+y^2+xy$

∴ $(x+y)^2 - 2k(x+y) + k^2 = x^2+y^2+xy$

∴ $xy - 2k(x+y) + k^2 = 0$

∴ $(x-2k)(y-2k) = 3k^2$ ……③

（1） ③に $k=2$ を代入すると，

$(x-4)(y-4) = 12$

⇦ 方程式1つに未知数が2つあるので解は決まらない．このような方程式を不定方程式と呼ぶ．

66

$0<x<y$ より $-4<x-4<y-4$ であるから，
$$(x-4,\ y-4)=(1,\ 12),\ (2,\ 6),\ (3,\ 4)$$
$$\therefore\ (x,\ y)=(5,\ 16),\ (6,\ 10),\ (7,\ 8)$$
②により，$(\boldsymbol{x},\ \boldsymbol{y},\ \boldsymbol{z})=(\boldsymbol{5},\ \boldsymbol{16},\ \boldsymbol{19}),\ (\boldsymbol{6},\ \boldsymbol{10},\ \boldsymbol{14}),\ (\boldsymbol{7},\ \boldsymbol{8},\ \boldsymbol{13})$ ◁$z=x+y-2$

（2） ③に $k=3$ を代入すると，
$$(x-6)(y-6)=27$$
$-6<x-6<y-6$ であるから，
$$(x-6,\ y-6)=(1,\ 27),\ (3,\ 9)$$
$$\therefore\ (x,\ y)=(7,\ 33),\ (9,\ 15)$$
$$\therefore\ (\boldsymbol{x},\ \boldsymbol{y},\ \boldsymbol{z})=(\boldsymbol{7},\ \boldsymbol{33},\ \boldsymbol{37}),\ (\boldsymbol{9},\ \boldsymbol{15},\ \boldsymbol{21})$$ ◁$z=x+y-3$

（3） ③に $k=2^a3^b$ を代入すると，
$$(x-2^{a+1}3^b)(y-2^{a+1}3^b)=2^{2a}3^{2b+1}\ \cdots\cdots\cdots\cdots\cdots\cdots\cdots\text{④}$$
また，$x<y<z$ と②より，
$$x<y<x+y-k\quad \therefore\ k=2^a3^b<x<y$$
④の左辺が（負）×（負）になるとき，
$$(\text{左辺})<(2^a3^b-2^{a+1}3^b)(2^a3^b-2^{a+1}3^b)$$
$$=\{2^a3^b(1-2)\}^2=2^{2a}3^{2b}<2^{2a}3^{2b+1}=(\text{右辺})$$

◁$2^a3^b<x<2^{a+1}3^b$ のとき，x と $2^{a+1}3^b$ との差が一番大きくなるのは，"$x=2^a3^b$" の場合．

これは矛盾．よって，④の左辺は（正）×（正）の形である．したがって，$X=x-2^{a+1}3^b,\ Y=y-2^{a+1}3^b$ とおくと，
$XY=2^{2a}3^{2b+1}$ ……⑤ かつ $0<X<Y$ ……⑥ を満たす整数の組 $(X,\ Y)$（このとき，$x,\ y$ も整数で，②より z も整数になる）の個数を求めればよい． ◁$z=x+y-2^a3^b$

⑤を満たす正の整数の組 $(X,\ Y)$ の個数は，$2^{2a}3^{2b+1}$ の正の約数の個数に等しく，$(2a+1)(2b+2)$ ……⑦ ◁解説を参照

⑤のとき，$X=Y$ となることはないので，$X>Y$，$X<Y$ なる組は同数ずつある．よって，⑥も満たすのは ◁$2^{2a}3^{2b+1}$ は平方数ではない．
$$\text{⑦}\div 2=(\boldsymbol{2a+1})(\boldsymbol{b+1})\ \text{個}$$

解説

【④の左辺が（負）×（負）にならないことについて】

（1），（2）のとき，③の左辺が（負）×（負）となる場合はないから，（3）も同様だと考えられる．（負）×（負）の場合を排除したい．④の左辺が（負）×（負）になるとき，$x>0,\ y>0$ の条件だけだと，
$$(\text{左辺})<(2^{a+1}3^b)^2=2^{2a+2}3^{2b}\ (>2^{2a}3^{2b+1})$$
しか言えず，④の等式が成り立つ可能性が残り失敗する．ここで，不等式の条件 $x<y<z$ があったことを思い出すことがポイントである．この条件から，解答のように $k<x<y$ が得られ，うまくいく．

なお，解答では④式で議論したが，③式で議論することもできる．解答のようにして，$k<x<y$ が得られる．③の左辺が（負）×（負）になるとき，
$$(\text{左辺})<(k-2k)(k-2k)=k^2<3k^2=(\text{右辺})$$
となり，③が成り立つことはない．

【約数の個数】

例えば，$72=2^3\cdot 3^2$ の正の約数は，
$$2^m\cdot 3^n\ (m=0,\ 1,\ 2,\ 3;n=0,\ 1,\ 2)$$
の形で表され，$m,\ n$ の組を1つ決めるごとに約数が1つ決まるから，約数の個数と $m,\ n$ の組の個数は等しい．m は 4 通り，n は 3 通りあるので，約数は $4\times 3=12$ 個ある．一般に，自然数 N が，
$$N=p^aq^br^c\cdots$$
（$p,\ q,\ r,\ \cdots$ は素数；$a,\ b,\ c,\ \cdots$ は 0 以上の整数）と素因数分解されるとき，

N の正の約数の個数は，$(a+1)(b+1)(c+1)\cdots$ である．

（3）で $a=1,\ b=0$ としたものが（1）で，（1）の約数の個数は確かに $(2\cdot 1+1)(0+1)=3$ 個となっている．（2）も同様である．

(坪田)

一橋大学（前期）

11年のセット
120分

① C*** Ⅰ/整数(不定方程式)
② C**○ AⅠ/平面図形, 三角比
❸ B**○ Ⅱ/微積分(面積)
④ C*** BⅡ/空間座標, 不等式
⑤ C*** AB/確率, 数列

---

xy 平面上に放物線 $C : y = -3x^2 + 3$ と 2 点 A(1, 0), P(0, 3p) がある．線分 AP と C は，A とは異なる点 Q を共有している．
(1) 定数 p の存在する範囲を求めよ．
(2) S_1 を，C と線分 AQ で囲まれた領域とし，S_2 を，C, 線分 QP，および y 軸とで囲まれた領域とする．S_1 と S_2 の面積の和が最小となる p の値を求めよ．　　　　　　(11)

なぜこの 1 題か

一橋大は，毎年文系としてはトップレベルの難しさで，理系で出されてもおかしくない高品質なセットを出題する．例年，整数，確率，微積分，幾何的な問題がよく出される．今年も，例年の頻出分野から出題された．さて，今年は C レベルの問題が 4 題になり，難化した．C レベルの問題は完答しにくいが，この 4 題のうち，②や⑤は最初の(1)のハードルが高く，かな

り厳しい問題である．各自，得意・不得意分野があるだろうが，頻出タイプで B レベルの❸を完答しておかないと，他で挽回するのはきついだろう．方針が立ち易く，計算を頑張れば完答できる❸を押さえておくことが大切で，差がつくと考えられる．

【目標】(1)を 5 分，(2)を 20 分で完答しておきたい．

解　答

(1) 直線 AP と C との交点の x 座標を求めて考えればよい．
(2) 面積の和を積分を使って立式して，そのまま計算しても面倒ではないが（☞解説），実は "公式" が使える．

⇐ S_1 だけでなく，S_2 を求めるときも（解答の②のように）公式が使える．

＊　　　　　＊

(1) $C : y = -3x^2 + 3$ と，直線 AP: $y = -3px + 3p$ を連立すると，
$$-3x^2 + 3 = -3px + 3p \quad \therefore \quad x^2 - px + p - 1 = 0$$
$$\therefore \quad (x-1)\{x-(p-1)\} = 0 \quad \therefore \quad x = 1, \ p-1$$
よって，条件は，$0 \leq p-1 < 1$
$$\therefore \quad \boldsymbol{1 \leq p < 2} \quad \cdots\cdots\cdots①$$

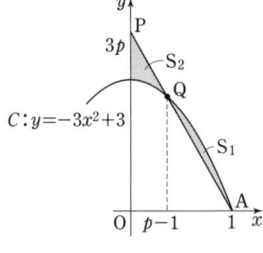

(2) ☆ 一般に，
「放物線 $y = ax^2 + bx + c$ と $x = \alpha, \beta$ ($\alpha < \beta$) で交わる直線によって囲まれた部分の面積は，$\dfrac{|a|(\beta-\alpha)^3}{6}$ となる」
ので，求める面積の和は，

⇐ Q の x 座標が $p-1$

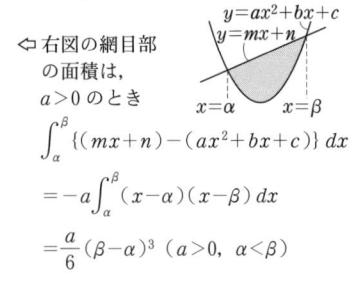

⇐ 右図の網目部の面積は，$a > 0$ のとき
$$\int_\alpha^\beta \{(mx+n)-(ax^2+bx+c)\}\,dx$$
$$= -a \int_\alpha^\beta (x-\alpha)(x-\beta)\,dx$$
$$= \dfrac{a}{6}(\beta-\alpha)^3 \quad (a > 0, \ \alpha < \beta)$$

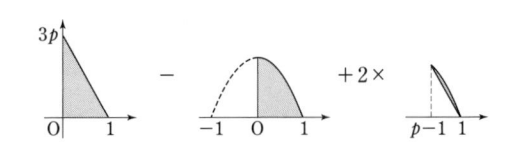

$$= \dfrac{3p}{2} - \dfrac{3}{6}\{1-(-1)\}^3 \times \dfrac{1}{2} + 2 \times \dfrac{3}{6}\{1-(p-1)\}^3 \quad \cdots\cdots\cdots②$$

これを $f(p)$ とおき，$f(p)$ が最小となる p を求める．

$\underline{} = (2-p)^3 = -(p-2)^3$ であることに注意して,

$$f'(p) = \frac{3}{2} - 3(p-2)^2 = \frac{3}{2}\{1 - 2(p-2)^2\}$$

よって,①のとき $y = f'(p)$ のグラフは右図のようになるから,答えは $p = 2 - \dfrac{1}{\sqrt{2}}$

◁ $f(p)$ を展開・整理すると
$$f(p) = \frac{1}{2}(-2p^3 + 12p^2 - 21p + 12)$$
となる.これを微分してもよいが,左のようにすれば展開しないで済む.

⇨注 ② $= \dfrac{3p}{2} - 2 + (2-p)^3$ に答えを代入すると,最小値 $= 1 - \dfrac{1}{\sqrt{2}}$

◁ 展開した式に代入すると大変.

解　説

【欲しい式は $f'(p)$】

②式を微分した式が欲しい."かたまり"のまま微分する公式
$$\{(x+a)^n\}' = n(x+a)^{n-1} \quad \cdots\cdots Ⓐ$$
を活用すると,②式はうまいことすぐに微分できる.

微分するときは,Ⓐの活用も頭に入れておこう.

【S_1, S_2 の面積計算について】

S_1 の面積 S_1 は,"公式"で一発で,
$$S_1 = \frac{3}{6}\{1-(p-1)\}^3 = -\frac{1}{2}(p-2)^3$$

S_2 の面積 S_2 は,積分で立式して,
$$S_2 = \int_0^{p-1}\{(-3px+3p)-(-3x^2+3)\}dx$$
$$= \left[x^3 - \frac{3p}{2}x^2 + 3(p-1)x\right]_0^{p-1}$$
$$= (p-1)^3 - \frac{3}{2}p(p-1)^2 + 3(p-1)^2 \quad\cdots\cdots Ⓑ$$

などとした人が多いだろう.ここで,$S_1 + S_2$ を展開し整理してもよいが,目標は $S_1 + S_2 (= f(p))$ を微分すること.$\underline{} = p^3 - 2p^2 + p$ であるから,$f'(p)$ は

$$-\frac{3}{2}(p-2)^2 + 3(p-1)^2 - \frac{3}{2}(3p^2 - 4p + 1) + 6(p-1)$$
$$= \frac{(-3+6-9)p^2 + (12-12+12+12)p - 12+6-3-12}{2}$$
$$\therefore \quad f'(p) = \frac{-6p^2 + 24p - 21}{2} = -\frac{3}{2}(2p^2 - 8p + 7)$$

＊　　　＊

Ⓑを最小とする p の値を求めるとき,Ⓑの式は $p-1$ がかたまりで現れているので $p-1 = q$ とおくのもよい.

$$Ⓑ = q^3 - \frac{3}{2}(q+1)q^2 + 3q^2 = -\frac{1}{2}q^3 + \frac{3}{2}q^2$$

よって,$S_1 + S_2 = -\dfrac{1}{2}(q-1)^3 - \dfrac{1}{2}q^3 + \dfrac{3}{2}q^2 \ (= h(q))$

$$h'(q) = -\frac{3}{2}(q-1)^2 - \frac{3}{2}q^2 + 3q = -\frac{3}{2}(2q^2 - 4q + 1)$$

(坪田)

受験報告

▶北海道から**一橋大学経済学部**の受験報告です.……開始.

とりあえず①〜⑤をざっとみて解く順番を決めようと思っていたのだが…①,これ整数では頻出問題じゃん！　過去問にも似たようなのあったし…(1分).で,(2)で x と z を書き間違えたりしながらも,完答して見直し(20分).さて,②〜⑤をざっと見てから解く順番を決めよう.②,なんか変数が多くて苦手なタイプっぽい,パス.③,式自体は簡単だけど…場合分けができそう.計算も多そうかな…パスしたい.④,何だこれ？　多分式が汚くなるし…これも後回しがいいな….⑤,漸化式かー.$a_n + b_n + c_n = 1$ とおくやつかな？(勘違いだと後に発覚)　(1)ができれば他は簡単そうだけど…,ということで,あまり希望が持てない中 ⑤→③→④→②で解くことを決める(23分).で,⑤を解き始めるが…漸化式が等比数列と特性方程式のコンボだと…？と一瞬焦ったが,所詮 n の式と思い,等比部分？の係数が合うよう立式.だが a_1〜a_3 を代入しても答えが合わず,(2)と(3)の a_n を代入するまでを書いておいて他にいくことにする(45分).③を解き始める.(1)は瞬殺で⑤へ.場合分けをしつつ,計算のみをメモってたのだが…解答用紙たりねぇ！字がでかい！ということで,S_n をまとめるあたりで一旦止め,④へ(57分).約半分をおわり,1完で焦り始める.(1)は強引にいっていいのかな…？と思い,余弦定理からやると S がきれいな対称式($\sqrt{}$ だが)になり一安心.んで(2)は…あれ,これ右辺も対称式だな.んで両辺 >0 ということは…と思い,2乗する.やっぱり！　大数でも見た2乗 ≥ 0 になるタイプだ！と大数に感謝しながら証明.(3)は大体の結果が見えたので,間違いがないよう気をつけつつ完答(70分).で,②をちょっとみるが,さっぱりわからず,捨てることを決意(74分).して⑤へ.代入しつつ調べると,項数の間違いが発覚.もう1度確認し,(1)が完成.あとは頻出問題なのでささっと終わらせ,3完(95分).で,③に戻る.消して書き直そう！と思った矢先,S_2 のうち1つが合わない？ことに気づく.このまま消しても進めないことがわかったので,微分して極小値と端点を調べるという1文だけを書いておく(102分).②と④のどちらをやるか考えた末,まったくわからない②に手をつけてみることに…だが…ダメ…！(115分)　③をやればよかったと後悔しつつ③に戻るが,計算が合わず終了.

①○②×③△④○⑤○

目標の3完はできたからOKか？
PS　合格しました！

(走れないにんじゃ)

一橋大学（前期）

10年のセット　120分

❶ B***　ⅡⅠ/3次方程式，微分，整数
② B***　Ⅱ/微分，座標
③ C***　BⅠ/空間座標
④ C***　BⅠ/数列（漸化式），整数
⑤ B**　A/確率

実数 p, q, r に対して，3次多項式 $f(x)$ を $f(x)=x^3+px^2+qx+r$ と定める．実数 a, c，および 0 でない実数 b に対して，$a+bi$ と c はいずれも方程式 $f(x)=0$ の解であるとする．ただし，i は虚数単位を表す．

（1）$y=f(x)$ のグラフにおいて，点 $(a, f(a))$ における接線の傾きを $s(a)$ とし，点 $(c, f(c))$ における接線の傾きを $s(c)$ とする．$a \neq c$ のとき，$s(a)$ と $s(c)$ の大小を比較せよ．

（2）さらに，a, c は整数であり，b は 0 でない整数であるとする．次を証明せよ．
　（ⅰ）p, q, r はすべて整数である．
　（ⅱ）p が 2 の倍数であり，q が 4 の倍数であるならば，a, b, c はすべて 2 の倍数である．（10）

なぜこの1題か

一橋大は，毎年文系としてはトップレベルの難しさで，理系で出されてもおかしくないセットである．昨年は超ヘビー級だったが，今年は例年のレベルに戻った．整数，確率，微積分，幾何的な問題がよく出される．今年も，整数が④と❶(2)で，確率が⑤で，3次関数のグラフ（微分）が②で，空間座標（四面体）が③で出されている．このうち，③④がCレベル，❶②⑤がBレベルである．Bレベルの❶②⑤のうち，⑤②は問題文も短く，比較的方針も立て易い．この2問をできるだけ確保した上で，さらに上積みしたい．❶でどれだけ上積みできたかで差がついたことだろう．

【目標】できれば30分位で完答したいところ．

解　答

実数係数の多項式 $f(x)$ について $\alpha=a+bi$（a, b は実数で $b \neq 0$）が $f(x)=0$ の解ならば α の共役複素数 $\bar{\alpha}=a-bi$ も解である．

⇦証明は☞「1対1／数Ⅱ」p.33（新訂版 p.37）

したがって，$f(x)=0$ の3解は $a+bi$, $a-bi$, c なので，解と係数の関係から，p, q, r が a, b, c で表せる．

（2）a^2+b^2 が 4 の倍数となる条件を考えることに帰着される．

　　　　＊　　　　　　　＊

実数係数の方程式 $x^3+px^2+qx+r=0$ ……Ⓐ

が，$a+bi$（a, b は実数で $b \neq 0$）を解にもつとき $a-bi$ も解であるから，Ⓐの3つの解は，$a+bi$, $a-bi$, c である．

解と係数の関係により，
$$\begin{cases} (a+bi)+(a-bi)+c=-p \\ (a+bi)(a-bi)+(a-bi)c+c(a+bi)=q \\ (a+bi)(a-bi)c=-r \end{cases}$$

$\therefore$　$p=-(2a+c)$ …①，$q=a^2+b^2+2ac$ …②，$r=-(a^2+b^2)c$ …③

（1）$f(x)=x^3+px^2+qx+r$ のとき，$f'(x)=3x^2+2px+q$ により，

$s(a)-s(c)=f'(a)-f'(c)$
$\qquad = (3a^2+2pa+q)-(3c^2+2pc+q)$
$\qquad = (a-c)\{3(a+c)+2p\}$
$\qquad = (a-c)\{3(a+c)-2(2a+c)\}$　（$\because$ ①）
$\qquad = -(a-c)^2 < 0$　（$\because$ $a \neq c$）

したがって，$s(\boldsymbol{a}) < s(\boldsymbol{c})$

70

（2）（i） a, b, c が整数であるから，①②③により，p, q, r も整数である．

（ii） ①により，$c=-2a-p$

よって p が 2 の倍数のとき，c も 2 の倍数である ……………④

また，②により，$a^2+b^2=q-2ac$ であるから，q が 4 の倍数のとき，④とから，a^2+b^2 も 4 の倍数である．

このとき，a^2+b^2 は偶数であるから，a, b の偶奇が異なることはない．

よって，あとは a, b がともに奇数のとき，a^2+b^2 が 4 の倍数にならないことを示せばよい．

一般に，奇数 N は，$N=2n+1$（n は整数）と表せ，
$$N^2=4n^2+4n+1=4(n^2+n)+1$$
であるから，(奇数)^2 を 4 で割った余りは 1 である．

よって，a, b がともに奇数のとき，a^2+b^2 を 4 で割った余りは 2 であって，a^2+b^2 は 4 の倍数ではない．

したがって，a, b はともに偶数になるしかなく，④と合わせて，a, b, c はすべて 2 の倍数である．

⇐ よって，a^2+b^2 が 4 の倍数 $\Longrightarrow a$, b はともに 2 の倍数を示せばよい．
(a, b) を偶奇で分類すると，
$(a, b)=$ (偶, 偶), (偶, 奇), (奇, 偶), (奇, 奇)
の 4 つに分けられる．よって，a^2+b^2 を 4 の倍数とするとき，$(a, b)=$ (偶, 偶) 以外は不適であることを示せばよい（背理法）．

⇐ $N^2=4n(n+1)+1$ で，n, $n+1$ の一方は偶数であるから，(奇数)^2 を 8 で割った余りが 1 であることも分かる．

解説

【(1)について】

3 次関数 $y=f(x)$ のグラフは点対称であって，その中心は変曲点（その x 座標は $f''(x)=0$ を満たすことから求められる．$f''(x)$ は $f'(x)$ をもう 1 回微分したもの）である，という有名な性質がある．これを用いて，本問の結論を説明してみよう．

①, ②, ③ により，
$$f(x)=x^3-(2a+c)x^2+(a^2+b^2+2ac)x-(a^2+b^2)c$$
$$\therefore f'(x)=3x^2-2(2a+c)x+a^2+b^2+2ac$$
$$\therefore f''(x)=6x-2(2a+c)$$
$f''(x)=0$ のとき，$x=\dfrac{2a+c}{3}\left(=\dfrac{2a+1\cdot c}{1+2}\right)$

これが変曲点の x 座標で，数直線上（x 軸上）で a, c を 1:2 に内分する点である．

下図から，$s(a)<s(c)$ が分かる．

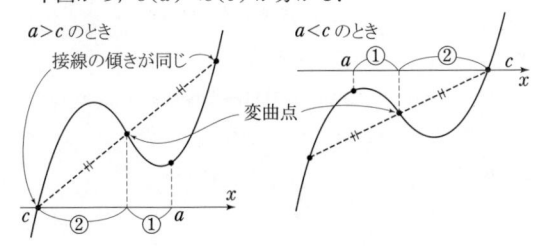

$a>c$ のとき　　　　　$a<c$ のとき
接線の傾きが同じ
変曲点

【合同式を使うと】

(2) は，以下を示すことに帰着された．

a, b を整数とするとき，a^2+b^2 が 4 の倍数ならば a と b はともに 2 の倍数である．

解答では，結論に着目して，a, b を 2 で割った余り（偶数，奇数）で分類した．しかし mod 2 で考えると，$a\equiv 1$, $b\equiv 1$ のときも，$a^2+b^2\equiv 1+1\equiv 0$ となり，失敗する．（4 の倍数），（4 の倍数）$+2$ がどちらも 2 で割ると余り 0 になり区別できず，$a^2+b^2\equiv 0$ から a^2+b^2 が 4 の倍数になるとは限らない（4 の倍数と断言できない）からである．このようなときは，割る数を 4 にしてさらに細かく調べる．

mod 4 で考える．a^2 を 4 で割った余りは右表のようになる（b についても同様）．

$a\equiv$	0	1	2	3
$a^2\equiv$	0	1	0	1

a, b を 4 で割った余りはそれぞれ 4 通りで，(a, b) の組 $4^2=16$ 通りについて，a^2+b^2 を 4 で割った余りは，右表のようになる（$b\equiv 1$ の行は，$b\equiv 0$ の行の各数を $+1$ したものになる）．

$a\equiv$ $b\equiv$	0	1	2	3
0	0	1	0	1
1	1	2	1	2
2	0	1	0	1
3	1	2	1	2

$a^2+b^2\equiv 0$ となるのは，表の 4 つの 0 のところで，「$a\equiv 0$ または 2」かつ「$b\equiv 0$ または 2」である．

よって，a^2+b^2 が 4 の倍数ならば a と b はともに 2 の倍数である．（証明終）

（坪田）

東京工業大学

12年のセット　180分

① (1)(2) A*B*○ B/空間ベクトル, A/確率
② (1)(2) B*B*○ BⅡ/数列, 対数, Ⅰ/整数
③ C**** Ⅲ/微積分(面積)
④ C*** BⅢ/数列(漸化式), 極限
⑤ C*** C/1次変換
⑥ C*** Ⅲ/体積

---

n を正の整数とする．数列 $\{a_k\}$ を
$$a_1=\frac{1}{n(n+1)},\ a_{k+1}=-\frac{1}{k+n+1}+\frac{n}{k}\sum_{i=1}^{k}a_i\ (k=1,\ 2,\ 3,\ \cdots)$$
によって定める．

(1) a_2 および a_3 を求めよ．

(2) 一般項 a_k を求めよ．

(3) $b_n=\sum_{k=1}^{n}\sqrt{a_k}$ とおくとき，$\lim_{n\to\infty}b_n=\log 2$ を示せ． (12)

なぜこの1題か

　試験時間が30分増えて180分になり，問題数も4題から6題になった．また①②はこれまでになかった小問集合になった．①②は，桁数などの典型問題が中心（確率は過去に同じ問題が他大学で出題されている）で，いずれも東工大としては易しめである．しっかりと取っておきたい．一方残りの③から⑥はいずれもCレベルである．③は3次関数のグラフと直線に関する問題．(1)は易しいが，(2)はハードルが高い．⑥は過去に東大で類題が出されている空間座標における体積の問題．定石通り座標軸に垂直な平面による断面を考え

るが一筋縄ではいかないだろう．⑤の1次変換は，有名テーマに関する問題．類題の経験がないと(2)はきつい．

　残るは④．(2)までは比較的クリアしやすい．問題は(3)である．本学では，はさみうちで極限を求める問題がしばしば出題されている．はさみうちを使うことになんとか気付きたい．④を押さえられれば，合格がより近づいたはず．

【目標】 30分で完答が目標だが，少なくとも(2)までは押さえておきたい．

解答

(2) (1)の結果から，一般項が予想できるだろう．

(3) $a_k=\dfrac{1}{(n+k-1)(n+k)}$ となる．$\sum_{k=1}^{n}\sqrt{a_k}$ を n の簡単な式で表すことはできない．極限では，まずは大ざっぱにとらえることが大切．n が十分大きいときは，$n+k-1$ は $n+k$ と見なせるから，求める極限は $\lim_{n\to\infty}\sum_{k=1}^{n}\dfrac{1}{n+k}$ に等しいはず．これは，区分求積で処理できる．きちんと示すために，"はさみうち"を利用する．

⇐ $n+k-1\approx n+k$ と表す．

⇐ $\sqrt{a_k}\approx\dfrac{1}{n+k}$

⇐ $\sqrt{a_k}$ を不等式ではさむ（評価する）．

*　　　　*

(1) $a_2=-\dfrac{1}{n+2}+na_1$

⇐ 与えられた漸化式で $k=1$ とする．

$\quad=-\dfrac{1}{n+2}+n\cdot\dfrac{1}{n(n+1)}=-\dfrac{1}{n+2}+\dfrac{1}{n+1}=\dfrac{1}{(n+1)(n+2)}$

$a_3=-\dfrac{1}{n+3}+\dfrac{n}{2}(a_1+a_2)$

$\quad=-\dfrac{1}{n+3}+\dfrac{n}{2}\left\{\dfrac{1}{n(n+1)}+\dfrac{1}{(n+1)(n+2)}\right\}$

$\quad=-\dfrac{1}{n+3}+\dfrac{n}{2}\left\{\left(\dfrac{1}{n}-\dfrac{1}{n+1}\right)+\left(\dfrac{1}{n+1}-\dfrac{1}{n+2}\right)\right\}$

$$= -\frac{1}{n+3} + \frac{n}{2}\left(\frac{1}{n} - \frac{1}{n+2}\right) = -\frac{1}{n+3} + \frac{1}{n+2} = \frac{1}{(n+2)(n+3)}$$

⇔ $\dfrac{1}{n} - \dfrac{1}{n+2} = \dfrac{2}{n(n+2)}$

（2）（1）により，$a_k = \dfrac{1}{(n+k-1)(n+k)}$ ……………①

と予想される．これを k に関する数学的帰納法によって示す．

（ⅰ）$k=1$ のとき，①は成り立つ．

（ⅱ）$k \leq m$ のとき①が成り立つとすると，

$$a_{m+1} = -\frac{1}{n+m+1} + \frac{n}{m}\sum_{i=1}^{m} a_i$$

$$= -\frac{1}{n+m+1} + \frac{n}{m}\sum_{i=1}^{m}\frac{1}{(n+i-1)(n+i)}$$

$$= -\frac{1}{n+m+1} + \frac{n}{m}\sum_{i=1}^{m}\left(\frac{1}{n+i-1} - \frac{1}{n+i}\right)$$

$$= -\frac{1}{n+m+1} + \frac{n}{m}\left(\frac{1}{n} - \frac{1}{n+m}\right)$$

$$= -\frac{1}{n+m+1} + \frac{1}{n+m} = \frac{1}{(n+m)(n+m+1)}$$

となり，$k=m+1$ のときも①は成り立つ．

（ⅰ），（ⅱ）により，すべての正の整数 k に対して，①が成り立つ．

⇔ a_{m+1} を漸化式を使って計算するには，シグマ計算ができるように，$k=1, 2, \cdots, m$ のときに①が成り立つことを仮定しなければならない．

⇔ シグマの部分は
$$\left(\frac{1}{n} - \frac{1}{n+1}\right) + \left(\frac{1}{n+1} - \frac{1}{n+2}\right) + \cdots + \left(\frac{1}{n+m-1} - \frac{1}{n+m}\right)$$

（3）$\dfrac{1}{(n+k)^2} < a_k < \dfrac{1}{(n+k-1)^2}$ により，$\dfrac{1}{n+k} < \sqrt{a_k} < \dfrac{1}{n+k-1}$

$$\therefore \sum_{k=1}^{n}\frac{1}{n+k} < \sum_{k=1}^{n}\sqrt{a_k} < \sum_{k=1}^{n}\frac{1}{n+k-1} = \sum_{k=0}^{n-1}\frac{1}{n+k}$$

$$\therefore \frac{1}{n}\sum_{k=1}^{n}\frac{1}{1+\frac{k}{n}} < b_n < \frac{1}{n}\sum_{k=0}^{n-1}\frac{1}{1+\frac{k}{n}}$$

⇔ ルートがはずれるような式で $\sqrt{a_k}$ を評価する．

$n \to \infty$ とすると，上式の左辺と右辺はともに

$$\int_0^1 \frac{1}{1+x}dx = \Big[\log(1+x)\Big]_0^1 = \log 2$$

に収束するから，はさみうちの原理により，$\displaystyle\lim_{n\to\infty} b_n = \log 2$ が成り立つ．

解 説 （受験報告は p.230）

【過去問の類題】

東工大では，"はさみうち"が頻出である．

> （1）極限値 $\displaystyle\lim_{n\to\infty}\sum_{k=n}^{2n}\frac{1}{k}$ を求めよ．
>
> （2）任意の正数 a に対して $\displaystyle\lim_{n\to\infty}\sum_{k=n}^{2n}\frac{1}{a+k}$ は（1）と同じ極限値をもつことを証明せよ． （97年）

解 （1）$\displaystyle\sum_{k=n}^{2n}\frac{1}{k} = \sum_{k=0}^{n}\frac{1}{n+k} = \frac{1}{n}\sum_{k=0}^{n}\frac{1}{1+\frac{k}{n}}$

$\displaystyle\xrightarrow{n\to\infty} \int_0^1 \frac{1}{1+x}dx = \Big[\log(1+x)\Big]_0^1 = \boldsymbol{\log 2}$

（2）$a > 0$ により，$\displaystyle\sum_{k=n}^{2n}\frac{1}{a+k} < \sum_{k=n}^{2n}\frac{1}{k}$

一方，a の小数部分を切り上げて得られる整数を l とする．$n\to\infty$ のときを考えるから，$n > l$ としてよい．

$$\sum_{k=n}^{2n}\frac{1}{a+k} \geq \sum_{k=n}^{2n}\frac{1}{l+k} = \sum_{k=n+l}^{2n+l}\frac{1}{k} \geq \sum_{k=n+l}^{2n}\frac{1}{k}$$

$$= \sum_{k=n}^{2n}\frac{1}{k} - \left(\frac{1}{n} + \frac{1}{n+1} + \cdots + \frac{1}{n+l-1}\right)$$

$$\therefore \sum_{k=n}^{2n}\frac{1}{k} - \left(\frac{1}{n} + \cdots + \frac{1}{n+l-1}\right) \leq \sum_{k=n}^{2n}\frac{1}{a+k} < \sum_{k=n}^{2n}\frac{1}{k}$$

ここで，$\displaystyle\lim_{n\to\infty}\left(\frac{1}{n} + \cdots + \frac{1}{n+l-1}\right) = 0$ であるから，はさみうちの原理により，題意は証明された．

（坪田）

東京工業大学（前期）

11年のセット　150分

① B**　CⅡⅢ/1次変換,積分法,極限
② B***　Ⅲ/積分法(最小)
❸ B**○　Ⅱ/座標(最大)
④ D♯　Ⅲ/体積(最大)

定数 k は $k>1$ をみたすとする．xy 平面上の点 $A(1, 0)$ を通り x 軸に垂直な直線の第1象限に含まれる部分を，2点 X，Y が $AY=kAX$ をみたしながら動いている．原点 $O(0, 0)$ を中心とする半径1の円と線分 OX，OY が交わる点をそれぞれ P，Q とするとき，$\triangle OPQ$ の面積の最大値を k を用いて表せ．　　　　　　　　　　　　　　　　　(11)

なぜこの1題か

　昨年はCレベルが3題でBレベルが1題．今年はDレベルが1題でBレベルが3題．今年のセットの方が取り組み易いと感じた人が多かっただろう．

　①は一昨年と同じ不変直線の問題．今年は原点を通るので易しい．②は絶対値記号の入った定積分で表される関数という頻出テーマの問題．絶対値を外す際に三角関数の方程式の解（具体的には求まらない）が必要になり，とりあえず α と置くというポイントがあるが，定番問題である．①②は確実に取っておきたい．

　一方④は，特別入試か後期用としか思えない時間内に解くには厳しい難問．これは解けなくても仕方ない．

　残るは❸．昨年は座標の難し目の問題が出た．今年の問題は，昨年とは違い方針は立て易いだろう．いろいろな方針があり，面積を求めると一見汚らしい式が現れる．しかし微分をしても解決するし，微分をしない省力化も可能．❸をほぼ押さえられたかどうかで，差がついたことだろう．

【目標】25分で完答が目標．

解 答

　点 X の y 座標を t とおいて，$\triangle OPQ$ の面積を t で表すことにする．

　ここでは，$\triangle OXY$ と $\triangle OPQ$ の面積比を利用してみるが，P，Q の座標を求めて，$\frac{1}{2}|ad-bc|$ の公式を用いてもよい．

　$\triangle OPQ$ の面積を t で表すと，一見汚い式になるが，t をルートの中に入れてよく見てみよう．微分をしなくても解決する．

　なお，$\triangle OPQ$ の面積を t で表さない方針もある（☞解説）．

＊　　　　　　＊

$X(1, t)$ $(t>0)$ とおくと，$Y(1, kt)$

$$\frac{\triangle OPQ}{\triangle OXY} = \frac{OP}{OX} \cdot \frac{OQ}{OY}$$

より，

$$\triangle OPQ = \triangle OXY \cdot \frac{OP}{OX} \cdot \frac{OQ}{OY}$$

$$= \frac{1}{2}(k-1)t \cdot \frac{1}{\sqrt{1+t^2}} \cdot \frac{1}{\sqrt{1+k^2t^2}}$$

$$= \frac{k-1}{2}\sqrt{\frac{t^2}{k^2t^4+(k^2+1)t^2+1}} \quad \cdots\cdots ①$$

ここで，①の $\sqrt{\ }$ 内の逆数 $\frac{k^2t^4+(k^2+1)t^2+1}{t^2}$ を $f(t)$ とおくと，

$$f(t) = k^2t^2 + \frac{1}{t^2} + (k^2+1) \geq 2\sqrt{k^2t^2 \cdot \frac{1}{t^2}} + (k^2+1)$$

$$= 2k + (k^2+1) = (k+1)^2$$

◁ t の関数と見て最大値を求める．

◁ 右図の網目部の面積は
$\frac{1}{2}|ad-bc|$

◁ $\triangle OPQ$ の面積を，上の公式を用いて求めると——

$OP=1$ により，$\overrightarrow{OP} = \frac{\overrightarrow{OX}}{|\overrightarrow{OX}|}$

∴ $P\left(\frac{1}{\sqrt{1+t^2}}, \frac{t}{\sqrt{1+t^2}}\right)$

◁ 同様にして，

$Q\left(\frac{1}{\sqrt{1+k^2t^2}}, \frac{kt}{\sqrt{1+k^2t^2}}\right)$

よって，$\triangle OPQ$ の面積は，

$$\frac{1}{2}\left|\frac{kt-t}{\sqrt{1+t^2}\sqrt{1+k^2t^2}}\right|$$

$$= \frac{1}{2} \cdot \frac{(k-1)t}{\sqrt{1+t^2}\sqrt{1+k^2t^2}}$$

◁ 相加平均≧相乗平均

等号成立は，$k^2t^2=\dfrac{1}{t^2}$，すなわち，$t=\dfrac{1}{\sqrt{k}}$ のときであるから，$f(t)$ の最小値は，$(k+1)^2$

よって，①の最大値は，$\dfrac{k-1}{2}\sqrt{\dfrac{1}{(k+1)^2}}=\dfrac{k-1}{2(k+1)}$

⇐ ①のルートの中を，$t^2=u$ とおき，微分すると，その「分子」は，
$1\cdot\{k^2u^2+(k^2+1)u+1\}$
$\quad-u\{2k^2u+(k^2+1)\}$
$=1-k^2u^2$
よって，$u=1/k$ のとき最大となる．

解説 （受験報告は p.231）

【角度に着目すると】

$OP=OQ=1$ であるから，$\triangle OPQ$ の面積が最大になるのは，$\angle POQ(=\theta$ とおく$)$ が最大になるときである．θ は点 O から線分 XY を見込む角であり，tan の加法定理でとらえるのが定石である．この方針で解いてみよう．

別解 $\angle POQ=\theta$ とおくと，θ は鋭角である． 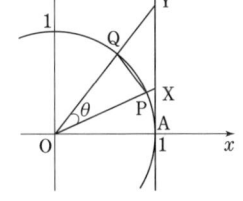
$\triangle OPQ=\dfrac{1}{2}\cdot 1\cdot 1\cdot\sin\theta$
であるから，θ が最大となるときを考えればよい．

$X(1,\ t)\ (t>0)$ とおくと，$Y(1,\ kt)$ であり，$\angle AOX=\alpha$，$\angle AOY=\beta$ とおくと，
$\theta=\beta-\alpha$，$\tan\alpha=t$，$\tan\beta=kt$
であるから，
$\tan\theta=\tan(\beta-\alpha)=\dfrac{\tan\beta-\tan\alpha}{1+\tan\beta\tan\alpha}=\dfrac{(k-1)t}{1+kt^2}$

$\therefore\ \dfrac{1}{\tan\theta}=\dfrac{1}{k-1}\left(kt+\dfrac{1}{t}\right)$
$\qquad\geq\dfrac{1}{k-1}\cdot 2\sqrt{kt\cdot\dfrac{1}{t}}=\dfrac{2\sqrt{k}}{k-1}$

等号は，$kt=\dfrac{1}{t}$，つまり $t=\dfrac{1}{\sqrt{k}}$ のとき

よって，$t=\dfrac{1}{\sqrt{k}}$ のとき $\dfrac{1}{\tan\theta}$ は最小，つまり $\tan\theta$ は最大，よって θ は最大となる．このとき，
$\tan\theta=\dfrac{k-1}{2\sqrt{k}}$ は右図のような角であるから， 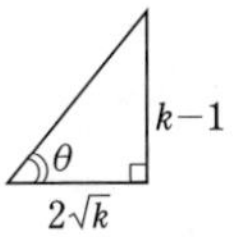
$\sin\theta=\dfrac{k-1}{\sqrt{4k+(k-1)^2}}=\dfrac{k-1}{k+1}$

よって，$\triangle OPQ$ の最大値は，$\dfrac{1}{2}\sin\theta=\dfrac{k-1}{2(k+1)}$

【θ が最大となるときを図形的にとらえると】

さらに，θ が最大となるときを図形的にとらえてみよう．

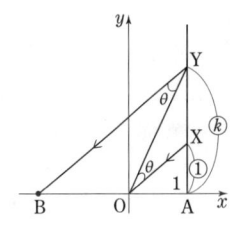

$AX:AY=1:k$
であり，この比が一定であることに着目する．

Y を通り OX に平行な直線と x 軸との交点を B とすると，
$AO:AB=AX:AY$
$\qquad\qquad=1:k$
であるから，$AB=k$ であり，B は定点である．

$OX\parallel BY$ により，$\angle OYB=\angle XOY=\theta$

よって，θ は定まった線分 OB を見込む角である．

θ が最大となるときの Y は，右図のように，O，B を通り半直線 l に接する円を描いたときの接点になるときである．このとき，l 上の Y 以外の点 Y′ は円の外部にあるので， 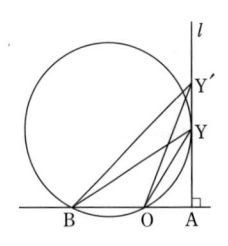
$\angle OY'B<\angle OYB$
となるからである．

円の中心は，OB の垂直二等分線上にあるから，円の半径を R とすると， 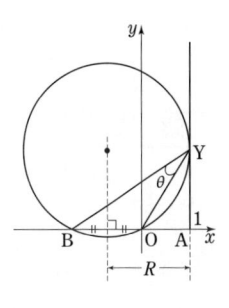
$R=\dfrac{OB}{2}+OA$
$\ =\dfrac{k-1}{2}+1=\dfrac{k+1}{2}$

$\triangle OBY$ で正弦定理を用いて
$\dfrac{OB}{\sin\theta}=2R$

$\therefore\ \sin\theta=\dfrac{OB}{2R}=\dfrac{k-1}{k+1}$

（坪田）

東京工業大学（前期）

10年のセット　150分

① C*** Ⅲ/微積分（方程式, 不等式）
❷ C*** ⅠBⅢ/整数, 数列, 極限
③ B** AB/確率
④ C*** Ⅱ/座標（領域）

---

a を正の整数とする．正の実数 x についての方程式

$$(*)\qquad x=\left[\frac{1}{2}\left(x+\frac{a}{x}\right)\right]$$

が解を持たないような a を小さい順に並べたものを $a_1, a_2, a_3, \cdots$ とする．ここに $[\ ]$ はガウス記号で，実数 u に対し，$[u]$ は u 以下の最大の整数を表す．
(1) $a=7, 8, 9$ の各々について $(*)$ の解があるかどうかを判定し，ある場合は解 x を求めよ．
(2) a_1, a_2 を求めよ．
(3) $\displaystyle\sum_{n=1}^{\infty}\frac{1}{a_n}$ を求めよ． (10)

なぜこの1題か

　昨年易化したが，今年も昨年と同様のレベルである．③は東工大としてはずいぶん易しい確率の問題．他はどれもCレベルの問題．しかし，④の座標の問題は，条件をどう立式すればよいのか，最初の一手が見えにくい．東工大では座標は頻出分野というわけではないので，受験生の出来は悪いだろう．この2題ではあまり差は付かず，①❷が鍵を握ったはず．その①は $f(x)=1-\cos x-x\sin x$ に関する問題．(1) $0<x<\pi$ において $f(x)=0$ が唯一の解（α とする）を持つことの証明，(2) $J=\displaystyle\int_0^\pi|f(x)|\,dx$ を $\sin\alpha$ で表すこと，(3) J と $\sqrt{2}$ の大小比較，である．(2)の J を計算する（α で表す）ところまでは比較的やり易いので，差がつくとしてもそれ以降の部分だろう．なお，J を α で表した後は，$f(\alpha)=0$ により，$\alpha=\dfrac{1-\cos\alpha}{\sin\alpha}$ として α を消去すればよい（$\sin\alpha$ で表せ，につられて $\cos\alpha$ を消去すると失敗する）．(3)は $y=f(x)$ のグラフを利用すればよい（類題は☞「1対1数B」p.93の例題（イ））．❷はガウス記号の式を使って定義される数列に関する問題．(1), (2)は具体的な場合について考察せよ（"実験せよ"）という問題．ガウス記号に圧倒されて，この部分から思考停止した人も少なくないのではないか．ただし，東工大ではガウス記号が頻出である．4題で150分というセットで時間的に厳しいということはない．じっくり取り組む時間はあったはずで，十分対策していれば完答もできるだろうし，また粘って頑張れば部分点を稼げるはず．このセットでは一番❷で差がついたことだろう．

【目標】　30分で完答が目標だが，完答が無理でも(1)や(2)を粘って考えて，少しでも部分点を稼いでいこうとする姿勢が大切である．

解　答

(1)で，a を決めたとき，$(*)$ を満たす x が存在するかどうかを調べるので，$(*)$ から x についての連立2次不等式を導き，x の満たす不等式を導くところだろう（なお，見方を変えると工夫できる．☞解説）．

　さて，$(*)$ を見て，まず押さえるべきことは，「x は整数」である．⇐ $[\ ]$ は整数．

整数 m に対して，$[u]=m \iff m\leq u<m+1$

⇐ u の整数部分（u 以下の最大整数）を m とするとき，$m\leq u<m+1$ が成り立つ，ということ．

に着目してガウス記号をはずすのがよいだろう（なお，ガウス記号のはずし方については，解説も参照のこと）．

　　　　　　　　　＊　　　　　　　＊

(1) $(*)$ の右辺は整数であるから，左辺の x も整数であり，
　　　　　　　　　x は正の整数　　　　　　　　　　　　　　⇐ これを見落とさないこと！

であることに注意する．x が正の整数のとき，

(＊) $x=\left[\dfrac{1}{2}\left(x+\dfrac{a}{x}\right)\right] \iff x \leq \dfrac{1}{2}\left(x+\dfrac{a}{x}\right) < x+1$

$\iff 2x^2 \leq x^2+a < 2x^2+2x$

$\iff x^2 \leq a$ かつ $x^2+2x-a>0$

$\iff -1+\sqrt{1+a} < x \leq \sqrt{a}$ ……………① ◁ $x^2 \leq a$ により，$(0<)x \leq \sqrt{a}$
 $x^2+2x-a>0$ により，
  $-1+\sqrt{1+a} < x$
 このとき，もしも
  $-1+\sqrt{1+a} \geq \sqrt{a}$ なら，①を満たす
 実数 x すら存在しない．

- $a=7$ のとき，①は，$-1+2\sqrt{2} < x \leq \sqrt{7}$ ∴ $1.8\cdots < x \leq 2.6\cdots$
 これを満たす正の整数 x は，$x=2$

- $a=8$ のとき，①は，$2 < x \leq 2\sqrt{2}$ ∴ $2 < x \leq 2.8\cdots$
 これを満たす正の整数 x は**存在しない**．

- $a=9$ のとき，①は，$-1+\sqrt{10} < x \leq 3$ ∴ $2.1\cdots < x \leq 3$
 これを満たす正の整数 x は，$x=3$

（2） （1）と同様に，$a=1, 2, \cdots, 6$ のとき（＊）の解があるか調べる．

- $a=1$ のとき，①は，$-1+\sqrt{2} < x \leq 1$ ∴ $x=1$ ◁ $0.4\cdots < x \leq 1$
- $a=2$ のとき，①は，$-1+\sqrt{3} < x \leq \sqrt{2}$ ∴ $x=1$ ◁ $0.7\cdots < x \leq 1.4\cdots$
- $a=3$ のとき，①は，$1 < x \leq \sqrt{3}$ で，整数 x は存在しない． ◁ $1 < x \leq 1.7\cdots$
- $a=4$ のとき，①は，$-1+\sqrt{5} < x \leq 2$ ∴ $x=2$ ◁ $1.2\cdots < x \leq 2$
- $a=5$ のとき，①は，$-1+\sqrt{6} < x \leq \sqrt{5}$ ∴ $x=2$ ◁ $1.4\cdots < x \leq 2.2\cdots$
- $a=6$ のとき，①は，$-1+\sqrt{7} < x \leq \sqrt{6}$ ∴ $x=2$ ◁ $1.6\cdots < x \leq 2.4\cdots$

これと（1）の経過により，$a_1=3, a_2=8$

（3） [（2）により，$1+a$ が平方数のとき，整数 x が存在しないと予想できる（つまり，$a_n=$（平方数）$-1=(n+1)^2-1$ と予想できる）．よって，$a=n^2 \sim (n+1)^2-2$ と，$a=(n+1)^2-1$ で場合分けする．]

◁ a_n の予想はできたが，証明が思いつかないときは，とりあえず，a_n の予想式と，その下での $\sum_{n=1}^{\infty}\dfrac{1}{a_n}$ の値を求めておこう．

- $a=n^2, n^2+1, \cdots, (n+1)^2-2$ のとき $(n=1, 2, \cdots)$．
 $n \leq \sqrt{a} < n+1$，$n < \sqrt{1+a} < n+1$ であるから，
  $-1+\sqrt{1+a} < n \leq \sqrt{a}$
 よって，①を満たす正の整数 x として，$x=n$ が存在する．

◁
（図：数直線上に $n-1, n, \sqrt{a}, n+1$ の位置と $-1+\sqrt{1+a}$）

- $a=(n+1)^2-1$ のとき $(n=1, 2, \cdots)$．
 $n < \sqrt{a} < n+1$，$\sqrt{1+a}=n+1$ であるから，
  $-1+\sqrt{1+a}=n < \sqrt{a} < n+1$
 よって，①を満たす正の整数 x は存在しない．

◁
（図：数直線上に $n-1, n, \sqrt{a}, n+1$ の位置と $-1+\sqrt{1+a}$，$n=-1+\sqrt{1+a}$）

以上により，$a_n=(n+1)^2-1=n(n+2)$

∴ $\dfrac{1}{a_n}=\dfrac{1}{n(n+2)}=\dfrac{1}{2}\left(\dfrac{1}{n}-\dfrac{1}{n+2}\right)$

これにより，

$\sum_{k=1}^{n}\dfrac{1}{a_k}=\sum_{k=1}^{n}\dfrac{1}{2}\left(\dfrac{1}{k}-\dfrac{1}{k+2}\right)=\dfrac{1}{2}\left(1+\dfrac{1}{2}-\dfrac{1}{n+1}-\dfrac{1}{n+2}\right)$

$\to \dfrac{1}{2}\left(1+\dfrac{1}{2}\right)=\dfrac{3}{4}$ $(n \to \infty)$

解　説

【ガウス記号のはずし方】

解答では，
整数 m に対して，$[u]=m \iff m \leq u < m+1$ …⑦

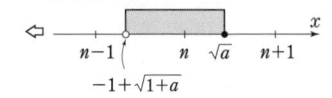

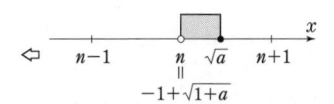

という同値変形に着目した．

方程式（＊）に対しては，この同値変形を使ってガウス記号をはずすのがストレートである．なお，ガウス記号

77

については，

　　実数zに対して，$[z] \leq z < [z]+1$ ……………④

が成り立つことが有名である．先ほどの㋐は同値変形であったのに対し，④は実数zについてつねに成り立つ不等式である．④を使ってガウス記号をはずしてもよい．

$$z = \frac{1}{2}\left(x+\frac{a}{x}\right)$$ とおくと，$(*)$から$[z]=x$

よって，④から，$x \leq \frac{1}{2}\left(x+\frac{a}{x}\right) < x+1$ ………$(*)'$

となる．なお，④を$[z]$が主役の式に直すと，
$$z-1 < [z] \leq z$$
となる（これを使っても，もちろん$(*)'$と同値な不等式が得られる）．

【見方を変えて工夫すると】

$$(*) \quad x = \left[\frac{1}{2}\left(x+\frac{a}{x}\right)\right]$$

を満たすxが存在しないためのaの条件を求めればよい．それには，xが存在するためのaの条件が分かればよい．$(*)$により$x(>0)$は整数である．xを決めたとき，$(*)$を満たすaの範囲をxで表す．$x=1, 2, \cdots$と動かしたとき，これらのaの範囲のどこにも属さないaの値に対しては，$(*)$を満たすxは存在しない．

このようにとらえてみよう．

別解 $(*)$の右辺は整数であるから，左辺のxも整数であり，

$$x \text{ は正の整数}$$

であることに注意する．このとき，

$(*) \iff x \leq \frac{1}{2}\left(x+\frac{a}{x}\right) < x+1$

$\iff x^2 \leq a < x^2+2x$

$\left(\begin{array}{l}\text{ここで，}x=1, 2, 3, 4\text{とすると，}\\ 1 \leq a < 3, 4 \leq a < 8, 9 \leq a < 15, 16 \leq a < 24 \\ \text{であって，}a=3, 8, 15\text{が現れない．つまり，}\\ 4, 9, 16\text{（平方数）の}1\text{つ手前が現れない．}\\ \text{そこで，右辺を平方完成してみる}\end{array}\right)$

$\iff x^2 \leq a < (x+1)^2-1$ ……………☆

x^2，$(x+1)^2$は隣り合う正の平方数であるから，正の整数xを，$x=1, 2, \cdots$と動かすとき，☆に現れることがない正の整数aは，（平方数）-1の形の
$$2^2-1, 3^2-1, 4^2-1, \cdots\cdots$$
に限られる．したがって，
$$a_n = (n+1)^2-1 = n(n+2) \quad \text{［以下省略］}$$

▷**注** ☆ $\iff x^2 \leq a$ かつ $a+1 < (x+1)^2$ ………②

ここで，一般に，
　整数k, lに対して，$k \leq l \iff k < l+1$

を用いると，② $\iff x^2 < a+1 < (x+1)^2$

このように変形すると，$(*)$を満たすxが存在しない条件は，$a+1$が2以上の平方数のときであることが一目で分かる．

【ガウス記号の現れる類題】

> 実数xに対して，x以下の最大の整数を$[x]$で表す．以下の問に答えよ．
>
> （1）すべての実数xについて，
> $$\left[\frac{1}{2}x\right] - \left[\frac{1}{2}[x]\right] = 0 \text{ を示せ．}$$
>
> （2）nを正の整数とする．実数xについて，
> $$\left[\frac{1}{n}x\right] - \left[\frac{1}{n}[x]\right] \text{を求めよ．}$$
>
> （09　早大・理工，一部省略）

xの整数部分（x以下の最大の整数）をmとすると，$m \leq x < m+1$が成り立つ．

$\left[\frac{x}{2}\right]$，$\left[\frac{x}{n}\right]$を調べるので，(1)ではmの偶奇，(2)ではmをnで割った余りで分類しよう．

解（1）以下（(2)も含めて）$[x]=m$とする．このとき，$m \leq x < m+1$ ……………①

$\therefore \frac{m}{2} \leq \frac{1}{2}x < \frac{m}{2}+\frac{1}{2}$ ……………②

・mが偶数のとき．$m=2k$（kは整数）とおくと，

②は，$k \leq \frac{1}{2}x < k+\frac{1}{2}$　$\therefore \left[\frac{1}{2}x\right] = k$

また，$\left[\frac{1}{2}[x]\right] = \left[\frac{1}{2}m\right] = \left[\frac{1}{2} \cdot 2k\right] = [k] = k$

$\therefore \left[\frac{1}{2}x\right] - \left[\frac{1}{2}[x]\right] = k-k = 0$

・mが奇数のとき．$m=2k+1$とおくと，

②は，$k+\frac{1}{2} \leq \frac{1}{2}x < k+1$　$\therefore \left[\frac{1}{2}x\right] = k$

また，$\left[\frac{1}{2}[x]\right] = \left[\frac{1}{2}(2k+1)\right] = \left[k+\frac{1}{2}\right] = k$

$\therefore \left[\frac{1}{2}x\right] - \left[\frac{1}{2}[x]\right] = k-k = 0$

（2）mをnで割った商をk，余りをrとおくと，
$m = nk+r$（k, rは整数で，$0 \leq r \leq n-1$）
と表せる．このとき，

$\left[\frac{1}{n}[x]\right] = \left[\frac{1}{n}m\right] = \left[\frac{1}{n}(nk+r)\right]$

$= \left[k+\frac{r}{n}\right] = k \quad \left(\because 0 \leq \frac{r}{n} \leq \frac{n-1}{n} < 1\right)$

また，①により，$\dfrac{m}{n} \leq \dfrac{1}{n}x < \dfrac{m+1}{n}$

ここに $m=nk+r$ を代入して，

$k+\dfrac{r}{n} \leq \dfrac{1}{n}x < k+\dfrac{r+1}{n} \leq k+\dfrac{n}{n} = k+1$

よって，$\left[\dfrac{1}{n}x\right] = k$

∴ $\left[\dfrac{1}{n}x\right] - \left[\dfrac{1}{n}[x]\right] = k-k = 0$

（坪田）

受験報告

▶東工大（4類）の受験報告です．（0分）．全体をながめると，①かんたんそう，②ガウスと数列か，まぁいけるかな，③確率は苦手なの，④平面図形…．ベクトルでなんとかなるか？ だったので，①②③④の順番通りにやることに決定（5分）．①(1)は微分して増減表で終わり（8分）．(2) 普通に積分すると $J = 2\alpha(1+\cos\alpha) - 4\sin\alpha$ となり，$f(\alpha) = 1 - \cos\alpha - \alpha\sin\alpha = 0$ をつかって $\cos\alpha$ を消すも，$J = 4\alpha - (2\alpha^2+2)\sin\alpha$ となって，α が消えない…あれこれやっても消えなくて時間だけが消えていく（15分）．$1-\alpha\sin\alpha = \cos\alpha$ に変形して2乗するとうまくいくことに気付き，$J = 2\sin\alpha$ を得る（20分）．(3) $2\sin\alpha$ と $\sqrt{2}$ の大小…$f\left(\dfrac{3}{4}\pi\right)$ を使えばいいだろうと思い，計算してみるが正負がわからない…勘で負として $\dfrac{3}{4}\pi < \alpha \Longleftrightarrow \sin\alpha < \sin\dfrac{3}{4}\pi$ で，$J < \sqrt{2}$ として1完（？）（25分）．

②(1) $x \leq \dfrac{1}{2}\left(x+\dfrac{a}{x}\right) < x+1 \Longleftrightarrow x^2 \leq a < x^2+2x = (x+1)^2-1$ と変形すれば一瞬で，$a=7, 8, 9$ を代入して終了（30分）．(2) $x=1, 2, 3$ を代入して $1 \leq a < 3$，$4 \leq a < 8$，$9 \leq a < 15$ から，$a_1 = 3, a_2 = 8$ として終了（33分）．(3) (2)より $a_n = n^2 + 2n$ だろうから，軽く論証しあとは $\dfrac{1}{a_n} = \dfrac{1}{n(n+2)} = \dfrac{1}{2}\left(\dfrac{1}{n} - \dfrac{1}{n+2}\right)$ とするお決まりのパターンで 3/4 を得て2完（38分）．去年から数学が簡単になってるなぁと思い③へ．……50分で3完しちゃったよ．あと100分もあるよと思いつつ④へ．④ $\overrightarrow{AQ} = k\overrightarrow{AP}$ とおいて，すべてのベクトルを成分で表し，大きさを求めて $\dfrac{QP}{OQ} \leq \dfrac{AP}{OA}$ に代入して式を整理すると $\left\{x - \dfrac{a}{k}(k-1)\right\}^2 + y^2 \geq \left\{\dfrac{a}{k^2}(k-1)\right\}^2$ となる（65分）．中心 $\left(\dfrac{a}{k}(k-1), 0\right)$ で半径 $\dfrac{a}{k^2}(k-1)$ の円の外側だが，$0 < k \leq 2$ だから，どうしようかなやむ（70分）．k にいろいろ代入してなやむ（100分）．わからないから，①～③の見直し（計算ミスのチェック）についやすことに決める．計算ミスがなさそうなのを確認してボーとしていると試験終了（150分）．結局，①○○？ ②○○○ ③○○ ④△（×に近い？）で8割くらいか．

（朝○龍は英語でモーニング・ブルー・ドラゴン）

▶諦めの悪い3浪生による**東工大第5類**の受験報告です．素直に①から解くことにする．(1)は瞬殺（10分）．(2)は絶対値を外す．α が与えられているので難しいところはない．部分積分も簡単．こりゃ楽勝だなと思いきや，$\sin\alpha$ だけで表すことが出来ない．$f(\alpha) = 0$ 以外の条件も見当たらず，詰まったので②へ（40分）．「ガウスはまず不等式で表す」という基本作業をし，a に代入せず変形すると案の定簡単な2次不等式に．a に代入し(1)(2)はもらった（55分）．(3)は a_n が $(n+1)^2 - 1$ であることを言及するも，それを証明できず，とりあえず部分分数分解の後，$n \to \infty$ で答えは簡単に出た（75分）．③センターで爆死した確率，しかし，臆することはなかった．(1)はセンターより簡単だった（85分）．(2)も大して迷うことなく $_{3k+2}C_2$ のあとで，題意を満たす通りを…を利用しながら数える．Σ を利用してこれまた簡単に求まってしまった．正直拍子抜けしてしまったが，見直しは丹念にした（110分）．この時点で200点越えを期待した．しかし現実はそう甘くはなかった．④わけがわからない．読めば読むほどわからなくなる．とりあえず座標を設定しても上手くいかない．もうダメだ．勉強不足ダネ☆ 答案には図と，答えを出せなかった変形式等書いておいた（130分）．ここで①へ戻る．ひょっとしたら部分積分とか間違えてるんじゃないかという考えが頭をよぎる．「残りあと10分です」試験官の声．何度やっても消えない α．そして試験終了．

結果①○△× ②○○○ ③○○ ④× となりました．大数読者としてはふがいない結果となってしまった感は否めません．帰宅して $\alpha = \dfrac{1-\cos\alpha}{\sin\alpha}$ を代入してみたら，あっさり $2\sin\alpha$ と出て絶望．詰まったら方針転換すべきです．

（$\cos\alpha = 1 - \alpha\sin\alpha$ で代入してた男）

▶**東工大第4類**の受験報告です．テスト開始，受験番号を書き，問題をざっと見ると，①数IIIだ，カモがキター，②実験系かぁ～，③げ，確率，④図示かぁ，向くって書いてあるけどベクトルかな（10分）．①から計算をミスらないように注意して解き，見直しをしてまず1完（60分）．次に②を解き出し，(1)を解く．(2)を解くが実験を一ヶ所ミスしたことに気づかないまま(3)を始めたので数列にならず焦り一旦③に行く（90分）．(1)を解き(2)を恐れ④へ行く（100分）．部分点狙いでベクトルを使い解き進めるが途中で手が止まり②に戻る（120分）．心を落ち着かせ丁寧に実験しなおしミスに気づく（127分）．すると a_n は群数列と仮定できたのですぐに，帰納法で証明，(3)の問題にあてはめ→部分分数分解→Σ はならべろ→パタパタして→$(n \to \infty)$ にとばして解答（147分）．もう一度見直して終了（150分）．結果は，①○②○③△④△ 楽しかったぁ～．これだから数学はやめられない．てか，やめる気ない（笑）． （言語系が苦手だとセンターでも二次でも苦しむ）

▶**東工大（前）**受験報告．5分位ずつ全ての大問をとりあえず順にやる方法でいきました．5分程で，①は J を α を用いた式で表現，②は x の必要条件らしきもの（(1)は直接代入しても調べたが，答案には書かず），③はとまるところなく，完答，④は，$|\overrightarrow{AP}| = p$，$|\overrightarrow{AQ}| = \dfrac{t}{p}|\overrightarrow{AP}|$ $(t > 0)$ とおいて，$\dfrac{AQ}{AP} \leq 2$ が $t \leq 2$ （これは誤りで本当は $\dfrac{t}{p} \leq 2$ だが，気付かず）まで．次に①，②を完成させ，④は式が複雑すぎ，場合分けまで．最後に②で $N < \sqrt{1+a} - 1 < \sqrt{a} < N+1$ とならないことをつけ加え，終了．出来は ①○ ②○ ③○ ④ほぼ× でした．
p.s. 合格してました． （T.T.）

東京医科歯科大学・医学部 (医)

11年のセット　90分
① C**** AB/確率, 数列(漸化式)
② C*** ⅡⅢ/座標, 面積, 最大
❸ C*** Ⅲ/積分法, 極限

自然数 n に対し
$$S_n = \int_0^1 \frac{1-(-x)^n}{1+x}dx \qquad T_n = \sum_{k=1}^n \frac{(-1)^{k-1}}{k(k+1)}$$
とおく．このとき以下の各問いに答えよ．

(1) 次の不等式を示せ． $\left| S_n - \int_0^1 \frac{1}{1+x}dx \right| \leq \frac{1}{n+1}$

(2) $T_n - 2S_n$ を n を用いて表せ．

(3) 極限値 $\lim_{n\to\infty} T_n$ を求めよ．

(11)

なぜこの 1 題か

本学は 2008 年度から易化と難化を交互に繰り返しており，2011 年は難化(!?)と昨年のこの本で述べた．予想通り今年は難化した．計算量は極端に多くはないが発想力・思考力を必要とする出題であった．例えば今回取り上げる❸は，数Ⅲの典型問題と言えるが誘導が少なく，自分で流れを構成していく力が問われている．本学受験生は月刊「大学への数学」の日々の演習等を活用して，常日頃から一定レベル以上の問題をじっくり考える訓練が大切である．

①は確率と漸化式である．(1)(2)は 7 回までの試行の確率なので調べていけば容易．(3)が確率漸化式を作る設問でここは程度が高い．さらに(4)は(3)を用いた不等式の証明で，その使い方が分かりにくい．あまり差は付かないだろう．②は，(1)は図形的に答えが分かるか，(2)は端点 Q，R の軌跡を調べてしまえばよいと気付けるか，(3)では計算を正確に遂行できるか，が差の付く要素だろう．試験場では特に難しく見えてしまう問題である．さて❸であるが，今回のセットの中では一番完答しやすい．先に述べたように頻出かつ典型題ではあるが(1)の積分と不等式では考え方のコツがいるし，(2)は誘導がない分ハードルは低くないので決して易しくはないが…．①，②が完答しづらいだけに❸を完答できたかどうかが今年の分かれ目であっただろう．

【目標】 ❸は(2)の攻略が大きなポイントである．T_n と S_n をそれぞれ同様な形まで計算してみて，2 つの結果にどのような結びつきがあるかを 15 分程度で見抜いていきたい．全体を 30 分くらいで完答することが目標である．

解　答

(1)の積分と不等式はまともに積分計算をしようとしてはいけない．被積分関数を評価して，計算の容易な積分にしていくことが重要である．(2)が本問の山場．まず T_n と S_n をそれぞれ個別に同様な形まで計算してみるのがよい．T_n はシグマの中を部分分数に分解していく．S_n はどうするべきか？被積分関数の形をよく見て，これはある等比数列の和であると気付くことがポイント．(2)がクリアーできると，(3)は(1)(2)の利用から求められることは見やすい．

⇦ 詳しくは解説を参照のこと．

⇦ この辺に気付けるかは，類題の経験の有無が大きい．類題は解説を参照．

(1) $\left| S_n - \int_0^1 \frac{1}{1+x}dx \right| = \left| \int_0^1 \frac{1}{1+x}dx - \int_0^1 \frac{(-x)^n}{1+x}dx - \int_0^1 \frac{1}{1+x}dx \right|$

$= \left| \int_0^1 \frac{(-x)^n}{1+x}dx \right| = \left| (-1)^n \int_0^1 \frac{x^n}{1+x}dx \right|$

$= \int_0^1 \frac{x^n}{1+x}dx \leq \int_0^1 x^n dx \quad (\because\ 0 \leq x \leq 1 \text{ において}, \frac{x^n}{1+x} \leq x^n)$

$= \frac{1}{n+1}$

⇦ $0 \leq x \leq 1$ において，$\frac{1}{1+x} \leq 1$ より $x^n (\geq 0)$ を掛けて
$$\frac{x^n}{1+x} \leq x^n$$
（なお，☞解説の「積分の評価」）

80

よって，$\left|S_n - \int_0^1 \frac{1}{1+x}dx\right| \leq \frac{1}{n+1}$ ……① が示された． //

(2) $T_n = \sum_{k=1}^{n} \frac{(-1)^{k-1}}{k(k+1)} = \sum_{k=1}^{n} (-1)^{k-1}\left(\frac{1}{k} - \frac{1}{k+1}\right)$

$= \left(1 - \frac{1}{2}\right) - \left(\frac{1}{2} - \frac{1}{3}\right) + \left(\frac{1}{3} - \frac{1}{4}\right) - \left(\frac{1}{4} - \frac{1}{5}\right)$
$\qquad + \cdots + (-1)^{n-1}\left(\frac{1}{n} - \frac{1}{n+1}\right)$

⇐ はじめと最後以外はすべて2個ずつ出てくる．

$= 1 + 2\left\{-\frac{1}{2} + \frac{1}{3} - \frac{1}{4} + \cdots + (-1)^{n-1}\frac{1}{n}\right\} - (-1)^{n-1}\frac{1}{n+1}$ ……②

また，$x \neq -1$ のとき，$\frac{1-(-x)^n}{1+x} = 1 - x + x^2 - x^3 + \cdots + (-x)^{n-1}$

⇐ $\frac{1-(-x)^n}{1+x}$ を初項1，公比 $-x$ の等比数列の和とみる！

であるから，$0 \leq x \leq 1$ で積分すると，

$S_n = \int_0^1 \frac{1-(-x)^n}{1+x}dx = \int_0^1 \{1 - x + x^2 - x^3 + \cdots + (-x)^{n-1}\}dx$

$= 1 - \frac{1}{2} + \frac{1}{3} - \frac{1}{4} + \cdots + (-1)^{n-1}\frac{1}{n}$

$\therefore\ S_n - 1 = -\frac{1}{2} + \frac{1}{3} - \frac{1}{4} + \cdots + (-1)^{n-1}\frac{1}{n}$ ……③

⇐ ②の { } と見比べて変形した．（これから，T_n が $2S_n$ を用いて表せることが分かる．）

③を②に代入して，$T_n = 1 + 2(S_n - 1) + (-1)^n\frac{1}{n+1}$

$\therefore\ \boldsymbol{T_n - 2S_n = \frac{(-1)^n}{n+1} - 1}$ ……④

(3) (1)より，$0 \leq \left|S_n - \int_0^1 \frac{1}{1+x}dx\right| \leq \frac{1}{n+1} \xrightarrow[n\to\infty]{} 0$

であるから，はさみうちの原理により，

$\lim_{n\to\infty}\left|S_n - \int_0^1 \frac{1}{1+x}dx\right| = 0$

$\therefore\ \lim_{n\to\infty} S_n = \int_0^1 \frac{1}{1+x}dx = \left[\log|1+x|\right]_0^1 = \log 2$

また，$\lim_{n\to\infty}\frac{(-1)^n}{n+1} = 0$ であるから④により

$\lim_{n\to\infty} T_n = \lim_{n\to\infty}\left\{2S_n + \frac{(-1)^n}{n+1} - 1\right\} = \boldsymbol{2\log 2 - 1}$

⇐ $\lim_{n\to\infty}\left|\frac{(-1)^n}{n+1}\right| = \lim_{n\to\infty}\frac{1}{n+1} = 0$ より
$\lim_{n\to\infty}\frac{(-1)^n}{n+1} = 0$
一般に，
$\boxed{\lim_{n\to\infty}|a_n| = 0 \iff \lim_{n\to\infty} a_n = 0}$

解説 （受験報告は p.102）

【積分の評価】

　積分を上から，または下から，あるいは両方から押さえて不等式をつくることを積分の評価と呼ぶ．このような場合，積分自体を計算することは稀で，被積分関数をより積分しやすい関数で評価していくことが多い．本問の(1)がまさにそのような例であるが，コツをつかむために練習をしてみることにしよう．

― 練習 ―
次の不等式を証明せよ．
(1) $\int_0^1 \frac{\sin \pi x}{1+x}dx \leq \frac{2}{\pi}$

(2) $\frac{\pi}{4} \leq \int_0^1 \frac{e^x}{1+x^2}dx \leq e - 1$

(3) n が自然数のとき
$\frac{1}{n+1} \leq \int_0^1 x^n e^x dx \leq \frac{e}{n+1}$

［解説］
(1) この積分の計算は無理．そこで $0 \leq x \leq 1$ において $\frac{\sin \pi x}{1+x}$ を評価しよう．$0 \leq x \leq 1$ のとき，$\frac{1}{1+x} \leq 1$ であるから，$\sin \pi x\ (\geq 0)$ をかけて，

$$\frac{\sin \pi x}{1+x} \leq \sin \pi x$$

$$\therefore \int_0^1 \frac{\sin \pi x}{1+x} dx \leq \int_0^1 \sin \pi x\, dx = \left[-\frac{1}{\pi}\cos \pi x\right]_0^1 = \frac{2}{\pi}$$

これは慣れてくると

『$\int_0^1 \frac{\sin \pi x}{1+x} dx$ はこのままでは計算できない．分母の x がじゃまなので，x を削ってしまおう！ $0 \leq x \leq 1$ だから x を削ると，分母は小さくなるから分数は逆に大きくなる．よって $\int_0^1 \frac{\sin \pi x}{1+x} dx \leq \int_0^1 \frac{\sin \pi x}{1} dx$ 右辺の積分は計算できるからやってみるとうまく $\frac{2}{\pi}$ となり証明完成!!』という具合に発想するとよい．

（2） まず，右側の不等式は（1）と同様の発想でいける．

$$\int_0^1 \frac{e^x}{1+x^2} dx \leq \int_0^1 e^x dx \quad \longleftarrow x^2 \text{ を削っている．}$$
$$= \left[e^x\right]_0^1 = e-1$$

では，左側の不等式はどうしたらよいだろうか？

$\frac{\pi}{4}$ の値も意識しながら考えると，$0 \leq x \leq 1$ において $1 \leq e^x$（$\because y = e^x$ は単調増加）より，$1+x^2$（≥ 0）で割ると $\quad \frac{1}{1+x^2} \leq \frac{e^x}{1+x^2}$

よって，$\int_0^1 \frac{1}{1+x^2} dx \leq \int_0^1 \frac{e^x}{1+x^2} dx$

左辺の積分は $x = \tan\theta$ $\left(-\frac{\pi}{2} < \theta < \frac{\pi}{2}\right)$ とおくと

$$\text{左辺} = \int_0^{\frac{\pi}{4}} \frac{1}{1+\tan^2\theta} \cdot \frac{d\theta}{\cos^2\theta}$$
$$= \int_0^{\frac{\pi}{4}} d\theta \quad \left(\because 1+\tan^2\theta = \frac{1}{\cos^2\theta}\right)$$
$$= \frac{\pi}{4}$$

以上から（2）が示された．ここまでくると（3）はそれ程難しくないはず．$0 \leq x \leq 1$ において $1 \leq e^x \leq e$ より x^n（≥ 0）をかけて $\quad x^n \leq x^n e^x \leq ex^n$

$$\int_0^1 x^n dx \leq \int_0^1 x^n e^x dx \leq \int_0^1 e x^n dx$$
$$\therefore \quad \frac{1}{n+1} \leq \int_0^1 x^n e^x dx \leq \frac{e}{n+1}$$

【類題】

本問は積分を利用しながら，無限級数 $\sum_{n=1}^{\infty} \frac{(-1)^{n-1}}{n(n+1)}$ の和を求めることがテーマであった．このような問題は入試では頻出であるから，代表的な類題をやってみることにしよう．

---**類題（その1）**---

（1） 自然数 n に対して

$$R_n(x) = \frac{1}{1+x} - \{1 - x + x^2 - \cdots + (-1)^n x^n\}$$

とするとき，$\left|\int_0^1 R_n(x) dx\right| \leq \frac{1}{n+2}$ を示し，

（i） $\lim_{n\to\infty} \int_0^1 R_n(x) dx$ （ii） $\lim_{n\to\infty} \int_0^1 R_n(x^2) dx$

を求めよ．

（2） （1）を利用して，次の無限級数の和を求めよ．

（i） $1 - \frac{1}{2} + \frac{1}{3} - \frac{1}{4} + \cdots + (-1)^{n-1}\frac{1}{n} + \cdots$

（ii） $1 - \frac{1}{3} + \frac{1}{5} - \frac{1}{7} + \cdots + (-1)^{n-1}\frac{1}{2n-1} + \cdots$

―札幌医大―

[解説]

（1） ｛ ｝の部分が等比数列の和であることが見えるから $R_n(x) = \frac{1}{1+x} - \frac{1-(-x)^{n+1}}{1+x} = \frac{(-x)^{n+1}}{1+x}$ （*）

よって，$\left|\int_0^1 R_n(x) dx\right| = \left|\int_0^1 \frac{(-x)^{n+1}}{1+x} dx\right|$

$$= \left|(-1)^{n+1}\int_0^1 \frac{x^{n+1}}{1+x} dx\right| = \int_0^1 \frac{x^{n+1}}{1+x} dx$$
$$\leq \int_0^1 x^{n+1} dx \quad \text{分母の } x \text{ を削る}$$
$$= \frac{1}{n+2}$$

が示される．ゆえに，

$$0 \leq \left|\int_0^1 R_n(x) dx\right| \leq \frac{1}{n+2} \xrightarrow[n\to\infty]{} 0$$

となり，はさみうちの原理から $\lim_{n\to\infty}\left|\int_0^1 R_n(x) dx\right| = 0$

$$\therefore \quad \lim_{n\to\infty}\int_0^1 R_n(x) dx = 0$$

これで（i）が解決．（ii）は（*）で x に x^2 を代入すると $R_n(x^2) = \frac{(-x^2)^{n+1}}{1+x^2}$ であるから，

$$\left|\int_0^1 R_n(x^2) dx\right| = \left|\int_0^1 \frac{(-x^2)^{n+1}}{1+x^2} dx\right|$$
$$= \int_0^1 \frac{x^{2n+2}}{1+x^2} dx \quad \text{分母の } x^2 \text{ を削る}$$
$$\leq \int_0^1 x^{2n+2} dx$$
$$= \frac{1}{2n+3}$$

$$\therefore \quad 0 \leq \left| \int_0^1 R_n(x^2) dx \right| \leq \frac{1}{2n+3} \xrightarrow[n \to \infty]{} 0$$

よって，(i)と同様にして $\lim_{n \to \infty} \int_0^1 R_n(x^2) dx = 0$ がいえる．

(2) (i) $\frac{1}{1+x}$
$= R_n(x) + \{1 - x + x^2 - \cdots + (-1)^n x^n\}$ …(**)

を区間 $[0, 1]$ で積分して

$$\int_0^1 \frac{1}{1+x} dx = \int_0^1 R_n(x) dx$$
$$+ \int_0^1 \{1 - x + x^2 - \cdots + (-1)^n x^n\} dx$$

$$\therefore \quad \log 2 = \int_0^1 R_n(x) dx + 1 - \frac{1}{2} + \frac{1}{3} - \cdots + \frac{(-1)^n}{n+1}$$

両辺で $n \to \infty$ とすると，(1)(i)の結果とから

$$1 - \frac{1}{2} + \frac{1}{3} - \cdots + (-1)^{n-1} \frac{1}{n} + \cdots = \log 2$$

を得る．

(ii) (**)で x に x^2 を代入すると

$$\frac{1}{1+x^2} = R_n(x^2) + \{1 - x^2 + x^4 - \cdots + (-1)^n x^{2n}\}$$

だから $\int_0^1 \frac{1}{1+x^2} dx$

$$= \int_0^1 R_n(x^2) dx + \int_0^1 \{1 - x^2 + x^4 - \cdots + (-1)^n x^{2n}\} dx$$

$$\therefore \quad \frac{\pi}{4} = \int_0^1 R_n(x^2) dx + 1 - \frac{1}{3} + \frac{1}{5} - \cdots + \frac{(-1)^n}{2n+1}$$

両辺で $n \to \infty$ とすると，(1)(ii)の結果とから

$$1 - \frac{1}{3} + \frac{1}{5} - \cdots + (-1)^{n-1} \frac{1}{2n-1} + \cdots = \frac{\pi}{4}$$

を得る．

類題（その2）

n を 0 以上の整数とし，$a_n = \int_0^1 x^n e^{-x} dx$ とおく．

(1) a_{n+1} を a_n を用いて表せ．

(2) $\lim_{n \to \infty} a_n = 0$ を示せ．

(3) 無限級数 $\sum_{n=0}^{\infty} \frac{1}{n!}$ の和を求めよ．

―――信州大(医)など―――

[解説]

(1) 積分と漸化式では，部分積分の利用が基本である．

$$a_{n+1} = \int_0^1 x^{n+1} e^{-x} dx = \int_0^1 x^{n+1} (-e^{-x})' dx$$

$$= \left[x^{n+1}(-e^{-x}) \right]_0^1 - \int_0^1 (n+1) x^n (-e^{-x}) dx$$

$$= -e^{-1} + (n+1) \int_0^1 x^n e^{-x} dx$$

$$\therefore \quad a_{n+1} = (n+1) a_n - \frac{1}{e}$$

(2) ここは $\int_0^1 x^n e^{-x} dx$ を評価する方針に気付いただろうか．

$$0 \leq \int_0^1 x^n e^{-x} dx \leq \int_0^1 x^n dx \quad (\because \ 0 \leq x \leq 1 で e^{-x} \leq 1)$$

より $\quad 0 \leq a_n \leq \frac{1}{n+1} \xrightarrow[n \to \infty]{} 0$

よって，はさみうちの原理から
$$\lim_{n \to \infty} a_n = 0$$

(3) (1)の漸化式を $(n+1)!$ で割ると

$$\frac{a_{n+1}}{(n+1)!} = \frac{a_n}{n!} - \frac{1}{e(n+1)!}$$

より，$n \geq 1$ のとき

$$\frac{a_n}{n!} = \frac{a_0}{0!} + \sum_{k=0}^{n-1} \left\{ -\frac{1}{e(k+1)!} \right\} \quad \left(a_0 = 1 - \frac{1}{e}\right)$$

$$= 1 - \frac{1}{e} - \frac{1}{e}\left(\frac{1}{1!} + \frac{1}{2!} + \cdots + \frac{1}{n!}\right)$$

$$= 1 - \left(1 + \frac{1}{1!} + \frac{1}{2!} + \cdots + \frac{1}{n!}\right)\frac{1}{e}$$

両辺で $n \to \infty$ とすると(2)の結果から $\lim_{n \to \infty} \frac{a_n}{n!} = 0$ より

$$1 + \frac{1}{1!} + \frac{1}{2!} + \cdots + \frac{1}{n!} + \cdots = e \qquad \therefore \sum_{n=0}^{\infty} \frac{1}{n!} = e$$

* *

以上の結果をまとめておこう．

(i)	$1 - \frac{1}{2} + \frac{1}{3} - \frac{1}{4} + \cdots + (-1)^{n-1} \frac{1}{n} + \cdots = \log 2$
(ii)	$1 - \frac{1}{3} + \frac{1}{5} - \frac{1}{7} + \cdots + (-1)^{n-1} \frac{1}{2n-1} + \cdots = \frac{\pi}{4}$
(iii)	$\frac{1}{0!} + \frac{1}{1!} + \frac{1}{2!} + \cdots + \frac{1}{n!} + \cdots = e$

(i)は自然数の逆数に+-を付けて無限個加えると，まったく予想しない対数が現れ，さらに(ii)はそれを奇数に変えただけで円周率が登場するという何とも不思議な結果である．数学の神秘が垣間見えるようである．なお，(iii)を利用すると，e の近似値が得られ，例えば $n=5$ までの $\frac{1}{0!} + \frac{1}{1!} + \frac{1}{2!} + \frac{1}{3!} + \frac{1}{4!} + \frac{1}{5!}$ を計算すると $2.7166666\cdots$ となり $e = 2.71828\cdots$ の小数第2位までが正しく求まる．

(高橋)

横浜市立大学・医学部

10年のセット　120分

① (1) B *○　Ⅱ/方程式, 多項式
　(2) B *　　Ⅲ/積分, 極限
　(3) B *○　Ⅱ/対数関数
② B **　　Ⅱ/座標(軌跡)
③ C ****　CⅢ/行列(固有値), 極限
❹ C ***　　Ⅲ/微分, 積分(不等式)

$a>0$ とする．以下の問いに答えよ．

(1) $0 \leq x \leq a$ をみたす x に対して $1+x \leq e^x \leq 1+\dfrac{e^a-1}{a}x$ を示せ．

(2) (1)を用いて $1+a+\dfrac{a^2}{2}<e^a<1+\dfrac{a}{2}(e^a+1)$ を示せ．

(3) (2)を用いて $2.64<e<2.78$ を示せ． (10)

なぜこの1題か

　昨年まではどこから手を付けたら良いか悩むような問題が並ぶことが多かったが，今年は，全問とも従来より穏やかになった．①の小問集合は，(1)は多項式の展開整理，(2)は積分計算，(3)は対数計算である．(3)はヒントの近似値の使い方にポイントがあるが，どれも確実にものにしたい．②の反転による軌跡も落とせない．③の行列は，手間がかかる上に工夫が必要で差がつかなかっただろう．❹は，不等式を証明し，この不等式を利用して近似値を導く問題．(1)は素直で，(2)も比較的気づきやすいが，(3)で $\dfrac{1}{2}$ を代入することに気がつかずに苦しんだ人が少なくないだろう．ここの出来不出来が合否を左右したと考えられる．❹を採り上げる．

【目標】 (1)の不等式の証明は，不等号の両側を引いて微分し，増減を考える（あるいは凸性に着目する）典型問題である．(2)で，(1)の各辺を積分するのも頻出パターンであり，ここまでは，日頃の勉強成果を発揮できるかどうかが問われている．解説に類題を掲げたが，(3)も含めて類題の経験がものを言う．入試全般の最近の傾向に目を光らせて，試験場で様々なアイデアを試行錯誤できるようにしておきたい．

解答

(1) 不等号の両側の差を微分し増減を調べる．右側の不等号については，凹凸を利用してみる．

(2) (1)の不等式の各辺を積分する．

(3) (2)の不等式に $a=\dfrac{1}{2}$ を代入する．

　　　　　　　＊　　　　　　　＊

(1) $f(x)=e^x-(1+x)$ とおくと，$f'(x)=e^x-1 \geq 0 \ (0 \leq x \leq a)$
よって，$f(x)$ は $0 \leq x \leq a$ において増加関数．$f(x) \geq f(0)=0$
　　∴　$1+x \leq e^x$ ……………………………①

$g(x)=1+\dfrac{e^a-1}{a}x-e^x$ とおくと，

　$g'(x)=\dfrac{e^a-1}{a}-e^x,\ g''(x)=-e^x<0$

よって，$g(x)$ は上に凸で，$g(0)=0,\ g(a)=0$ により，$y=g(x)$ のグラフは右図のようになるから，

$0 \leq x \leq a$ において，$g(x) \geq 0$ ………②

①，②より，$1+x \leq e^x \leq 1+\dfrac{e^a-1}{a}x$

⇦ 左側の不等号の両側の差をとって $f(x)$ とおく．

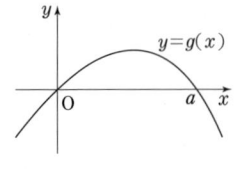

⇦ $x=\log\dfrac{e^a-1}{a}$ で極値をとるが，ここは極大なので，凹凸を調べてみよう．

⇦ なお，$x=\log\dfrac{e^a-1}{a}\ (=\alpha$ とおく$)$ で極大値をとることと，$g(0)=0$，$g(a)=0$ とから，増減表は以下のようになる．

x	0		α		a
$g'(x)$		$+$	0	$-$	
$g(x)$	0	↗		↘	0

別解 $y=e^x$ のグラフ C は下に凸で右図のようになる。l は C の $(0, 1)$ における接線：
$$y=x+1$$
m は $(0, 1)$ と (a, e^a) を通る直線：
$$y=\frac{e^a-1}{a}x+1$$

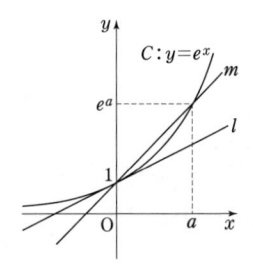

$0 \leq x \leq a$ で，$x+1 \leq e^x \leq \frac{e^a-1}{a}x+1$

◁ l は接点を除いて C の下側にある．m（$0 \leq x \leq a$）は両端を除いて C の上側にある．

(2) (1)の不等式の各辺を $0 \leq x \leq a$ の範囲で積分すると，
$$\int_0^a (1+x)dx < \int_0^a e^x dx < \int_0^a \left(1+\frac{e^a-1}{a}x\right)dx$$

ここで $\int_0^a (1+x)dx = \left[x+\frac{x^2}{2}\right]_0^a = a+\frac{a^2}{2}$, $\int_0^a e^x dx = \left[e^x\right]_0^a = e^a-1$

$\int_0^a \left(1+\frac{e^a-1}{a}x\right)dx = \left[x+\frac{e^a-1}{2a}x^2\right]_0^a = a+\frac{e^a-1}{2a}a^2 = \frac{a}{2}(e^a+1)$

$$\therefore 1+a+\frac{a^2}{2} < e^a < 1+\frac{a}{2}(e^a+1)$$

◁ $a>0$ なので，(1)の不等式の等号は，$0 \leq x \leq a$ の範囲内のすべての x について成立するわけではない．定積分同士を比較すると等号は入らなくなる．

(3) (2)の不等式で $a = \frac{1}{2}$ とすると，
$$1+\frac{1}{2}+\frac{1}{8} < e^{\frac{1}{2}} < 1+\frac{1}{4}\left(e^{\frac{1}{2}}+1\right) \quad \therefore \frac{13}{8} < e^{\frac{1}{2}} < \frac{1}{4}e^{\frac{1}{2}}+\frac{5}{4}$$

左側の不等式より，$\left(\frac{13}{8}\right)^2 < e \quad \therefore \frac{169}{64} < e \quad \therefore 2.64\cdots < e$

右側の不等式より，
$$\frac{3}{4}e^{\frac{1}{2}} < \frac{5}{4} \quad \therefore e^{\frac{1}{2}} < \frac{5}{3} \quad \therefore e < \left(\frac{5}{3}\right)^2 = \frac{25}{9} = 2.77\cdots$$
$$\therefore 2.64 < e < 2.78$$

◁ (2)の不等式で $a=1$ としても，
$\frac{5}{2} < e < 1+\frac{e+1}{2} \quad \therefore \frac{5}{2} < e < 3$
となり，問題文の不等式を示せない．
$0 \leq x \leq a$ において，e^x を $1+x$, $1+\frac{e^a-1}{a}x$ で近似するとき，a が小さいときほど誤差は小さいはず．そこで，$a=1$ より小さい値を代入してみる．

別解 [(3)で $a=\frac{1}{2}$ の代入が思いつかないかも知れない．(1)の結果を積分することにより(2)の不等式が導けるので，]

(2)の結果の a を x と書き直して（$x>0$），
$$1+x+\frac{x^2}{2} < e^x < 1+\frac{x}{2}(e^x+1) \quad \therefore 1+x+\frac{x^2}{2} < e^x < 1+\frac{x}{2}+\frac{xe^x}{2}$$

これを $0 \leq x \leq a$ の範囲で積分すると，
$$\int_0^a \left(1+x+\frac{x^2}{2}\right)dx < \int_0^a e^x dx < \int_0^a \left(1+\frac{x}{2}+\frac{xe^x}{2}\right)dx$$

ここで $\int_0^a \left(1+x+\frac{x^2}{2}\right)dx = \left[x+\frac{x^2}{2}+\frac{x^3}{6}\right]_0^a = a+\frac{a^2}{2}+\frac{a^3}{6}$

$\int_0^a \left(1+\frac{x}{2}+\frac{xe^x}{2}\right)dx$
$= \left[x+\frac{x^2}{4}+\frac{1}{2}(xe^x-e^x)\right]_0^a = a+\frac{a^2}{4}+\frac{1}{2}(ae^a-e^a)+\frac{1}{2}$

$$\therefore 1+a+\frac{a^2}{2}+\frac{a^3}{6} < e^a < a+\frac{a^2}{4}+\frac{e^a}{2}(a-1)+\frac{3}{2}$$

上式に $a=1$ を代入すると，$\frac{8}{3} < e < \frac{11}{4}$

$\frac{8}{3} = 2.66\cdots$, $\frac{11}{4} = 2.75$ より，$2.64 < e < 2.78$

◁ どんどん積分していくと，
$x>0$ のとき $e^x > 1+x+\frac{x^2}{2}+\cdots+\frac{x^n}{n!}$
が得られる経験（積分するとより良い近似式になる）があると，左の解法が思いつきやすいだろう．
$x>0$ とする．
$e^x > 1$ により，$\int_0^x e^t dt > \int_0^x 1 dt$
$\therefore e^x - 1 > x \quad \therefore e^x > 1+x$
$\int_0^x e^t dt > \int_0^x (1+t)dt$
$\therefore e^x > 1+x+\frac{x^2}{2}$
$\vdots$

◁ $\int xe^x dx = xe^x - \int 1 \cdot e^x dx$
$= xe^x - e^x + C$
（C：積分定数）

解　説

【定積分・関数値の評価】

定積分の値や関数値の評価（不等式を導く）の問題をしばしば見かける．その評価方法をみてみよう．

多項式，三角関数，指数関数などは，何回でも微分できる．こうした関数 $f(x)$ では，$f(x)$ を k 回微分したものを $f^{(k)}(x)$ として，$f(x)$ を，
$$f(x)=f(0)+\sum_{k=1}^{\infty}\frac{f^{(k)}(0)}{k!}x^k$$
と無限級数の形に表せることが知られている（マクローリン展開）．

$f(x)=e^x$ の場合には，$f^{(k)}(x)=e^x$，$f^{(k)}(0)=1$ となるので，
$$e^x=1+\sum_{k=1}^{\infty}\frac{x^k}{k!}=1+\frac{x}{1!}+\frac{x^2}{2!}+\frac{x^3}{3!}+\cdots\cdots$$
と表せる．$x>0$ のときには，①右辺の各項は正なので，
$$e^x>1+\sum_{k=1}^{n}\frac{x^k}{k!}=1+\frac{x}{1!}+\frac{x^2}{2!}+\cdots\cdots+\frac{x^n}{n!} \quad \cdots\cdots ①$$
この不等式自体は，左辺から右辺を引いて微分することにより証明できる（08　福島県医大）．

①で $x=1$ を代入すれば，
$$e=1+\frac{1}{1!}+\frac{1}{2!}+\frac{1}{3!}+\cdots\cdots$$

右辺は，第 1 項から順に加えていけば，1，$1+\frac{1}{1!}=2$，$2+\frac{1}{2!}=\frac{5}{2}=2.5$，$\frac{5}{2}+\frac{1}{3!}=\frac{8}{3}=2.666\cdots$，$\frac{65}{24}=2.708\cdots$，$\frac{163}{60}=2.716\cdots$，となり，$e$ の真の値 $2.718281828\cdots$ に近づいて行く．

$f(x)=\sin x$ の場合には，
$$\sin x=\frac{x}{1!}-\frac{x^3}{3!}+\frac{x^5}{5!}-\frac{x^7}{7!}+\cdots\cdots \quad (\sin x \text{ は奇関数})$$
となり，右辺各項の係数はプラス・マイナスを繰り返す．ここで，$x>0$ において，
$$x-\frac{x^3}{6}\leqq\sin x\leqq x,$$
$$x-\frac{x^3}{6}\leqq\sin x\leqq x-\frac{x^3}{6}+\frac{x^5}{120},\quad\cdots\cdots$$
といった不等式が知られている（各不等号の両側を引き微分して証明する問題は頻出）．

2 番目の不等式で $x=1$ とすれば，1 ラジアンの正弦の値に関する不等式，
$$\frac{100}{120}<\sin 1<\frac{101}{120} \quad (95\ \text{お茶の水女大})$$
が得られる．

$f(x)=\cos x$ の場合には，
$$\cos x=1-\frac{x^2}{2!}+\frac{x^4}{4!}-\frac{x^6}{6!}+\cdots\cdots \quad (\cos x \text{ は偶関数})$$
となり，
$$1-\frac{x^2}{2}\leqq\cos x\leqq 1,\ 1-\frac{x^2}{2}\leqq\cos x\leqq 1-\frac{x^2}{2}+\frac{x^4}{24},\ \cdots$$
といった不等式が知られている．

$1-\frac{x^2}{2}\leqq\cos x$ において $x=\frac{\pi}{6}$ とすると，
$$1-\frac{\pi^2}{72}\leqq\frac{\sqrt{3}}{2}$$
$\sqrt{3}=1.732\cdots$ より，
$$\pi^2\geqq 72-36\sqrt{3}>72-36\times1.74=9.36>9.3025=3.05^2$$
$$\pi>3.05 \quad (03\ \text{東大})$$
が得られる．

接線，凹凸を利用することもある．右図のように，$y=x^3-2$ のグラフは，$1<x<2$ において，$y''=6x>0$ より下に凸で，$(2,6)$ における接線 $y=12x-18$ と，2 点 $(1,-1)$，$(2,6)$ を結ぶ直線 $y=7x-8$ の間にある．これより，$x^3-2=0$ の解 $x=\sqrt[3]{2}$ について，
$$\frac{8}{7}<\sqrt[3]{2}<\frac{3}{2}$$
が成り立つ．

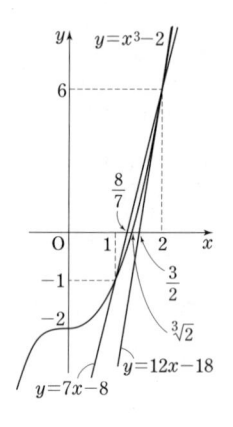

$e^\pi>21$ を示せ．ただし，$\pi=3.14\cdots$ は円周率，$e=2.71\cdots$ は自然対数の底である．

（99　東大，一部）

これは，左段の①の x に 3.14 を代入という方針では手計算の場合は無理だろう．曲線 $y=e^x$ のグラフは下に凸で，その接線は接点を除いて曲線よりも下側にある．$x=3$ における $y=e^x$ の接線は，

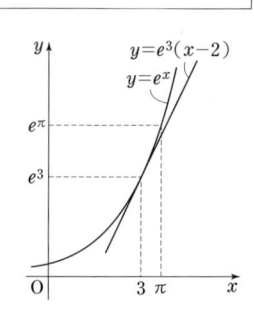

86

$$y = e^3(x-3) + e^3 = e^3(x-2)$$

よって，$e^x > e^3(x-2)$

$x = \pi$ を代入して，

$$e^\pi > e^3(\pi - 2) > 2.7^3 \times (3.1 - 2) = 21.6513 > 21$$

定積分の値の評価では，積分しやすい関数を見つけて不等式を作る．

> $k > 0$ のとき，$\dfrac{1}{2(k+1)} < \displaystyle\int_0^1 \dfrac{1-x}{k+x} dx < \dfrac{1}{2k}$ を示せ．
> （10 東大，一部）

分母が定数なら積分が簡単なので，被積分関数の分母を評価してみよう．

解 $0 < x < 1$ のとき，$k < k+x < k+1$ より，

$$\dfrac{1-x}{k+1} < \dfrac{1-x}{k+x} < \dfrac{1-x}{k}$$

$$\therefore \int_0^1 \dfrac{1-x}{k+1} dx < \int_0^1 \dfrac{1-x}{k+x} dx < \int_0^1 \dfrac{1-x}{k} dx$$

$\displaystyle\int_0^1 (1-x) dx = \left[x - \dfrac{x^2}{2}\right]_0^1 = \dfrac{1}{2}$ より，

$$\dfrac{1}{2(k+1)} < \int_0^1 \dfrac{1-x}{k+x} dx < \dfrac{1}{2k}$$

> （1） 単調に増加する連続関数 $f(x)$ に対して，不等式 $\displaystyle\int_{k-1}^k f(x) dx \leq f(k)$ を示せ．
> （2） n が自然数のとき，不等式
> $\displaystyle\int_1^n \log x \, dx \leq \log n!$ を示し，不等式 $n^n e^{1-n} \leq n!$ を導け．
> （10 筑波大，(3)を省略）

解 （1） $k-1 \leq x \leq k$ において，$f(x)$ が単調増加であることにより，$f(x) \leq f(k)$

$$\therefore \int_{k-1}^k f(x) dx \leq \int_{k-1}^k f(k) dx = \left[f(k)x\right]_{k-1}^k = f(k)$$

（2） （1）において，$f(x) = \log x$ $(x > 0)$ とすることにより $\left(f'(x) = \dfrac{1}{x} > 0\right)$，

$$\int_{k-1}^k \log x \, dx \leq \log k$$

$k = 2, 3, \cdots, n$ について辺々加え合わせて，

$$\int_1^n \log x \, dx = \sum_{k=2}^n \int_{k-1}^k \log x \, dx \leq \sum_{k=2}^n \log k = \log n!$$

$$\int_1^n \log x \, dx = \left[x \log x - x\right]_1^n = n \log n - n + 1 = \log(n^n e^{1-n})$$

より，$\log(n^n e^{1-n}) \leq \log n!$

$$\therefore n^n e^{1-n} \leq n!$$

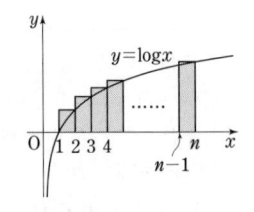

上の例では，右図のように，曲線 $y = \log x$ と x 軸，直線 $x = n$ で囲まれる部分の面積と，階段型に並ぶ長方形（網目部）の面積の和とを比較していると見ることもできる（☞p.167の近大の解説）．次のように定積分と台形面積を比較することもある．

> $f(x) = \dfrac{1}{1+x^2}$ とし，曲線 $y = f(x)$ $(x > 0)$ の変曲点を $(a, f(a))$ とするとき，$\displaystyle\int_a^1 \dfrac{1}{1+x^2} dx$ の値を求め，$\pi < 3.17$ を示せ．（07 埼玉大，一部略）

解 $f'(x) = \dfrac{-2x}{(1+x^2)^2}$，$f''(x) = \cdots = \dfrac{2(3x^2-1)}{(1+x^2)^3}$

より，$a = \dfrac{1}{\sqrt{3}}$

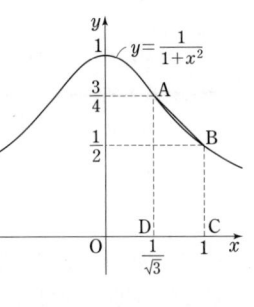

曲線 $y = f(x)$ は，$\dfrac{1}{\sqrt{3}} < x < 1$ において下に凸で，$A\left(\dfrac{1}{\sqrt{3}}, \dfrac{3}{4}\right)$，$B\left(1, \dfrac{1}{2}\right)$ を結ぶ線分の下側に来るので，$\displaystyle\int_{\frac{1}{\sqrt{3}}}^1 f(x) dx$ は上図の台形 ABCD の面積よりも小さくなる．積分は，$x = \tan\theta$ とおいて，

$$\int_{\frac{1}{\sqrt{3}}}^1 \dfrac{1}{1+x^2} dx = \int_{\frac{\pi}{6}}^{\frac{\pi}{4}} 1 \cdot d\theta = \left[\theta\right]_{\frac{\pi}{6}}^{\frac{\pi}{4}} = \dfrac{\pi}{4} - \dfrac{\pi}{6} = \dfrac{\pi}{12}$$

台形 ABCD の面積は，

$$\dfrac{1}{2}\left(\dfrac{3}{4} + \dfrac{1}{2}\right)\left(1 - \dfrac{1}{\sqrt{3}}\right) = \dfrac{5}{8}\left(1 - \dfrac{\sqrt{3}}{3}\right)$$

$\sqrt{3} = 1.732\cdots$ を用いると，

$$\dfrac{\pi}{12} < \dfrac{5}{8}\left(1 - \dfrac{\sqrt{3}}{3}\right) < \dfrac{5}{8}\left(1 - \dfrac{1.732}{3}\right) = \dfrac{6.34}{24}$$

$$\therefore \pi < 3.17$$

（平島）

横浜市立大学・医学部

11年のセット
120分

① (1) B* Ⅲ/微分
  (2) A○ Ⅰ/数と式(因数分解)
  (3) B*○ ⅢA/微分, 二項定理
  (4) B* Ⅲ/積分方程式
② C**○ CⅢ/行列, 極限
③ C*** BⅢ/空間座標, 積分

平面上の点 A を中心とする半径 a の円から，中心角が $60°$ で AP＝AQ＝a となる扇形 APQ を切り取る．つぎに線分 AP と AQ を貼り合わせて，A を頂点とする直円錐 K を作り，これを点 O を原点とする座標空間におく．

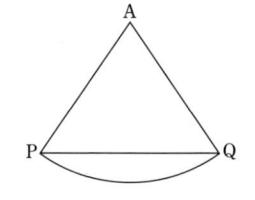

A，P はそれぞれ z 軸，x 軸上の正の位置にとり，扇形 APQ の弧 PQ は xy 平面上の O を中心とする円 S になるようにする．

また弦 PQ から定まる K の側面上の曲線を C とする．
以下の問いに答えよ．

（1） S の半径を b とする．S 上の点 R($b\cos\theta$, $b\sin\theta$, 0)（$0\leq\theta\leq 2\pi$）に対し，K 上の母線 AR と C の交点を M とする．b と線分 AM の長さを a と θ を用いて表せ．

（2） ベクトル $\overrightarrow{\mathrm{OM}}$ を xy 平面に正射影したベクトルの長さを r とする．r を a と θ を用いて表し，定積分 $\int_0^{2\pi} \frac{1}{2}\{r(\theta)\}^2 d\theta$ を求めよ．ただし，ベクトル $\overrightarrow{\mathrm{OE}}=(a_1, a_2, a_3)$ を xy 平面に**正射影したベクトル**とは $\overrightarrow{\mathrm{OE'}}=(a_1, a_2, 0)$ のことである．

(11)

なぜこの１題か

このところ易化の傾向が続いている．大問が４題から３題となり，小問が１つ増えた．昨年と比較してもさらに取り組みやすくなった．

①は小問集合．(1)は，導関数＝０の解を α とおき，三角関数のちょっとした計算を行って極値を α で表す．(2)の因数分解は１文字について整理すればできる．(3)は，$\dfrac{n!}{(n-k)!k!} \Rightarrow {}_nC_k$ として，二項定理を逆向きに使う．(4)は，定型パターンの積分方程式である．(3)は見た目に圧倒されそうだが，いずれも正解しておきたい．②は行列で表された漸化式の問題．誘導に乗って解答すればよい．①，②は確保したい問題であり，あまり差はついてないだろう．③は扇形を丸めて円錐を作るとき，扇形上の線分が円錐面上で作る曲線の xy 平面への正射影を考える．曲線の極方程式を求めて，積分の計算を行う．立体感覚も積分技巧も必要で，この問題のできが合否を大きく分けただろう．

【目標】 立体を立体のまま捉えようとすると難しくなる．展開図・断面図をうまく活用し，平面的感覚で考えて行きたい．(1)は，正弦定理と三角形の相似から考える．(2)は，$r(\theta)$ が求まってしまえば，定積分の計算をするだけであり，決して難問とはいえない．本問を完答すれば，全問正解も見えてくる．

解　答

（1） 円弧の長さが中心角に比例することを利用し，展開図上で正弦定理を使う．

（2） 断面図から三角形の相似を使って極方程式を作る．
$\left(\dfrac{1}{\tan\theta}\right)' = -\dfrac{1}{\sin^2\theta}$ を利用して積分を行う．

＊　　　　　＊

（1） 円 S の円周の長さが，展開図の扇形の弧 PQ の長さに一致するので，
$$2\pi b = \dfrac{\pi}{3}a \quad \therefore \quad b = \dfrac{a}{6}$$

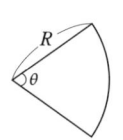

ラジアン単位で角 θ を測れば，中心角 θ を見込む半径 R の円弧の長さは
⇦ $R\theta$

R($b\cos\theta$, $b\sin\theta$, 0) のとき，円 S 上で
∠POR=θ となるから，弧 PR の長さは $b\theta$
展開図の扇形上で∠PAR=α とおくと，弧 PR
の長さは $a\alpha$

$b\theta=a\alpha$ より，$\alpha=\dfrac{b}{a}\theta=\dfrac{\theta}{6}$

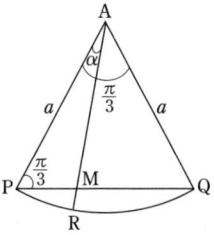

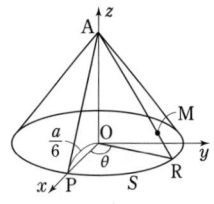

⇔ 展開図上では，M は，線分 AR と線分 PQ の交点．

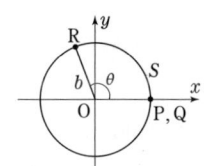

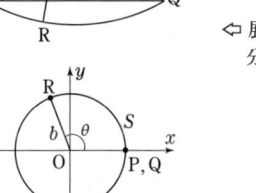

展開図において，△APQ は正三角形だから，

$$\angle \text{AMP}=\pi-\dfrac{\pi}{3}-\dfrac{\theta}{6}=\dfrac{2}{3}\pi-\dfrac{\theta}{6}$$

展開図の △APM において正弦定理より，

$$\dfrac{\text{AM}}{\sin\dfrac{\pi}{3}}=\dfrac{a}{\sin\left(\dfrac{2}{3}\pi-\dfrac{\theta}{6}\right)}$$

$$\therefore\ \text{AM}=\dfrac{\sqrt{3}\,a}{2\sin\left(\dfrac{2}{3}\pi-\dfrac{\theta}{6}\right)}$$

（2） M から AO に垂線 MH を下ろすと，
△AMH∽△ARO（右図）より，

HM：AM=OR：AR ∴ r：AM=b：a

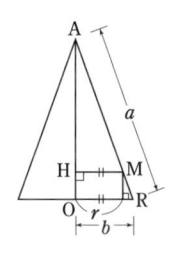

⇔ 円錐を真横から見て，二等辺三角形の辺上に M が乗って見える方向から眺めて断面図を作る．

$$r=\dfrac{b}{a}\text{AM}=\dfrac{1}{6}\text{AM}=\dfrac{\sqrt{3}\,a}{12\sin\left(\dfrac{2}{3}\pi-\dfrac{\theta}{6}\right)}$$

$$I=\int_0^{2\pi}\dfrac{1}{2}\{r(\theta)\}^2 d\theta=\int_0^{2\pi}\dfrac{1}{2}\cdot\dfrac{3a^2}{144\sin^2\left(\dfrac{2}{3}\pi-\dfrac{\theta}{6}\right)}d\theta$$

⇔ $r(\theta)$ は，今求めた r を θ の関数と見たもの．また求める定積分を I とおいた．

$$=\dfrac{a^2}{96}\int_0^{2\pi}\dfrac{1}{\sin^2\left(\dfrac{2}{3}\pi-\dfrac{\theta}{6}\right)}d\theta$$

⇔ $\int_0^{2\pi}\dfrac{1}{2}\{f(\theta)\}^2 d\theta$ は，極方程式 $r=f(\theta)$ で与えられる曲線が囲む部分の面積を表す（解説参照）．

$\varphi=\dfrac{2}{3}\pi-\dfrac{\theta}{6}$ とおくと，$d\theta=-6d\varphi$，$\theta:0\to 2\pi$ のとき，$\varphi:\dfrac{2}{3}\pi\to\dfrac{1}{3}\pi$

$$I=\dfrac{a^2}{96}\int_{\frac{2}{3}\pi}^{\frac{1}{3}\pi}\dfrac{1}{\sin^2\varphi}(-6d\varphi)=\dfrac{a^2}{16}\int_{\frac{1}{3}\pi}^{\frac{2}{3}\pi}\dfrac{1}{\sin^2\varphi}d\varphi$$

$$=\dfrac{a^2}{16}\left[-\dfrac{1}{\tan\varphi}\right]_{\frac{1}{3}\pi}^{\frac{2}{3}\pi}=-\dfrac{a^2}{16}\left(\dfrac{1}{\tan\dfrac{2}{3}\pi}-\dfrac{1}{\tan\dfrac{\pi}{3}}\right)$$

⇔ $(\tan\theta)'=\dfrac{1}{\cos^2\theta}$ に対して，

$\left(\dfrac{1}{\tan\theta}\right)'=\left(\dfrac{\cos\theta}{\sin\theta}\right)'$
$=\dfrac{-\sin^2\theta-\cos^2\theta}{\sin^2\theta}=-\dfrac{1}{\sin^2\theta}$

$$=-\dfrac{a^2}{16}\left(-\dfrac{1}{\sqrt{3}}-\dfrac{1}{\sqrt{3}}\right)=\dfrac{2a^2}{16\sqrt{3}}=\dfrac{\sqrt{3}}{24}a^2$$

解　説

【極方程式の面積公式】

定積分 $\int_\alpha^\beta\dfrac{1}{2}\{f(\theta)\}^2 d\theta$ は，極方程式 $r=f(\theta)$ で表される曲線の $\alpha\leqq\theta\leqq\beta$ における部分と半直線 $\theta=\alpha$，$\theta=\beta$ で囲まれる図形（右図網目部）の面積 S を表す．

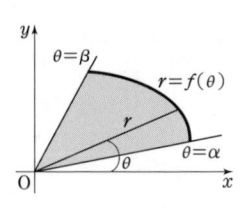

角 θ が微小量 $\Delta\theta$ だけ増加するときの面積 S の増加量 ΔS（右図網目部の面積）を中心角 $\Delta\theta$，半径 $r=f(\theta)$ の扇形の面積 $\dfrac{1}{2}\{f(\theta)\}^2\Delta\theta$ で近似し，$\alpha\leqq\theta\leqq\beta$ の範囲で足し合わせると左段の―――になるからである．これは公式として構わない．

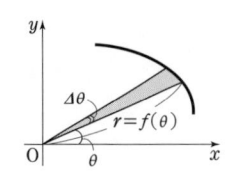

89

とくに $\alpha=0$, $\beta=2\pi$, $f(0)=f(2\pi)$ のとき，定積分 $\int_0^{2\pi} \frac{1}{2}\{f(\theta)\}^2 d\theta$ は，曲線 $r=f(\theta)$ が囲む図形の面積になる．

極方程式の面積公式を活用してみよう．

> 点 P が原点 O を中心とする半径 1 の円周上を 1 周する．点 P における円の接線に関して，点 A $\left(\frac{1}{2}, 0\right)$ と対称な点を Q とするとき，点 Q の軌跡で囲まれる図形の面積を求めよ．
> （10 名工大，誘導省略）

解 OA から OP までの回転角を θ とする．点 $P(\cos\theta, \sin\theta)$ における接線 $l : x\cos\theta + y\sin\theta = 1$ は，半径 OP と垂直で，直線 AQ とも垂直だから，OP // AQ で，x 軸から AQ までの回転角も θ.

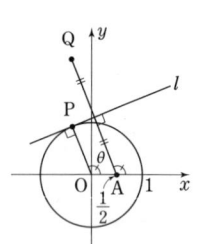

点 A と接線 l との距離は，
$$d = \frac{\left|\frac{1}{2}\cos\theta + 0\cdot\sin\theta - 1\right|}{\sqrt{\cos^2\theta + \sin^2\theta}} = 1 - \frac{1}{2}\cos\theta$$

A を極とし，x 軸の $x \geq \frac{1}{2}$ の部分を始線とする極座標をとると，$r = AQ = 2d$ より，Q の軌跡の極方程式は，
$r = 2 - \cos\theta$ （概形は右図）
$0 \leq \theta \leq 2\pi$ より，求める面積 S は，
$$S = \int_0^{2\pi} \frac{1}{2}(2-\cos\theta)^2 d\theta = \frac{1}{2}\int_0^{2\pi}(4 - 4\cos\theta + \cos^2\theta)d\theta$$
$$= \frac{1}{2}\int_0^{2\pi}\left(4 - 4\cos\theta + \frac{1+\cos 2\theta}{2}\right)d\theta$$
$$= \int_0^{2\pi}\left(\frac{9}{4} - 2\cos\theta + \frac{1}{4}\cos 2\theta\right)d\theta$$
$$= \left[\frac{9}{4}\theta - 2\sin\theta + \frac{1}{8}\sin 2\theta\right]_0^{2\pi} = \frac{9}{2}\pi$$

ただし，曲線が媒介変数表示されているとき，例えば，アステロイド： $x = a\cos^3\theta$, $y = a\sin^3\theta$ ($a>0$) が囲む部分の面積 S を，次のようにするのは誤り．
$$r^2 = x^2 + y^2$$
$$= (a\cos^3\theta)^2 + (a\sin^3\theta)^2$$
$$= a^2(\cos^6\theta + \sin^6\theta)$$
$$S = 4\int_0^{\frac{\pi}{2}} \frac{1}{2}a^2(\cos^6\theta + \sin^6\theta)d\theta$$
$$= \frac{5}{8}\pi a^2 \text{（計算過程略）}$$

このようなミスをしないように注意して欲しい．この場合，媒介変数の θ は，曲線上の点 (x, y) と原点を直線で結ぶとき，この直線と始線 x 軸とがなす角ではないので，アステロイドの極方程式は，
$r = a\sqrt{\cos^6\theta + \sin^6\theta}$ ではない．なお，正しい面積は，
$$S = 4\int_0^a y\,dx = 4\int_{\frac{\pi}{2}}^0 a\sin^3\theta \cdot 3a\cos^2\theta(-\sin\theta)d\theta$$
$$= 12a^2\int_0^{\frac{\pi}{2}}(\sin^4\theta - \sin^6\theta)d\theta = \frac{3}{8}\pi a^2$$

このように，x, y が $\cos\theta$, $\sin\theta$ で表されているとき，いつも極方程式の面積公式が使えるわけではない．結局，曲線 C の媒介変数表示が
$$\begin{cases} x = (\theta\text{の式})\cos\theta \\ y = (\theta\text{の式})\sin\theta \end{cases}$$
で，------と～～が同じとき，つまり
$$\begin{cases} x = f(\theta)\cos\theta \\ y = f(\theta)\sin\theta \end{cases}$$
の形のとき使えるのである（このとき，C の極方程式は $r = f(\theta)$ である）．

【曲線 C について】
実は，本問の曲線 C（点 P から円錐の側面に沿って，1 周するようにひもをかけるとき，ひもが最も短くなるときにひもが作る曲線）は同一平面上にはない．

（平島）

上智大学・理工学部（B方式）

10年のセット
90分

① C**○ C/1次変換, 行列（n乗）
❷ B**   B/空間座標（球）
③ B**** III/微積分総合
④ C**○ AIII/集合と論理, 極限

---

xyz 空間において，原点Oを中心とする半径 $2\sqrt{3}$ の球面Qを考える．

(1) 球面Qと平面 $z=\sqrt{6}$ が交わってできる円を S_1 としたとき，円 S_1 の半径は $\sqrt{\boxed{\text{ス}}}$ である．

(2) 円 S_1 において x 座標が $\sqrt{3}$ である2つの点を
$$A(\sqrt{3}, a, \sqrt{6}), \quad B(\sqrt{3}, b, \sqrt{6}) \quad (\text{ただし}, a>b)$$
とする．$a=\sqrt{\boxed{\text{セ}}}$ である．

(3) 円 S_1 において，2つの弧ABのうち短い方の長さは $\dfrac{\sqrt{\boxed{\text{ソ}}}}{\boxed{\text{タ}}}\pi$ である．

(4) 線分ABの中点をC，円 S_1 の中心をPとする．$\cos\angle\text{COP} = \dfrac{\sqrt{\boxed{\text{チ}}}}{\boxed{\text{ツ}}}$ である．

(5) 2点A，Bと原点Oを通る平面が球面Qと交わってできる円を S_2 とする．円 S_2 において，2つの弧ABのうち短い方の長さは $\dfrac{\boxed{\text{テ}}}{\boxed{\text{ト}}}\sqrt{\boxed{\text{ナ}}}\pi$ である．

（10）

なぜこの1題か

今年の上智・理工は典型的な問題が③しかなく，受験生は苦労させられたことだろう．その③であるが，関連のない小問2つからなる．(1)は，2次関数と対数関数が接する条件を求める問題．難しくはないが，答えを空欄に合う形にするのにとまどう．(2)は絶対値つきの積分の問題で，類題の経験がある人が多いだろう（「1対1対応の演習/数III」p.78にほぼ同じ問題が載っている）．そうなると普通は「③は手際よく片付けて他の問題に時間をかけたい」となるのだが，時間をかければ得点を積み上げられる，という問題が他にないので，③は時間をかけても正解なら良しとすべきである．

他の3題を見てみよう．①は直線への正射影を表す1次変換についての問題．しっかり勉強していないと(1)すら埋まらないので，得点できなかった受験生が多いだろう．各大問の最初の小問は易しいはず，と思っていると焦ってしまう．上智・理工は（大問の）最初の空欄が勝負，ということが少なくない上に試験時間が短いので，落ち着いて解ける問題を探すことが肝心といえる．

④は集合（数直線上の区間）の包含関係についての問題で，極限は(3)に登場する．(1)は解いておきたいが，(2)以降は問題文が難解なので(1)ができれば十分だろう．差はつきにくい．

❷は①④と比べると解きやすく，計算量も少ない．空間は苦手な受験生が多く，できた人は合格に近づいた1題である．

【目標】漠然と空間の図を描いていても進展しない．適切な断面を考えることができれば20分程度で完答できる問題である．

解　答

空間図形の問題では，適当な平面による断面を描いて考えるのが基本である．その平面は，求めたいものが（平面内に）あらわれるようにとる．

(1) Qの中心Oを通り平面 $z=\sqrt{6}$ に垂直な平面，例えば xz 平面での断面を考える（右図）．

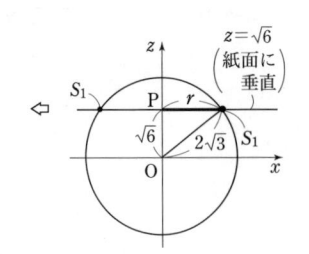

(2) $OA=2\sqrt{3}$ すなわち $OA^2 = (\sqrt{3})^2 + a^2 + (\sqrt{6})^2 = 12$ である．

(3) 平面 $z=\sqrt{6}$ 上で考える．

(4) 平面OCP上で考える．CはABの中点なので y 座標は0である．

(5) O, A, Bを通る平面を考える．$OA=OB=AB=2\sqrt{3}$ となっていることに着目する．

91

(1) xz 平面による球面 Q と平面 $z=\sqrt{6}$ の断面は図1のようになり，両者の交わりである円 S_1 の半径は図の太線にあらわれるから，
$$r=\sqrt{(2\sqrt{3})^2-(\sqrt{6})^2}=\sqrt{6}$$

(2) $OA^2=(2\sqrt{3})^2$ より
$$(\sqrt{3})^2+a^2+(\sqrt{6})^2=(2\sqrt{3})^2$$
$$\therefore a=\sqrt{3}$$

(3) $z=\sqrt{6}$ 上で図2のようになっているので，$\angle APB=\dfrac{\pi}{2}$

よって，
$$\widehat{AB}=\sqrt{6}\cdot\dfrac{\pi}{2}=\dfrac{\sqrt{6}}{2}\pi$$

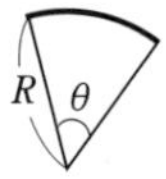

(4) $C(\sqrt{3},0,\sqrt{6})$, $P(0,0,\sqrt{6})$ より xz 平面上で図3のようになっている．
$$OC=\sqrt{(\sqrt{3})^2+(\sqrt{6})^2}=3 \text{ より}$$
$$\cos\angle COP=\dfrac{OP}{OC}=\dfrac{\sqrt{6}}{3}$$

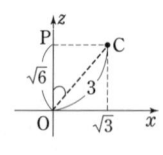

(5) O, A, B を通る平面での Q の断面は図4のようになっていて，
$$OA=OB=2\sqrt{3}, \quad AB=2\sqrt{3}$$
より $\triangle OAB$ は正三角形である．

よって $\angle AOB=\dfrac{\pi}{3}$ で，
$$\widehat{AB}=2\sqrt{3}\cdot\dfrac{\pi}{3}=\dfrac{2}{3}\sqrt{3}\,\pi$$

図1

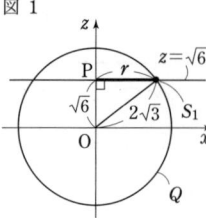

◁ 円 S_1 の中心 P は $(0,0,\sqrt{6})$ である．

図2

◁ a, b は $\pm\sqrt{3}$ となるが，$a>b$ より $a=\sqrt{3}$

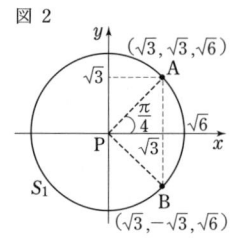

◁ AP と x 軸のなす角は $\dfrac{\pi}{4}$

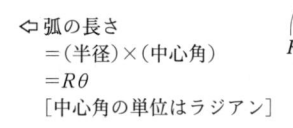

◁ 弧の長さ
　＝（半径）×（中心角）
　＝$R\theta$
　［中心角の単位はラジアン］

図3

図4

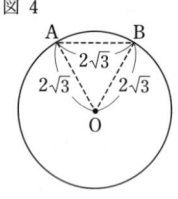

◁ $AB=2\sqrt{3}$ は図2から．
◁ $\cos\angle AOB=\dfrac{\overrightarrow{OA}\cdot\overrightarrow{OB}}{|\overrightarrow{OA}|\cdot|\overrightarrow{OB}|}$
$=\dfrac{3-3+6}{2\sqrt{3}\cdot2\sqrt{3}}=\dfrac{1}{2}$
から $\angle AOB$ を求めてもよい．

解　説

【球面上の2点間の"距離"】

本問では，(3)と(5)で2つの弧 AB の長さを計算している．

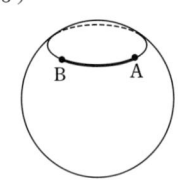

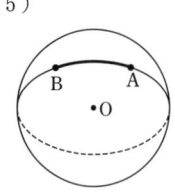

(3)　　　　　(5)

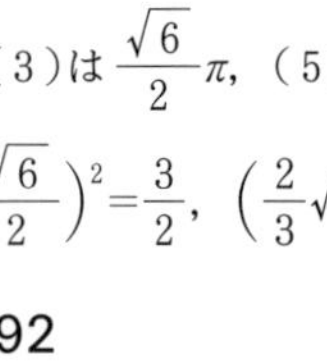

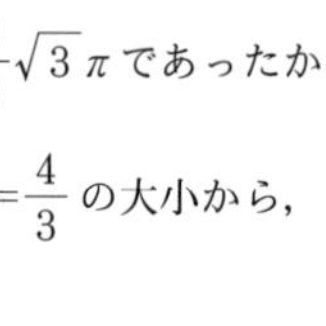

長さを比べてみよう．

(3)は $\dfrac{\sqrt{6}}{2}\pi$，(5)は $\dfrac{2}{3}\sqrt{3}\,\pi$ であったから，

$\left(\dfrac{\sqrt{6}}{2}\right)^2=\dfrac{3}{2}$, $\left(\dfrac{2}{3}\sqrt{3}\right)^2=\dfrac{4}{3}$ の大小から，

$\dfrac{\sqrt{6}}{2}\pi>\dfrac{2}{3}\sqrt{3}\,\pi$　すなわち　(3)>(5)

となる．

一般に，球面上の2点 A, B に対して，A と B を結ぶ球面上の経路のうち，長さが最短であるものは，平面 ABO（O は球の中心）と球の交わりである円の弧 AB（短い方）であることが知られている．

【類題】

08年の京大・理系で，本問のような2つの弧の長さを比較する問題が出ている．

甲と乙で問題文の表現と設問が異なるが，まず，座標が設定されていて，弧の長さの大小を比較するだけの甲の問題を紹介しよう．

空間内に原点 O を中心とし半径 1 の球面 S を考え，S 上の 2 点を $A\left(\dfrac{1}{2}, 0, \dfrac{\sqrt{3}}{2}\right)$，$B\left(\dfrac{1}{4}, \dfrac{\sqrt{3}}{4}, \dfrac{\sqrt{3}}{2}\right)$ とする．$z=\dfrac{\sqrt{3}}{2}$ で与えられる平面で S を切った切り口の円において，A と B を結ぶ弧のうち短い方の長さを l_1 とする．また 3 点 O，A，B を通る平面で S を切った切り口の円において，A と B を結ぶ弧のうち短い方の長さを l_2 とする．このとき $l_1>l_2$ を証明せよ．

(08 京大・理系甲)

解 $O'\left(0, 0, \dfrac{\sqrt{3}}{2}\right)$，$\angle AOB=\theta$，$\angle AO'B=\varphi$ (単位はラジアン) とする．

S を平面 $O'AB$ で切った切り口は右図のようになるので，$\varphi=\dfrac{\pi}{3}$ である．よって，

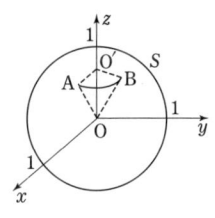

$$l_1=O'A\times\dfrac{\pi}{3}=\dfrac{\pi}{6}$$

また，$l_2=OA\times\theta=\theta$ である．

ところで，
$|\overrightarrow{OA}|=|\overrightarrow{OB}|=1$，
$\overrightarrow{OA}\cdot\overrightarrow{OB}=\left(\dfrac{1}{2}, 0, \dfrac{\sqrt{3}}{2}\right)\cdot\left(\dfrac{1}{4}, \dfrac{\sqrt{3}}{4}, \dfrac{\sqrt{3}}{2}\right)=\dfrac{7}{8}$

$$\therefore \cos\theta=\dfrac{7}{8}>\dfrac{\sqrt{3}}{2}=\cos\dfrac{\pi}{6} \quad \therefore \theta<\dfrac{\pi}{6}$$

であるから，$l_1>l_2$

*　　　　　　　　　　　*

乙の問題は，A，B が座標ではなく，(地球上の) 北緯何度のような形で与えられているが，座標を設定すれば甲と同じであり，l_1，l_2 の定め方も同じである．

設問は，「l_1 に比べて l_2 は 3%以上短いことを示せ」で，0.5°刻みの三角関数表が与えられている．

上の甲の解答を使うと，示すことは，

$$\dfrac{\theta}{\dfrac{\pi}{6}}<0.97$$

となる．

$\dfrac{7}{8}=0.875$ と三角関数表の数値

$\cos 28.5°=0.8788$，$\cos 29.0°=0.8746$

を用いれば

$$\theta<29°$$

なので

$$\dfrac{\theta}{\pi/6}<\dfrac{29}{30}=0.966\cdots<0.97$$

となって示される．

なお，正確な値は，

$$\theta=28.955\cdots°$$
$$\dfrac{l_2}{l_1}=0.9651\cdots$$

である．

(飯島)

受験報告

○ **10 京都府立医科大学** (解説は p.153)

▶京都府立医科大学受験報告．①楕円の登場にびびる (10 年分ぐらい過去問みたけど 1 回も出て来てないから手薄＜涙＞)．②ぱっとみていかにも"コッテリ"してそうなのでスルー．③ありふれた問題そーに見えたのでこれに手をつける．(1), (2), (3) は慎重に進めていくが (2) で

$$y=e^{-\frac{x^2}{4}} \text{ と } y=-\dfrac{a}{4}x^2+a(1-\log a)$$

($0<a<1$) の共有点が 2 個しかないのってグラフかいて自明でいいのかな…気にするひまがないので次へ．(4) おっ！ y 軸回転，バームクーヘンか！と思うが冷静に考えて 2 つの式が $x^2=\sim$ の形で書けるのでほっとして一完 (25 分)．④(1) 図を書いて考えてみるが次第にパニックに．(2)は(1)を用いて帰納法で解答．(3)は根性で P_4 まで図示して乗り切るがそれ以降は最長辺と最短辺の見分けがつかずにポイ！(40 分) ❷にトライすると(1)(2)(3)は題意が読み取れれば難しくないことがわかり"ほいほい"と進めるが設定が複雑になった(4)(5)はイマイチ意味がわからず実験をすることさえも億劫になるので①に戻る (65 分)．ん…楕円外の定点を通る 2 接線の接点．(ア)接点を (p, q) としてやってみるが式がふくらむ…(^_^;)(イ)接線を $y=mx+n$ とかしても同上…(;°o°)(80 分) そこで

$$y=m(x-t)+\dfrac{1}{\sqrt{2}}t <定点 \left(t, \dfrac{1}{\sqrt{2}}t\right)$$

を通ってます＞としてやってみるとなんとか切り崩せて解答 (85 分)．(2)2 接線の法線の交点…もう絶望的になり途中でポイ！(←どんだけポイすんねん…) (93 分)．出来ることがなくなってきたので③の検算をしたあと (100 分) ①❷④をぐるぐる回って終了．出来は
①○△(≪○)×× ❷○○○××
③○○○○ ④×○△× 難易度は
①B～C (***?)←勉強不足で難・易の見極めも出来ない…(+_+;)
❷(1)～(3)B** (4)(5)C** ③B***
④C**** ぐらいですか？ 合否を分ける問題が①でなく③であることを祈る！
(政権は国民的人気を博すイチロー (一郎) に任せるべきなのか!?)

上智大学・理工学部（B方式）

11年のセット 90分

① A○A○B*　　AC/確率,集合と論理,1次変換
② C***　　　　I B/図形と三角比,空間
❸ C***　　　　CⅢ/いろいろな曲線,微積分
④ B**○　　　　I BⅢ/整数,数列(和),極限

座標平面において，動点Pの座標(x, y)が時刻tの関数として
$$x = t^{\frac{1}{4}}(1-t)^{\frac{3}{4}}, \quad y = t^{\frac{3}{4}}(1-t)^{\frac{1}{4}} \quad (0 \leq t \leq 1)$$
で与えられている．

（1）動点Pのx座標が最大になるのは$t=\dfrac{\text{ナ}}{\text{ニ}}$のときであり，$y$座標が最大になるのは$t=\dfrac{\text{ヌ}}{\text{ネ}}$のときである．

（2）$0<t<1$のとき，動点Pの速さの最小値は$\dfrac{\sqrt{\text{ノ}}}{\text{ハ}}$である．

（3）動点Pが直線$y=x$上に来るのは$t=0$のとき，$t=\dfrac{\text{ヒ}}{\text{フ}}$のとき，$t=1$のときの3回である．

（4）tが$0 \leq t \leq 1$の範囲を動くとき，動点Pの描く曲線をLとする．Lで囲まれる図形の面積は$\dfrac{\text{ヘ}}{\text{ホ}}$である．

(11)

なぜこの1題か

上智・理工の数学は，例年，典型的な問題が少ない．今年も傾向通りであるが，①が小問集合（3題）でいずれも易しく，②以降，少し落ち着いて取り組めるように配慮されている．昨年は，①が本格的な1次変換の問題であった．

①は差がつきそうになく，❷❸④での勝負である．

②は，直円錐の側面上を2点が動く問題で，座標を自分で設定しないと厳しい．空間は出題頻度の高い分野で対策を立てるところであるが，実らなかった受験生が多いだろう．

❸は典型題で計算すればできそうに見える．手際よく片付けられれば勢いがつきそうだ．しかし，最も苦労させられる小問が(2)に配置されていて（上智・理工ではこうしたことがときどきある），すんなりとはできない．(3)(4)が(2)と無関係であることに気付いたか，パラメータ積分をしっかり勉強したか，といったことがポイントで，本問のできが鍵を握ると言える．

④は実は難問ではないのであるが，ガウス記号や集合が出てきて見た目の難度は高い．できた人がボーナス獲得，と考えてよいだろう．

【目標】(1)(3)を合わせて10分程度，(4)を10分程度で解きたい．

解　答

（1）素直に$\dfrac{dx}{dt}, \dfrac{dy}{dt}$を計算してみる．　　⇐この結果は(2)で使える．

（2）時刻tにおける点Pの速さは$\sqrt{\left(\dfrac{dx}{dt}\right)^2 + \left(\dfrac{dy}{dt}\right)^2}$　　⇐公式

計算するとかなり整理され，再度の微分は不要となる．

（3）$y=x$をtの式で書けばよい．

（4）パラメータ積分する．穴埋めなのでいい加減にやっても答えは合いそうだが，Pの動きを考えてキチンと解いてみる．　　⇐解説参照

*　　　　　*

$$x=t^{\frac{1}{4}}(1-t)^{\frac{3}{4}},\ y=t^{\frac{3}{4}}(1-t)^{\frac{1}{4}}\ (0\leq t\leq 1)$$

（1） $\dfrac{dx}{dt}=\dfrac{1}{4}t^{-\frac{3}{4}}(1-t)^{\frac{3}{4}}+t^{\frac{1}{4}}\cdot\dfrac{3}{4}(1-t)^{-\frac{1}{4}}(-1)$

$\qquad =\dfrac{1}{4}t^{-\frac{3}{4}}(1-t)^{-\frac{1}{4}}\{(1-t)-3t\}=\dfrac{1}{4}t^{-\frac{3}{4}}(1-t)^{-\frac{1}{4}}(1-4t)$

より，Pの x 座標が最大になるのは $t=\dfrac{1}{4}$ のとき．

$\qquad \dfrac{dy}{dt}=\dfrac{3}{4}t^{-\frac{1}{4}}(1-t)^{\frac{1}{4}}+t^{\frac{3}{4}}\cdot\dfrac{1}{4}(1-t)^{-\frac{3}{4}}\cdot(-1)$

$\qquad =\dfrac{1}{4}t^{-\frac{1}{4}}(1-t)^{-\frac{3}{4}}\{3(1-t)-t\}=\dfrac{1}{4}t^{-\frac{1}{4}}(1-t)^{-\frac{3}{4}}(3-4t)$

より，Pの y 座標が最大になるのは $t=\dfrac{3}{4}$ のとき．

◁ x の t を $1-t$ にすると y になるから $\dfrac{dy}{dt}$ を計算しなくても $1-\dfrac{1}{4}=\dfrac{3}{4}$ と求められる．

（2） Pの速さの2乗は，

$\qquad \left(\dfrac{dx}{dt}\right)^2+\left(\dfrac{dy}{dt}\right)^2$

$\qquad =\dfrac{1}{16}t^{-\frac{3}{2}}(1-t)^{-\frac{1}{2}}(1-4t)^2+\dfrac{1}{16}t^{-\frac{1}{2}}(1-t)^{-\frac{3}{2}}(3-4t)^2$

$\qquad =\dfrac{1}{16}t^{-\frac{3}{2}}(1-t)^{-\frac{3}{2}}\{(1-t)(1-4t)^2+t(3-4t)^2\}$ ……①

ここで，①の { } 内は

$\qquad (1-t)(1-8t+16t^2)+t(9-24t+16t^2)$

$\qquad =1-9t+24t^2-16t^3+(9t-24t^2+16t^3)=1$

よって ① $=\dfrac{1}{16}\{t(1-t)\}^{-\frac{3}{2}}$ ……②

これが最小になるのは，$t(1-t)$ が最大になるときであり，

$\qquad t(1-t)=-t^2+t=-\left(t-\dfrac{1}{2}\right)^2+\dfrac{1}{4}$

より $t=\dfrac{1}{2}$ のときである．このとき，Pの速さは

$\qquad \sqrt{②}=②^{\frac{1}{2}}=\left\{\dfrac{1}{16}\left(\dfrac{1}{4}\right)^{-\frac{3}{2}}\right\}^{\frac{1}{2}}=\dfrac{1}{4}\{(2^{-2})^{-\frac{3}{2}}\}^{\frac{1}{2}}$

$\qquad =\dfrac{1}{4}\cdot 2\sqrt{2}=\dfrac{\sqrt{2}}{2}$

◁ $\dfrac{1}{4}=2^{-2}$

（3） $x=y\iff t^{\frac{1}{4}}(1-t)^{\frac{3}{4}}=t^{\frac{3}{4}}(1-t)^{\frac{1}{4}}$

$\qquad \iff t=0$ または $t=1$ または $(1-t)^{\frac{1}{2}}=t^{\frac{1}{2}}$

$\qquad \iff t=0$ または $t=1$ または $t=\dfrac{1}{2}$

◁第3式は両辺を $t^{\frac{1}{4}}(1-t)^{\frac{1}{4}}$ で割った．

（4） $x,\ y$ の増減は（1）より下表のようになるので，Pの軌跡 L の概形は右図．

t	0		$\dfrac{1}{4}$		$\dfrac{3}{4}$		1
dx/dt		+	0	−	−	−	
dy/dt		+	+	+	0	−	
P($x,\ y$)	O	↗		↖		↙	O

95

L のうち $0 \leq t \leq \frac{1}{4}$ の部分を $y=y_1(x)$, $\frac{1}{4} \leq t \leq 1$ の部分を $y=y_2(x)$, $t=\frac{1}{4}$ のときの x を x_M とおく. L で囲まれる図形の面積は,

$$\int_0^{x_M} y_2(x)dx - \int_0^{x_M} y_1(x)dx \quad \cdots\cdots\cdots ③$$

$$= \int_1^{\frac{1}{4}} t^{\frac{3}{4}}(1-t)^{\frac{1}{4}} \frac{dx}{dt}dt - \int_0^{\frac{1}{4}} t^{\frac{3}{4}}(1-t)^{\frac{1}{4}} \frac{dx}{dt}dt$$

$\Leftarrow x = t^{\frac{1}{4}}(1-t)^{\frac{3}{4}}$ と置換すると
$y_1(x) = y_2(x) = t^{\frac{3}{4}}(1-t)^{\frac{1}{4}}$

$$= -\int_{\frac{1}{4}}^1 t^{\frac{3}{4}}(1-t)^{\frac{1}{4}} \frac{dx}{dt}dt - \int_0^{\frac{1}{4}} t^{\frac{3}{4}}(1-t)^{\frac{1}{4}} \frac{dx}{dt}dt$$

$$= -\int_0^1 t^{\frac{3}{4}}(1-t)^{\frac{1}{4}} \frac{dx}{dt}dt \quad \cdots\cdots\cdots ④$$

$$= -\int_0^1 t^{\frac{3}{4}}(1-t)^{\frac{1}{4}} \cdot \frac{1}{4} t^{-\frac{3}{4}}(1-t)^{-\frac{1}{4}}(1-4t)dt$$

$$= -\frac{1}{4}\int_0^1 (1-4t)dt = -\frac{1}{4}\left[t - 2t^2\right]_0^1 = \frac{1}{4}$$

解説

【1周する曲線が囲む部分の面積】

パラメータ t を用いて $P(x(t), y(t))$ と表示されていて, t が 0 から 1 まで動くとき P は右図のように 1 周する曲線 ($t=0, 1$ 以外で自分自身と交わらない) を描くとしよう. このとき, この曲線が囲む部分 (図の網目部) は④のような 1 つの積分の式で表される. すなわち, ③のように上側・下側に分けて書いたものを④のように 1 つにまとめることができる. 具体的には,

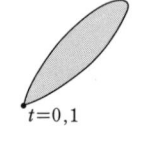

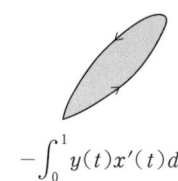

$$-\int_0^1 y(t)x'(t)dt \qquad \int_0^1 y(t)x'(t)dt$$

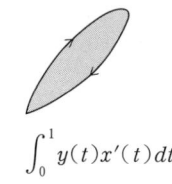

[矢印は t が増加するときに P が動く向き. $t=0, 1$ の P がどこにあっても同じ]
となる.

これらは符号が違うだけであるから,

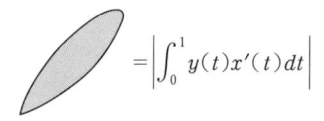

$$= \left|\int_0^1 y(t)x'(t)dt\right|$$

とまとめて書くことができる.

記述式の場合はこれを公式にするのは避けるのが無難 (途中で自分自身と交わらないことがわかっている場合であっても, 解答のように上側, 下側の式を別に書く方がよい) であるが, 本問は穴埋めであるから, P の動きを調べる部分を省略して

$$\left|\int_0^1 y\frac{dx}{dt}dt\right|$$

を計算すると正解が得られる (前文のいい加減にやっても合う, とはこのこと).

P の動きが右のようになっていると面積が 1 つの積分にまとまらずに不正解になり, 乱暴な解き方であるが, 頭の片隅に入れておいてもよいだろう.

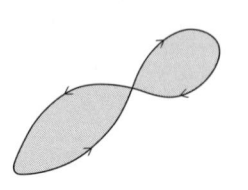

【レムニスケート】

本問の曲線はレムニスケートと呼ばれている. ときどき題材になる曲線であるが, この形で出題されるのは珍しい. もちろん, どのような曲線かわからなくても解答に支障はなく, 見抜ける必要もない.

> **レムニスケートの定義**
>
> a を正の定数とし, $A(-a, 0)$, $B(a, 0)$ とする. $AX \cdot BX = a^2$ を満たす X の軌跡をレムニスケートという.

レムニスケートは右のような曲線である．まず X(x, y) とおいてレムニスケートの方程式を求めてみよう．

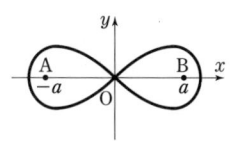

$AX^2 \cdot BX^2 = a^4$ より

$\{(x+a)^2+y^2\}\{(x-a)^2+y^2\}=a^4$

∴ $(x^2+a^2+y^2+2ax)(x^2+a^2+y^2-2ax)=a^4$

∴ $(x^2+a^2+y^2)^2-(2ax)^2=a^4$

∴ $(x^2+y^2)^2+2a^2(x^2+y^2)-4a^2x^2=0$

∴ $\boldsymbol{(x^2+y^2)^2-2a^2(x^2-y^2)=0}$

*　　　　　*　　　　　*

レムニスケートは，極方程式にすると比較的きれいな形になる．上式に $x=r\cos\theta$, $y=r\sin\theta$ を代入して，

$\{r^2(\cos^2\theta+\sin^2\theta)\}^2-2a^2r^2(\cos^2\theta-\sin^2\theta)=0$

∴ $r^4-2a^2r^2\cos 2\theta=0$

∴ $\boldsymbol{r=a\sqrt{2\cos 2\theta}}$

[$r=0$（原点）のときもこれでよい]

*　　　　　*　　　　　*

この極方程式を使うと，レムニスケートが囲む部分の面積は容易に計算できる．ここでは $x\geqq 0$ の部分の面積を求めると，[極方程式の面積公式（☞p.89）を使い，x 軸に関する対称性も考慮して]

$2\int_0^{\frac{\pi}{4}} \frac{1}{2}r^2 d\theta = \int_0^{\frac{\pi}{4}} r^2 d\theta$

$= \int_0^{\frac{\pi}{4}} a^2 \cdot 2\cos 2\theta d\theta = a^2 \left[\sin 2\theta\right]_0^{\frac{\pi}{4}} = a^2$

となる．

*　　　　　*　　　　　*

本問の曲線がレムニスケートであることを確かめてみよう．$t=\sin^2\theta$ とおくと，

$x=(\sin^2\theta)^{\frac{1}{4}}(1-\sin^2\theta)^{\frac{3}{4}}=(\sin\theta)^{\frac{1}{2}}(\cos\theta)^{\frac{3}{2}}$

$=(\sin\theta\cos\theta)^{\frac{1}{2}}\cos\theta = \frac{1}{\sqrt{2}}\sqrt{\sin 2\theta}\cos\theta$

$y=(\sin^2\theta)^{\frac{3}{4}}(1-\sin^2\theta)^{\frac{1}{4}}=(\sin\theta)^{\frac{3}{2}}(\cos\theta)^{\frac{1}{2}}$

$=(\sin\theta\cos\theta)^{\frac{1}{2}}\sin\theta = \frac{1}{\sqrt{2}}\sqrt{\sin 2\theta}\sin\theta$

よって

$\begin{pmatrix} x \\ y \end{pmatrix} = \frac{1}{\sqrt{2}}\sqrt{\sin 2\theta}\begin{pmatrix} \cos\theta \\ \sin\theta \end{pmatrix}$

となり，これを極方程式にすると，$r=\frac{1}{2}\sqrt{2\sin 2\theta}$

$\cos 2\theta = \sin 2\left(\frac{\pi}{4}-\theta\right)$ であるから，$a=\frac{1}{2}$ としてレムニスケートになることが確かめられる．面積は，$\frac{1}{4}$ となって本問の計算結果と一致する．

【レムニスケートの性質】

直角双曲線 $x^2-y^2=1$ の，各点における接線に原点から下ろした垂線の足の軌跡はレムニスケートになる．

これを示そう．

垂線の足 H の偏角を θ，OH$=r$ とする．

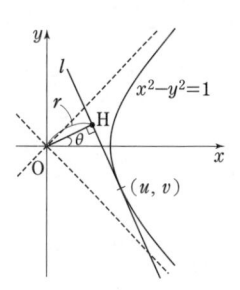

双曲線上の点 (u, v) における接線 l に原点から下ろした垂線の足が H であるとする．$l: ux-vy=1$ より l の傾きは $\frac{u}{v}$ で，OH の傾きは $\tan\theta$ であるから，

$\frac{u}{v}\cdot\tan\theta = -1$ ∴ $v=-u\tan\theta$ ………①

また，(u, v) は双曲線上の点だから

$u^2-v^2=1$ ………②

OH$=r$ は O と l の距離だから，

$r=\frac{1}{\sqrt{u^2+v^2}}$ ………③

①②から v を消去すると，

$u^2-u^2\tan^2\theta = 1$ ∴ $u^2=\frac{1}{1-\tan^2\theta}$

これと②を用いると，

$r=③=\frac{1}{\sqrt{2u^2-1}}=\frac{1}{\sqrt{\frac{2}{1-\tan^2\theta}-1}}$

$=\sqrt{\frac{1-\tan^2\theta}{2-(1-\tan^2\theta)}}=\sqrt{\frac{1-\tan^2\theta}{1+\tan^2\theta}}$

$=\sqrt{\frac{\cos^2\theta-\sin^2\theta}{\cos^2\theta+\sin^2\theta}}=\sqrt{\cos 2\theta}$

これはレムニスケート $\left(a=\frac{1}{\sqrt{2}}\right)$ である．

（飯島）

防衛医科大学校

11年のセット
100分

① (1) B * Ⅰ Ⅱ/整数(方程式)
  (2) B * Ⅱ/式の計算, 複素数
  (3) C * Ⅲ/微分法(逆関数)
❷ B **○ A/場合の数
❸ B *** B/ベクトル(空間座標, 円, 軌跡)
④ C *** B Ⅱ Ⅲ/数列, 対数, 積分法

0, 1, 2, 3, 4, 5 の 6 つの数字を重複せずに用いて, n 桁の整数を作る ($n \leq 6$). このとき, 以下の問に答えよ.

(1) $n=3$, すなわち 3 桁の整数で, 隣り合う数字の和がどれも 5 にならないような整数はいくつできるか.

(2) $n=4$, すなわち 4 桁の整数で, 隣り合う数字の和がどれも 3 にならないような整数はいくつできるか.

(3) $n=4$, すなわち 4 桁の整数で, 隣り合う数字の和が 5 になる箇所が 2 つあるような整数をすべて加えるといくらになるか.
(11)

なぜこの1題か

①は, 小問集合. (1)式と計算・整数 (2)複素数 (3)逆関数の2次導関数. 防衛医大の受験者層を考えると, 3問とも完答したいところだ.

❷は, 場合の数の問題. コンビネーションを駆使して解けるような問題ではない. 余事象を利用するにしても, 手を汚さなければ解答に辿り着けないかなり泥臭いタイプの数え上げである. (1), (2)は解答欄を埋めても, (3)は放棄した人が多い. 受験報告では○でも, あっているとは限らないのが場合の数の問題である.

③は, 空間座標の問題. ノーヒントであれば, 逆手流を用いるところだが…. ここでは異なる誘導がついている. 決してうまい解き方ではない.

④は, 数列の和を積分で評価する問題. (1), (2)は簡単だが, 見慣れない問題なので, あらぬ方向に手が進んでしまう人も見受けられた. 最後の問題ということもあって, (3)が解答できた人は少ない.

丁寧に数え上げればなんとかなる❷で, できる限り得点を確保して合格を引き寄せたい.

【目標】 (1) 5 分. (2) 12 分. (3) 書き出す覚悟を決めてから, 8 分.

解 答

(1), (2) 余事象を用いて数え上げる. (1)は, 和が 5 になる組 {0, 5}, {1, 4}, {2, 3}, (2)は, 和が 3 になる組 {0, 3}, {1, 2} がどこにあるかによって場合分けする. (2)ではダブルカウントしているものを引き忘れないように. (3) 全てを書き出して, 各桁ごとに計算するのが簡単.

*　　　　　*　　　　　*

(1) 0, 1, 2, 3, 4, 5 を重複せずに用いてできる 3 桁の数の個数は, 百の位は 1〜5 の 5 通り, 十の位は残り 5 個の中から選ぶので 5 通り, 一の位は残り 4 個の中から選ぶので 4 通り. 全部で, $5 \times 5 \times 4 = 100$ (通り).

次に, 隣り合う数字の和が少なくともひとつ 5 になるような整数を数え上げる. 各桁の数字は異なるので, 3 桁の場合隣り合う数字の和が 5 になるのは 1 か所のみ. 和が 5 になる組は {0, 5}, {1, 4}, {2, 3} だけ.

$\left.\begin{array}{l} 5\,0\,* \\ 1\,4\,* \\ 4\,1\,* \\ 2\,3\,* \\ 3\,2\,* \end{array}\right\}$ タイプ　$5 \times 4 = 20$ 通り

*について ↓

$\left.\begin{array}{l} *\,0\,5 \\ *\,5\,0 \\ *\,1\,4 \\ *\,4\,1 \\ *\,2\,3 \\ *\,3\,2 \end{array}\right.$

$\left.\begin{array}{l} *\,0\,5 \\ *\,5\,0 \end{array}\right\}$ タイプ　$2 \times 4 = 8$ 通り

$\left.\begin{array}{l} *\,1\,4 \\ *\,4\,1 \\ *\,2\,3 \\ *\,3\,2 \end{array}\right\}$ タイプ　$4 \times 3 = 12$ 通り

よって, 答えは, $100 - (20 + 8 + 12) = \mathbf{60}$ (**通り**)

◁ 同じ数を 2 回以上用いないので,
(千位)+(百位)=(百位)+(十位)
(百位)+(十位)=(十位)+(一位)
とはならない.

◁ 条件を外して数え上げ, あとから条件に合わないものの個数を引く. 余事象の利用.

なお, (1)は次のように一発で数えることもできる.

百の位の選び方は 1〜5 の 5 通り. 百の位を a とすると, 十の位の選び方は, a と $5-a$ 以外の数から選ぶので 4 通り. 十の位を b とすると, 一の位の選び方は, a, b, $5-b$ 以外の数から選べるので 3 通り. よって, $5 \times 4 \times 3 = 60$ (通り).

◁ *14 は 1, 4 以外の 4 つのうち, 先頭には 0 が来ないので 3 通り.

（2） 0, 1, 2, 3, 4, 5 を重複せずに用いてできる4桁の数の個数は，千の位で1～5の5通り，百の位は残り5個の中から選ぶので5通り，十の位は残り4個の中から選ぶので4通り，一の位は残り3個の中から選ぶので3通り．よって，全部で，5×5×4×3＝300（通り）

次に，隣り合う数字の和が少なくともひとつ3になるような整数を数え上げる．和が3になる組は，{0, 3}, {1, 2} だけ．

（ア） {0, 3}が隣り合う　　　（イ） {1, 2}が隣り合う

$$\left.\begin{array}{l}30** \\ *30* \\ *03* \\ **30 \\ **03\end{array}\right\} \text{**について} \; 5×\underbrace{4×3}=60\text{通り}$$

$$\left.\begin{array}{l}12** \\ 21**\end{array}\right\} 2×4×3=24\text{通り}$$

$$\left.\begin{array}{l}*12* \\ *21* \\ **12 \\ **21\end{array}\right\} 4×3×3=36\text{通り}$$

⇦千の位には，3, 4, 5の3通り．残りの * は3通りなので，全部で 4×3×3（通り）

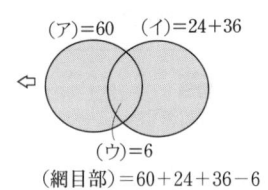

（ウ） {0, 3}, {1, 2}がともに隣り合う

3012　1203　2103
3021　1230　2130 ）の6通り

よって，求める個数は，
300−(60+24+36−6)=**186（通り）**

（ア）=60　（イ）=24+36
（ウ）=6
（網目部）=60+24+36−6

（3） 隣り合う数字の和が5になる箇所が2つあるとき，それらは，千の位と百の位，十の位と一の位．数字を重複して用いることはできないので，百の位と十の位の和が5のときは，千の位と百の位の和，十の位と一の位の和はともに5にならない．和が5になる組は {0, 5}, {1, 4}, {2, 3}．書き出すと，

5014　1405　4105　2305　3205
5041　1450　4150　2350　3250
5023　1423　4123　2314　3214
5032　1432　4132　2341　3241

千の位は，1～5が4個ずつ，百の位は0～4が4個ずつ
十の位は，1～4が3個ずつ，0, 5が4個ずつ
一の位は，十の位と同じ

よって，総和は，
(1+2+3+4+5)×4×1000+(0+1+2+3+4)×4×100
　+{(1+2+3+4)×3+(0+5)×4}×(10+1)=**64550**

解説　(受験報告は p.134)

【(2)の別解】

どの桁とどの桁で和が3になるかで場合分けすると次のようになる．

別解　千位を a, 百位を b, 十位を c, 一位を d とおく．
条件を無視すると，全部で，5×5·4·3=300通り．

● $a+b=3$ となるものは，
$(a, b)=(1, 2), (2, 1), (3, 0)$ それぞれに対して c, d の組は 4·3通りあるから，3×4·3=36通り．

● $b+c=3$ となるものは，
$(b, c)=(0, 3), (3, 0)$ のとき a, d の組は 4·3通り
$(b, c)=(1, 2), (2, 1)$ のとき a, d の組は 3·3通り
あるから，全部で 2×4·3+2×3·3=42通り．

● $c+d=3$ となるものは，同様に 42通り．

以上では $a+b=3$ かつ $c+d=3$ となるものが重複する．それは，1203, 1230, 2103, 2130, 3012, 3021 の6通り．よって答えは 300−(36+42+42−6)=**186通り．**

(石井)

東京慈恵会医科大学（医学科）

11年のセット　90分

① (A)(1) A* Ⅰ/平面図形
(2) A* A/確率
(3) B** Ⅱ/高次方程式
(B) B** Ⅰ/整数,論証
② C*** ⅡC/座標(軌跡)
③ C***** BⅢ/空間座標,極限

---

t は $0<t<1$ をみたす定数とする．xy 平面上に長さが 1 の線分 PQ がある．点 P は x 軸上を動き，点 Q は y 軸上を動くとき，線分 PQ を $t:1-t$ に内分する点の軌跡を C とする．このとき，次の問いに答えよ．

（1）曲線 C の方程式を t を用いて表せ．

（2）点 $\mathrm{A}\left(-\dfrac{\sqrt{3}}{3},\ \dfrac{\sqrt{2}}{3}\right)$ から C にひいた 2 本の接線が直交するような t の値を求めたい．

　（ⅰ）条件をみたす 2 本の接線の一方が直線 $x=-\dfrac{\sqrt{3}}{3}$ となることはない．その理由を述べよ．

　（ⅱ）t の値を求めよ．

(11)

なぜこの 1 題か

今年度も，問題のボリュームに対して解答時間が短いセットであった．

①は，例年通り小問集合．(A)の(1), (2)は瞬答．(3)は，現行の課程での複素数の扱いでは，面倒な計算は避けられない．(B)は整数の論証問題．

②は，楕円の準円をテーマにした問題．有名問題なので，結果を知っていれば，あとは手を動かすだけである．が，初めからルートの入った具体的な値を代入していくと，計算間違いしやすくなる．慈恵医大の受験生にとって一度は解いたことのあるテーマ（？）なのだから，ここは冷静に文字で置いて計算を進めたい．楕円の方にパラメータが入っているところが，よくある設問の方向とは異なっている．この設問の出来が合否の分かれ目だろう．

③は，立体図形の問題．(1)からして，下手なことをすると計算式が膨らんでしまう．(3)は難所．いろいろな解法が考えられるが，いかに簡潔にゴールに到着するか．最後に取ってつけたように極限の問題がある．

【目標】(1)5 分，(2)(ⅰ)5 分，(ⅱ)20 分以内に完答したい．

解 答

(1) $\mathrm{P}(p,\ 0)$, $\mathrm{Q}(0,\ q)$ とおいて，内分点を表す．内分点を $(X,\ Y)$ とおき，p, q の条件式を，X, Y の条件式に書き換える．

(2)(ⅰ) もう一方の接線を求め矛盾を導く．

(ⅱ) ルートの入った具体的な値をそのまま用いると計算ミスのもとなので，点 $\mathrm{A}(\lambda,\ \mu)$ と文字でおき直す．(1)の答えを A を通り傾き m の直線 $y=m(x-\lambda)+\mu$ と連立させて，x についての 2 次方程式を立てる．直線と楕円が接することから，（判別式）$=0$ の式を立てる．これは m についての 2 次方程式になる．直交する 2 直線の傾きは積が -1 であることから，2 次方程式の 2 解の積が -1 となるような t の値を求める．

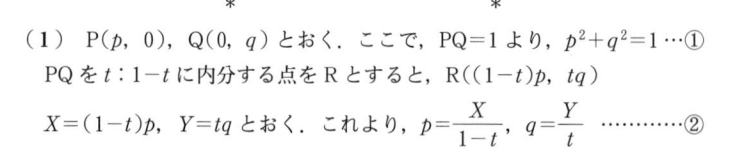

＊　　　＊

(1) $\mathrm{P}(p,\ 0)$, $\mathrm{Q}(0,\ q)$ とおく．ここで，$\mathrm{PQ}=1$ より，$p^2+q^2=1$ …①

PQ を $t:1-t$ に内分する点を R とすると，$\mathrm{R}((1-t)p,\ tq)$

$X=(1-t)p$, $Y=tq$ とおく．これより，$p=\dfrac{X}{1-t}$, $q=\dfrac{Y}{t}$ …………②

②を①に代入して，$\dfrac{X^2}{(1-t)^2}+\dfrac{Y^2}{t^2}=1$

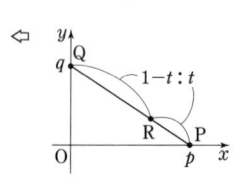

よって，C の方程式は，$\dfrac{x^2}{(1-t)^2}+\dfrac{y^2}{t^2}=1$

(2)(i) 一方の接線を $x=-\dfrac{\sqrt{3}}{3}$ とすると，もう一方の接線は，

$y=\dfrac{\sqrt{2}}{3}$

$\dfrac{x^2}{(1-t)^2}+\dfrac{y^2}{t^2}=1$ の x 軸，y 軸に平行な接線は，それぞれ，

$\quad y=\pm t,\ x=\pm(1-t)$

しかし，$-\dfrac{\sqrt{3}}{3}=\pm(1-t)$ かつ $\dfrac{\sqrt{2}}{3}=\pm t$（複号任意）を満たす t は存在しないので，一方の直線が $x=-\dfrac{\sqrt{3}}{3}$ となることはない．

⇐ 前者を満たす t は，$t=1\pm\dfrac{\sqrt{3}}{3}$

(ii) $\lambda=-\dfrac{\sqrt{3}}{3},\ \mu=\dfrac{\sqrt{2}}{3},\ a=1-t,\ b=t$ ……③ とおく．

楕円 $C:\dfrac{x^2}{a^2}+\dfrac{y^2}{b^2}=1$ ……④ に (λ,μ) から引いた接線が直交するための条件を求める．(i) の結果があるので，接線が y 軸と平行でないときを考えればよい．

⇐ 煩雑な計算を避けるため，A の座標を文字でおく．さらに，楕円の方程式も一般化しておく．

(λ,μ) を通り傾き m の直線を l とする．$l: y=m(x-\lambda)+\mu$

これを変形した $y=mx-(m\lambda-\mu)$ を④に代入して，

$\dfrac{x^2}{a^2}+\dfrac{\{mx-(m\lambda-\mu)\}^2}{b^2}=1$

$\therefore\ b^2 x^2+a^2\{mx-(m\lambda-\mu)\}^2-a^2 b^2=0$

$\therefore\ (a^2 m^2+b^2)x^2-2a^2 m(m\lambda-\mu)x+a^2\{(m\lambda-\mu)^2-b^2\}=0$

l が C の接線となる条件は，この 2 次方程式が重解を持つことなので，判別式（D とおく）を考えて，

$D/4=\{a^2 m(m\lambda-\mu)\}^2-(a^2 m^2+b^2)a^2\{(m\lambda-\mu)^2-b^2\}=0$

$\therefore\ -b^2 a^2(m\lambda-\mu)^2+(a^2 m^2+b^2)a^2 b^2=0$

$\therefore\ -(m\lambda-\mu)^2+a^2 m^2+b^2=0$

$\therefore\ (a^2-\lambda^2)m^2+2\lambda\mu m+b^2-\mu^2=0$ ……⑤

⇐ 無闇に展開しないところがポイント．この手の計算では，m の 4 次，3 次の項が消える．
$\{a^2 m(m\lambda-\mu)\}^2$ と
$-(a^2 m^2+b^2)a^2\{(m\lambda-\mu)^2-b^2\}$
がキャンセルされる．

A から C に引いた 2 本の接線が直交する条件は，m の 2 次方程式⑤が相異なる実数解 α,β（これは接線の傾きに等しい）を持ち，

$\alpha\beta=-1$ ……⑥ が成り立つことである．

つまり，$a^2-\lambda^2\ne 0$ ……⑦ かつ ⑤の 2 解の積 $=-1$ となることが条件．

解と係数の関係より，$\alpha\beta=\dfrac{b^2-\mu^2}{a^2-\lambda^2}$ ……⑧

⑥，⑧より，$\dfrac{b^2-\mu^2}{a^2-\lambda^2}=-1$ ……⑨ $\therefore\ a^2+b^2=\lambda^2+\mu^2$

③を代入して，$(1-t)^2+t^2=\left(-\dfrac{\sqrt{3}}{3}\right)^2+\left(\dfrac{\sqrt{2}}{3}\right)^2=\dfrac{5}{9}$

$\therefore\ 2t^2-2t+\dfrac{4}{9}=0$ $\therefore\ 9t^2-9t+2=0$

$\therefore\ (3t-1)(3t-2)=0$ $\therefore\ t=\dfrac{1}{3},\ \dfrac{2}{3}$

このとき，⑦，つまり $(1-t)^2-\dfrac{1}{3}\ne 0$ を満たしている．

⇐ 一般に，実数係数の 2 次方程式
$\quad ax^2+bx+c=0\ (a\ne 0)$
において，
$\quad$(2 解の積)$=\dfrac{c}{a}<0$ ……㋐
のとき，2 次方程式は異なる 2 実解を持つ．なぜなら㋐のとき $ac<0$ であり，判別式 D は，
$\quad D=b^2-4ac>0$
となるからである．
よって⑨のとき，α,β は実数であることは，保証される．

101

解　説

【楕円の準円】

この問題の(2)(ii)からわかるように，楕円 $\dfrac{x^2}{a^2}+\dfrac{y^2}{b^2}=1$ の外部にある点Pから，楕円に引いた2本の接線が直交するとき，Pの軌跡の式は，
$$x^2+y^2=a^2+b^2$$
となる．この円を準円と言う．

接線が座標軸に平行になるのは，Pが $(a,\ b)$, $(a,\ -b)$, $(-a,\ b)$, $(-a,\ -b)$ のときで，やはり準円上にある．

なお，Pの軌跡が円になることを前提にすれば，準円の半径を忘れてしまった場合でも，上の4点から，半径を求めることができる．

本問の場合，Cの準円は，$x^2+y^2=(1-t)^2+t^2$ である．これがAを通ることから，tを求められる．　（石井）

受験報告

▶じけい医大の受験報告．すかし読みをし①(B)がいつかの一橋とほぼ同じで，頭の中で完答（-1分）．耳障りなベルと共に開始．(B)を書き終え，次に①(A)の(3)(2)の順でやる．途中で計ミスもあり，時間のロス．(1)は少し考えるがワカランので次へ（20分）．②は初めアステロイドの問題かと思ったが楕円だった．(2)(i)は説明の順序を途中で変えることにしたのでムダに時間を食う（35分）．（そしてここから地獄が始まるのです…．）(ii)に行き $y=m\left(x+\dfrac{\sqrt{3}}{3}\right)+\dfrac{\sqrt{2}}{3}$ とおく．→楕円と連立→mの2次方程式の2解の積＝-1→xについて重解条件．→tが求まる！　の勝利のプロセスがキレーに見えるも，ラストのtの方程式が4次に…．何かがおかしい…と思いショックのまま③へ（47分）．いかにも大規模．そして焦りのせいか(1)(ii)で計ミスを連発し(1)で30分近くかかる（不甲斐なさすぎる…）．絶望しつつ(2)で $\sqrt{|\vec{PQ}|^4-(\vec{PQ}\cdot\vec{PS})^2}$ によりメンセキを求めるも，またスゴい式になり断念（75分）．(4)の面白そうな極限に触れることすらできないのかと思いつつ再び②の(ii)へ．計ミスを発見するもやはり何かがおかしい…（80分）．❷と❸を行き来するも結局ダメ…．再びうるさいベルがなる（90分）．試験後は真っ青になる．確かにやりづらかったが，腕力があれば決してリードするのは無理じゃなかったハズ…．と深く悔いる．出来は…①(A)(1)×他は○❷○○△❸○(?)△(≒×)×× という感じです…．
（得意料理はジャムコーラチャーハン）

○11　東京医科歯科大学・医学部（解説は p.80）

▶東京医科歯科大学医学部医学科の受験報告です．昨年の過去問を解いたら簡単すぎたので，今年は必ず難化すると思い落ち込む（-15時間）．問題冊子が配られたらすぐに透かし読みを試みるも，全く見えず，全く読めない（-10分）!!そして，試験開始の鐘が鳴り，思わず学校での期末試験のことを頭の中に浮かべる（0分）．まずは①から始める．「3回続けて（硬貨の）表が出たときこの操作を終了する」を，「はじめから数えて合計3回表が出たときこの操作を終了する」と勘違いして解いていたことに気づく（5分）．気づいてから再び(1)を解き，(2)も解く（15分）．しかし，(3)を見た途端に壁に衝突！　仕方なく②に進む（20分）．おっ，これはいけるぞと確信し，慎重に(1)と(2)を解く（40分）．(3)では，
　　(台形の面積S)
　　$=\dfrac{1}{2}\times$(高さ)$\times$(上辺と下辺の長さの和)
が使えると安心するも，点Pのx座標をxとして $\dfrac{dS}{dx}$ の式がとてもきたなかったので，$\dfrac{dS}{dx}=0$ となるxの値をαとおいてごまかし，❸に進む（50分）．
$$S_n=\int_0^1\dfrac{1-(-x)^n}{1+x}dx$$
$$=\int_0^1\sum_{k=1}^n(-x)^{k-1}dx$$
$$=-\left[\sum_{k=1}^n\dfrac{1}{k}(-x)^k\right]_0^1=-\sum_{k=1}^n\dfrac{1}{k}(-1)^k$$
$$=\sum_{k=1}^n\dfrac{(-1)^{k+1}}{k}=\sum_{k=1}^n\dfrac{(-1)^{k-1}}{k}$$
という変形をしてから(1)と(2)を解くも，自信が持てないまま解いている自分は情けないと思いながら書き続ける（70分）．(3)ははさみうちの原理が使えると信じて(1)と(2)の結果を用いるが，左辺と右辺の極限値が合わない（80分）．ヤバイ！そこで❸から①に移り，(1)と(2)の答えが正しいことを確認するも，やはり(3)でシャーペンが止まる．えい，"16"を使ってしまえ（85分）！　そして(4)は無答のまま❸の(3)に戻るも，どこで計算ミスをしたのか不明のまま試験終了の鐘が鳴る（90分）．試験終了直後は，「これが『Day dream』ならばいいのに…．」とただ嘆くだけ…．結果（と予想難易度）は　①○○△×(C***)②○○△(C***)[←ここで差がつく（?）]❸△△×(C***) と推測したので，合格に絶望．残りの理科と英語にも自信が全く持てず，その日は会場を足早に去る．翌日の個人面接後は，御茶ノ水駅に入る前に路上で大学校舎に向かって敬礼．交番にいた駐在員の方々に変な目で見られると覚悟して実行する．今まで「夢」を見ることができてありがとう．さらば！追記．3/7, 13：09，下校中に電話で合格を知りました．「えーーっ!?ミステリアスだ！しかもあの時の敬礼は何だったのか…？」と思いました．最後に，大数には大変感謝しています．これからは趣味として数学を勉強し続けたいです．
（合格席を奪い取ったアルピニスト[＝登山家]）

日本医科大学

10年のセット 90分

① B**** Ⅱ/座標, 積分
② C*** B Ⅱ Ⅲ/空間, 最大・最小
③ D***** C Ⅲ/確率, 極限

座標空間において，3点 A$(a, 0, 0)$，B$(0, b, 0)$，C$(0, 0, c)$ を通る平面を考える．ただし，$a>0$, $b>0$, $c>0$ とする．原点 O とこの平面との距離を d，原点 O と点 M(a, b, c) との距離を m とおく．

（1） $d = \dfrac{1}{\sqrt{\dfrac{1}{a^2}+\dfrac{1}{b^2}+\dfrac{1}{c^2}}}$ であることを導け．

（2） a, b, c が，正の数すべてを動くとき，$\left(\dfrac{m}{d}\right)^2$ の最小値を求めよ．

（3） 正の数 a, b, c が，いずれも他の2倍をこえないように動くとき，$\left(\dfrac{m}{d}\right)^2$ の最大値を求めよ．また，$\left(\dfrac{m}{d}\right)^2$ を最大にする a, b, c の比を，$a \leqq b \leqq c$ として求めよ． (10)

なぜこの1題か

去年は，①が3題からなる小問集合であったが，今年度は，全体で大問3題という構成に戻った．

❶は，2次関数，座標に関する問題．放物線や直線が通過する範囲を求める問題だが，実は放物線は横に平行移動することに気づけば早い．直線の通過範囲の方は，媒介変数が実数すべてを動く．医学部受験生には落とせない問題である．

❷は，空間座標を舞台にした式の最小値・最大値を求める問題である．(1)は，体積を2通りに表すところだろう．指導要領の範囲外である平面の方程式，点と平面の距離を知っている人は，「導け」に対して，公式を使ってよいか迷うだろう．(2)以降は(1)で求めた式について，不等式などを利用して最小値・最大値を求めることがテーマとなる．(2)は，相加・相乗平均やコーシー・シュワルツの不等式に持ち込むとすぐに解答できる．一方，(3)は，変数の取りうる範囲が指定されるので，(2)の延長上で片付けようとすると考えづらい．(3)は，どこかで微分を使うことになるであろう．固まりを文字で置いて式を見易く，また扱い易くしたい．

❸は，期待値記号 $E(X)$ を扱う数 C の本格的な確率変数の問題である．この分野まで完璧に対策している受験生は少ないはずである．

以上の考察から，差が付いた問題は❷であると考えられる．

【目標】(1)を10分，(2)を5分で片付けたい．ここまでは落とせない．(3)は目標15分．なお，時間がない場合は，(2)だけを解いても点がもらえるだろう．

解 答

（1） 四面体 OABC の体積を2通りの方法で表す．ひとつは，△OAB を底面と見る方法で，もうひとつは，△ABC を底面と見る方法．△ABC を底面と見ると，d が高さとなる．

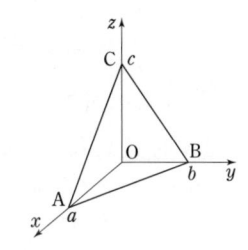

（2） 展開して，相加・相乗平均の不等式を用いる．

（3） $\dfrac{b}{a}$, $\dfrac{c}{b}$, $\dfrac{a}{c}$ のうちどれか1つの比を止めて，そのもとでの最大値を考える．次に，止めていた比を動かして，最大値を求める．

＊　　　　＊

（1） 四面体 OABC の体積 V を 2 通りに表す．
△OAB を底面と見た式と，△ABC を底面に見た式を立てると，
$$V=\frac{1}{3}\left(\frac{1}{2}ab\right)c=\frac{1}{3}\cdot\triangle\text{ABC}\cdot d$$
$$\therefore \quad d=\frac{abc}{2\triangle\text{ABC}} \quad\cdots\cdots\cdots\cdots\cdots\cdots\cdots\cdots\cdots\text{①}$$

ここで，$\overrightarrow{AB}=\begin{pmatrix}-a\\b\\0\end{pmatrix}$, $\overrightarrow{AC}=\begin{pmatrix}-a\\0\\c\end{pmatrix}$ であり，

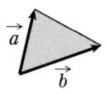

$$2\triangle\text{ABC}=\sqrt{|\overrightarrow{AB}|^2|\overrightarrow{AC}|^2-(\overrightarrow{AB}\cdot\overrightarrow{AC})^2}$$
$$=\sqrt{(a^2+b^2)(a^2+c^2)-(a^2)^2}=\sqrt{a^2b^2+b^2c^2+c^2a^2}$$

①から，$d=\dfrac{abc}{\sqrt{a^2b^2+b^2c^2+c^2a^2}}=\dfrac{1}{\sqrt{\dfrac{1}{a^2}+\dfrac{1}{b^2}+\dfrac{1}{c^2}}}$

（2）　$m=\sqrt{a^2+b^2+c^2}$ であり，

$$\left(\frac{m}{d}\right)^2=\left(\sqrt{a^2+b^2+c^2}\cdot\sqrt{\frac{1}{a^2}+\frac{1}{b^2}+\frac{1}{c^2}}\right)^2$$
$$=(a^2+b^2+c^2)\left(\frac{1}{a^2}+\frac{1}{b^2}+\frac{1}{c^2}\right)$$
$$=1+\frac{b^2}{a^2}+\frac{c^2}{a^2}+\frac{a^2}{b^2}+1+\frac{c^2}{b^2}+\frac{a^2}{c^2}+\frac{b^2}{c^2}+1$$
$$=3+\left(\frac{b^2}{a^2}+\frac{a^2}{b^2}\right)+\left(\frac{c^2}{b^2}+\frac{b^2}{c^2}\right)+\left(\frac{a^2}{c^2}+\frac{c^2}{a^2}\right) \quad\cdots\cdots\cdots\text{②}$$
$$\geqq 3+2\sqrt{\frac{b^2}{a^2}\cdot\frac{a^2}{b^2}}+2\sqrt{\frac{c^2}{b^2}\cdot\frac{b^2}{c^2}}+2\sqrt{\frac{a^2}{c^2}\cdot\frac{c^2}{a^2}}$$
$$=3+2+2+2=9$$

等号は，$\dfrac{b^2}{a^2}=\dfrac{a^2}{b^2}$，$\dfrac{c^2}{b^2}=\dfrac{b^2}{c^2}$，$\dfrac{a^2}{c^2}=\dfrac{c^2}{a^2}$　よって，$a=b=c$ のとき．

したがって，$a=b=c$ のとき，**最小値は 9**

（3）　$s=\dfrac{b^2}{a^2}$, $t=\dfrac{c^2}{b^2}$ とおく．すると，$\dfrac{c^2}{a^2}=st$

$a\leqq b\leqq c$ であり，比が 2 倍を越えないので，
$$1\leqq\frac{b}{a}\leqq 2,\ 1\leqq\frac{c}{b}\leqq 2,\ 1\leqq\frac{c}{a}\leqq 2$$
$\therefore\quad 1\leqq s\leqq 4,\ 1\leqq t\leqq 4,\ 1\leqq st\leqq 4$

②を s, t を用いて書くと，
$$\left(\frac{m}{d}\right)^2=s+\frac{1}{s}+t+\frac{1}{t}+st+\frac{1}{st}+3\quad\cdots\cdots\cdots\cdots\cdots\cdots\cdots\text{③}$$
$$=s+t+\frac{s+t}{st}+st+\frac{1}{st}+3$$
$$=(s+t)\left(1+\frac{1}{st}\right)+st+\frac{1}{st}+3$$

st の値を止めて考える．$st=k$（$1\leqq k\leqq 4$）
$$(s+t)^2=(s-t)^2+4st=(s-t)^2+4k$$

なので，$|s-t|$ が最大のとき，$s+t$ が最大となり，与式の値も最大となる．

s, t は

a と b で張られる三角形の面積
（網目部）は，
$\dfrac{1}{2}\sqrt{|\vec{a}|^2|\vec{b}|^2-(\vec{a}\cdot\vec{b})^2}$

⇐「平面の方程式」と「点と平面の距離の公式」（☞「教科書 Next ベクトルの集中講義」§34～35）を知っていれば，次のように d が得られる．
平面 ABC の方程式は，
$\dfrac{x}{a}+\dfrac{y}{b}+\dfrac{z}{c}=1$
よって，O からこの平面までの距離は，
$d=\dfrac{1}{\sqrt{\left(\dfrac{1}{a}\right)^2+\left(\dfrac{1}{b}\right)^2+\left(\dfrac{1}{c}\right)^2}}$

⇐逆数の組に相加・相乗平均の不等式を適用する．$A>0$, $B>0$, $X>0$, $Y>0$ のとき，
$A+B\geqq 2\sqrt{AB}$
$\dfrac{Y}{X}+\dfrac{X}{Y}\geqq 2\sqrt{\dfrac{Y}{X}\cdot\dfrac{X}{Y}}=2$

⇐$1\leqq\dfrac{b^2}{a^2}\leqq 4$, $1\leqq\dfrac{c^2}{b^2}\leqq 4$, $1\leqq\dfrac{c^2}{a^2}\leqq 4$
となり，s, t, st の範囲が出る．

⇐③は s, t に関して対称であることに着目して，まずは st を固定したときの最大値を求める．なお，2 変数関数の原則にしたがって，t を固定したときの最大値を求めてもよい．（☞解説）

104

$1 \leq s \leq 4$, $1 \leq t \leq 4$, $st=k$
を満たすので，(s, t) は右図の実線部を動く．

　$t-s$ が最大になるのは，$\mathrm{D}(1, k)$ のとき
最小になるのは $\mathrm{E}(k, 1)$ のときであり，
$|s-t|$ が最大になるのは，
　　$(s, t)=(1, k)$，$(k, 1)$

③で，$s=1$，$t=k$ とすると，

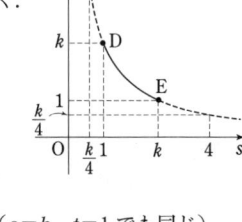

$$1+\frac{1}{1}+k+\frac{1}{k}+k+\frac{1}{k}+3=2k+\frac{2}{k}+5 \quad (s=k, t=1 \text{でも同じ})$$

この式を $f(k)$ とおくと，$k>1$ のとき，

$$f'(k)=2-\frac{2}{k^2}=\frac{2}{k^2}(k^2-1)>0$$

であり，$k=4$ のとき，**最大値** $f(4)=\dfrac{27}{2}$ をとる．

　最大値をとる a, b, c の比は，
　$s=1$，$t=4$ のとき，$a:b:c=1:1:2$
　$s=4$，$t=1$ のとき，$a:b:c=1:2:2$

$\Leftarrow k \leq 4$ なので，$\dfrac{k}{4} \leq 1$

$\Leftarrow t$ が最大で，s が最小のとき，$t-s$ が最大となる．

$\Leftarrow s=\dfrac{b^2}{a^2}$, $t=\dfrac{c^2}{b^2}$

解　説

【コーシー・シュワルツの不等式による（2）の別解】

コーシー・シュワルツの不等式
$$(a^2+b^2+c^2)(x^2+y^2+z^2) \geq (ax+by+cz)^2$$
　（等号成立は，$a:x=b:y=c:z$ のとき）

を用いて，（2）を解く．ここで，
　　$x \Rightarrow \dfrac{1}{a}$，$y \Rightarrow \dfrac{1}{b}$，$z \Rightarrow \dfrac{1}{c}$ とすると，

$$(a^2+b^2+c^2)\left(\frac{1}{a^2}+\frac{1}{b^2}+\frac{1}{c^2}\right)$$
$$\geq \left(a \cdot \frac{1}{a}+b \cdot \frac{1}{b}+c \cdot \frac{1}{c}\right)^2=3^2=9$$

等号成立は，$a:\dfrac{1}{a}=b:\dfrac{1}{b}=c:\dfrac{1}{c}$

よって，$a=b=c$ のとき．

【s, t の順に微分する（3）の別解】

（3）は，s, t の2変数関数について，最大値を求める問題である．2変数関数の極値を求めるときの原則は，片方の変数を止めて，一方を動かしたときの極値を求め，次に初めに止めておいた方の変数を動かして極値を求める方法である．ここでは原則にしたがい，t を止めて s を動かしたときの最大値を t で表し，次に t を動かして最大値を求める解法を紹介する．③において，

$$f(s)=s+\frac{1}{s}+t+\frac{1}{t}+st+\frac{1}{st}+3$$

とおく．$(1 \leq s \leq 4, 1 \leq t \leq 4, 1 \leq st \leq 4)$

$$f'(s)=1-\frac{1}{s^2}+t-\frac{1}{ts^2}=1+t-\frac{t+1}{ts^2}$$
$$=\frac{1}{s^2}(t+1)\left(s^2-\frac{1}{t}\right)$$

t を止めたとき，s は，$1 \leq s \leq \dfrac{4}{t}(\leq 4)$ を動く．

$s^2 \geq 1 \geq \dfrac{1}{t}$ により，$f'(s) \geq 0$ となり，$f(s)$ は増加関数なので，$s=\dfrac{4}{t}$ のとき，最大値は

$$f\left(\frac{4}{t}\right)=\frac{4}{t}+\frac{t}{4}+t+\frac{1}{t}+4+\frac{1}{4}+3$$
$$=\frac{5}{4}t+\frac{5}{t}+\frac{29}{4}$$

これを $g(t)$ とおいて，

$$g'(t)=\frac{5}{4}-\frac{5}{t^2}=\frac{5}{4t^2}(t^2-4)$$

増減表は，右のようになり，
$(s, t)=(4, 1)$ or $(1, 4)$
のとき，最大値 $\dfrac{27}{2}$

t	1	$\cdots$	2	$\cdots$	4
$g'(t)$		$-$	0	$+$	
$g(t)$	$\dfrac{27}{2}$	$\searrow$		$\nearrow$	$\dfrac{27}{2}$

（石井）

慶應義塾大学・理工学部

12年のセット
120分

① (1) B ∗　　CⅡ/行列,不等式
　(2) B ∗○　ⅠⅡ/図形と三角比
　(3) B ∗∗　Ⅲ/積分法(定積分)
② B ∗∗∗　ⅡB/座標(円),数列(漸化式)
③ C ∗∗∗　A/確率・期待値
④ C ∗∗∗　B/空間ベクトル(内積,面積)
⑤ C ∗∗∗∗　Ⅱ/微積分(極値,面積)

円 $x^2+(y-1)^2=1$ と外接し，x 軸と接する円で中心の x 座標が正であるものを条件Pを満たす円ということにする．

(1) 条件Pを満たす円の中心は，曲線 $y=$ (カ) $(x>0)$ の上にある．また，条件Pを満たす半径9の円を C_1 とし，その中心の x 座標を a_1 とすると，$a_1=$ (キ) である．

(2) 条件Pを満たし円 C_1 に外接する円を C_2 とする．また，$n=3, 4, 5, \cdots$ に対し，条件Pを満たし，円 C_{n-1} に外接し，かつ円 C_{n-2} と異なる円を C_n とする．円 C_n の中心の x 座標を a_n とするとき，自然数 n に対し a_{n+1} を a_n を用いて表しなさい．求める過程も書きなさい．

(3) (1)，(2)で定めた数列 $\{a_n\}$ の一般項を求めなさい．求める過程も書きなさい．　(12)

なぜこの1題か

今年は問題番号の表記が変わったが，大半が穴埋めで一部が記述式であることは変わっていない．

1問目は小問集合．2006年からこのスタイルである．年々難度が上がっており，今年は(3)の積分方程式（絶対値が入っている）で場合わけが生じる．とはいえ，高度な発想が要求される問題はないのでクリアしておきたい．

⑤は(1)(2)が易しく，(3)で突然難度が上がる．見た目も易しい(1)(2)を解いて(3)を捨てた受験生が多いだろう．差はつきにくいと思われる．

③は，(1)の途中から難しい．⑤と比べると差はつきそうだが合否に影響するほどではないだろう．

④は誘導が親切で特に難しい空欄はないものの，ボリュームがあるので完答は容易でない．

②の構図は頻出である．しかし，x 座標の漸化式を作るのは珍しく，見慣れない式が出てくる．漸化式を解くところでも勉強の成果が試されそうだ．

②④の一方がほぼ完答であれば合格圏に入るだろう．②は記述式で差がつきやすく，また，本学で過去に同じ構図の問題が出ている（☞解説）ので，こちらをとりあげたい．

【目標】30分程度で完答したい．

解 答

(1)(2) 2つの円が外接するときは（中心間距離）＝（半径の和）である．

図を描いてみると，条件Pを満たす円は $y\geq 0$ の領域にあることがわかる．この円の半径は，中心の y 座標に等しい．

(3) 逆数をとるタイプの漸化式である．

⇦ $a_{n+1}=\dfrac{pa_n}{qa_n+r}$ の形になり，逆数をとると典型的な2項間漸化式になる．

＊　　　＊

(1) 条件Pを満たす円を C とし，C の中心を $Q(a, b)$ とおく．図より $b>0$ であり，C は x 軸に接するので半径は b である．

C は $A(0, 1)$ を中心とする半径1の円に外接するので，

$$QA=b+1$$

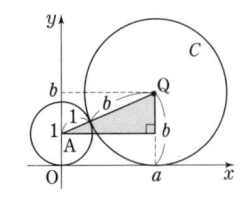

網目の三角形に三平方の定理を用いて

$$a^2+(b-1)^2=(b+1)^2$$

これを整理して，$b=\dfrac{1}{4}a^2$

よって，Q は曲線 $y=\dfrac{1}{4}x^2$ $(x>0)$ の上にある．

半径 9 の円の中心を Q_1 とすると，$Q_1(a_1, 9)$ が上の曲線上にあるから

$$9=\dfrac{1}{4}a_1^2,\ a_1>0 \qquad \therefore\ a_1=6$$

（2） C_n の中心を Q_n とおく．

$Q_n\left(a_n, \dfrac{1}{4}a_n^2\right)$ であり，C_n の半径は $\dfrac{1}{4}a_n^2$ であるから，題意より

$$Q_nQ_{n+1}=\dfrac{1}{4}a_n^2+\dfrac{1}{4}a_{n+1}^2$$

網目の三角形に三平方の定理を用いて，

$$(a_n-a_{n+1})^2+\left(\dfrac{1}{4}a_n^2-\dfrac{1}{4}a_{n+1}^2\right)^2=\left(\dfrac{1}{4}a_n^2+\dfrac{1}{4}a_{n+1}^2\right)^2$$

$$\therefore\ (a_n-a_{n+1})^2=\dfrac{1}{4}a_n^2 a_{n+1}^2$$

C_n の作り方から $a_{n+1}<a_n$ なので，

$$a_n-a_{n+1}=\dfrac{1}{2}a_n a_{n+1} \qquad \therefore\ a_{n+1}=\dfrac{2a_n}{a_n+2}$$

⇔ C_{n+1} の中心は $Q_{n+1}\left(a_{n+1}, \dfrac{1}{4}a_{n+1}^2\right)$ で半径は $\dfrac{1}{4}a_{n+1}^2$．これと C_n が外接する．

⇔ $\left(\dfrac{1}{4}a_n^2+\dfrac{1}{4}a_{n+1}^2\right)^2-\left(\dfrac{1}{4}a_n^2-\dfrac{1}{4}a_{n+1}^2\right)^2$
$=\dfrac{1}{2}a_n^2\cdot\dfrac{1}{2}a_{n+1}^2$（和と差の積）

（3） （2）の漸化式の両辺の逆数をとると，

$$\dfrac{1}{a_{n+1}}=\dfrac{1}{a_n}+\dfrac{1}{2}$$

よって $\left\{\dfrac{1}{a_n}\right\}$ は公差 $\dfrac{1}{2}$ の等差数列であり，初項は $\dfrac{1}{a_1}=\dfrac{1}{6}$ だから

$$\dfrac{1}{a_n}=\dfrac{1}{6}+(n-1)\cdot\dfrac{1}{2}=\dfrac{3n-2}{6} \qquad \therefore\ a_n=\dfrac{6}{3n-2}$$

解　説

【同じ構図の過去問】

下図のように，半径 1 の円 T と円 S_1 が直線 l に点 P，Q_1 で接している．$n=2, 3, 4, \cdots$ に対し，l，T，S_{n-1} のどれにも接する円を S_n，円 S_n の半径を r_n とする．r_n を n の式で表せ．

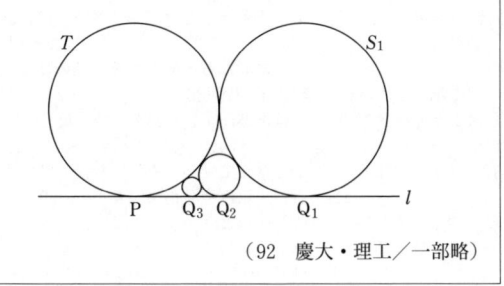

（92　慶大・理工／一部略）

今年の問題は，（2）で $Q_n\left(a_n, \dfrac{1}{4}a_n^2\right)$ とおくことで条件 P を満たすことが保証された．つまり，考えるべき条件は C_n と C_{n+1} が外接することだけになった．同じ方法（P を原点，l を x 軸にとる）で左の問題を解くこともできるが，ここでは共通接線の長さに着目する解法を紹介しよう．

半径 R_1 の円 C_1 と半径 R_2 の円 C_2 が外接しているとする．この 2 つの円に共通外接線を引き，C_1，C_2 との接点をそれぞれ P_1，P_2 とする．このとき，図の網目の直角三角形に着目して，

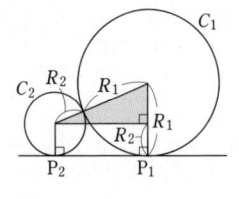

$$P_1P_2^2=(R_1+R_2)^2-(R_1-R_2)^2$$
$$=4R_1R_2$$

$$\therefore\ P_1P_2=2\sqrt{R_1R_2} \ \cdots\cdots\cdots\cdots\cdots☆$$

となる．

過去問に戻ろう．3つの円 T, S_n, S_{n+1} を取り出すと下のようになる．

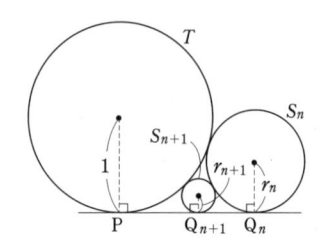

☆を用いると，
$$PQ_{n+1}=2\sqrt{1\cdot r_{n+1}}, \quad Q_{n+1}Q_n=2\sqrt{r_{n+1}r_n},$$
$$PQ_n=2\sqrt{1\cdot r_n}$$
$PQ_n=PQ_{n+1}+Q_{n+1}Q_n$ より
$$2\sqrt{r_n}=2\sqrt{r_{n+1}}+2\sqrt{r_{n+1}r_n}$$
両辺を $2\sqrt{r_{n+1}r_n}$ で割って
$$\frac{1}{\sqrt{r_{n+1}}}=\frac{1}{\sqrt{r_n}}+1$$

よって，$\left\{\dfrac{1}{\sqrt{r_n}}\right\}$ は公差1の等差数列で，初項は
$$\frac{1}{\sqrt{r_1}}=1 \text{ だから,}$$
$$\frac{1}{\sqrt{r_n}}=n \quad \therefore\ r_n=\frac{1}{n^2}$$

【（1）で中心の軌跡が放物線になることについて】

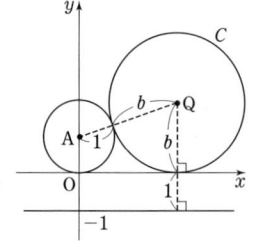

条件 P を満たす円の中心の軌跡は放物線になったが，次のように説明できる．

Q の y 座標は b（>0）であるから，Q と直線 $y=-1$ の距離は $b+1$ である．一方，$QA=b+1$ であったから，Q は「A までの距離と，直線 $y=-1$ までの距離が等しい点」であり，そのような点全体（軌跡）は，放物線の図形的な定義から，A を焦点，$y=-1$ を準線とする放物線になる．　　　（飯島）

受験報告

▶一浪君が受けてきた慶應大学理工学部の受験報告です．

親に「もう浪人はさせられない」と言われ，すごいプレッシャーをかけられる（−6時間）．

試験会場には50分前に着き，心を落ち着かせ理科へ．物理のできが思ったより悪く，数学で取りかえそうと心を引きしめる（−20分）．

そして，問題が配られ試験開始（0分）．①(1)「何言っているの？」理解が全然できずに少しあせる（5分）．(2)これは簡単，すぐに埋める（10分）．(3)記述式の問題だが，それほどの問題でもなく難なく埋まる（20分）．❷へ，「これは大数でやったことがある問題だ．ありがとう大数．そしてありがとう安田先生（だったはず…）」と心の中で感謝し漸化式を立てて余裕のクリアー（40分）．そして，❸へ行くと僕の大好きな確率ではないか．喜びながら(1)を埋めて(2)へ（48分）．しかし(2)で急変．「あれ，k 枚目で終わる確率はどう解くんだっけ？」これから，受験のおそろしさが始まる．なんとか思いだそうと，あれかこれか考えるがまったく思いつかない．これだけで20分ロスし，焦って❹へ（68分）．❹「えっ，ベクトル…出ないと思ってた．」パニックへ陥る（75分）．(1)だけ埋めて❺へ（85分）．❺(1)(2)は単純な計算問題なので余裕だったが(3)が t の場合分けを間違えてしまい，もう取り返しがつかなくなってしまう（115分）．①(1)へ戻るも，まったく歯が立たず終了（120分）．

出来は①×○○❷○○○❸○×❹○×❺○○×という感じで合格は絶望か…．国公立の不安が増すばかりという慶應の入試でした．

（三大珍味ならびにクロロ・ドルチェ・ニッチ）

▶日日演をこよなく愛する田舎の現役生による，慶大理工受験報告です．

朝の山手線のとてつもないラッシュに巻き込まれ，都会人は大変だなあと思う（−300分）．物理で爆死し，なんとかせねばと意気込んで精神統一（−45分）．そして，オルゴールみたいな音楽とともに試験スタート！（0分）．

えっ，形式変わっとるが！記述増えとるし．まあでも記述大したこともなさそうやな…と全体を体感．やりやすそうな❹へ（5分）．はい一瞬殺．センターⅡB頻出ですよ（20分）．

(1)が超絶楽そうだからと❺へ．(2)までは余裕．㈱の計算が途中で嫌になってきて，放棄（35分）．

まあ配点低そうだが❸をやっといてやるか．いつも思うが，こんなゲームやるやついんの？それにしても，ヤケに簡単だ．これでも"KEIO"なのか？と試験官に問いたくなるが，自制．㈳以降はほっておこう（※㈹以降は全くの勘違いヤロウでした汗）（55分）．なんとかいけそうやな！❷へ．ああ，円と極限絡ませるのでありそうなやつ．普通に解く．解く．解く…あれ？一般項の分母が負になってまうやないか！と計算を見直す（70分）．ああそうか．(1)から計算が間違っていた．危な．と，やり直したものの今度は数列が振動しはじめてしまった！…仕方ない．①に行くか（80分）．行列のこの形って珍しいな．嫌いじゃないね．こういうの．(2)…知るか！とだんだん焦ってくる（95分）．(3)計算めんど！ってか解答でかでかと書いとったら枠足りんなってきたわ！もうええわ！と投げやり気味に❷に戻る（110分）．計算し直しても❷(2)が合わない．なぜだあああああと失意のうちに試験終了（120分）．

はあああ．①○×△❷○△×❸○×××❹○○○○○❺○○○○×

こんなんで受かるんかいな．やっぱ田舎者に東京は刺激が強すぎるわい泣

P.S. なんと受かってました．なんじゃそりゃ．まあ国公立がんばろー☆

（防医の"M子"は俺のものだっつーのwww）

慶應義塾大学・医学部

11年のセット　100分

① (1) A*　Ⅱ/多項式の割り算
　 (2) A*　C/行列
　 (3) A*　C/2次曲線
② C***　A/確率
③ C****　AⅢ/平面図形
④ C****　Ⅲ/微積分総合(面積,最大・最小)

以下の文章の空欄に適切な数または式を入れて文章を完成させなさい．また，設問（3）に答えなさい．

関数 $y=\dfrac{1}{x}$ および $y=\dfrac{k}{x}$ （ただし $k>1$）のグラフの $x>0$ に対する部分をそれぞれ曲線 C_1，C_2 とする．曲線 C_2 上の点 $\mathrm{P}\left(a, \dfrac{k}{a}\right)$ を通って負の傾き m をもつ直線 l が曲線 C_1 と交わる2点のうち，x 座標の小さいほうを $\mathrm{A}(x_1, y_1)$，x 座標の大きいほうを $\mathrm{B}(x_2, y_2)$ とする．また直線 l と曲線 C_1 で囲まれる領域の面積を S とする．

(1) $\mathrm{AB}=\sqrt{\boxed{(あ)}}$ である．また $m<0$ を固定し，a を正の実数全体にわたって動かすとき，$a=\boxed{(い)}$ において AB は最小値をとる．

(2) $a>0$ を固定するとき，$\mathrm{AP}=\mathrm{PB}$ が成り立つような m の値は $\boxed{(う)}$ である．

(3) $a>0$ を固定し，m を負の実数全体にわたって動かすとき，x_1, x_2, S を m の関数と考えてそれぞれ $x_1(m)$, $x_2(m)$, $S(m)$ と書く．$S(m)$ の導関数 $\dfrac{d}{dm}S(m)$ を $x_1(m)$, $x_2(m)$ を用いた式で表しなさい．また $S(m)$ は $m=\boxed{(う)}$ において最小値をとることを示しなさい．

(4) $m=\boxed{(う)}$ に対する $S(m)$ の値を S_0 とすると $S_0=\boxed{(え)}$ である．したがって S_0 は a の値にはよらず，k だけで定まる．

(11)

なぜこの1題か

慶應・医は，「医者になるには，確率統計の基礎知識が必要」ということも入学試験を通じて強く発している．今年も②（C***）として出題されているが，さすがにこれだけ毎年出題されていれば，受験生も十分に対策をしているので，それほど大きく差はつかなかったであろう．

①は教科書レベルの基本問題であり，これを完答できないものは，合格レベルに大きく届かなかったことは確実である．

となると，①，②を完答し，さらに③，④のいずれかを完答し，残りの1題の小問を1〜2題解けるかどうかで合否が分かれたと思える．

他大学での出題可能性も考えれば，④のタイプの問題を確実に解く力をつけておくほうが合理的である．

【目標】　慶應・医志望者は，(1)，(2)で10分，(3)，(4)で20分の計30分で完答を目指したい．

解　答

まず，図を描いて C_1, C_2, l, A, B の位置関係をしっかり把握してから解答をはじめよう．

＊　　　　　＊

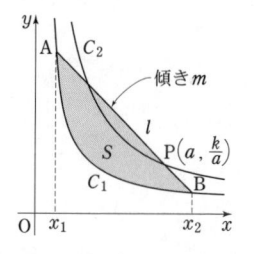

(1) $\mathrm{P}\left(a, \dfrac{k}{a}\right)$ を通り，傾き m の直線が l なので，

$$l : y = m(x-a) + \dfrac{k}{a} \quad \cdots\cdots ①$$

$y = \dfrac{1}{x}$ ……② との交点の x 座標が x_1, x_2（$0<x_1<x_2$）

なので，x_1, x_2 は，

109

$$\frac{1}{x}=m(x-a)+\frac{k}{a}$$
$$\iff a=max(x-a)+kx$$
$$\iff amx^2-(a^2m-k)x-a=0 \quad \cdots\cdots\cdots\cdots\cdots\cdots ③$$

の2解である．③より

$$x_1, x_2=\frac{a^2m-k\pm\sqrt{(a^2m-k)^2+4a^2m}}{2am} \quad \cdots\cdots\cdots ③'$$

なので，$a>0$，$m<0$ に注意して，

$$AB=\sqrt{1+m^2}\,(x_2-x_1)$$
$$=\sqrt{1+m^2}\,\frac{\sqrt{a^4m^2-2a^2mk+k^2+4a^2m}}{a\cdot(-m)}$$
$$\therefore \quad AB=\sqrt{1+\frac{1}{m^2}}\sqrt{a^2m^2+\frac{k^2}{a^2}+4m-2km} \quad \cdots\cdots\cdots ④$$

⇦ 上式の両辺を ax 倍した．

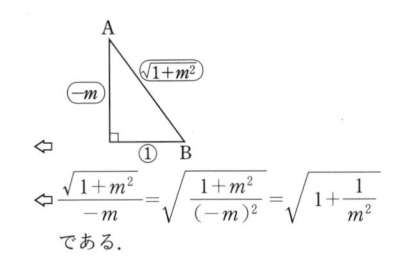

⇦ $\dfrac{\sqrt{1+m^2}}{-m}=\sqrt{\dfrac{1+m^2}{(-m)^2}}=\sqrt{1+\dfrac{1}{m^2}}$
である．

である．m を固定して，a を動かすときの④の最小は，

$$f(a)=m^2a^2+\frac{k^2}{a^2} \text{ が最小のときである．ここで，}$$

$$m^2a^2+\frac{k^2}{a^2}\geqq 2\sqrt{m^2k^2}=-2mk$$

が成り立ち，等号成立は，$m^2a^2=-mk \iff \boldsymbol{a=\sqrt{-\dfrac{k}{m}}} \quad \cdots\cdots ⑤$

のときであり，このとき，AB は最小となる．

⇦ 積が一定あるいは和が一定なら，相加相乗の不等式をうまく使えることが多い．

⇦ 等号は $m^2a^2=\dfrac{k^2}{a^2}=\dfrac{-2mk}{2}$ のとき．

（2）AP＝PB となるのは，P が AB の中点になるとき．P，A，B の x 座標はそれぞれ a，x_1，x_2 であるから，そうなるのは，

$$\frac{x_1+x_2}{2}=a \quad \cdots\cdots\cdots\cdots\cdots\cdots ⑥$$

のときである．③の2解が x_1，x_2 であることに注意して，

$$⑥ \iff x_1+x_2=2a \iff \frac{a^2m-k}{am}=2a \iff a^2m-k=2a^2m$$

よって，求める m の値は，$\boldsymbol{m=-\dfrac{k}{a^2}} \quad \cdots\cdots\cdots\cdots ⑦$

（3）$S=\displaystyle\int_{x_1}^{x_2}\left\{m(x-a)+\frac{k}{a}-\frac{1}{x}\right\}dx$

$$=\left[\frac{m}{2}(x-a)^2+\frac{k}{a}x-\log x\right]_{x_1}^{x_2}$$

$$=\frac{m}{2}(x_2-a)^2+\frac{k}{a}x_2-\log x_2-\frac{m}{2}(x_1-a)^2-\frac{k}{a}x_1+\log x_1 \quad \cdots\cdots ⑧$$

⇦ ここで，x_1，x_2 はもちろん $x_1(m)$，$x_2(m)$ を省略した表現である．

「'」で m についての微分を表すことにすると，

$$S'=\frac{1}{2}(x_2-a)^2+\frac{m}{2}\cdot 2(x_2-a)x_2'+\frac{k}{a}x_2'-\frac{x_2'}{x_2}$$
$$-\frac{1}{2}(x_1-a)^2-\frac{m}{2}\cdot 2(x_1-a)x_1'-\frac{k}{a}x_1'+\frac{x_1'}{x_1}$$
$$=\frac{1}{2}(x_2-a)^2-\frac{1}{2}(x_1-a)^2$$
$$+x_2'\left\{m(x_2-a)+\frac{k}{a}-\frac{1}{x_2}\right\}-x_1'\left\{m(x_1-a)+\frac{k}{a}-\frac{1}{x_1}\right\}$$

ここで，x_1，x_2 は，

$$m(x-a)+\frac{k}{a}-\frac{1}{x}=0$$

⇦ 例えば，
$$\frac{d}{dm}\left\{\frac{1}{2}m(x_2-a)^2\right\}$$
$$=\frac{1}{2}(m)'(x_2-a)^2+\frac{1}{2}m\{(x_2-a)^2\}'$$
$$=\frac{1}{2}\cdot 1\cdot(x_2-a)^2+\frac{1}{2}m\cdot 2(x_2-a)\cdot x_2'$$
などとなっている．
合成関数の微分の公式が使われている．

の2解だったので，{ }部分は共に0で，
$$S' = \frac{1}{2}(x_2-a)^2 - \frac{1}{2}(x_1-a)^2$$
$$= \frac{1}{2}(x_1+x_2-2a)(x_2-x_1)$$

③より，$x_1+x_2 = \dfrac{a^2m-k}{am}$ なので，

$$\frac{d}{dm}S(m) = \frac{1}{2}\left(\frac{-a^2m-k}{am}\right)(x_2(m)-x_1(m))$$

である．
$x_2(m)-x_1(m)>0$ なので，S の増減表は右のようになる．よって，$m=-\dfrac{k}{a^2}$ で $S(m)$ は最小値をとる．

m	$(-\infty)$		$-\dfrac{k}{a^2}$		(0)
S'		$-$	0	$+$	
S		↘		↗	

⇐ $\dfrac{d}{dm}S(m) = \dfrac{1}{2}(x_1(m)+x_2(m)-2a)$
$\qquad\qquad\times(x_2(m)-x_1(m))$
を答えとしてももちろんよい．

⇐ $\dfrac{-a^2m-k}{am}$ は，a^2m+k と同符号であり，これが0となる $m=-\dfrac{k}{a^2}$ で S は負から正へ符号を変化させる．

（4）[空所補充なので，答の式だけわかればよい．S_0 は a の値によらないといっているので，a に適当な値を代入すればよい．]

$a=\sqrt{k}$ とおくと，（3）より $m=-1$ のとき S は最小である．このとき，
③ $\iff -\sqrt{k}\,x^2-(-2k)x-\sqrt{k}=0$
$\iff x^2-2\sqrt{k}\,x+1=0$
$\iff x=\sqrt{k}\pm\sqrt{k-1}$
なので，$x_1=\sqrt{k}-\sqrt{k-1}$，$x_2=\sqrt{k}+\sqrt{k-1}$，$a=\sqrt{k}$，$m=-1$ を⑧に代入する．$(x_2-a)^2=(x_1-a)^2$ に注意して，
$$S_0 = \frac{k}{a}(x_2-x_1)-\log\frac{x_2}{x_1} = \sqrt{k}(2\sqrt{k-1})-\log\left(\frac{\sqrt{k}+\sqrt{k-1}}{\sqrt{k}-\sqrt{k-1}}\right)$$
$$= \mathbf{2\sqrt{k^2-k}-2\log(\sqrt{k}+\sqrt{k-1})}$$

もちろん，次の様に求めても良いが，問題文を利用して，1分でも速く解きたい．

⇐ $m=-\dfrac{k}{a^2}$ ……⑨ のとき，（2）より，$(x_2-a)^2=(x_1-a)^2$ だから，⑧より，
$$S_0 = \frac{k}{a}(x_2-x_1)-\log\frac{x_2}{x_1}$$
また③′に⑨を代入すると，
$$x_1, x_2 = \frac{-2k\pm\sqrt{(-2k)^2-4k}}{2\cdot\dfrac{-k}{a}}$$
$$= \frac{k\mp\sqrt{k^2-k}}{k}a$$
$$S_0 = 2\sqrt{k^2-k}-\log\frac{k+\sqrt{k^2-k}}{k-\sqrt{k^2-k}}$$
$$= 2\sqrt{k^2-k}-2\log(\sqrt{k}+\sqrt{k-1})$$

解 説 （受験報告は p.39）

【図形的状況についての補足】

・**AB が最小になるとき**

l の傾き m を固定し，P の x 座標 a を動かすとき，AB は l が P において C_2 と接するとき最小になる．なぜなら，このときの P，A，B を P_0，A_0，B_0 とすると，右図のように 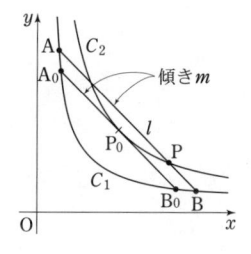
$$A_0B_0 \leq AB$$
が成り立つからである．

$y = \dfrac{k}{x}$ のとき，$y' = -\dfrac{k}{x^2}$

$x=a$ で $y'=m$ となるとき，$m = -\dfrac{k}{a^2}$ …………⑦

よって，$a = \sqrt{-\dfrac{k}{m}}$ のとき，AB は最小になる．

・**P が AB の中点のとき**

解答から $m=-k/a^2$ のときなので，⑦より P において l と C_2 は接している（つまり，l は C_2 の接線）．

【S_0 が a の値によらないことについて】

S_0 は，l が C_2 の接線のときの l と C_1 で囲まれる部分の面積である．この面積が接点の x 座標によらないことは有名で，次のように説明することができる．

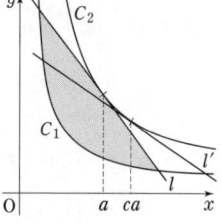

x 軸方向に c 倍，y 軸方向に $\dfrac{1}{c}$ 倍に拡大する変換で，

面積は変化（$c \times \dfrac{1}{c} = 1$）せず，また

$C_1 \Rightarrow C_1$，$C_2 \Rightarrow C_2$，接線 $\Rightarrow$ 接線，接点 $\Rightarrow$ 接点

が成り立つ．上図で，接線について $l \Rightarrow l'$ とすると，接点の x 座標について，$a \Rightarrow ca$ となり，接点の x 座標が a のときの面積と ca のときの面積が等しいから，S_0 が a の値によらないことが言える．

（古川）

慶應義塾大学・薬学部

10年のセット　80分

① A*A*　　ⅡA/方程式, 座標, 確率
　B**B*B*　ⅠⅡ/三角比, 積分, 対数
② C***　　B/数列(連立漸化式)
③ B**　　 Ⅱ/微分(接線)
④ B***　　B/ベクトル(四面体)

1辺の長さが1の正四面体 OABC がある．$\overrightarrow{OA'}=2\overrightarrow{OA}$, $\overrightarrow{OB'}=3\overrightarrow{OB}$, $\overrightarrow{OC'}=4\overrightarrow{OC}$ を満たす点を A′, B′, C′ とする．点 O から平面 A′B′C′ に垂線 l をひく．l と平面 A′B′C′ との交点を H, l と平面 ABC との交点を P とする．$\overrightarrow{OA}=\vec{a}$, $\overrightarrow{OB}=\vec{b}$, $\overrightarrow{OC}=\vec{c}$ とするとき，

(1) $\overrightarrow{OH} = \boxed{}\vec{a} + \boxed{}\vec{b} - \boxed{}\vec{c}$ である．

(2) $\dfrac{|\overrightarrow{OP}|}{|\overrightarrow{OH}|}$ の値は $\boxed{}$ である．

(3) △APB と △ABC の面積の比は 1 : $\boxed{}$ である．

(4) 四面体 OAPB と四面体 OA′B′C′ の体積の比は 1 : $\boxed{}$ である． (10)

なぜこの1題か

本年も昨年と同様に数学ⅠAⅡB全般にわたる標準問題を主体としたセットだった．この内容が定着したと言ってよいだろう．①は，(1)が相反方程式，(2)は数えてでも解答可能な確率，(3)は正弦定理・余弦定理の図形問題，(4)は対称式と積分の計算，(5)は対数を含む最大最小，という小問セットである．(3)(ii)がやや悩むかも知れない．これを飛ばしてもよいが他は落とせない．②の連立漸化式の問題は，最初の食塩水の移し替えで混乱した受験生が多いのではないか．ここでつまづくと先に進めず，ここでは差がつかなかったことだろう．③の接線本数の問題は数Ⅱ微分法分野の典型問題で，落とすわけにはいかない．というわけで，やや面倒だが，④の空間ベクトルをどこまで粘り強く計算したかということが合否を分けただろう．④を採り上げる．

【目標】　高級な技巧を要求される部分はなく，ベクトル計算を正確に進め，長さの比，面積比，体積比と順に求めていけば完答も可能である．時間との勝負になろうが，空間ベクトルの基礎事項を踏まえて，ミスに注意しつつ，(4)の体積比まで正解を目指したい．

解答

$\overrightarrow{OH}$ について，H が平面 A′B′C′ 上にあることと，平面を張るベクトル $\overrightarrow{A'B'}$, $\overrightarrow{A'C'}$ との内積 = 0 から求める．底辺，高さの比から三角形の面積比を求め，底面積と高さの比から四面体の体積比を求める．

　　　　＊　　　　　＊

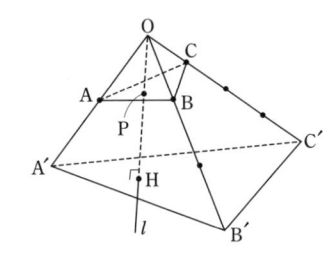

正四面体の各面は正三角形で，$|\vec{a}|=|\vec{b}|=|\vec{c}|=1$ より，

$$\vec{a}\cdot\vec{b}=\vec{b}\cdot\vec{c}=\vec{c}\cdot\vec{a}=\cos 60°=\dfrac{1}{2}$$

(1) $\overrightarrow{OA'}=2\vec{a}$, $\overrightarrow{OB'}=3\vec{b}$, $\overrightarrow{OC'}=4\vec{c}$

H は平面 A′B′C′ 上にあるので，

$$\overrightarrow{OH}=x\overrightarrow{OA'}+y\overrightarrow{OB'}+z\overrightarrow{OC'},\ x+y+z=1 \quad \cdots\cdots ①$$

$$\therefore\ \overrightarrow{OH}=2x\vec{a}+3y\vec{b}+4z\vec{c},\ x+y+z=1 \quad \cdots\cdots ①'$$

と表せる．

$\overrightarrow{OH}\perp\overrightarrow{A'B'}\ (=3\vec{b}-2\vec{a})$, $\overrightarrow{OH}\perp\overrightarrow{A'C'}\ (=4\vec{c}-2\vec{a})$

であるから，

$$\overrightarrow{OH}\cdot(3\vec{b}-2\vec{a})=0$$

$$\therefore\ (2x\vec{a}+3y\vec{b}+4z\vec{c})\cdot(3\vec{b}-2\vec{a})=0$$

⇦ 平面上にある条件は'係数の和=1'でとらえられる（下の傍注）.

⇦ $\overrightarrow{OL}$, $\overrightarrow{OM}$, $\overrightarrow{ON}$ が1次独立であるとき，点 X が平面 LMN 上にあれば，$\overrightarrow{OX}=\alpha\overrightarrow{OL}+\beta\overrightarrow{OM}+\gamma\overrightarrow{ON}$, $\alpha+\beta+\gamma=1$ と表せる.

⇦ ベクトル $\overrightarrow{OH}$ が平面 A′B′C′ に垂直であることは，$\overrightarrow{OH}$ が，平面 A′B′C′ 上の1次独立なベクトル $\overrightarrow{A'B'}$, $\overrightarrow{A'C'}$ に垂直であることととらえられる.

112

∴ $x(6\vec{a}\cdot\vec{b}-4|\vec{a}|^2)+y(9|\vec{b}|^2-6\vec{a}\cdot\vec{b})+z(12\vec{b}\cdot\vec{c}-8\vec{a}\cdot\vec{c})=0$
∴ $-x+6y+2z=0$ ……………② ⇐ x, y, z を求めるのだから, x, y, z について整理する.

$\overrightarrow{OH}\cdot(4\vec{c}-2\vec{a})=0$
∴ $(2x\vec{a}+3y\vec{b}+4z\vec{c})\cdot(4\vec{c}-2\vec{a})=0$
∴ $x(8\vec{a}\cdot\vec{c}-4|\vec{a}|^2)+y(12\vec{b}\cdot\vec{c}-6\vec{a}\cdot\vec{b})+z(16|\vec{c}|^2-8\vec{a}\cdot\vec{c})=0$
∴ $3y+12z=0$ ∴ $y=-4z$ ……………③

③を②に代入して, $x=6y+2z=-22z$ ……………④

③, ④を①に代入して, $-25z=1$ ∴ $z=-\dfrac{1}{25}$, $x=\dfrac{22}{25}$, $y=\dfrac{4}{25}$

よって①′により, $\overrightarrow{OH}=\dfrac{44}{25}\vec{a}+\dfrac{12}{25}\vec{b}-\dfrac{4}{25}\vec{c}\left(=\dfrac{4}{25}(11\vec{a}+3\vec{b}-\vec{c})\right)$

(2) $\overrightarrow{OP}=k\overrightarrow{OH}$ (k：実数) とおくと,
$\overrightarrow{OP}=k\left(\dfrac{44}{25}\vec{a}+\dfrac{12}{25}\vec{b}-\dfrac{4}{25}\vec{c}\right)$ ⇐ O, P, H は一直線上にある.

P は平面 ABC 上の点なので, ⇐ $\vec{a}, \vec{b}, \vec{c}$ の係数の和が1
$k\left(\dfrac{44}{25}+\dfrac{12}{25}-\dfrac{4}{25}\right)=1$ ∴ $\dfrac{52}{25}k=1$ ∴ $k=\dfrac{25}{52}\left(=\dfrac{|\overrightarrow{OP}|}{|\overrightarrow{OH}|}\right)$

(3) $\overrightarrow{OP}=\dfrac{25}{52}\left(\dfrac{4}{25}(11\vec{a}+3\vec{b}-\vec{c})\right)=\dfrac{1}{13}(11\vec{a}+3\vec{b}-\vec{c})$ ……………⑤

$\overrightarrow{CP}=\overrightarrow{OP}-\overrightarrow{OC}=\dfrac{1}{13}(11\vec{a}+3\vec{b}-14\vec{c})=\dfrac{1}{13}\{11(\vec{a}-\vec{c})+3(\vec{b}-\vec{c})\}$ ⇐ △APB と △ABC は AB (底辺) が共通なので, 高さの比が欲しい.
$=\dfrac{1}{13}(11\overrightarrow{CA}+3\overrightarrow{CB})=\dfrac{14}{13}\cdot\dfrac{11\overrightarrow{CA}+3\overrightarrow{CB}}{3+11}$ そこで, C を始点に書き直そう. $\overrightarrow{CP}$ を $\overrightarrow{CA}, \overrightarrow{CB}$ の1次結合の形に表す.

AB を 3:11 に内分する点を D とすると,
$\overrightarrow{CP}=\dfrac{14}{13}\overrightarrow{CD}$

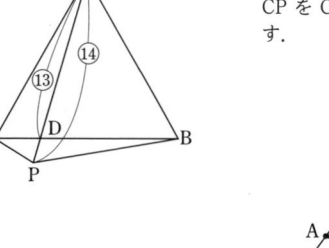

よって, PD:CD=1:13
△APB と △ABC について, AB を共通の
底辺と見て, 面積比は, PD:CD=**1:13**

(4) 四面体 OABC と四面体 OA′B′C′ の体積比は,
OA×OB×OC : OA′×OB′×OC′=1:2·3·4=1:24 (☞解説)
四面体 OAPB と四面体 OABC は, 底面を △APB と △ABC と見ると
高さが等しいから, その体積比は, (3)から 1:13
よって, 四面体 OAPB と四面体 OA′B′C′ の体積比は,
$1:13\times24=\mathbf{1:312}$

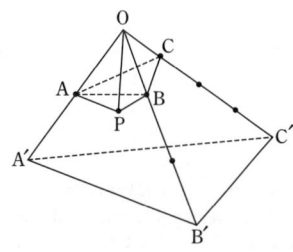

(P は平面 ABC 上にある)

解 説

【四面体の体積比】

右図で四面体 OABC と四面体 OPQR の体積について, △OAB と △OPQ を底面と見たときの高さの比は,
OC:OR=1:c
また,
△OAB:△OPQ=1:ab

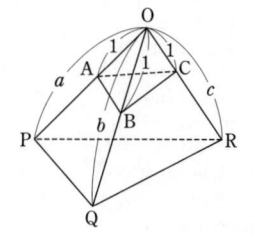

(OA, OP を底辺と見たときの高さの比は 1:b)
よって, 体積比は, 1:abc

【重心座標】

教科書Next「ベクトルの集中講義」§12 重心座標を活用して点 P の位置をとらえてみよう. 解答中の⑤式,
$\overrightarrow{OP}=\dfrac{11}{13}\vec{a}+\dfrac{3}{13}\vec{b}-\dfrac{1}{13}\vec{c}$

の満たす点Pの位置を図示すると，右図のようになる．これから，ABを共通の底辺と見て

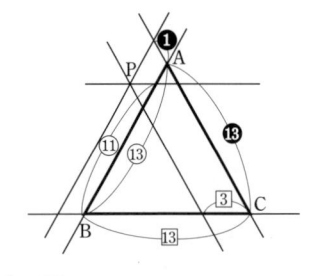

$$\frac{\triangle APB}{\triangle ABC} = \frac{1}{13}$$

が分かる．

⇨注 $\overrightarrow{OP} = \alpha\vec{a} + \beta\vec{b} + \gamma\vec{c}$，$\alpha + \beta + \gamma = 1$ と表されるとき，上と同様に考えて，$\frac{\triangle APB}{\triangle ABC} = |\gamma|$ となる．この結果を知っていれば，解答の⑤から，（3）の答えがすぐに分かる．

【交点が△ABCの内部にある条件】

本問では，Pが（3）の解答の図から分かるように△ABCの外部に来る．ここで，例えば，$\overrightarrow{OA'} = 2\overrightarrow{OA}$，$\overrightarrow{OB'} = 3\overrightarrow{OB}$，$\overrightarrow{OC'} = m\overrightarrow{OC}$（$m > 0$）として，Pが△ABCの内部にある条件を考えてみる．

平面ABC上の点Pについて，$\overrightarrow{OP}$ は，
$$\overrightarrow{OP} = p\vec{a} + q\vec{b} + r\vec{c}, \quad p+q+r = 1$$
と表せる．このPが△ABCの周および内部にあるためのp，q，rの条件を導こう．

$r = 1 - (p+q)$ であり，始点をCにすると，
$$\overrightarrow{CP} = \overrightarrow{OP} - \overrightarrow{OC} = p\vec{a} + q\vec{b} + \{1-(p+q)\}\vec{c} - \vec{c}$$
$$= p(\vec{a} - \vec{c}) + q(\vec{b} - \vec{c})$$
∴ $\overrightarrow{CP} = p\overrightarrow{CA} + q\overrightarrow{CB}$

となる．このとき，点Pが△ABCの周および内部にある条件は， 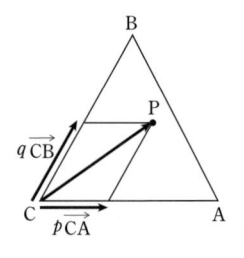
$$p \geq 0, \quad q \geq 0, \quad p+q \leq 1$$
（☞「教科書Nextベクトルの集中講義」p.54）つまり
$$p \geq 0, \quad q \geq 0, \quad r \geq 0$$
と同値になる．

$\overrightarrow{OP} = k\overrightarrow{OH}$（$k > 0$）から，これは，$x \geq 0$，$y \geq 0$，$z \geq 0$ と同値になる（Pが△ABCの周および内部にある ⟺ HがA'B'C'の周および内部，も分かる）．

途中の計算を省略するが，
$$x = \frac{m(7m-6)}{9m^2 - 20m + 36}, \quad y = \frac{2m(m-2)}{9m^2 - 20m + 36},$$
$$z = \frac{2(18-5m)}{9m^2 - 20m + 36}$$

となるので，Pが周および内部にある条件は，
$$2 \leq m \leq \frac{18}{5} \ (= 3.6)$$

よって，本問の $m = 4$ のときは，点Pが△ABCの外部にあることがわかる（本問の場合，①式において，$z < 0$）．

（平島）

受験報告

▶慶應薬学部薬科学科の受験報告です．英語と化学がなんとも微妙な出来だったので数学で80点はとりたい，と思いながらページを開く（0分）．①から順に解いていき，(2)まで順調．が，(3)で$\sqrt{361}$を目にし手が止まる（試験中$\sqrt{361}=19$に全く気付きませんでした）．計算ミスかと思い2度やり直すも変わらず，この先の解き方は分かるのに飛ばすことを余儀なくされる（20分）．(4)に時間をとられながらも解き，(5)へ．ここでまたしても詰まる．1文字消去して計算をすすめるも，答えが出せない．再び飛ばす（35分）．8ページにわたる計算用紙をめくり，②と対面．…なんだコレ，化学？俺は…夢でも見ているようだ…などと思いながら，最初にチェックしなかったことを悔やむ．操作Tを式にしようとして断念．これは無理ゲーだと判断し，次のページへ（45分）．③これはよくある定数分離なので，計算ミスに気をつけて急いで解く（60分）．とうとう❹．(1)はよくある問題なのでサッと解きたい…のに，枠にあわない．計算ミスもどうしても見付けられない．どうしようもなくり，1ページ目へ戻る（70分）．5分考えてもわからないので，枠の形から適当に数字を考え，塗り終えると試験終了（80分）．結果は，①○○×○○②×③❹×適当だった①の(5)があっていたものの，昨年とあまり変わらず．合否はいうまでもないと思います．IAⅡB対策をしっかりすべきだったのが反省点です．

（正直早慶理工の方が易しいと思ふ．）

▶慶應義塾大学薬学部薬科学科の受験報告です．問題，マークシートが配られる（-10分）．昨年のレベルなら75%が目標だなと考えていたらヨーイスタート！（0分）まずは全体を見て昨年と形式変更されていないことを確認．普通に解くかー．①(1)これ大数にあった，あった！はい，できた（5分）．(2)これも簡単！数え上げに注意しておーわり（9分）．(3)少し考える．ひらめいたのでなんとか終了（15分）．(4)やば，計算が大変そう～．まあいいか，やるしかない．やってやるー．空欄に合う解が出たので安心（22分）．(5)20分超えたので捨てておく（←けっこう冷静）．②まあよくありそうな問題．(1)立式して答えがすぐ出た！（安心，安心！）(2)へ．あれ？！ 求められない……今の実力では無理だと判断して③へ（30分）．これはできそう…．(1)OK(2)OK(3)OK 案外スムーズにできました（やったね！）→（45分）❹へ．大好きなベクトルだー！ ただ計算が多そう．係数を文字で置き換えて解く！ やばい…．計算多いよー．でもやってみる（50分）．………空欄と一致しない…．どうしよう（60分）いいや，捨てよう（案外あっさり）．①(5)へ！ 条件を使えばただの2次関数になりそう（安心）計算多い…．まあ答えらしき値が出た（75分）←実はけっこうこざっていた……．残り5分，マークを見直しては，終了～！ 解答速報によると，①○○○○○○ ②○×× ③○○○ ❹×××× 英語7割，化学6割かな．なんとか合格していたい．p.s. 2/23補欠でした．3/16繰り上げ合格になる．

（KO-BOY）

慶應義塾大学・薬学部

12年のセット
80分

① B＊B＊＊　　AⅡ/二項定理,対数関数,座標
　B＊○C＊＊　BA/ベクトル,場合の数
　B＊＊　　　Ⅱ/指数関数,微分
② B＊＊＊　　Ⅱ/微積分(積分方程式,面積)
③ B＊＊　　　ⅡⅠ/三角関数,2次関数
④ C＊＊＊＊　ⅡA/座標,三角関数

$y=|f(x)|$ のグラフと2直線 l, m に囲まれた部分の面積を考える．ただし $f(x)$ は，等式

$$f(x)=\frac{1}{4}x^2+\frac{15}{4}\int_{-2}^{0}xf(t)dt-\frac{4}{3}\int_{-3}^{3}\{f(t)+6\}dt$$

を満たし，直線 l は $y=|f(x)|$ の $x=8$ における接線である．また直線 m は，直線 l と $y=|f(x)|$ の交点と点 $(1, 3)$ の2点を通る，傾き負の直線である．

(1)　$f(x)=\dfrac{\boxed{}}{\boxed{}}x^2-\boxed{}x-\boxed{}$ である．

(2)　直線 m の方程式は $y=-\boxed{}x+\boxed{}$ である．

(3)　$y=|f(x)|$ のグラフと2直線 l, m に囲まれた部分の面積は $\dfrac{\boxed{}}{\boxed{}}$ である．　　　　(12)

なぜこの1題か

薬学部新設以来ボリューム感あふれる出題が続いているが，本年は度外れた**重量級パンチでノックアウト**されてしまった受験生も多いと思われる．問題ごとの煩雑さの差異も激しく，正確無比な計算力・高度な計算技巧に加えて，問題を見る目も問われている．

①の小問集合からして容易ではない．(1)は二項定理による展開の係数を求める問題で丁寧に計算すればよい．(2)はまず共通解を求め，次に定数 a を求めることで解決するが，この流れが見えにくい．(3)の平面ベクトルは係数が汚いため慎重な計算が要求され，(4)は 4×4 のマス目の数字の入れ方を数えるが安直に扱うとミスし易い．(5)は微分を利用して方程式の解の個数を考える問題だが，出題ミスがあり，この問題に時間を取られた受験生は，全員正解扱いという発表に泣いただろう．

❷の面倒な微積計算問題は時間的に手をつけにくいが，この問題を少しでもものにできていれば有利になったと思われる．③だけが唯一スンナリ解ける三角関数の最大最小問題で，この問題は落とせないところ．④は，問題文に $\cos\theta$ の値が与えられているが，この θ と等しい角を見つけることに気づけないと行き詰まる．ほとんどの受験生が立ち往生を強いられたのではないだろうか．

全体を通して，①の解ける問題を慎重に計算した後，③をものにして，❷にどこまで食い込めたかということが合否を左右しただろう．

【目標】(1)は，解答欄から $f(x)$ の具体的な形を想定して定積分を慎重に計算すれば難しいわけではない．(1)を乗り切れば(2)は容易で，ここまではものにしたい．(3)も難しくはないが，時間的余裕がなければとりあえずパスだろう．

解　答

(1)　問題文の空欄に着目し，$f(x)=\dfrac{1}{4}x^2-px-q$ とおいて積分計算を行い，p, q を定める．(2)　接線の式と $y=|f(x)|$ を連立する．
(3)　グラフを描いて問題文の状況を確認し，面積を計算する．

⇦「定積分は定数とおく」という定石にこだわり過ぎないように．$f(x)$ が多項式であることを活用した方が良い．

＊　　　　＊

(1)　与式を（空欄の形と見比べて）整理して，

$$f(x)=\frac{1}{4}x^2-\left\{-\frac{15}{4}\int_{-2}^{0}f(t)dt\right\}x-\frac{4}{3}\int_{-3}^{3}\{f(t)+6\}dt\quad\cdots\cdots\text{☆}$$

よって，$f(x)=\dfrac{1}{4}x^2-px-q$ とおく．☆と見比べて，

$$p=-\dfrac{15}{4}\int_{-2}^{0}f(t)dt=-\dfrac{15}{4}\int_{-2}^{0}\left(\dfrac{1}{4}t^2-pt-q\right)dt$$

[積分区間の下端が0の形だと0を引くことになり計算がしやすいので]

$$=\dfrac{15}{4}\left[\dfrac{t^3}{12}-\dfrac{p}{2}t^2-qt\right]_0^{-2}$$

$$=\dfrac{15}{4}\left(-\dfrac{2}{3}-2p+2q\right)=-\dfrac{15}{2}p+\dfrac{15}{2}q-\dfrac{5}{2}$$

$\therefore\ \dfrac{17}{2}p-\dfrac{15}{2}q=-\dfrac{5}{2}$ $\therefore\ 17p-15q=-5$ ……………①

$$q=\dfrac{4}{3}\int_{-3}^{3}\left\{\dfrac{1}{4}t^2-pt-(q-6)\right\}dt=\dfrac{8}{3}\int_{0}^{3}\left\{\dfrac{1}{4}t^2-(q-6)\right\}dt$$

$$=\dfrac{8}{3}\left[\dfrac{t^3}{12}-(q-6)t\right]_0^{3}=\dfrac{8}{3}\left\{\dfrac{9}{4}-(q-6)\cdot 3\right\}=6-8(q-6)=-8q+54$$

$\therefore\ 9q=54$ $\therefore\ q=6$　①に代入して，$17p=85$ $\therefore\ p=5$

よって，$\boldsymbol{f(x)=\dfrac{1}{4}x^2-5x-6}$

（2） $f(8)=-30<0$ により右図のようになる．

$\alpha<x<\beta$ において，$g(x)=|f(x)|=-f(x)=-\dfrac{1}{4}x^2+5x+6$

とおくと，$g'(x)=-\dfrac{1}{2}x+5$

接線 l は，傾き $g'(8)=1$，点 $(8,30)$ を通る直線で，

$l:y=(x-8)+30$ $\therefore\ l:y=x+22$ ……………②

$y=f(x)$ と②を連立して，

$$\dfrac{1}{4}x^2-5x-6=x+22$$

$\therefore\ \dfrac{1}{4}x^2-6x-28=0$ $\therefore\ (x+4)(x-28)=0$ $\therefore\ x=-4,\ 28$

点 $(1,3)$ と結んで傾き負の直線となるのは，$x=-4$ の方で，

$|f(-4)|=18$ より，$m:y=\dfrac{3-18}{1-(-4)}(x-1)+3$

$\therefore\ \boldsymbol{m:y=-3x+6}$ ……………③

（3） $g(x)$ と③の定数項がともに6であることに注意すると，$y=g(x)$ と m は y 軸上の点 $B(0,6)$ で交わるから，右図のようになる．求める面積は右図網目部で，y 軸によって2つ（S_1, S_2）に分けて計算すると，

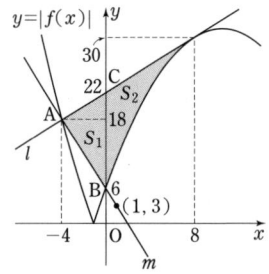

$$S_1=\dfrac{1}{2}\cdot 4\cdot BC=\dfrac{1}{2}\cdot 4\cdot(22-6)=32$$

$$S_2=\int_0^8\{x+22-(-f(x))\}dx=\int_0^8\dfrac{1}{4}(x-8)^2dx$$

$$=\dfrac{1}{12}\left[(x-8)^3\right]_0^8=\dfrac{8^3}{12}=\dfrac{128}{3}$$

よって，$S_1+S_2=32+\dfrac{128}{3}=\dfrac{\boldsymbol{224}}{\boldsymbol{3}}$

116

⇐ 問題文の空欄に着目して，係数をつけたまま定積分を定数とおく．単に，$\int_{-2}^{0}f(t)dt=a$，$\int_{-3}^{3}f(t)dt=b$ とおくと，分数計算が多くなってしまう．$f(x)$ が多項式であることに着目して，左のように設定するのがよい．

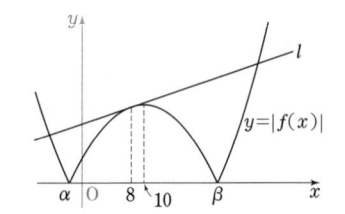

⇐ n が正の偶数のとき，
$\int_{-a}^{a}x^n dx=2\int_{0}^{a}x^n dx$ （偶関数）
n が正の奇数のとき，
$\int_{-a}^{a}x^n dx=0$ （奇関数）

⇐ $y=-f(x)$ は上に凸なので，接線 l は $y=-f(x)$ と接点以外の共有点を持たず，接線 l と $y=|f(x)|$ との交点は，$x<\alpha$，$\beta<x$ の部分にある．そこで，$y=f(x)$ と連立する．

⇐ グラフから判断する．$x=28$ では，傾きが正になってしまう．

⇐ $y=|f(x)|$ のグラフと2直線 l，m に囲まれた部分は，図の網目部．

⇐ 直線 l と $y=-f(x)$ は $x=8$ で接するので，$f(x)$ の x^2 の係数が $\dfrac{1}{4}$ であることを考えると，
$$x+22-(-f(x))=\dfrac{1}{4}(x-8)^2$$

解 説 （受験報告は p.215）

【本問の類題】

本問のような，定積分を含む等式を満たす関数を求める問題のうち，多項式で表される関数を求めるものには以下のタイプがある（複合タイプもある）．定積分の上端または下端が変数である「区間変動型」と，ともに定数である「区間固定型」である．

[**区間変動型**] $\dfrac{d}{dx}\int_a^x f(t)dt = f(x)$ ……………☆

を用いて，与えられた関係式を微分するタイプ

[**区間固定型**] 多項式の係数を文字でおく，あるいは，定積分を文字でおく．こうして関数形を決め，定積分計算を実行して文字定数の値を求めるタイプ

未知の関数が多項式の場合は，次数が決まれば，$f(x)=ax^2+bx+c$ などとおいて与えられた等式両辺を計算し，係数比較すれば解決できる．とはいえ，区間変動型の場合，☆の活用で省力化が図れることが多いし，区間固定型の場合，定積分を文字でおけば，それが定数項や x の係数に等しいことも少なくない．

本問は，区間固定型である．

区間変動型，区間固定型の複合タイプの例を以下に挙げる．

> 2次関数 $f(x)$ は，
> $$xf(x)=\dfrac{2}{3}x^3+(x^2+x)\int_0^1 f(t)dt+\int_0^x f(t)dt$$
> を満たすとする．$f(x)$ を求めよ． （08 千葉大）

解 $f(x)=ax^2+bx+c$，$\int_0^1 f(t)dt=d$ とおく．
$xf(x)=ax^3+bx^2+cx$ より，与式両辺を微分すると，
$3ax^2+2bx+c=2x^2+2dx+d+ax^2+bx+c$
$3ax^2+2bx+c=(a+2)x^2+(b+2d)x+c+d$
係数を比較して，
$3a=a+2,\ 2b=b+2d,\ c=c+d$
∴ $a=1,\ d=0,\ b=0,\ f(x)=x^2+c$
$d=\int_0^1 f(t)dt=\int_0^1 (t^2+c)dt=\dfrac{1}{3}+c$
$d=0$ より，$\dfrac{1}{3}+c=0$
∴ $\boldsymbol{f(x)=x^2-\dfrac{1}{3}}$

上の例では次数がわかっていたが，次数が与えられていない問題を紹介しておく．

> 整式 $f(x)$ と実数 C が
> $$\int_0^x f(y)dy+\int_0^1 (x+y)^2 f(y)dy=x^2+C$$
> をみたすとき，この $f(x)$ と C を求めよ．
> （09 京大文系）

解 $f(x)$ を n 次式とする．$\int_0^x f(y)dy$ は x の $n+1$ 次式，$\int_0^1 (x+y)^2 f(y)dy$ は x の 2 次式，$n\geqq 2$ だとすると，与式左辺は 3 次以上で，右辺は 2 次式となり矛盾する．従って，$n\leqq 1$ で，$f(x)=ax+b$（$a,\ b$ は定数）とおける．

$\int_0^x f(y)dy=\int_0^x (ay+b)dy=\dfrac{a}{2}x^2+bx$

$\int_0^1 (x+y)^2(ay+b)dy$

$=\int_0^1 \{ay^3+(2ax+b)y^2+(ax^2+2bx)y+bx^2\}dy$

$=\dfrac{a}{4}+\dfrac{2ax+b}{3}+\dfrac{ax^2+2bx}{2}+bx^2$

$=\left(\dfrac{a}{2}+b\right)x^2+\left(\dfrac{2}{3}a+b\right)x+\dfrac{a}{4}+\dfrac{b}{3}$ …………①

与式に代入すると，

$(a+b)x^2+\left(\dfrac{2}{3}a+2b\right)x+\dfrac{a}{4}+\dfrac{b}{3}=x^2+C$

係数を比較して，

$a+b=1,\ \dfrac{2}{3}a+2b=0,\ \dfrac{a}{4}+\dfrac{b}{3}=C$

∴ $a=\dfrac{3}{2},\ b=-\dfrac{1}{2},\ \boldsymbol{f(x)=\dfrac{3}{2}x-\dfrac{1}{2}},\ \boldsymbol{C=\dfrac{5}{24}}$

　　＊　　　　　　　　＊

☆を使うときは，

$\int_a^x f(t)dt=g(x)\Longleftrightarrow 0=g(a)$ かつ $f(x)=g'(x)$

として活用することが多い．上の問題で確認してみよう．

与式と①から，$\int_0^x f(y)dy=x^2-①+C$ ………②

となる．上式の両辺を微分して，$f(x)=ax+b$ を代入すると，$ax+b=2x-(a+2b)x-\left(\dfrac{2}{3}a+b\right)$

この両辺の係数を比較して $a,\ b$ は求まるが，これだけでは C は求まらない．C を求めるには，②の両辺に積分区間の幅が 0 となる $x=0$ を代入して得られる

$0=-\left(\dfrac{a}{4}+\dfrac{b}{3}\right)+C$ を使う． （平島）

早稲田大学・理工系 (基幹, 創造, 先進)

10年のセット 120分

① A** Ⅱ/平面座標(円)
② B*** C/1次変換
③ C**** Ⅲ/微分(最大最小)
④ C*** BⅢ/空間座標, 積分(求積)
⑤ C**** A/確率

---

xyz 空間において, 2点 P(1, 0, 1), Q(−1, 1, 0) を考える. 線分 PQ を x 軸の周りに1回転して得られる曲面を S とする. 以下の問に答えよ.

(1) 曲面 S と, 2つの平面 $x=1$ および $x=-1$ で囲まれる立体の体積を求めよ.

(2) (1)の立体の平面 $y=0$ による切り口を, 平面 $y=0$ 上において図示せよ.

(3) 定積分 $\int_0^1 \sqrt{t^2+1}\,dt$ の値を $t=\dfrac{e^s-e^{-s}}{2}$ と置換することによって求めよ. これを用いて, (2)の切り口の面積を求めよ.

(10)

なぜこの1題か

今年は①を除けば "難しく", しかも, 数学的に難しいというより, 「処理が大変」というタイプの問題が多かったのが特徴である. ①は素直な問題で落とせない. ②は(3)までは易しい. (4)は x_1, y_1 の符号で場合分けをすることに気付けば, あとは時間さえかければ, 何とかなっただろう. 行列が90°回転及び180°回転に気付けば, 見通しよく処理することもできる.

③④⑤はいずれも難問だが, どれも(1)だけなら何とかなる. したがって, ①②を完答し, ③~⑤の(1)を2つ解き, ③~⑤のどれかを完答できれば, 十分合格ラインだろう. となると, 多くの受験生に苦手意識が強いが, 慣れていれば方針に迷うことがない④を完答できれば有利なはず. 空間図形の総合問題は, 数学の発想力をつけるのに最適なので, 得意になって欲しい.

【目標】 5題で120分なので, 1題25分が目標だが, 本問は(2)までを15分, (3)を15分位で解ききりたい.

解答

(1) まずは, 線分 PQ をパラメタ表示せよ.
(2) 曲面 S の式に, $y=0$ を代入するのが簡明.
(3) 双曲線正弦・余弦関数の知識は, 早大理工, 慶大理工・医受験者には是非とも身に付けてもらいたい (必須と考えよう).

*　　　　　　　*　　　　　　　*

(1) 線分 QP を $t : 1-t$ に内分する点 R は,

$$\overrightarrow{OR} = \overrightarrow{OQ} + t\overrightarrow{QP} = \begin{pmatrix} -1 \\ 1 \\ 0 \end{pmatrix} + t\begin{pmatrix} 2 \\ -1 \\ 1 \end{pmatrix} \cdots\cdots ①$$

と表せる.

よって, $x=$ 一定 ($=-1+2t$) での断面図は, 右図の様であり, PQ を x 軸の周りに1回転すると, R も, R′($-1+2t, 0, 0$) を中心に1回転するので, S は, $x=$ 一定で切ると

円: $y^2+z^2=(1-t)^2+t^2$ ……②

を描く. t が dt 変化すると, x は

$\dfrac{dx}{dt}=2$ より, $dx=2dt$ 変化するので,

$x=-1+2t$ と, $x=-1+2(t+dt)$ ではさまれる立体の体積は,

$dV = \pi\{(1-t)^2+t^2\}\cdot 2dt = 2\pi(2t^2-2t+1)dt$

である. よって, 求める体積 V は, $t=0\sim 1$ と変化させて,

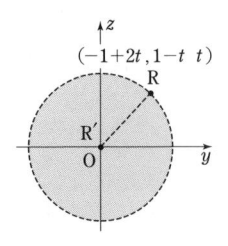

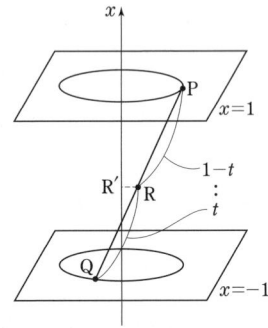

上図の線分 PQ を回すと藤細工の椅子の様な曲面になる (☞解説の図).

$x=k$ として, $t=\dfrac{k+1}{2}$ と②より,

$y^2+z^2 = \dfrac{k^2+1}{2}$

⇦とし,

$V = \int_{k=-1}^{k=1} \pi\left(\dfrac{k^2+1}{2}\right)dk$

としてもよい.

⇦半径 R′R, 高さ $dx=2dt$ の円柱の体積

118

$$V=\int_{t=0}^{t=1}2\pi(2t^2-2t+1)\,dt=2\pi\left(\frac{2}{3}-1+1\right)=\frac{4}{3}\pi$$

（2） S を $x=$ 一定 $(=-1+2t)$ で切ると，$t=\dfrac{x+1}{2}$ と②より，

$$y^2+z^2=(1-t)^2+t^2=\left(\frac{1-x}{2}\right)^2+\left(\frac{x+1}{2}\right)^2$$

なので，S の式は，

$$S:y^2+z^2=\frac{x^2+1}{2}\quad\cdots\cdots\cdots\text{③}$$

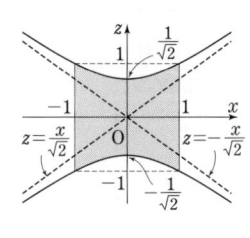

である．

これを $y=0$ で切ると，求める切り口 C で，

$$C:z^2=\frac{x^2+1}{2}$$

$$\iff C:2z^2-x^2=1\quad\cdots\cdots\cdots\text{④}$$

であり，図示すると，$-1\leqq x\leqq 1$ も考えて，上図の網目部分（境界を含む）となる．

（3）　$\sinh x=\dfrac{e^x-e^{-x}}{2}$, $\cosh x=\dfrac{e^x+e^{-x}}{2}$ とおくと，

$$(\cosh x)^2-(\sinh x)^2=1,\ (\cosh x)'=\sinh x,\ (\sinh x)'=\cosh x$$

となっていることに注意する．

$t=\sinh s$, $1=\sinh\alpha$ とおくと，$\sinh 0=0$ と，$\cosh x>0$ に注意すると，

$$I=\int_{t=0}^{t=1}\sqrt{t^2+1}\,dt=\int_{s=0}^{s=\alpha}\sqrt{(\sinh s)^2+1}\,\cosh s\cdot ds$$

$$=\int_{s=0}^{s=\alpha}(\cosh s)^2 ds=\frac{1}{4}\int_0^\alpha(e^{2s}+2+e^{-2s})ds$$

$$=\frac{1}{4}\left[\frac{e^{2s}}{2}+2s-\frac{e^{-2s}}{2}\right]_0^\alpha=\frac{\alpha}{2}+\frac{e^{2\alpha}-e^{-2\alpha}}{4\cdot 2}$$

$$=\frac{\alpha}{2}+\frac{1}{2}\cdot\underbrace{\frac{e^\alpha+e^{-\alpha}}{2}}_{\cosh\alpha}\cdot\underbrace{\frac{e^\alpha-e^{-\alpha}}{2}}_{\sinh\alpha=1}$$

$$=\frac{1}{2}(\alpha+\cosh\alpha)$$

$\sinh\alpha=1$ のとき，$\cosh\alpha=\sqrt{1+(\sinh\alpha)^2}=\sqrt{1+1}=\sqrt{2}$ であり，また，

$$e^\alpha-e^{-\alpha}=2\iff(e^\alpha)^2-2(e^\alpha)-1=0$$
$$\iff e^\alpha=1\pm\sqrt{2}\quad(e^\alpha>0\text{ より }1-\sqrt{2}\text{ はありえない})$$
$$\iff \alpha=\log(1+\sqrt{2})$$

なので，求める定積分の値は，

$$I=\frac{1}{2}(\sqrt{2}+\log(1+\sqrt{2}))$$

（2）の切り口の面積 S は，④より，

$$S=\int_{x=-1}^{x=1}2\sqrt{\frac{x^2+1}{2}}\,dx$$

$$=\frac{4}{\sqrt{2}}\int_0^1\sqrt{x^2+1}\,dx\quad(\sqrt{x^2+1}\text{ は偶関数})$$

$$=2\sqrt{2}\,I=2+\sqrt{2}\,\log(1+\sqrt{2})$$

$\Leftarrow \cosh x=\dfrac{e^x+e^{-x}}{2}$, $\sinh x=\dfrac{e^x-e^{-x}}{2}$ は，双曲線余弦，双曲線正弦といわれる関数で，大学1年で習う関数であるが，入試にもよくでてくるので，慣れていると便利．

$$(\cosh x)^2-(\sinh x)^2=1$$

であり，

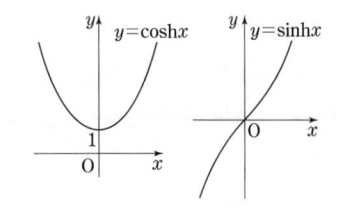

の様なグラフとなっている．
また，
$\cosh(\alpha+\beta)$
$=\cosh\alpha\cosh\beta+\sinh\alpha\sinh\beta$
$\sinh(\alpha+\beta)$
$=\sinh\alpha\cosh\beta+\cosh\alpha\sinh\beta$
が成立する．従って，
$\cosh 2\alpha=(\cosh\alpha)^2+(\sinh\alpha)^2$
$\qquad\quad\ =(\cosh\alpha)^2+(\cosh\alpha)^2-1$
$\qquad\quad\ =2(\cosh\alpha)^2-1$
となり，

$$(\cosh\alpha)^2=\frac{1+\cosh 2\alpha}{2}$$

となっているので，これを利用して積分してもよい．

解　説

【類題の紹介】

本問の(1)(2)は，一時代前ならありふれた問題だが，今の時代だと，目にふれる機会が減ってしまった．

類題の経験が大きくものを言うが，ここでは04年に慶大・医で出された問題を紹介しよう．

> 空間内の2点 P(1, 0, 1), Q(0, 1, −1) を通る直線 l を z 軸のまわりに1回転して得られる曲面を S とする．
>
> (1) 直線 l 上の点 (x, y, z) は，
> $x = \boxed{\text{あ}} \times z + \boxed{\text{い}}$, $y = \boxed{\text{う}} \times z + \boxed{\text{え}}$
> を満たす．
>
> (2) S および2つの平面 $z=1$, $z=-1$ により囲まれた部分の体積は $\boxed{\text{お}}$ である．
>
> (3) k を正の数とする．点 $(1, 0, k)$ を通り y 軸を含む平面を α とし，平面 α と曲面 S が交わってできる曲線を C とする．そして，C 上の各点を通り z 軸に平行な直線と xy 平面との交点のえがく図形を C_0 とする．$k=1$ のとき C_0 の方程式は $\boxed{\text{か}}$ である．また，$k = \boxed{\text{き}}$ のとき C_0 は平行な2つの直線である． (04　慶大・医)

右図のような，回転一葉双曲面とよばれる曲面が現れる．

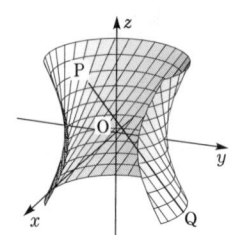

解　(1) 直線 PQ 上の点 X(x, y, z) は，
$$\vec{OX} = \vec{OQ} + t\vec{QP}$$
$$= \begin{pmatrix} 0 \\ 1 \\ -1 \end{pmatrix} + t\begin{pmatrix} 1 \\ -1 \\ 2 \end{pmatrix}$$
と表せて，$x=t$, $y=1-t$, $z=-1+2t$

これから t を消去して x, y を z で表すと，
$$x = \frac{1}{2}z + \frac{1}{2}, \quad y = -\frac{1}{2}z + \frac{1}{2}$$

(2) X から z 軸におろした垂線の足を H$(0, 0, z)$ とすると，立体を，点 H を通って z 軸に垂直な平面で切った断面積 T は 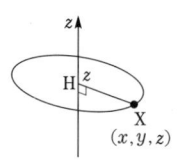
$$T = \pi \text{XH}^2 = \pi(x^2 + y^2)$$
$$= \pi\left\{\left(\frac{1}{2}z + \frac{1}{2}\right)^2 + \left(-\frac{1}{2}z + \frac{1}{2}\right)^2\right\} = \pi\left(\frac{z^2}{2} + \frac{1}{2}\right)$$

体積 V は $V = \int_{-1}^{1} T \, dz = 2\int_0^1 \pi\left(\frac{z^2}{2} + \frac{1}{2}\right) dz = \frac{4}{3}\pi$

(3) 曲面 S を平面 $z = u$ で切ると，断面は円であり，その円の方程式は
$$x^2 + y^2 = \frac{u^2}{2} + \frac{1}{2}, \quad z = u$$
だから，曲面 S の方程式は
$$x^2 + y^2 = \frac{z^2}{2} + \frac{1}{2} \quad \cdots\cdots ①$$
また平面 α は $z = kx$ ……② である．断面上の点 (x, y, z) を通って xy 平面に垂直な直線との交点は $(x, y, 0)$ であり，この点の描く曲線は①，②から z を消去して得られる．
$$(2-k^2)x^2 + 2y^2 = 1 \quad \cdots\cdots ③$$
$k=1$ のとき $x^2 + 2y^2 = 1$
③が2直線になるとき $2 - k^2 = 0$, $k > 0$ より $\boldsymbol{k = \sqrt{2}}$

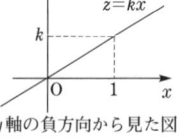

*　　　　　*

今年の京大でも，回転一葉双曲面が現れる問題（立方体を対角線を軸にして回転させて得られる回転体の体積は？）が出されている．

(古川)

受験報告

▶早稲田大学基幹理工学部，数学の受験報告です．全問と対面．①と④は普通で③と⑤が面倒そう，②はやってみないと分からないという感想をもったところで②から手をつける(5分)．あわてる…状態にならないために1問目は字をきれいに書くことであえてスピードダウンし，精神を落ちつける．推移図をかいて第4象限はスルーされる旨を書き，軸上と原点にもきっちり言及して1完，①にむかう(18分)．しかしとんでもない因数分解が出たからか焦り途中放棄して⑤へ．その焦りからか(2)で $P_3 - P_2$ を微分しだす．しかし我にかえり $P_3 - P_2$ を因数分解し正答らしきものをえる．しかし(3)が分からない…(45分)．精神をおちつけるべく④へ．(2)で一瞬迷うもたいして苦労することなく2完目(65分)．この勢いのまま③に突入し面倒な場合分けを乗り切って3完目(90分)．①にもどる．3完しておちついているためか戻ってみるとたいしたことないことに気づき4完目(100分)．⑤にもどるも結局(3)はわかりそうにないのでシグマの式だけかいて，いかにも時間切れでした的空気を醸し出して捨てる(105分)．④を見直して計算ミスに気付き，訂正して受験番号等を見直し終了(120分)．それにしてもまた最大最小のオンパレードでその上お絵描き大会だったなと思いつつ昼食をとっていると，後ろの方から，「⑤(2)で1より下入れた？」とひけらかす人の声が聞こえ，へこむ．しかし，そのひけらかした人とその友人の出来が1完3半程度ということが聞こえ，落ち込んでいた気分が戻る．出来はよくて
①○○②○○○○③○○
④○○○⑤○△××
で100ぐらいでしょうか．しかし英語で爆死したのでどうなることやら…．
追記．2/26, 16:17, 電話で合格を確認．

(Mr. 渋滞)

早稲田大学・政治経済学部

12年のセット / 60分
① B** Ⅱ/座標
② B**○ AⅡ/確率, 微分
③ C*** BⅡ/ベクトル, 座標(軌跡)

ある競技の大会に，チーム 1，チーム 2，チーム 3，チーム 4 が参加している．大会は予選と決勝戦からなる．まず，抽選によって，図のように 2 チームずつに分かれて予選を行う．次に，各予選の勝者が決勝戦を行う．過去の対戦成績から次のことが分かっている．

チーム i とチーム j $(1 \leq i < j \leq 4)$ が試合をするとき，確率 p でチーム j が勝利し，確率 $1-p$ でチーム i が勝利する．ただし $0 < p < 1$ である．

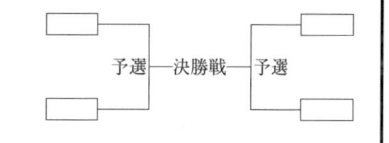

このとき，次の各問に答えよ．ただし，(1)，(2)，(3) は答のみ解答欄に記入せよ．

（1）チーム 1 が優勝する確率を求めよ．
（2）予選においてチーム 1 とチーム 2 が対戦する確率を求めよ．
（3）予選においてチーム 1 とチーム 2 が対戦するとき，チーム 2 が優勝する確率を求めよ．
（4）この大会においてチーム 2 が優勝する確率 $f(p)$ を求めよ．
（5）$f(p)$ を最大にする p の値を求めよ．

(12)

なぜこの 1 題か

05 年から昨年までは大問が 4 題であったが，今年は 3 題になった．代わりに小問が増えた．昨年は 2 年ぶりに整数，しかも証明問題が出されたが，今年は整数も証明も出されなかった．

さて，今年の問題を見て行こう．①は円に関する B レベルの問題である．❷は頻出の確率．微分との融合問題になっている．③はベクトルで与えられた点の軌跡の問題．複数の文字が現れる，計算量が多めの C レベルの問題である．

60 分という時間的に厳しいセットである．①は比較的短時間にクリアしやすい．❷と③が鍵を握る．③を先に手をつけたとしても，計算量が多めなので，多くの人は③を完答せずに❷に手をつけたはずである．本学で頻出の確率は対策を十分してきた人が多いはず．となると，❷の確率でどこまで点数を稼げたかで，合否が分かれたと考えられる．

【目標】時間との勝負になるだろう．(3)まで確保した上で，さらに上積みできればよいだろう．

解答

（1）チーム 1 が 2 連勝するときである．
（2）チーム 1 がチーム 2 と対戦する確率と，チーム 3 やチーム 4 と対戦する確率が違うはずはない．
（4）チーム 2 がどのチームと予選で対戦するか？と，決勝戦の相手はどのチームか？の 2 種類を考えることに注意する．

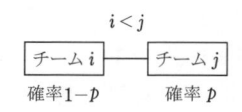

⇦ 対等性に着目する．

＊　　　　＊　　　　＊

（1）相手によらずに予選，決勝戦とも，確率 $1-p$ で勝たなければならないので，$(1-p)^2$

（2）どのチームがチーム 1 の対戦相手になるかは同様に確からしいので，求める確率は $\dfrac{1}{3}$

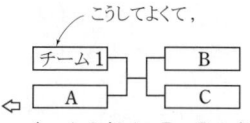

（3）右図のとき，チーム 2 が優勝するのは，予選では確率 p でチーム 1 に勝ち，決勝戦では残りの 2 チームのどちらかが対戦相手でも確率 $1-p$ で勝つときなので，求める確率は，$p \cdot (1-p) = p(1-p)$

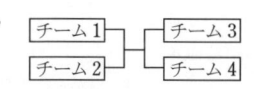

$i < j$ のとき チーム i — チーム j，確率 $1-p$，確率 p

こうしてよくて，

チーム 1 — B
A — C

⇦ チーム 2 が A，B，C のどこに入るかは同様に確からしい，と考えてもよい．

⇦ チーム 3 とチーム 4 の対戦結果は考える必要はない．

121

（4） チーム2が予選でチーム1，チーム3，チーム4と対戦する確率はいずれも $\frac{1}{3}$ である．

1° チーム2が予選でチーム1と対戦し，かつチーム2が優勝するとき，(3)により，$\frac{1}{3}p(1-p)$ ……………①

2° チーム2が，予選でチーム3に勝って優勝するときは，決勝戦の対戦表は下図1，2の場合である．

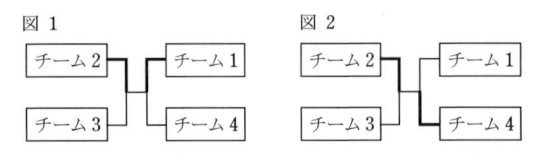

図1　　　　　図2

- チーム2が，図1で優勝するとき，もう一方の予選でチーム1は確率 $1-p$ で勝つから，$\frac{1}{3}(1-p)\cdot(1-p)\cdot p = \frac{1}{3}p(1-p)^2$ ……………②

- チーム2が，図2で優勝するとき，もう一方の予選でチーム4は確率 p で勝つから，$\frac{1}{3}(1-p)\cdot p\cdot(1-p) = \frac{1}{3}p(1-p)^2$ ……………③

3° チーム2が予選でチーム4に勝って優勝するときは，上図でチーム3とチーム4を入れ替えた場合なので，このときの確率も②③に等しい．

以上，1°～3°により，$f(p) = ① + 2\times(② + ③)$ であるから，

$$f(p) = \frac{1}{3}p(1-p) + \frac{4}{3}p(1-p)^2 = \frac{4}{3}p^3 - 3p^2 + \frac{5}{3}p$$

⇐ チーム2にとって
　チーム3とチーム4は対等
　チーム1にとって
　チーム3とチーム4は対等

⇐ $\frac{1}{3}p(1-p) = -\frac{1}{3}p^2 + \frac{1}{3}p$

　$\frac{4}{3}p(1-p)^2 = \frac{4}{3}p^3 - \frac{8}{3}p^2 + \frac{4}{3}p$

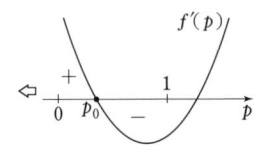

（5） $f'(p) = 4p^2 - 6p + \frac{5}{3} = \frac{1}{3}(12p^2 - 18p + 5)$

ここで，$12p^2 - 18p + 5 = 0$ となる $p = p_0 \ (0 < p_0 < 1)$ は，

$$p_0 = \frac{9 - \sqrt{9^2 - 12\times 5}}{12} = \frac{9 - \sqrt{21}}{12}$$

であり，$f(p)$ の増減表は右のようになるので，求める p の値は，$p_0 = \dfrac{9-\sqrt{21}}{12}$

p	(0)		p_0		(1)
$f'(p)$		$+$		$-$	
$f(p)$		↗		↘	

解　説

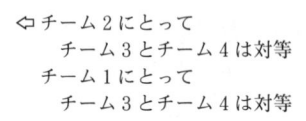

【（4）で答えのチェック】

実際には取らない値であるが，$p=0, 1$ のとき，チーム2には，いずれの場合も「絶対に勝てないチーム」があるので，$f(0) = f(1) = 0$ である．このようにして，ケアレスミスをチェックできる．

【各チームが優勝する確率】

チーム4は(1)と同様にして，チーム3は(4)と同様にして計算することにより，各チームが優勝する確率 $P_1 \sim P_4$ は

$P_1 = (1-p)^2$

$P_2 = \frac{4}{3}p^3 - 3p^2 + \frac{5}{3}p$

$P_3 = -\frac{4}{3}p^3 + p^2 + \frac{1}{3}p$

$P_4 = p^2$

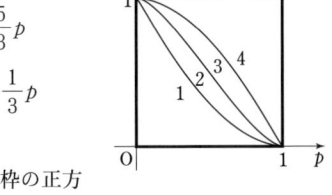

となる．右図は，太枠の正方形を，曲線 $y = P_1$，$y = P_1 + P_2$，$y = P_1 + P_2 + P_3$ で4つに分けた図で，各部分の面積は，p を $0 \leq p \leq 1$ においてでたらめに選ぶとき，各チームが優勝する確率を表す（数Cの範囲）．

【トーナメントの類題】

> A, B, C, D, E, F, G, H の 8 チームが抽選で組み合わせを決め，トーナメント戦を行う．各チームの実力は全て等しいものとして，
> （1） A，B のチームが第一回戦で対戦する確率はいくらか．
> （2） A，B のチームが勝ち上がり，決勝戦で対戦する確率はいくらか．　　　　（09　多摩大）

早大・政経の（2）と同様に，対等性に着目する．

解　（1）　A の相手が B〜H のどれになるかは同様に確からしいから，求める確率は $\dfrac{1}{7}$

（2）　A は右図の位置に入るとしてよく，このとき，B が④〜⑦のどこかに入る確率は $\dfrac{4}{7}$ であり，このとき A，B がともに 2 連勝すれば決勝に進むので，求める確率は，
$$\dfrac{4}{7}\times\left(\dfrac{1}{2}\right)^2\cdot\left(\dfrac{1}{2}\right)^2=\dfrac{1}{28}$$

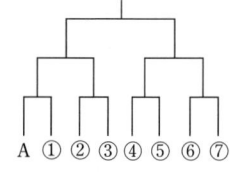

⇨**注**　（1）　A は上図の位置に入るとしてよく，このとき，B が①〜⑦のどこに入るかは同様に確からしいことからも，（1）の答えは得られる．

別解　（2）　決勝で対戦する 2 チームの組合せは $_8C_2$ 通りあって，これらは同様に確からしいから，求める確率は，$\dfrac{1}{_8C_2}=\dfrac{1}{28}$

（坪田）

受験報告

▶早大政経の受験報告です．理系の自分は数学で差をつけなければならないので気合を入れる．開始後全問に目を通すと 3 問に減っていて驚く（1 分）．とりあえず頭からやっていくことにする．❶(1)(2)は秒殺．(3)を見てなぜか怖くなってしまってパス（6 分）．❷の確率はなんとなく嫌で❸から手をつける．(2)までは全く悩むところはなく，(3)も少し計算が面倒な程度．(4)(5)共に誘導に従って計算するだけ．今年のセンターより簡単なのでは？（17 分）．❷を避けて①(3)へ戻る．見た目が嫌だったが，手をつけてみるとただの式変形だった（22 分）．なんとなく嫌な❷だが，よく読めばルールも大して複雑でないので(3)まではスラスラいく．(4)は場合分けが生じるものの，場合の数が少ないので大したことが無い．(5)は微分して解く．30 分足らずで全完してしまった．あまりに簡単すぎて逆に怖いのでその後何度も見直しをした．解答速報によると満点の筈です．　　　　（受験オタク）

○10　産業医科大学（解説は p.220）

▶産業医大の受験報告です！　自治医大 2 次の結果が気になりすぎて，勉強に集中できず，結局赤本は数学を 1 年分しか解けない（−1 日）．天満駅前で某予備校のチラシを大量にもらい，イライラする（−2 時間）．入室すると案内人が多くて驚く（−20 分）．受験番号を書いて，いざスタート!!（−0 分）．❶(1)教科書レベルの数列の問題かな？　瞬殺．(2)大数で一度見たことが…たぶん $x=50$ で min だろうと気楽に考えて次へ．(3)全然わからん…とばして次へ．(4)半角の公式で変形して，有名形へ．(5)一生懸命計算して，なんとか答えをだす．(6)計算するも…爆発．(7)リサージュ曲線か？　$x=0$ になればいいから，2 個かな？　(8)とりあえず漸化式にすると答えがでる（30 分）．②一読したところ，有名問題だと気づく．(1)適当に説明をかいて答えを出す．(2)傾きからいけるんじゃないかと見当をたて，解くと答えがでる．❸(1)の答えに代入したりして完答（50 分）．❸残り 50 分もあるから余裕だろうと思っていたが…．(1)いきなり計算が重たい．対称性を使い，上手くごまかしてみる．(2)とりあえず点 A，B，C の座標を代入したが…なんだこれは!?　A' の座標を (X, Y) とおいて，なんとか軌跡の式をだすが，面積をだせるような雰囲気ではない（70 分）．紙面とにらめっこしているうちに，解と係数の関係がうかび，とりあえず答えをだすも，あっている気がしない（80 分）．❶(3)に戻り，奮闘するもわからず，解答欄に 0 と記入（90 分）．残りの 10 分は見直しに使い，終了（100 分）．結果は
❶○△×○○×△○　❷○○○　❸○△
次の理科は案外でき，英語はドラゴンイングリッシュのおかげで英作文は得点できたはず…．センターで D 判定（−30 点）だが，代々○の判定だけなぜか B 判定だったので，そっちを信じる．自治医大 2 次は敗退…．都道府県で 2 人しか受からないという厚い壁を感じる（3 日）．国公立後期も頑張るぞー!!（前期結果待ち）．P.S. 産業医大一次とおってました．さすが代○木．
（カールスモーキー右丸）

山梨大学・医学部 (後期)

12年のセット
120分

① B**** ⅠA/不等式, C/2次曲線 B/数列(漸化式), Ⅲ/極限 Ⅲ/積分
② C**** A/確率, 期待値, B/数列
③ C**** Ⅰ/整数
④ C**** Ⅲ/微分, 極限

$f(m, n) = m^2 - mn + n^2$ とおく．自然数 k に対して，平面上の点 (m, n) の集合
$X(k) = \{(m, n) \mid m, n \text{ は整数}, f(m, n) = k\}$ を考える．
(1) $X(k)$ は有限集合であることを示せ．また，$X(1)$ の要素をすべて求めよ．
(2) $k = 2, 4$ に対して，$X(k)$ の要素の個数をそれぞれ求めよ．
(3) 自然数 r に対して，$X(2^r)$ の要素の個数を求めよ． (12)

なぜこの1題か

出題分野などは，小問集合，確率，整数，微積であり，ここ数年出題されていた行列は出題されなかった．確率はしばしば漸化式や極限などの他分野との融合である．微積は典型的な手法を用いることが多いので有名問題に一通りあたっておこう（例えば，「微積分／基礎の極意」の第3部）．また，途中の小問が難問だったり，小問同士が関連していないことも多いので，解ける小問から解いていこう．

今年の合格者の平均点は307.9点（配点600点）で約5割だった．2問半程度は取りたいところである．

さて，今年のセットを少し詳しく眺めてみよう．①は，小問セット．(4)は区分求積法に気付くかがポイントである．小問とはいえ重めの設問もある．重めの(5)以外は押さえておきたいところ．②は，確率と微分，数列の融合問題．(3)は何を示せばよいのかとまどうだろう．③は整数の不定方程式に関する問題．(1), (2)は具体的で比較的押さえ易い．(3)がヤマである．④は，数Ⅲの問題．ある性質を満たす関数の例を挙げよという問題．あまり見かけない問題で，求めたい関数の例はなかなか見つからないだろう．

今年は，②(3)と④はあまり見かけないタイプの問題だったので，③を押さえられれば，合格にぐっと近づいたはずである．

【目標】(1), (2)は範囲を押さえるタイプの問題である．(3)は，m, n の偶奇に着目すると(1), (2)に帰着できることがポイント．似たような議論をする類題（新数学演習1・11）の経験があれば有利なはず．まずは(1)と(2)を15分程度で押さえておきたい．40分くらいで完答できれば文句なし．

解 答

$f(m, n) = k$ を m や n の方程式と見て，実数解条件から，範囲を絞ることができる．

(3)では，まず $f(m, n)$ が偶数となる m, n の条件を考える． ⇐ 実は m, n がともに偶数のときに限られる．

     *   *

以下，m, n は整数とする．
(1) $f(m, n) = k$ を m について整理して，$m^2 - nm + n^2 - k = 0$ …①
m は実数であるから，判別式が0以上である．よって， ⇐ 整数なら実数でなければならない．
$$n^2 - 4(n^2 - k) \geq 0 \quad \therefore \quad n^2 \leq \frac{4}{3}k \quad \cdots\cdots ②$$

②を満たす整数 n は有限個である．同様に，$m^2 \leq \dfrac{4}{3}k$ が成り立ち，整数 m も有限個である．したがって，$X(k)$ は有限集合である．

$k = 1$ のとき，②は，$n^2 \leq \dfrac{4}{3}$ $\therefore$ $n = -1, 0, 1$ ⇐ ①は，$m^2 - nm + n^2 - 1 = 0$

● $n = -1$ のとき，①は，$m^2 + m = 0$ $\therefore$ $m = 0, -1$

124

- $n=0$ のとき, ①は, $m^2-1=0$ ∴ $m=1, -1$
- $n=1$ のとき, ①は, $m^2-m=0$ ∴ $m=0, 1$

よって, $X(1)=\{(0, -1), (-1, -1), (1, 0), (-1, 0),$
$(0, 1), (1, 1)\}$

(2) $k=2$ のとき, ②は, $n^2 \leq \dfrac{8}{3}$ ∴ $n=-1, 0, 1$ ⇐ ①は, $m^2-nm+n^2-2=0$

- $n=-1$ のとき, ①は, $m^2+m-1=0$ 整数解なし ⇐ $m=\dfrac{-1 \pm \sqrt{5}}{2}$
- $n=0$ のとき, ①は, $m^2-2=0$ 整数解なし
- $n=1$ のとき, ①は, $m^2-m-1=0$ 整数解なし

$X(k)$ の要素の個数を $g(k)$ と表すことにすると, $g(2)=0$

次に, $k=4$ のとき, ②は, $n^2 \leq \dfrac{16}{3}$ ∴ $n=-2, -1, 0, 1, 2$ ⇐ ①は, $m^2-nm+n^2-4=0$

- $n=-2$ のとき, ①は, $m^2+2m=0$ ∴ $m=0, -2$
- $n=-1$ のとき, ①は, $m^2+m-3=0$ 整数解なし ⇐ $m=\dfrac{-1 \pm \sqrt{13}}{2}$
- $n=0$ のとき, ①は, $m^2-4=0$ ∴ $m=2, -2$
- $n=1$ のとき, ①は, $m^2-m-3=0$ 整数解なし
- $n=2$ のとき, ①は, $m^2-2m=0$ ∴ $m=0, 2$

したがって, $g(4)=6$

(3) m, n の偶奇と $f(m, n)$ の偶奇の関係を調べる.
- m, n がともに奇数のとき,
$f(m, n)=m^2+mn+n^2=$(奇数)+(奇数)+(奇数)=(奇数)
- m が奇数, n が偶数のとき,
$f(m, n)=m^2+mn+n^2=$(奇数)+(偶数)+(偶数)=(奇数)
- m が偶数, n が奇数のとき, 同様にして, $f(m, n)=$(奇数)
- m, n がともに偶数のとき, $f(m, n)=$(偶数)

したがって, $f(m, n)$ が偶数のとき, m, n はともに偶数である.

よって, $f(m, n)=2^r$ のとき, $m=2m_1, n=2n_1$ (m_1, n_1 は整数)
とおけ, $(2m_1)^2-(2m_1)(2n_1)+(2n_1)^2=2^r$
∴ $m_1^2-m_1 n_1+n_1^2=2^{r-2}$ ∴ $f(m_1, n_1)=2^{r-2}$

したがって, $g(2^r)=g(2^{r-2})$ ……………③ ⇐ 整数の組 (a, b) が $f(a, b)=2^r$ を満たすならば, 整数の組 $\left(\dfrac{a}{2}, \dfrac{b}{2}\right)$ は $f\left(\dfrac{a}{2}, \dfrac{b}{2}\right)=2^{r-2}$ を満たす. ……………☆
よって, $X(2^r)$ の要素の個数と, $X(2^{r-2})$ の要素の個数は等しい.

これを繰り返し用いて,
r が奇数のとき, $g(2^r)=g(2^1)=g(2)=0$
r が偶数のとき, $g(2^r)=g(2^2)=g(4)=6$

⇨注 ③は $r=2$ でも成り立ち, $g(4)=g(1)$ である. (1), (2)の結果は, 確かにこれを満たしている.

解 説

【$f(m, n)=2^r$ を満たす組】

r が奇数のときは, $f(m, n)=2^r$ を満たす整数の組 (m, n) は存在しないが, r が偶数のときは6組ある. 傍注の☆を使って, その6組を求めてみよう.

☆を $\dfrac{r}{2}$ 回使うと, $f\left(\dfrac{m}{2^{\frac{r}{2}}}, \dfrac{n}{2^{\frac{r}{2}}}\right)=1$ に帰着される.

よって, (1)の結果により, 求める6組は,

$\left(0, -2^{\frac{r}{2}}\right), \left(-2^{\frac{r}{2}}, -2^{\frac{r}{2}}\right), \left(2^{\frac{r}{2}}, 0\right),$
$\left(-2^{\frac{r}{2}}, 0\right), \left(0, 2^{\frac{r}{2}}\right), \left(2^{\frac{r}{2}}, 2^{\frac{r}{2}}\right)$

である.

なお, 蛇足であるが, 本問の背景には,「アイゼンシュタイン整数のノルム (距離)」というものがある.

(坪田)

山梨大学・医学部 (後期)

11年のセット 120分

① A, B ****　ACⅡ/場合の数, 合成関数, 確率, 座標, 図形
② C ****　ACⅢ/確率, 行列, 極限
③ D ***　CⅠ/行列, 整数
④ C *****　Ⅲ/積分 (不等式の証明)

自然数 n に対して, $S_n = \sum_{k=1}^{n} \log k$ とおく.

(1) n を2以上の自然数とするとき, $S_{n-1} + \dfrac{1}{2}\log n \leq \int_{1}^{n} \log x\, dx$ となることを示せ. ただし, $0 < a < b$, $a \leq x \leq b$ のとき, $\dfrac{\log b - \log a}{b - a}(x - a) + \log a \leq \log x$ が成り立つことを用いてもよい.

(2) n を2以上の自然数とするとき, $S_{n-1} + \dfrac{1}{2}\sum_{k=1}^{n-1}\dfrac{1}{k} \geq \int_{1}^{n} \log x\, dx$ となることを示せ.

(3) 任意の自然数 n に対して, $e^{-n+\frac{1}{2}} n^{n+\frac{1}{2}} \leq n! \leq e^{-n+1} n^{n+\frac{1}{2}}$ となることを示せ. (11)

なぜこの1題か

出題分野は例年と同様, 確率, 行列, 微積が中心であり, この3分野を重点的に対策しておこう. 確率はしばしば漸化式や極限などの他分野との融合である. 行列は成分計算一辺倒ではきつく, 行列の意味や性質を活用することを要求されることが多い. 微積は典型的な手法を用いることが多いので有名問題に一通りあたっておこう (例えば,「微積分/基礎の極意」の第3部). また, 途中の小問が難問だったり, 小問同士が関連していないことも多いので, 解ける小問から解いていこう.

今年の合格者の平均点は232.2点 (配点600点) で約4割だった. 2問ぶん近く取りたいところである.

さて, 今年のセットを眺めてみよう. ①は, 小問セット. 小問とはいえ重めの設問もある. 重めの(3)以外は確実に取っておきたいところだろう. ②は, 確率と行列や極限との融合問題. (3)までは地道に数えていくのだが, 数え方は簡単とは言えない. (4)は p_n を n で表さずにハサミウチで極限を求めるスジで難しい. ③は, 2行2列の行列の問題. (1)は,「A と A^{-1} の成分がすべて整数ならば $\det A = \pm 1$ となる」ことの証明. $\det(AB) = \det A \det B$ を使うのが上手い解法だが, そのような誘導がついていないこともあり難問である. ④は, 積分の不等式に関する問題. これも難しい.

今年は, ②, ④でどこまで部分点を稼げたかが勝負だろう. 山梨大・医は典型的な手法を用いる微積の問題が頻出であるが, ④の類題が「合否を決める! (07~09)」のp.170に載っている. 類題の経験が生かせることを考えると, ④でより差がついたことだろう.

【目標】 (1)はヒントの使い方に気づいて15分位で解いておきたい. (2)はヒントがないので難しい. (3)は(2)が解けなくても, (1)(2)の結果を用いて解いていこう. 途中で詰まったら, 他の問題に取り組もう.

解答

S_n を, $y = \log x$ のグラフを利用して, "短冊" の面積の和を表す, という見方は有名である (☞解説). (1)(2)でも, $y = \log x$ のグラフを活用しよう. $\int_{1}^{n} \log x\, dx = \sum_{k=1}^{n-1} \int_{k}^{k+1} \log x\, dx$ と見ることがポイントである. $k \leq x \leq k+1$ において, $\log x$ を評価する (不等式を作る) ことを考える. (2)は, $y = \log x$ の接線を利用して評価する.

(3) $S_n = \log(1 \cdot 2 \cdots n) = \log(n!)$ に注意. もちろん(1), (2)を使うが, (2)の左辺のシグマも評価する必要がある.

⇐ (1)のヒントの不等式は, 下図のグラフの上下関係を表す.

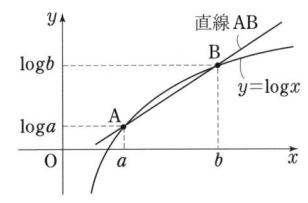

*　　　*

(1) k を自然数とし, ヒントの不等式で, $a = k$, $b = k+1$ とおくと,

$k \leq x \leq k+1$ において，
$$(\log(k+1) - \log k)(x-k) + \log k \leq \log x$$
が成り立つ．これを $k \leq x \leq k+1$ で積分して，
$$\int_k^{k+1} \{(\log(k+1) - \log k)(x-k) + \log k\} dx \leq \int_k^{k+1} \log x \, dx \quad \cdots ①$$

①の左辺 $= \left[(\log(k+1) - \log k)\dfrac{(x-k)^2}{2} + (\log k)x \right]_k^{k+1}$

$= \dfrac{1}{2}(\log(k+1) - \log k) + \log k = \dfrac{1}{2}\{\log(k+1) + \log k\}$

よって，$\dfrac{1}{2}\{\log k + \log(k+1)\} \leq \int_k^{k+1} \log x \, dx$ であり，各辺をそれぞれ $k = 1, 2, \cdots, n-1$ として足し合わせると，

左辺 $= \dfrac{1}{2}(\log 1 + \log 2) + \dfrac{1}{2}(\log 2 + \log 3) + \cdots + \dfrac{1}{2}\{\log(n-1) + \log n\}$

$= \log 2 + \log 3 + \cdots + \log(n-1) + \dfrac{1}{2}\log n \quad (\because \log 1 = 0)$

$= \sum_{k=1}^{n-1} \log k + \dfrac{1}{2}\log n = S_{n-1} + \dfrac{1}{2}\log n$

右辺 $= \sum_{k=1}^{n-1} \int_k^{k+1} \log x \, dx = \int_1^n \log x \, dx$

したがって，$S_{n-1} + \dfrac{1}{2}\log n \leq \int_1^n \log x \, dx$

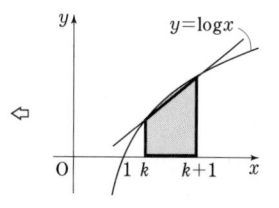

⇦ 上図で，
台形の面積＜網目部の面積
を意味する．

⇦「$\sum_{k=1}^{n-1}$」を行う．

⇦ $\log 2 \sim \log(n-1)$ は 2 個ずつ，$\log 1$ と $\log n$ は 1 個ずつ現れる．$\log 1 = 0$ に注意する．

（2） $y = \log x$ のとき，$y' = \dfrac{1}{x}$ であるから，

$x = k$ における接線は，$y = \dfrac{1}{k}(x-k) + \log k$

$y = \log x$ のグラフは上に凸であるから，

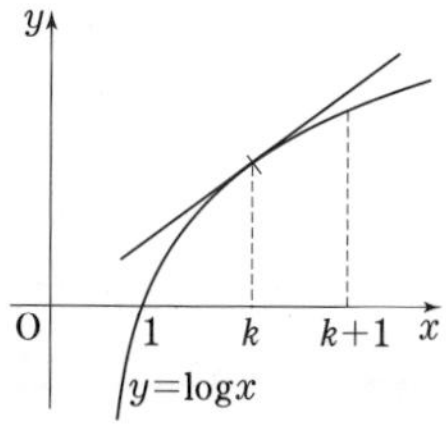

$$\dfrac{1}{k}(x-k) + \log k \geq \log x$$

$\therefore \int_k^{k+1} \left\{\dfrac{1}{k}(x-k) + \log k\right\} dx \geq \int_k^{k+1} \log x \, dx$

$\therefore \left[\dfrac{1}{k} \cdot \dfrac{(x-k)^2}{2} + (\log k)x\right]_k^{k+1} \geq \int_k^{k+1} \log x \, dx$

$\therefore \dfrac{1}{2k} + \log k \geq \int_k^{k+1} \log x \, dx$

$\therefore \sum_{k=1}^{n-1}\left(\dfrac{1}{2k} + \log k\right) \left[= \sum_{k=1}^{n-1}\log k + \dfrac{1}{2}\sum_{k=1}^{n-1}\dfrac{1}{k}\right] \geq \sum_{k=1}^{n-1}\int_k^{k+1} \log x \, dx$

$\therefore S_{n-1} + \dfrac{1}{2}\sum_{k=1}^{n-1}\dfrac{1}{k} \geq \int_1^n \log x \, dx$

⇦ "短冊"で評価すると，左辺の $\dfrac{1}{2}\sum_{k=1}^{n-1}\dfrac{1}{k}$ が現れない（☞解説）．
そこで，長方形に図の網目部の三角形を加えて評価することを考える．

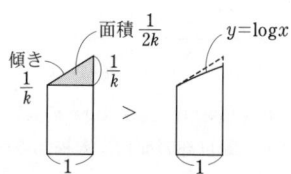

$\log x$ を大きめに評価したいので接線を利用する．$y = \log x$ の接線の傾きが $\dfrac{1}{k}$ になるのは，$x = k$ のときである．（なお，(1) では $\log x$ を小さめに評価するのに弦を利用している．）

（3） $S_{n-1} = \log 1 + \log 2 + \cdots + \log(n-1) = \log\{1 \cdot 2 \cdot \cdots \cdot (n-1)\}$
$= \log(n-1)!$

であることに注意する．示すべき式の各辺を n で割ると，
$$e^{-n+\frac{1}{2}} n^{n-\frac{1}{2}} \leq (n-1)! \leq e^{-n+1} n^{n-\frac{1}{2}} \quad \cdots\cdots ②$$

②を示せばよい．$n = 1$ のとき，$e^{-\frac{1}{2}} \leq 0! \leq e^0$ で成り立つ．
以下，$n \geq 2$ のときを考える．②の log を考えて，②は次の③と同値．

$$\left(-n + \dfrac{1}{2}\right) + \left(n - \dfrac{1}{2}\right)\log n \leq S_{n-1} \leq (-n+1) + \left(n - \dfrac{1}{2}\right)\log n \quad \cdots ③$$

⇦ よって，③を示せばよい．

さて，$\int_1^n \log x \, dx = \Big[x\log x - x \Big]_1^n = n\log n - n + 1$

であるから，(1)により，

$S_{n-1} \leqq (n\log n - n + 1) - \frac{1}{2}\log n = (-n+1) + \left(n - \frac{1}{2}\right)\log n$

よって，③の右側の不等式が成り立つ．

次に，(2)により，

$S_{n-1} \geqq n\log n - n + 1 - \frac{1}{2}\sum_{k=1}^{n-1}\frac{1}{k}$　………………④

④の右辺－③の左辺 $= \frac{1}{2}\left(1 + \log n - \sum_{k=1}^{n-1}\frac{1}{k}\right)$　………⑤　　⇦ ⑤≧0 なら，④の右辺≧③の左辺により，$S_{n-1} \geqq$③の左辺 が示される．

ここで，$\sum_{k=1}^{n-1}\frac{1}{k}$ は，右図の網目部の面積を表し，太枠部の面積よりも小さいから，

$1 + \int_1^n \frac{1}{x}dx > \sum_{k=1}^{n-1}\frac{1}{k}$

$\therefore \ 1 + \log n > \sum_{k=1}^{n-1}\frac{1}{k}$

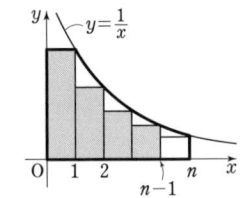

⇦ $\int_1^n \frac{1}{x}dx = \Big[\log x\Big]_1^n = \log n$

よって，⑤＞0 であるから，③の左側の不等式が成り立つ．

解説

【'短冊'の面積による評価では甘い】

$\sum_{k=1}^n \log k$ を図式化すると，図アor図イの網目部の面積と見ることができる．

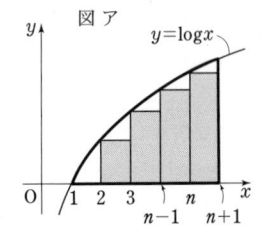

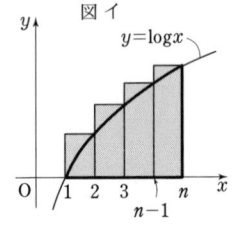

($\log k$ を横幅1，高さ $\log k$ の長方形の面積と見る)
図アで，網目部の面積＜太枠部の面積 なので

$$\sum_{k=1}^n \log k < \int_1^{n+1} \log x \, dx$$

よって，$n \Rightarrow n-1$ として，$S_{n-1} < \int_1^n \log x \, dx$

が得られるが，これでは(1)が示せない．

太枠部の面積を長方形の面積の和で評価するのでは，すき間が大きいので，

長方形 ⇨ 台形

にして精度を上げる．(1)では，このようにして解いている．

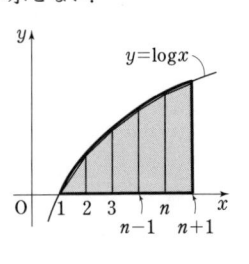

(2)では，右図で，
太枠部＜網目部
が成り立つことに着目して解いている．

上に凸な曲線について，
(1)…弦ABは弧ABの下側（最初の傍注の図）
(2)…接線は曲線の上側
が成り立つことを利用して評価しているわけである．

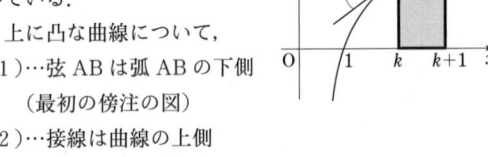

【スターリングの公式】

(3)により，$n! = c_n e^{-n} n^{n+\frac{1}{2}}$，$e^{\frac{1}{2}} \leqq c_n \leqq e$

が成り立つ．ここで，$c_n = \dfrac{n!}{e^{-n}n^{n+\frac{1}{2}}} \xrightarrow[n\to\infty]{} \sqrt{2\pi}$

であることが知られている．n が十分大きいとき，比率的にほぼ等しいことを「≈」で表すと，次式が成り立つ．

$$n! \approx \sqrt{2\pi}\, e^{-n} n^{n+\frac{1}{2}} \quad (スターリングの公式)$$

また，$1 \sim n$ の相乗平均 $\sqrt[n]{n!}$ について，

$\log \dfrac{\sqrt[n]{n!}}{n} = \dfrac{1}{n}\log \dfrac{n!}{n^n} = \dfrac{1}{n}\log\left(c_n n^{\frac{1}{2}}\dfrac{1}{e^n}\right)$

$\qquad = \dfrac{\log c_n}{n} + \dfrac{1}{2}\cdot\dfrac{\log n}{n} + \log\dfrac{1}{e} \xrightarrow[n\to\infty]{} \log\dfrac{1}{e}$

$\left(\because \ \dfrac{\log n}{n} \to 0\right)$ により，$\sqrt[n]{n!} \approx \dfrac{n}{e}$

(坪田)

受験報告

○10 千葉大学・医学部 （解説は p.59）

▶**千葉大学医学部**の受験報告です．数学の問題用紙と解答用紙が配られ，医学部の問題が何番か確認．⑤⑥⑨⑩⑪．園芸学部との共通問題が 2 問もあり，数学は易化か？（−10 分）試験開始．いつも通り前から解き始める．⑤放物線と直線に囲まれた部分の格子点か．(1)を普通に解く．（実は計算ミスをしていた）(6 分)．(2)へ．普通に解くが，計算がめんどくさくなり，よくわからなくなったので次へ（11 分）．⑥確率の問題…．苦手．しかしハッ確で鍛えた（ハズ）．(1)は楽勝（16 分）．しかし(2)は普通には解けない．めんどくさいので次へ（22 分）．⑨これまたなんかめんどくさそうな予感．千葉は，一見典型問題なのに解いてみるとめんどくさいわややこしいわでてこずるのが多いんだよなー．と思いつつ解き始める．まず，グラフで視覚化．$p>0$, $q>0$ を見逃していて，場合分けが面倒過ぎて困る．後回し（27 分）．⑩医学部専用問題．これはいつも難しいので，身構えて解きはじめる．まず因数分解できそうだからしてみるか．普通に因数分解すればよかったのに，ひねくれ者なので $3^n-1=k^3$ と移項してから左辺を因数分解する．すると，わかったことは…．k が偶数ということだけ…．重要な条件ではあるが，前にすすまない．仕方ないので次の問題に．と思ったが，一応⑨に戻る（34 分）．実は(1)の条件を見落としていたことに気づく．グラフを書き直し，(2)を考える．角度が 0～90 度なので，角度の大小と tan の大小は同じ．それを利用して式として条件をつくる．(3)も式に．tan∠POQ を加法定理を使って p, q で表わす．問題文の条件は全て式に置き換えた（43 分）．後はこれの最大値が 3/4 になるように…微分？．いや，めんどうすぎる．次へ行こう（46 分）．⑩ 5 分考えても進まない．次（51 分）．⑪数学科との共通問題．なんとなく形式的に平均値の定理？問題文が「正の実数 r を十分小さく選べば」などとあまり見たことのない表現．$r\to +0$ ってこと？いや，しかしそれなら「選べば」はおかしい気がする．とりあえず絶対値付きの不等式を数直線上に視覚化．しかしよくわからない（56 分）ということで⑤に戻る．ab は整数解が決まったりすんのかな～．いや，⑩がそういう問題だし，そうでもなさそう（←実は決まるよ～…）進まない（59 分）．⑨へ．これまた進まない（61 分）．結局⑪に戻ってくる．仕方ないので(1)を解きはじめる．微分可能ならば，を式にする．すると $x-a$, $f(x)-f(a)$ が出てきた．$f(x)\leq f(a)$ もここで使える．なんか感動．変に考えるよりまず手を動かせとはこのことなのか（というより，$x-a$, $f(x)\geq f(a)$ から微分の式を連想できなかった（平均値の定理も微分の式みたいなものだけど）自分の実力不足か．まあいいや）．右側，左側極限それぞれとって，両方の条件をあわせると示せた（65 分）．(2)なんだこりゃ．とりあえずグラフを書いて視覚化（←視覚化が好きだなあ）．ここで時計を見ると 60 分を過ぎている．予定は 60 分で 2 完．只今 0 完．焦る．⑥へ（67 分）．……(79 分)．まだ 0 完．焦る…．⑪へ．グラフを見て，ただ場合分けしていくだけのことに気づく．グラフでだいたいの見当はつけた上で，微分可能な点と微分不可能な点で，細かく場合分けして，(P)をみたすところを決定する（88 分）．(3)へ．(2)を解いた感覚で，明らかに反例がある．$y=[x]$ とかがそう．しかし $y=[x]$ は自分の趣味にあわないので（←受験会場でそんなこと言っちゃだめ）別の答えを探して書き，それが反例になることの説明を書き，ようやく 1 完（94 分）．……試験終了．自分的には，今年の合否を分けた 1 題は⑪でした．結果は，⑤△△（≒×）⑥〇〇〇⑨△⑩△（≒×）⑪〇〇〇 目標を大きく下回る結果．それでも，他の人もできてないだろうと楽観的な自分．続く物理は夏の東大実戦級の質と量を 60 分で解かされ，目標の満点どころか 9 割にも満たない模様．
(ps. 受かってました！)
(もし生まれかわったらなんて目を輝かせて言ってたくない人)

新潟大学・医, 歯学部

11年のセット　90分

② B*○　A/確率
③ B*○　B/ベクトル
④ B***　Ⅲ/積分
⑤ C***　Ⅰ/整数

実数 a, b, c に対して，3次関数 $f(x)=x^3+ax^2+bx+c$ を考える．このとき，次の問いに答えよ．

（1） $f(-1), f(0), f(1)$ が整数であるならば，すべての整数 n に対して，$f(n)$ は整数であることを示せ．

（2） $f(2010), f(2011), f(2012)$ が整数であるならば，すべての整数 n に対して，$f(n)$ は整数であることを示せ．

(11)

なぜこの1題か

新潟大の医（医），歯（歯）の問題は，理（数学・物理），工（150分）の問題①〜⑤のうちの4題である．昨年までは①〜④であったが，今年は②〜⑤に変更された．大抵①より⑤のほうが難し目なので，難易度が上がったといえる．毎年，数Ⅲが出題され，ベクトル，行列，確率が出されることが多い．標準レベルの問題は，確実に押さえておく必要があるだろう．

②は，数直線上の動点に関するよくあるテーマの確率．③は平面ベクトルの，角の二等分に関する問題．この2問はこのセットでは易し目である．④は枝分かれ関数の積分の問題．丁寧に計算していけばよいが，やや面倒である．⑤の(1)は整数の有名問題．(2)は，(1)を使って解決するが，易しくはない．②③④を押さえた上でさらに上積みして合格をぐっと引き寄せたい．⑤は，類題の経験があれば(1)は解決し易いだろう．⑤でどれだけ部分点を稼げたかが鍵だったはず．

【目標】(1)は10分程度で方針が立てば解いておきたい．(2)も解ければ申し分ないが，うまい方針が立たなければ他の問題の見直しなどをしよう．

解答

（1） $f(-1)=p, f(0)=q, f(1)=r$ とおいて a, b, c を p, q, r で表し，$f(n)$ を p, q, r について整理する．

（2） (1)に帰着させる方法を考えよう．平行移動を使えば，(1)に結びつけることができる．

◁ (1)と同様の方針だと，数値が大きくなってしまう．

＊　　　　　　＊

（1） $f(-1)=p, f(0)=q, f(1)=r$ とおくと，

$-1+a-b+c=p$ ……①, $c=q$ ……②, $1+a+b+c=r$ ……③

$\dfrac{①+③}{2}, \dfrac{③-①}{2}$ により，$a+c=\dfrac{p+r}{2}, b+1=\dfrac{r-p}{2}$

これと②から，$a=\dfrac{p+r}{2}-q, b=\dfrac{r-p}{2}-1, c=q$ ……④

よって，$f(n)=n^3+an^2+bn+c$

$=n^3+\left(\dfrac{p+r}{2}-q\right)n^2+\left(\dfrac{r-p}{2}-1\right)n+q$

$=p\cdot\dfrac{1}{2}(n^2-n)-q(n^2-1)+r\cdot\dfrac{1}{2}(n^2+n)+n^3-n$

$=p\cdot\dfrac{1}{2}n(n-1)-q(n^2-1)+r\cdot\dfrac{1}{2}n(n+1)+n^3-n$

◁ a, b は整数とは限らないので，すぐに $f(n)$ が整数とは言えない．

◁ このままの形では $f(n)$ が整数とは分からないので，p, q, r（これらは整数）について整理する．

n が整数のとき，$n(n-1)$ と $n(n+1)$ は連続する2整数の積により偶数であるから，p, q, r が整数ならば，すべての整数 n に対して，$f(n)$ は整数である．

◁ 連続する2整数の一方は偶数．

（2） $g(x)=f(x+2011)$ とおくと，
$$g(x)=(x+2011)^3+a(x+2011)^2+b(x+2011)+c$$
であり，この右辺の x^3 の係数は 1 であるから，
$$g(x)=x^3+a'x^2+b'x+c'$$
と表せる．$g(-1)=f(2010),\ g(0)=f(2011),\ g(1)=f(2012)$
であるから，$f(2010),\ f(2011),\ f(2012)$ が整数であるならば，$g(-1)$，$g(0),\ g(1)$ は整数であり，（1）により，すべての整数 n に対して $g(n)$ は整数である．

よって，すべての整数 n に対して $f(n+2011)$ は整数であり，したがって，すべての整数 n に対して $f(n)$ は整数である．

⇦ 左と同様にして，連続する整数
$$k-1,\ k,\ k+1$$
に対して，
$f(k-1),\ f(k),\ f(k+1)$ が整数
$\Longrightarrow$ すべての整数 n について $f(n)$ は整数
が示せる．（'97 に $k=1997$ とした問題が名大で出ている．）

⇦ n がすべての整数を動くとき，$n+2011$ もすべての整数を動く．

解説

【係数が整数とは限らない】

すべての整数 n に対して $f(n)$ が整数であるような多項式 $f(x)$ を整数多項式と呼ぶことにしよう．ここで，
　　係数が整数 $\Longrightarrow$ 整数多項式
は成り立つが，$\Longleftarrow$ は不成立であることに注意しよう．例えば，$g(x)=\dfrac{x(x+1)}{2}\ \left(=\dfrac{1}{2}x^2+\dfrac{1}{2}x\right)$ は，解答の（1）の経過から分かるように整数多項式であるが，係数は整数ではない．したがって（1）で，$f(-1),\ f(0)$，$f(1)$ が整数であることから $a,\ b,\ c$ が整数であることを導くことはできないのである．

$f(x)=x^3+ax^2+bx+c$ が整数多項式となるための a，b，c の条件を考察してみよう．$f(x)$ が整数多項式ならば，$f(-1),\ f(0),\ f(1)$ は整数なので，解答の②，③から，c と $a+b$ は整数，④の第 1 式から $2a$ は整数，つまり，「$2a$，$a+b$，c は整数」$\cdots\cdots\cdots\cdots$☆
でなければならないことが分かる．

逆に，☆ならば，$f(x)$ は整数多項式であることを示そう．$2a=A$，$a+b=B$（A，B は整数）とおくと，
$$an^2+bn=\dfrac{A}{2}n^2+\left(B-\dfrac{A}{2}\right)n$$
$$=A\cdot\dfrac{1}{2}n(n-1)+Bn=（整数）$$
よって☆のとき，$f(n)=n^3+an^2+bn+c$ は整数なので $f(x)$ は整数多項式である．

n^3 は整数なので，$f(x)=x^3+ax^2+bx+c$ のかわりに $f(x)=ax^2+bx+c$ を考えれば用は足りるのであった．

実は入試で，次のような出題例がある．

> $f(x)=ax^2+bx+c$ とする．任意の整数値 n に対して $f(n)$ が整数値をとるための必要十分条件は，
> 　　$2a$，$a+b$，c が整数であること
> を証明せよ．　　　　　　　　（愛知大・法経）

【次数下げによる別解】

一般の多項式 $f(x)$ について，
　　$f(x)$ は整数多項式である
$\Longleftrightarrow \begin{cases} \text{ある整数 } k \text{ について } f(k) \text{ は整数で，} \\ f(x+1)-f(x) \text{ は整数多項式である} \end{cases}$
が成り立つ（☞「1 対 1/数 I」，p.95）．

これを使って本問の（1）（2）を示してみよう．$f(x)$ が m 次なら $f(x+1)-f(x)$ は $m-1$ 次であり，次数が下がることがこの解法のポイントである．

別解　d を整数として，$f(d)$，$f(d+1)$，$f(d+2)$ が整数のとき，$f(x)$ が整数多項式であることを示せばよい．

　　$f(x)$ が整数多項式
$\Longleftrightarrow \begin{cases} f(d) \text{ が整数，かつ} \\ g(x)=f(x+1)-f(x) \text{ が整数多項式} \end{cases} \cdots$㋐

$f(d)$ は整数なので，㋐は $g(x)$ が整数多項式と同値で

㋐ $\Longleftrightarrow \begin{cases} g(d) \text{ が整数，かつ} \\ h(x)=g(x+1)-g(x) \text{ が整数多項式} \end{cases} \cdots$㋑

$g(d)=f(d+1)-f(d)$ が整数であることは成り立つから，

㋑ $\Longleftrightarrow h(x)=g(x+1)-g(x)$ が整数多項式

ここで，
$$g(x)=(x+1)^3-x^3+a\{(x+1)^2-x^2\}+\cdots\cdots$$
$$=3x^2+(x \text{ の 1 次以下})$$
$=\alpha x+\beta$ とおくと，
$$h(x)=3\{(x+1)^2-x^2\}+\alpha\{(x+1)-x\}$$
$$=6x+（定数）\cdots\cdots\cdots\cdots$㋒

さて，$h(d)=g(d+1)-g(d)$
$$=\{f(d+2)-f(d+1)\}-\{f(d+1)-f(d)\}$$
は整数であるから，これを e とおくと，㋒とから，
$$h(x)=6(x-d)+e$$
と表せ，d，e は整数であるから，$h(x)$ は整数多項式である．以上により，$f(x)$ は整数多項式である．　（坪田）

金沢大学・理系（前期）

11年のセット　120分

① B** ⅡⅢ/座標, 微分法
② C*** CⅠⅢ/行列, 整数, 極限
③ B**○ Ⅲ/微積分総合
④ C*** Ⅲ/積分法

行列 $A = \begin{pmatrix} 2 & 3 \\ 1 & 2 \end{pmatrix}$, $P = \begin{pmatrix} \sqrt{3} & -\sqrt{3} \\ 1 & 1 \end{pmatrix}$ に対して, $B = P^{-1}AP$ とおく. また, $n = 1, 2, 3, \cdots$ に対して, a_n, b_n を $\begin{pmatrix} a_n \\ b_n \end{pmatrix} = A^n \begin{pmatrix} 2 \\ 0 \end{pmatrix}$ で定める. 次の問いに答えよ.

（1）P^{-1} および B を求めよ.

（2）a_n, b_n を求めよ.

（3）実数 x を超えない最大の整数を $[x]$ で表す. このとき
$$[(2+\sqrt{3})^n] = a_n - 1 \quad (n = 1, 2, 3, \cdots)$$
を示せ. また, $c_n = (2+\sqrt{3})^n - [(2+\sqrt{3})^n]$ とするとき, $\lim_{n \to \infty} c_n$ の値を求めよ. （11）

なぜこの1題か

09年は難, 10年は易と難易度が極端であったが, 今年は標準的なところに落ち着いた.

合格者の平均点（2次試験の全科目合計）は理工学域で6割5分から7割, 医学類で8割強, 薬学類で7割強であった. 一部の小問を除いて基本〜標準レベルという出題であり, 解答時間は比較的余裕があることを考えると, 標準問題の確保を優先すべきと言える. 数学が得意な人と医学類を受験する人は満点近くを狙いたい.

数学の配点は理工学域の中でも学類により異なる. 配点の高い数物科学類（数学450点／2次合計900点）では, 高得点の人はかなり有利だろう.

①は, 誘導通りに立式→微分（数Ⅲ）という流れで, 計算量も少ない. ほとんどの人ができていて差はつかないだろう.

③は最後の小問だけ見ると驚くが, ヒントが十分に用意されているので完答しやすい. ①とともに確保しておきたい問題である.

④も見たことのない問題が最後に出てくる. ③よりヒントの使い方が見えにくいため, 捨てた人もいるだろう.

❷は,（1）(2) が n 乗計算の典型題. 金沢大では行列が頻出（5年以上連続）であるが, 今年のように, 行列を勉強したかどうかが素直に問われるのは実は珍しい. 過去問を見て,「対策が実らないかもしれない行列は捨てて他で挽回しよう」と考えた人には厳しい出題である.（3）もときどき出題される. ただ, いくつかポイントがあって難度はやや高い. 得点できた人は合格に近づいた1題と言える.

【目標】(2) までは 15〜20 分で解きたい.（3）は, 類題の経験があれば 10 分で完答が目標だが, 経験のない人は余裕があれば考える, でよい.

解答

（2）B^n は簡単に求められるのでこれを利用する. $A = PBP^{-1}$ なので
$A^n = PBP^{-1} \cdot PBP^{-1} \cdots PBP^{-1}$
　　$= PB(P^{-1}P)B(P^{-1}P)\cdots(P^{-1}P)BP^{-1}$
　　$= PB^nP^{-1}$

⇔ PBP^{-1} を n 個並べる.
⇔ $P^{-1}P = E$（E は単位行列）なのでこの部分は全部消える.

となる.

（3）（2）の結果は $a_n = (2+\sqrt{3})^n + (2-\sqrt{3})^n$

a_n は整数であることが最初のポイント. A の各成分が整数で, 従って A^n の各成分も整数となるからである. もう1つのポイントは $(2+\sqrt{3})^n$ より $(2-\sqrt{3})^n$ の方が"わかりやすい"ということ. $(2+\sqrt{3})^n$ を消去し,

⇔ $a_n = [(2+\sqrt{3})^n] + 1$ だから整数であることが問題文からわかる. その根拠.

$(2-\sqrt{3})^n \to 0$ $(n \to \infty)$ を利用することで解決する． ⇐ "わかりやすい" とはこの極限のこと．

＊　　　　　　　　＊

(1) $P^{-1} = \dfrac{1}{2\sqrt{3}} \begin{pmatrix} 1 & \sqrt{3} \\ -1 & \sqrt{3} \end{pmatrix}$

$B = \dfrac{1}{2\sqrt{3}} \begin{pmatrix} 1 & \sqrt{3} \\ -1 & \sqrt{3} \end{pmatrix} \begin{pmatrix} 2 & 3 \\ 1 & 2 \end{pmatrix} \begin{pmatrix} \sqrt{3} & -\sqrt{3} \\ 1 & 1 \end{pmatrix}$

$= \dfrac{1}{2\sqrt{3}} \begin{pmatrix} 2+\sqrt{3} & 3+2\sqrt{3} \\ -2+\sqrt{3} & -3+2\sqrt{3} \end{pmatrix} \begin{pmatrix} \sqrt{3} & -\sqrt{3} \\ 1 & 1 \end{pmatrix}$ ⇐ 前2つを計算．

$= \dfrac{1}{2\sqrt{3}} \begin{pmatrix} 6+4\sqrt{3} & 0 \\ 0 & -6+4\sqrt{3} \end{pmatrix}$

$= \begin{pmatrix} 2+\sqrt{3} & 0 \\ 0 & 2-\sqrt{3} \end{pmatrix}$

(2) $B = P^{-1}AP$ より $A = PBP^{-1}$ であるから，

$\begin{pmatrix} a_n \\ b_n \end{pmatrix} = (PBP^{-1})^n \begin{pmatrix} 2 \\ 0 \end{pmatrix}$

$= PBP^{-1} \cdot PBP^{-1} \cdots PBP^{-1} \begin{pmatrix} 2 \\ 0 \end{pmatrix} = PB^n P^{-1} \begin{pmatrix} 2 \\ 0 \end{pmatrix}$

$= \begin{pmatrix} \sqrt{3} & -\sqrt{3} \\ 1 & 1 \end{pmatrix} \begin{pmatrix} (2+\sqrt{3})^n & 0 \\ 0 & (2-\sqrt{3})^n \end{pmatrix} \cdot \underline{\dfrac{1}{2\sqrt{3}} \begin{pmatrix} 1 & \sqrt{3} \\ -1 & \sqrt{3} \end{pmatrix} \begin{pmatrix} 2 \\ 0 \end{pmatrix}}$

［まずここを計算．以下同様］

⇐ $B = \begin{pmatrix} 2+\sqrt{3} & 0 \\ 0 & 2-\sqrt{3} \end{pmatrix}$ および

一般に，$\begin{pmatrix} a & 0 \\ 0 & b \end{pmatrix}^n = \begin{pmatrix} a^n & 0 \\ 0 & b^n \end{pmatrix}$ となることを用いた．

⇐ どこから計算してもよい．この場合はうしろからやると少しラク．

$= \begin{pmatrix} \sqrt{3} & -\sqrt{3} \\ 1 & 1 \end{pmatrix} \begin{pmatrix} (2+\sqrt{3})^n & 0 \\ 0 & (2-\sqrt{3})^n \end{pmatrix} \cdot \dfrac{1}{\sqrt{3}} \begin{pmatrix} 1 \\ -1 \end{pmatrix}$

$= \dfrac{1}{\sqrt{3}} \begin{pmatrix} \sqrt{3} & -\sqrt{3} \\ 1 & 1 \end{pmatrix} \begin{pmatrix} (2+\sqrt{3})^n \\ -(2-\sqrt{3})^n \end{pmatrix}$

$= \dfrac{1}{\sqrt{3}} \begin{pmatrix} \sqrt{3}(2+\sqrt{3})^n + \sqrt{3}(2-\sqrt{3})^n \\ (2+\sqrt{3})^n - (2-\sqrt{3})^n \end{pmatrix}$

よって，

$a_n = (2+\sqrt{3})^n + (2-\sqrt{3})^n$,

$b_n = \dfrac{1}{\sqrt{3}} \{(2+\sqrt{3})^n - (2-\sqrt{3})^n\}$

(3) $0 < 2-\sqrt{3} < 1$ より $0 < (2-\sqrt{3})^n < 1$

従って，

$a_n - 1 < (2+\sqrt{3})^n = a_n - (2-\sqrt{3})^n < a_n$

A の各成分は整数であるから，a_n は整数である．

∴ $[(2+\sqrt{3})^n] = a_n - 1$

次に，

$c_n = (2+\sqrt{3})^n - [(2+\sqrt{3})^n]$

$= (2+\sqrt{3})^n - (a_n - 1)$

$= 1 - \{a_n - (2+\sqrt{3})^n\}$

$= 1 - (2-\sqrt{3})^n$

$\lim_{n\to\infty}(2-\sqrt{3})^n = 0$ であるから，$\lim_{n\to\infty} c_n = 1$

⇐ 一般に，整数 N に対して
$[x] = N \iff N \leq x < N+1$
$x = (2+\sqrt{3})^n$, $N = a_n - 1$ に対して適用した．

⇐ $(2+\sqrt{3})^n$ を消去する．まずガウス記号の部分について前半の結果を用いる．

解説

【a_n, b_n の満たす漸化式】

（2）は解答のように（1）を用いて解くところであるが，（1）を無視して解くことも可能である．

a_n, b_n についての漸化式を作ると

$$\begin{pmatrix} a_{n+1} \\ b_{n+1} \end{pmatrix} = A^{n+1} \begin{pmatrix} 2 \\ 0 \end{pmatrix} = A \cdot A^n \begin{pmatrix} 2 \\ 0 \end{pmatrix} = A \begin{pmatrix} a_n \\ b_n \end{pmatrix}$$

$$= \begin{pmatrix} 2 & 3 \\ 1 & 2 \end{pmatrix} \begin{pmatrix} a_n \\ b_n \end{pmatrix} = \begin{pmatrix} 2a_n + 3b_n \\ a_n + 2b_n \end{pmatrix}$$

$$\therefore \begin{cases} a_{n+1} = 2a_n + 3b_n & \cdots\cdots\cdots\text{①} \\ b_{n+1} = a_n + 2b_n & \cdots\cdots\cdots\text{②} \end{cases}$$

①より $3b_n = a_{n+1} - 2a_n$ なので，②×3 に代入して，

$$a_{n+2} - 2a_{n+1} = 3a_n + 2(a_{n+1} - 2a_n)$$

$$\therefore a_{n+2} - 4a_{n+1} + a_n = 0$$

以下，これを解けばよい．

【A^n を求めると】

A^n を計算すると次のようになる．

見やすくするため，$\alpha = 2+\sqrt{3}$, $\beta = 2-\sqrt{3}$ とおく．

$$A^n = \begin{pmatrix} \sqrt{3} & -\sqrt{3} \\ 1 & 1 \end{pmatrix} \begin{pmatrix} \alpha^n & 0 \\ 0 & \beta^n \end{pmatrix} \cdot \frac{1}{2\sqrt{3}} \begin{pmatrix} 1 & \sqrt{3} \\ -1 & \sqrt{3} \end{pmatrix}$$

［前から計算する］

$$= \begin{pmatrix} \sqrt{3}\alpha^n & -\sqrt{3}\beta^n \\ \alpha^n & \beta^n \end{pmatrix} \cdot \frac{1}{2\sqrt{3}} \begin{pmatrix} 1 & \sqrt{3} \\ -1 & \sqrt{3} \end{pmatrix}$$

$$= \frac{1}{2\sqrt{3}} \begin{pmatrix} \sqrt{3}\alpha^n + \sqrt{3}\beta^n & 3\alpha^n - 3\beta^n \\ \alpha^n - \beta^n & \sqrt{3}\alpha^n + \sqrt{3}\beta^n \end{pmatrix}$$

【（3）について】

$c_n = (2+\sqrt{3})^n - [(2+\sqrt{3})^n]$ は，$(2+\sqrt{3})^n$ の小数部分である．通常，無理数の n 乗の小数部分は，0 から 1 までのいろいろな値が出てきて収束しない．本問のように「$(2+\sqrt{3})^n$ の小数部分は 1 に収束する」というのは特殊な場合である．

ポイントは"相方"の $(2-\sqrt{3})^n$ に着目することで，

$$a_n = \underset{\text{整数}}{\underline{(2+\sqrt{3})^n}} + \underset{\text{極めて小さい正の値}}{\underline{(2-\sqrt{3})^n}}$$

という認識があると解答しやすい．

なお，

$$a_n = 2 \times (A^n \text{ の左上成分})$$

なので a_n は偶数である．従って，$[(2+\sqrt{3})^n] = a_n - 1$ は奇数となる．

（飯島）

受験報告

○11 防衛医科大学校（解説は p.98）

▶聚城防医の受験報告です．択一で 25/40 とあんまりよくない出来で，一応 2 日目も出来るところまでやろうと思い，試験会場へ到着．物理でニュートンリングの「光路差 2 倍」を忘れていて，ショックなまま数学の問題用紙をもらう．お色気ムンムンのスケスケ状態の問題用紙を透かし読みしていると❶メンドウな式❷整数・場合の数❸空間ベクトル❹数列と分かる．一応ベクトルから解こうと決める．❸(1)点 A を中心として半径 $\sqrt{2}$ の円上の点 B を θ 回転させたら点 P が出るんじゃないかと思いやってみると，今回は空間ベクトルのためうまくいかない（汗，7分）．しかたがないから内積から攻めるも，u, v, w と 3 文字も出てくるのでとてもメンドウ（10分）．さっさと❹に逃げる．(1)なぁんだ，見かけ倒しかよ，ただの群数列じゃないかと思い(2)へ．防医の積分計算は重いからいやだなと思い，いざ部分積分をしてみるとすんなり解けてしまった．まさかと思い微分して確認するとやっぱり合っていた（25分）．(3)に入る．はじめは(2)の誘導の意味も分かっていなかったが，じっと問題を見ているとピンときた．これも最近 Q 大の数学を 6 年も解いて誘導に逆らわず素直になってきたおかげかな，えへえへとニヤニヤしていると，最後の(3)のケタが出ない．やばいやばいと思う（泣），$\log_{10} e$ さえ覚えていれば与条件も無視してすぐ答えが出るのになと思い，完解をあきらめた（浮かれていた亀康少年にバチが当たった瞬間であった）．さぁ「小便帰りは鬼より強し」の言葉を信じてトイレへ（60分くらい）．気持ちを切り換えて❷へ．(1)がうまく説明できるか不安になり樹形図へ（70分）．(1)は解けたものの，(2)は樹形図じゃダメと分かり，❶へ（85分）．(1)より(2)の方が解きやすいと思い，α^2, β^2 で次数を下げ，α の $n-1$ 乗以上の項は α^{n-1} でくくると 0 となりすぐ解けた（しかし 3 乗をしていなくてミスっていた）（95分）．(1)に入り，174 を因数分解し a, b, c の組を出しにかかろうとしたところで Time up．感想としては
①B***△△×❷B****○△×
③C****×××❹B***○○△
あんまり期待せずに，しっかりセンターと二次の対策をします．
（択一の前にコーヒーがぶ飲みして 2 回小便に行って 4 分を失った浪人生亀康）

信州大学・医学部（後期）

12年のセット
150分

① C*** BⅡ/数列(和),不等式
② C**B** ⅠC/整数,行列(n乗)
③ C**** ⅡⅢ/座標,微分,極限
④ B*** Ⅲ/微分,積分(面積)
⑤ B*○ Ⅲ/微分(方程式への応用)

実数 a は $0<a<1$ とする．関数 $f(x)=x\log(x^2+a^2)$ を考える．このとき，次の問いに答えよ．
（1）関数 $f(x)$ が極小値をとる点はただ 1 つであることを示せ．
（2）$x\geqq 0$ の範囲で，x 軸と曲線 $y=f(x)$ で囲まれた図形の面積 $S(a)$ を求めよ． (12)

なぜこの1題か

信州大学医学部（後期）は志願者数が 1300 人を超え，センター込みで合格者最低点は 7 割を超える高得点となっている．大問は 5 題で，難易度も例年通り高く，取り組みにくい問題も出題されている．このセットでは，易しめの問題から手際良く解いていきたい．

具体的にみると，定番の微分・積分と行列が出題されていて，計算を正確にこなしていくことになる．

各問を見てみると，②(2)の行列（左下＝0）のノーヒントの n 乗は，自分の精通している解法を使い，時間を節約しておきたい．⑤は $y=4xe^{-x}$ のグラフを考えれば良く，計算も少なく手間はかからない．①はシグマ（和）に関する不等式の問題．実は，$n=1, 2,\cdots$ と実験すると和が予想できるのだが，和を求めよという設問はなく，しかも(1)より(2)の方が実験したくなる設問で，すんなりとは行きにくい．②の(1)は整数の証明問題．ノーヒントだときつい．

③(1)は幾何的にうまく処理しないと大変．(1)で示す式を使って(2)は解いておこう．

さて，本問 ❹ (1)は微分で極小値の存在を示す問題で，(2)は面積を求めさせる問題．(1)は導関数の計算を含め，ややこしいところは少ない．ただ，極値を与える x を a で具体的に表せるわけではない．導関数のグラフを調べることで解決する問題である．経験があれば，ミスなく完答できるといえる．過去問を含め，微分・積分の対策をしていれば，余裕を持って，他のまごつきやすい問題に取りかかることができる．

❹ を早めに解答すると，時間配分も得になった筈だ．全体の総得点に影響を与える問題と言えるだろう．

【目標】 30 分で完答が目標である．素早く丁寧に解ききってしまうのが良い．

解答

（1）$f(x)$ が極小値を持つためには，$f'(x)$ の符号が負から正に変化すればよい．そこで，$f'(x)=g(x)$ として $g(x)$ の符号変化を調べる．それには $y=g(x)$ の概形をとらえれば良いので，さらに微分して調べる．

（2）（1）から，$y=f(x)$ の概形がわかる．$x\geqq 0$ の範囲で $f(x)=0$ を解くと，$x=0,\ \sqrt{1-a^2}$ となる．よって，x 軸と $y=f(x)$ で囲まれた部分は，$0\leqq x\leqq\sqrt{1-a^2}$ の範囲で $f(x)$ を積分すれば良い．

*　　　　　　　　　*

（1）$f(x)=x\log(x^2+a^2)$ であるから，
$$f'(x)=\log(x^2+a^2)+x\cdot\frac{2x}{x^2+a^2}$$
$$=\log(x^2+a^2)+\frac{2x^2}{x^2+a^2}$$

$f'(x)$ の正負を調べるために $g(x)=f'(x)$ として $y=g(x)$ の概形を調べる．

$$g'(x)=\frac{2x}{x^2+a^2}+\frac{(4x)\cdot(x^2+a^2)-(2x^2)\cdot(2x)}{(x^2+a^2)^2}$$
$$=\frac{2x}{x^2+a^2}+\frac{4xa^2}{(x^2+a^2)^2}=\frac{2x(x^2+a^2)+4xa^2}{(x^2+a^2)^2}=\frac{2x(x^2+3a^2)}{(x^2+a^2)^2}$$

⇐ 積の微分法 $(uv)'=u'v+uv'$ により，
$(x)'\log(x^2+a^2)+x\{\log(x^2+a^2)\}'$
また，$\{\log|f(x)|\}'=\dfrac{f'(x)}{f(x)}$

⇐ 第 2 項 $\dfrac{2x^2}{x^2+a^2}$ に商の微分法
$\left(\dfrac{u}{v}\right)'=\dfrac{u'v-uv'}{v^2}$ を使った．なお，
$u'=(2x^2)'=4x,\ v'=(x^2+a^2)'=2x$

135

上式の分母は正であり，$g'(x)$ は x と同符号なので，$y=g(x)$ の増減は右のようになる．

x	$(-\infty)$	$\cdots$	0	$\cdots$	$(+\infty)$
$g'(x)$		$-$	0	$+$	
$g(x)$	$(+\infty)$	↘	$g(0)$	↗	$(+\infty)$

⇔ $x^2+a^2>0$, $x^2+3a^2>0$

$g(0)=\log a^2<0$ （∵ $0<a^2<1$）であり，$y=g(x)$ のグラフは右のようになる．

⇔ $0<a<1$ より $0<a^2<1$

右のグラフから，
$g(\alpha)=g(\beta)=0$ （$\alpha<0<\beta$）
となる α, β の存在がわかり，$g(x)=f'(x)$ の正負がわかる．

⇔（中間値の定理）
　$g(0)<0$ となっている．例えば $x=\pm 1$ のとき $g(\pm 1)>0$ となるので，区間 $[-1, 0]$, $[0, 1]$ に
　　$g(\alpha)=g(\beta)=0$
　　$(-1<\alpha<0, 0<\beta<1)$
となる α, β があることがわかる．

結局，$y=f(x)$ の増減は下のようになる．

x	$(-\infty)$	$\cdots$	α	$\cdots$	0	$\cdots$	β	$\cdots$	$(+\infty)$
$f'(x)$	$(+\infty)$	$+$	0	$-$	$-$	$-$	0	$+$	$(+\infty)$
$f(x)$	$(-\infty)$	↗	$f(\alpha)$	↘	0	↘	$f(\beta)$	↗	$(+\infty)$

増減表より，関数 $f(x)$ は $x=\beta$ においてただ1つの極小点をもつ．

（2）（1）より $y=f(x)$ のグラフは，右図のよう．

x 軸との交点は，$f(x)=x\log(x^2+a^2)=0$ を解いて，$x=0$ または $\log(x^2+a^2)=0$．
よって，$x=0, \pm\sqrt{1-a^2}$

$x\geq 0$ の範囲で，x 軸と $y=f(x)$ で囲まれた図形の面積は，

$$S(a)=-\int_0^{\sqrt{1-a^2}}f(x)dx=\int_{\sqrt{1-a^2}}^0 f(x)dx=\int_{\sqrt{1-a^2}}^0 x\log(x^2+a^2)dx$$

⇔ $0\leq x\leq\sqrt{1-a^2}$ において $f(x)\leq 0$

$t=x^2+a^2$ と置換すると，$dt=2xdx$ となり，

x	$\sqrt{1-a^2}$ → 0
t	1 → a^2

よって，

$$S(a)=\int_{\sqrt{1-a^2}}^0 x\log(x^2+a^2)dx=\int_1^{a^2}\frac{1}{2}\log t\,dt=\left[\frac{1}{2}(t\log t-t)\right]_1^{a^2}$$

⇔ $\int \log t\,dt=t\log t-t+C$

$$=\frac{1}{2}(a^2\log a^2-a^2+1)=\boldsymbol{\frac{1}{2}(2a^2\log a-a^2+1)}$$

解説

【(1) 極値を調べる方法】

「極値」なのだから，
$$f'(x)=\log(x^2+a^2)+\frac{2x^2}{x^2+a^2}=0$$
を計算して x を求めようとする人が少なくない．しかし，そもそも $f'(x)=0$ の解がいつも極値を与える x になるとは限らないし（例：$f(x)=x^3$），いまの場合は $f'(x)=0$ の解を具体的に表すのは難しい．
（そもそも表せるなら，極小値を与える x を求めよ，という問題があってもおかしくない．）

まずは，$f'(x)=0$ の解の前後で $f'(x)$ が符号変化しなければ極値ではないことを押さえておこう．

$f'(x)$ の符号変化を考える必要がある．そこで，$f'(x)=g(x)$ として $y=g(x)$ のグラフを考える（視覚化する）と良いだろう．

本問を次のように改題したら，答えはわかるだろうか．

> $a>0$ とする．関数 $f(x)$ について，極小値をとる点がただ1つであるような a の範囲を求めよ．

（1）で考えた $g(x)$ のグラフにおいて，$g(x)$ の符号が負から正に1回だけ変化すれば良い．結局 $g(0)=\log a^2<0$ となれば良く，答えは，**$0<a<1$** となる．

ここでは，極値を与える x の値が具体的には分かりにくい場合について，さらに練習しておこう．

---

a を正の定数とし，$f(x)=x-a\log(x^3+1)$ とする．
（1） 関数 $f(x)$ の定義域を求めよ．
（2） 導関数 $f'(x)$ を求めよ．
（3） $f(x)$ がただ一つの極値をもつとき，a の値の範囲を求めよ．　　　（07年　大阪工大・工）

解　（1） 真数条件より $x^3+1>0$ となり，$x^3>-1$．よって，**$x>-1$**

（2） $f'(x)=1-\dfrac{a(x^3+1)'}{x^3+1}=1-\dfrac{3ax^2}{x^3+1}$

（3） $f'(x)=1-\dfrac{3ax^2}{x^3+1}=\dfrac{x^3-3ax^2+1}{x^3+1}$ であるから，
（分子）$=x^3-3ax^2+1$ の $x>-1$ における符号の変化を調べれば良い．
$g(x)=x^3-3ax^2+1$ として，$g'(x)=3x(x-2a)$
増減表は，以下のようであり，$f'(x)$ と $g(x)$ は同符号である．

x	-1	$\cdots$	0	$\cdots$	$2a$	$\cdots$	$(+\infty)$
$g'(x)$	$+$	$+$	0	$-$	0	$+$	
$g(x)$	$-3a$	↗	1	↘	$-4a^3+1$	↗	$(+\infty)$

$-3a<0$ であるから $-1<x<0$ の範囲で $f'(x)$ は1回だけ符号変化をするので，この範囲に $f(x)$ は極値を1つ持つ．題意のとき他に極値を持たないので，$x\geqq 0$ において $g(x)\geqq 0$ となれば良い．よって，
$g(2a)=-4a^3+1\geqq 0$ により，**$0<a\leqq 2^{-\frac{2}{3}}$**

（宮西）

受験報告

○12　岡山大学・理系（解説は p.195）

▶宅浪生による**岡山大学（理系）**前期日程の受験報告です．英語の易化，理科の難化と来て，数学はどちらに転ぶのかと少し不安になりながら，試験開始を待つ（−60分）．試験官が入ってきて，問題用紙が配られる．透かして見える限り，2次曲線，確率，漸化式を確認．センター試験後，行列に力を注いでいたにもかかわらず，出題してなさそうなことに少し残念（−10分）．サイレンのような開始音とともに試験開始（0分）．岡大特有の解答用紙切り離しに若干手間取る（3分）．透かし読みでわからなかった一問は微積の体積問題だと確認したところで，とりあえず①の2次曲線へ．(1)(2)ともに特に問題なく終了（15分）．次に②の確率へ．(1)(2)ともに基本問題．(3)でとりあえず式を作るも，どう対処していいか迷い飛ばす（30分）．❸の微積．(1)微分するだけ．(2)定数分離で終了．(3)y 軸のまわりに回転させる体積問題．さっさとバームクーヘンの公式の証明を書き上げ適用して終わり（50分）．④の漸化式．(1)代入して終了(2)問題文の意図がつかめず，とりあえず飛ばして②の(3)に戻る（60分）．②(3)置き換えると式がコンパクトになることに気づいてそこからは順調に p を出す（70分）．いったんここで全体を見直してから④の残りへ（75分）．④(2)与えられた漸化式をいじったりすると設問の意味がわかり(2)を無事示す（80分）．(3)も何をすればいいのかわからず，しばらく筆が止まったまま時間が経つが，(2)を使えないかと考えるうちに方針が立ち，なんとか漸化式をたて，S_n を求める（100分）．残りの時間で何回も見直しをしているうちに試験終了．
個人的な評価としては①B**②B**○❸B***④C*** ぐらいかと．合否をわける問題は②か❸と予測．④の論述がどう採点されるのかが若干不安だが，目標の4完に近いであろう結果には多少満足して，試験会場をあとにする．
　　　　　　（生物オタクのA氏の知り合いA）

信州大学・医学部（後期）

11年のセット
150分

① B**○ ⅡⅢ/座標, 積分(面積), 微分
② C**** Ⅱ/座標
③ C**** ⅠⅡ/平面図形(面積)
④ C*** ⅡⅢ/指数関数, 三角関数, 微分
⑤ C*** ACB/2項係数, 行列, 数列

次の問いに答えよ.

(1) 和 $\dfrac{{}_nC_0}{2} + \dfrac{{}_nC_1}{2\cdot 2^2} + \dfrac{{}_nC_2}{3\cdot 2^3} + \dfrac{{}_nC_3}{4\cdot 2^4} + \cdots\cdots + \dfrac{{}_nC_n}{(n+1)\cdot 2^{n+1}}$ を求めよ.

(2) 実数 a に対し, $A = \begin{pmatrix} 1 & a \\ a & 1 \end{pmatrix}$ とする. $n = 1, 2, 3, \cdots\cdots$ に対し, $\begin{pmatrix} x_n \\ y_n \end{pmatrix} = A^n \begin{pmatrix} 1 \\ 0 \end{pmatrix}$ とする.
このとき, $x_n + y_n = (1+a)^n$ を示せ. また, x_n, y_n を求めよ. (11)

なぜこの1題か

今年は昨年に比べてだいぶ難化した. 開示されている入試情報によると, 950点満点中, 合格最低点は54点程度下がり 659.1 点だった. 他教科とセンター試験が含まれていることを勘案しても, 数学で7割は確保したい.

また, 図形色の濃い問題が多かった. さらに, このセットで完答しやすい問題は①と⑤であり, 順序に拘らず, 時間配分に気をつけて問題を解くべきだろう. 完答出来なくても, 部分点は確保していきたい.

①の円と放物線に関する問題は, 典型的であり, 確実に押さえておきたい. ②は座標平面における図形の証明問題. 計算で簡単に解けるかと思いきや, かなり厄介である. ③は図形の面積の最小値を求める問題. 方針を立てる際に, 手が止まった人が多いのではないか. ④は不等式が成り立つ条件を求める問題. その条件を書き出したあとは, 三角関数の問題である. 手は付けにくくないが, 容易には完答出来ないだろう. なお, ④には出題ミスがあり, 採点で考慮したとのことである（が影響した人には気の毒だった).

さて, ⑤は, 類題の経験を生かすなどして, 上手く解けば計算はほとんど不要. 時間も掛からない. 本問を確保できたかどうかが, 鍵を握っただろう.

【目標】 類題の経験があれば, 20分程度で完答し, 時間を節約して, 気分よく他の問題に取り組みたい.

解 答

(1) 2項定理 $(1+x)^n = \sum\limits_{k=0}^{n} {}_nC_k x^k$ を x について積分した式を利用する.
$r\,{}_nC_r = n\,{}_{n-1}C_{r-1}$ で ${}_nC_r$ の外の r を消す（本問の場合は ${}_nC_k$ の外の $k+1$ を消す) という方針でも良い (☞解説の別解).
(2) $\{x_n\}, \{y_n\}$ の連立漸化式を作る. 問題文から $\{x_n + y_n\}$ を考えるが, A の形から, $\{x_n + y_n\}$ と $\{x_n - y_n\}$ はともに等比数列になる.

*   *

(1) $\sum\limits_{k=0}^{n} \dfrac{{}_nC_k}{(k+1)2^{k+1}}$ を求めればよい. 2項定理より,

$$(1+x)^n = \sum_{k=0}^{n} {}_nC_k x^k$$

x について, 0 から $\dfrac{1}{2}$ まで両辺を積分して

$$\int_0^{\frac{1}{2}} (1+x)^n dx = \int_0^{\frac{1}{2}} \left(\sum_{k=0}^{n} {}_nC_k x^k \right) dx$$

(左辺) $= \left[\dfrac{(1+x)^{n+1}}{n+1} \right]_0^{\frac{1}{2}} = \dfrac{1}{n+1}\left\{ \left(\dfrac{3}{2}\right)^{n+1} - 1 \right\}$

(右辺) $= \sum\limits_{k=0}^{n} {}_nC_k \int_0^{\frac{1}{2}} x^k dx = \sum\limits_{k=0}^{n} {}_nC_k \left[\dfrac{x^{k+1}}{k+1} \right]_0^{\frac{1}{2}} = \sum\limits_{k=0}^{n} \dfrac{{}_nC_k}{(k+1)2^{k+1}}$

⇐ 例えば $\sum\limits_{r=1}^{n} r\,{}_nC_r$ を計算したいとき,

$$\sum_{r=1}^{n} r\,{}_nC_r = \sum_{r=1}^{n} n\,{}_{n-1}C_{r-1} \cdots\cdots\cdots ☆$$

とすることで, シグマの中の変数 r が消えて, 次のように計算できる.
$$☆ = n \sum_{r=1}^{n} {}_{n-1}C_{r-1} = n(1+1)^{n-1}$$

⇐ 2項定理 $(a+b)^n = \sum\limits_{k=0}^{n} {}_nC_k a^{n-k}b^k$

⇐ $\dfrac{1}{k+1}$ が現れるようにするには x^k を積分して $\dfrac{x^{k+1}}{k+1}$ にする. $\dfrac{1}{2^{k+1}}$ が現れるように積分区間を $0 \to \dfrac{1}{2}$ にする.

$$\therefore \sum_{k=0}^{n}\frac{{}_nC_k}{(k+1)2^{k+1}}=\frac{1}{n+1}\left\{\left(\frac{3}{2}\right)^{n+1}-1\right\}$$

（2）$\begin{pmatrix}x_{n+1}\\y_{n+1}\end{pmatrix}=A^{n+1}\begin{pmatrix}1\\0\end{pmatrix}=A\left(A^n\begin{pmatrix}1\\0\end{pmatrix}\right)=A\begin{pmatrix}x_n\\y_n\end{pmatrix}$ より， $\Leftarrow A=\begin{pmatrix}1&a\\a&1\end{pmatrix}$

$$\begin{cases}x_{n+1}=x_n+ay_n &\cdots\cdots①\\y_{n+1}=ax_n+y_n &\cdots\cdots②\end{cases} \quad (\text{ただし}, x_1=1, y_1=a)$$

$\Leftarrow \begin{pmatrix}x_1\\y_1\end{pmatrix}=A\begin{pmatrix}1\\0\end{pmatrix}=\begin{pmatrix}1\\a\end{pmatrix}$

①+②, ①-② から，

$$\begin{cases}x_{n+1}+y_{n+1}=(1+a)(x_n+y_n)\\x_{n+1}-y_{n+1}=(1-a)(x_n-y_n)\end{cases}$$

$\Leftarrow \begin{cases}x_{n+1}=px_n+qy_n\\y_{n+1}=qx_n+py_n\end{cases}$ というように，係数が「逆転している」ときは，足したり引いたりすると，等比数列になる．これは，定石としておきたい．

$\{x_n+y_n\}$ は公比 $1+a$, $\{x_n-y_n\}$ は公比 $1-a$ の等比数列であるから，

$$\begin{cases}x_n+y_n=(1+a)^{n-1}(x_1+y_1)=(1+a)^n & \cdots\cdots③\\x_n-y_n=(1-a)^{n-1}(x_1-y_1)=(1-a)^n & \cdots\cdots④\end{cases}$$

③より $x_n+y_n=(1+a)^n$ が示された．また，

③±④から，$x_n=\dfrac{1}{2}\{(1+a)^n+(1-a)^n\}$, $y_n=\dfrac{1}{2}\{(1+a)^n-(1-a)^n\}$

解 説

【（1）で，公式 $r\,{}_nC_r={}_n\,{}_{n-1}C_{r-1}$ を活用すると】

求める値は $\sum_{k=0}^{n}\dfrac{{}_nC_k}{(k+1)2^{k+1}}$ であり，$\dfrac{{}_nC_k}{k+1}$ の ${}_nC_k$ の外にある「$k+1$」を表題の公式で消去する．

別解　[表題で，$r \Rightarrow k+1, n \Rightarrow n+1$ として]

$(k+1)\,{}_{n+1}C_{k+1}=(n+1)\,{}_nC_k \; (0\le k\le n)$ より，

$$\frac{{}_nC_k}{k+1}=\frac{{}_{n+1}C_{k+1}}{n+1}$$

よって，求める値は，

$$\sum_{k=0}^{n}\frac{{}_nC_k}{(k+1)2^{k+1}}=\sum_{k=0}^{n}\frac{{}_{n+1}C_{k+1}}{(n+1)2^{k+1}}$$

$$=\frac{1}{n+1}\left(\frac{{}_{n+1}C_1}{2}+\frac{{}_{n+1}C_2}{2^2}+\cdots+\frac{{}_{n+1}C_n}{2^n}+\frac{{}_{n+1}C_{n+1}}{2^{n+1}}\right)$$

$$=\frac{1}{n+1}\left\{\left(\frac{{}_{n+1}C_0}{2^0}+\frac{{}_{n+1}C_1}{2}+\cdots+\frac{{}_{n+1}C_n}{2^n}+\frac{{}_{n+1}C_{n+1}}{2^{n+1}}\right)\right.$$
$$\left.-\frac{{}_{n+1}C_0}{2^0}\right\}$$

$$=\frac{1}{n+1}\left\{\left(\sum_{k=0}^{n+1}\frac{{}_{n+1}C_k}{2^k}\right)-\frac{{}_{n+1}C_0}{2^0}\right\}\cdots\cdots ㋐$$

ここで，$(1+x)^{n+1}=\sum_{k=0}^{n+1}{}_{n+1}C_k x^k$ に，$x=\dfrac{1}{2}$ を代入すると，$\sum_{k=0}^{n+1}\dfrac{{}_{n+1}C_k}{2^k}=\left(\dfrac{3}{2}\right)^{n+1}$ となるから，

$$㋐=\frac{1}{n+1}\left\{\left(\frac{3}{2}\right)^{n+1}-1\right\}$$

➡注　$r\,{}_nC_r=r\cdot\dfrac{n!}{r!(n-r)!}=\dfrac{n!}{(r-1)!(n-r)!}$

$=n\cdot\dfrac{(n-1)!}{(r-1)!\{(n-1)-(r-1)\}!}=n\,{}_{n-1}C_{r-1}$

【$A=\begin{pmatrix}p&q\\q&p\end{pmatrix}$ の形の行列は，$\begin{pmatrix}1\\\pm 1\end{pmatrix}$ を固有ベクトルにもつ】

これを使って，（2）を解いてみよう．$A^n\begin{pmatrix}1\\0\end{pmatrix}$ を求めればよいが，A^n を求める必要はない．

$\begin{pmatrix}1\\0\end{pmatrix}$ を $\begin{pmatrix}1\\1\end{pmatrix}$ と $\begin{pmatrix}1\\-1\end{pmatrix}$ の1次結合の形で表してやれば，用は足りる．

別解　$A=\begin{pmatrix}1&a\\a&1\end{pmatrix}$ のとき，

$$A\begin{pmatrix}1\\1\end{pmatrix}=(1+a)\begin{pmatrix}1\\1\end{pmatrix},\quad A\begin{pmatrix}1\\-1\end{pmatrix}=(1-a)\begin{pmatrix}1\\-1\end{pmatrix}$$

により，

$$A^n\begin{pmatrix}1\\1\end{pmatrix}=(1+a)^n\begin{pmatrix}1\\1\end{pmatrix},\quad A^n\begin{pmatrix}1\\-1\end{pmatrix}=(1-a)^n\begin{pmatrix}1\\-1\end{pmatrix}$$

ここで，$\begin{pmatrix}1\\0\end{pmatrix}=\dfrac{1}{2}\left\{\begin{pmatrix}1\\1\end{pmatrix}+\begin{pmatrix}1\\-1\end{pmatrix}\right\}$ であるから，

$$\begin{pmatrix}x_n\\y_n\end{pmatrix}=A^n\begin{pmatrix}1\\0\end{pmatrix}=\frac{1}{2}\left\{A^n\begin{pmatrix}1\\1\end{pmatrix}+A^n\begin{pmatrix}1\\-1\end{pmatrix}\right\}$$

$$=\frac{1}{2}\left\{(1+a)^n\begin{pmatrix}1\\1\end{pmatrix}+(1-a)^n\begin{pmatrix}1\\-1\end{pmatrix}\right\}$$

$$=\begin{pmatrix}\dfrac{(1+a)^n+(1-a)^n}{2}\\\dfrac{(1+a)^n-(1-a)^n}{2}\end{pmatrix}$$

このとき，$x_n+y_n=(1+a)^n$ が成り立つ． (宮西)

名古屋大学・理系

12年のセット
150分

❶ B*** Ⅱ/微積分(接線, 面積)
❷ C***** ⅢB/定積分, 数列(漸化式)
❸ B*** A/確率
❹ C*** Ⅰ/整数

---

a を正の定数とし，xy 平面上の曲線 C の方程式を $y=x^3-a^2x$ とする．

（1）C 上の点 $\mathrm{A}(t, t^3-a^2t)$ における C の接線を l とする．l と C で囲まれた図形の面積 $S(t)$ を求めよ．ただし，t は 0 でないとする．

（2）b を実数とする．C の接線のうち xy 平面上の点 $\mathrm{B}(2a, b)$ を通るものの本数を求めよ．

（3）C の接線のうち点 $\mathrm{B}(2a, b)$ を通るものが 2 本のみの場合を考え，それらの接線を l_1，l_2 とする．ただし，l_1 と l_2 はどちらも原点 $(0,0)$ を通らないとする．l_1 と C で囲まれた図形の面積を S_1 とし，l_2 と C で囲まれた図形の面積を S_2 とする．$S_1 \geqq S_2$ として，$\dfrac{S_1}{S_2}$ の値を求めよ．

(12)

なぜこの1題か

　昨年に引き続き選択問題はなかった．昨年は非常に厳しいセットだったが，今年は例年並のレベルに戻り，❷(3)と❹(4)を除けば標準的である．4題で150分なのでじっくり取り組めるだろうが，❷(3)と❹(4)があるので時間が余ることはないだろう．

　❶は数Ⅱの微積分の典型題の寄せ集めである．(1)は，放物線と直線で囲まれる面積公式を導くときと同様の計算の工夫をしよう．

　❷は関数列の漸化式の問題．奇関数に着目するなどして解いて行くが(3)は難しい．

　❸はカードを毎回元に戻して3回取り出すとき，番号の最大・最小に関する確率の問題．3回なので(1)を誘導と考えないほうが考え易い．文字が多いから難しいはずと思い込まないことが肝心だろう．

　❹は整数．(4)は(3)までとは関連が薄く，難しい．この中で，完答しやすいのは❶だろう．他の問題も，取れる小問を確実に取っておきたい．❶を落とすと挽回するのが厳しいので，少し時間を掛けても確実に押さえて差をつけられないようにするのが大切である．

【目標】 30分で完答が目標である．

解　答

（1）面積計算では，$(C$ の式$)-(l$ の式$)$ を因数分解した形をさらに変形して積分する．

（3）(1)の結果が活用できる．

⇦ $(C$ の式$)-(l$ の式$)$ は接点や交点の x 座標を使って因数分解される．

*　　　　　　　*

（1）$C: y=x^3-a^2x$ について，$y'=3x^2-a^2$ であるから，l の式は
$$y=(3t^2-a^2)(x-t)+t^3-a^2t$$
∴ $l: y=(3t^2-a^2)x-2t^3$ …………①

C の式と連立して
$$x^3-a^2x=(3t^2-a^2)x-2t^3 \quad \cdots\cdots ※$$
∴ $x^3-3t^2x+2t^3=0$
∴ $(x-t)^2(x+2t)=0$ …………②

よって，l と C の接点以外の交点の x 座標は $x=-2t$ となる（図は $t>0$ の場合）．

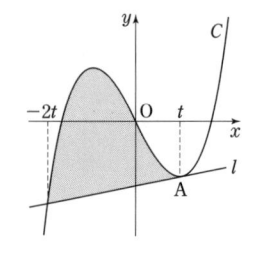

$x=t$ と $x=-2t$ の間で C と l の上下は変化しないことと，②を導く過程から，
$$S(t)=\left|\int_{-2t}^{t}(x-t)^2(x+2t)\,dx\right|$$
と表せる．ここで，

⇦ この方程式は $x=t$ を重解に持つから，左辺は $(x-t)^2$ を因数に持ち，定数項を考えると，$(x-t)^2(x+2t)$ と因数分解できる．

⇦ $(C$ の式$)-(l$ の式$)$ は，※の（左辺）$-$（右辺）であり，②の左辺に等しい．

であるから，
$$(x-t)^2(x+2t) = (x-t)^2\{(x-t)+3t\} = (x-t)^3+3t(x-t)^2$$

$$S(t) = \left|\left[\frac{1}{4}(x-t)^4+t(x-t)^3\right]_{-2t}^{t}\right| = \left|-\frac{81}{4}t^4+27t^4\right| = \frac{27}{4}t^4$$

（2） ①が点 $B(2a, b)$ を通るとき，$b = (3t^2-a^2)\cdot 2a - 2t^3$
$$\therefore \quad b = -2t^3+6at^2-2a^3 \quad \cdots\cdots\cdots ③$$
が成立する．③の右辺を $f(t)$ とおくと，$b = f(t)$ の異なる実数解の個数を求めればよい．
$$f'(t) = -6t^2+12at = -6t(t-2a)$$
と $a > 0$ から曲線 $y = f(t)$ は右図のようになり，曲線 $y = f(t)$ と直線 $y = b$ の共有点の個数が答えであるから，

- $b < -2a^3$ のとき 1 本
- $b = -2a^3$ のとき 2 本
- $-2a^3 < b < 6a^3$ のとき 3 本
- $b = 6a^3$ のとき 2 本
- $b > 6a^3$ のとき 1 本

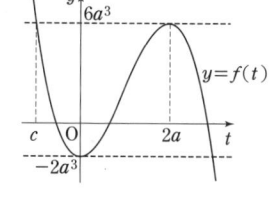

（3） （2）により，$b = -2a^3$ または $b = 6a^3$ であるが，$b = -2a^3$ の場合は上図から $t = 0$ が解になり①が原点を通るので不適である．

よって，$b = 6a^3$ となる．$t = 2a$ と異なる解を $t = c$ とすると，③の解と係数の関係（3 解の和）により，
$$2a+2a+c = -\frac{6a}{-2} \quad \therefore \quad c = -a$$

（1）により，囲まれた図形の面積は接点の x 座標の 4 乗に比例するから，
$$\frac{S_1}{S_2} = \left(\frac{2a}{-a}\right)^4 = 16$$
である．

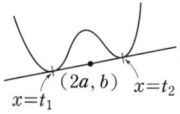

上図のようなケースはない，つまり C と異なる 2 点以上で接する直線はない（複数の t に同じ接線が対応することはない）ので，$b = f(t)$ の異なる実数解の個数と接線の本数が等しい．

曲線 C に引ける接線の本数は，下図の網目部の点からは 3 本，曲線 C 上および変曲点（原点）における接線 L 上の点（変曲点は除く）からは 2 本，それ以外の点からは 1 本である．

$b = -2a^3$ のとき，B は L 上
$b = 6a^3$ のとき，B は C 上
にある．

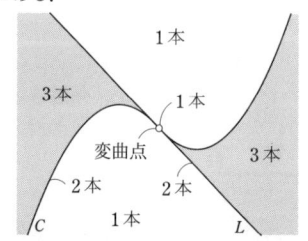

（3）のとき，B は C 上にあり，左下図で B を A' とした場合と同様の状況である（$m \Leftrightarrow l_1$, $l \Leftrightarrow l_2$）．

解　説 （受験報告は p.230）

【3 次関数のグラフと性質】

次の問題を考えてみよう．

C と l の接点 A 以外の交点を A' とし，A' における C の接線を m とする．C と l で囲まれる図形の面積 S と，C と m で囲まれる図形の面積 T との比 $S:T$ を求めよ．

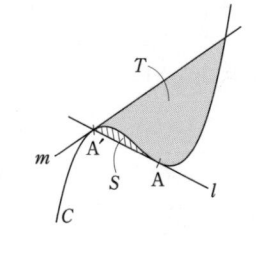

＊　　　＊

（3）の解答で述べたように，囲まれた図形の面積は接点の x 座標の 4 乗に比例するから，
$$S:T = t^4:(-2t)^4 = 1:16$$
となる．つまり，上図の斜線部と網目部の面積比は $1:16$ と，t によらず一定である．

＊　　　＊

（1）の図の網目部を y 軸（C の点対称の中心を通り，y 軸に平行な直線）で 2 つに分けたときの面積比を求めてみよう．

y 軸の右側の面積を U とすると（$t > 0$ とする），
$$U = \int_0^t (x^3-3t^2x+2t^3)dx$$
$$= \left[\frac{x^4}{4}-\frac{3}{2}t^2x^2+2t^3x\right]_0^t = \frac{3}{4}t^4$$

y 軸の左側の面積を V とすると，
$$V = S(t)-U = \frac{27}{4}t^4-\frac{3}{4}t^4 = 6t^4$$

したがって，$U:V = 1:8$ と，こちらも $t(>0)$ によらず一定である．

(坪田)

名古屋大学・理系

11年のセット 150分

① C*** ⅡⅢ/微分,積分(回転体の体積)
② C*** CA/行列,確率
③ C**** Ⅱ/座標(軌跡)
④ D**** Ⅰ/整数

---

① $-\dfrac{1}{4} < s < \dfrac{1}{3}$ とする．xyz 空間内の平面 $z=0$ の上に長方形
$$R_s = \{(x, y, 0) \mid 1 \leq x \leq 2+4s,\ 1 \leq y \leq 2-3s\}$$
がある．長方形 R_s を x 軸のまわりに1回転してできる立体を K_s とする．

（1） 立体 K_s の体積 $V(s)$ が最大となるときの s の値，およびそのときの $V(s)$ の値を求めよ．

（2） s を（1）で求めた値とする．このときの立体 K_s を y 軸のまわりに1回転してできる立体 L の体積を求めよ．

(11)

なぜこの1題か

昨年に引き続き選択問題はなかった．今年はかなり難化して，3問がCレベル，1問がDレベルという厳しいセットであった．完答しにくい問題が並んでいる．ただし4題で150分なので，じっくり取り組むことは出来ただろう．各問題の(1)は比較的易しいので，確保しておかないと厳しいことになりそうである．

このセットの中で，類題の経験があれば完答し易いと言えるのは❶だろう．❶(2)は空間座標における回転体の体積の問題．回転する前の回転軸に垂直な断面を考える，という定石に従えばよい．❶が完答できたら，合格がぐっと引き寄せられたはずである．

【目標】 (1)は10分程度で解いておく．(2)も方針に迷わなければ時間を掛けてもいいから解いておきたい．全部を30分で完答できれば申し分ない．

解答

空間での回転体の体積の求め方をまとめておこう．

1° 斜めから見た図が簡単に描けるなら描いてもよいが，描きにくいなら斜めから見た回転前の図や回転後の図を描くことに固執しない．

⇐ 体積計算で，立体の概形は不要．

2° ・座標軸の正方向，座標軸の負方向から見る．
・平面図形なら，その図形の乗る平面に水平，あるいは垂直な方向から見る．
・回転軸の方向から見る．
これらの方向から見た図を活用する．

⇐ 2°のように見ることを「まっすぐに見る」と言うことにしよう．回転前の図形をまっすぐに見ることで，3°で必要となる，回転軸に垂直な平面による切り口をとらえる．

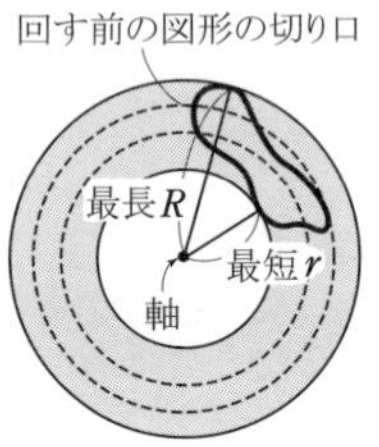

3° **回す前に切る!** 回転軸に垂直な平面による切り口を考え，回転軸との交点と切り口上の点との最短距離 r と最長距離 R を求める．このとき，回転後の図形は，半径 r と R の円ではさまれた上図の網目部のドーナツ型である．断面積は $\pi(R^2-r^2)$ である．

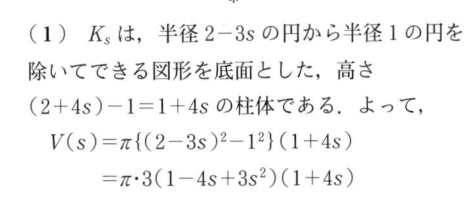

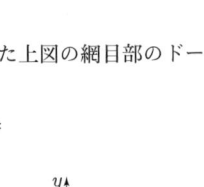

⇐ どんな図形も，その図形上の各点は回転させると円周を描くから，ドーナツ型が現れる．r と R を求めるとき，場合分けが生じることが多いので注意しよう．

*   *   *

（1） K_s は，半径 $2-3s$ の円から半径1の円を除いてできる図形を底面とした，高さ $(2+4s)-1 = 1+4s$ の柱体である．よって，
$$V(s) = \pi\{(2-3s)^2 - 1^2\}(1+4s)$$
$$= \pi \cdot 3(1-4s+3s^2)(1+4s)$$
$$= 3\pi(1-13s^2+12s^3)$$
$$\therefore\ V'(s) = 3\pi(-26s+36s^2)$$
$$= 6\pi s(18s-13)$$

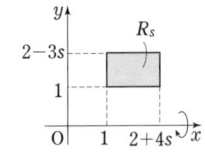

⇐ K_s は，円柱から円柱をくり抜いた図形．

142

$-\dfrac{1}{4} < s < \dfrac{1}{3}$ のとき，$18s-13<0$ であるから，$V'(s)$ の符号変化は，$s=0$ の前後で正から負に変わるのみなので，$s=0$ のとき**最大値 3π**．

⇔ $V'(s)$ は，$-s$ と同符号．

(2) K_0 は $1 \leqq x \leqq 2$ の部分にあり，x 軸正方向から見ると図1の網目部のように見える．$y \geqq 0$ の部分の体積 W を2倍すればよい．

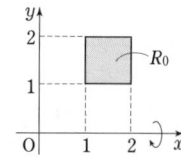

P$(0, t, 0)$ とおくと，平面 $y=t$ における K_0 の切り口は図2，図3の網目部のようになる．

⇔ 左図の回転体を，誌面（左図の xy 平面）に垂直に立った人形が x 軸の正方向から見る．

⇔ K_0 は図1の網目部を底面とする柱体である（x 軸は誌面に垂直で，上方が正の向き．底面は平面 $x=1$ と $x=2$ 上にある）．K_0 の平面 $y=t$ における切り口を，誌面（図1の yz 平面）に垂直に立った人形が y 軸の正方向から見ると，図2，図3のように見える．なお，切り口を y 軸の正方向から z 軸が真上になるように見ると，下図 2′, 3′ のように見える．

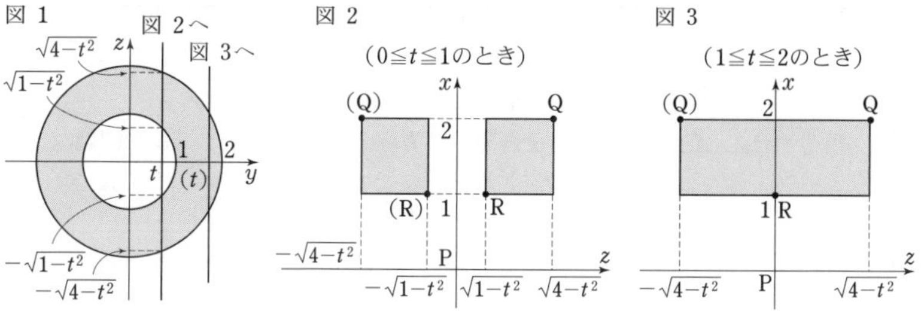

図2，図3の網目部の点のうち，Pからの距離が最大なのは点Q，最小なのは点Rであるから，網目部を y 軸のまわり（つまりPのまわり）に1回転すると，半径PQの円から半径PRの円を除いた図形になる．

$$PQ^2 = (4-t^2) + 2^2 = 8 - t^2,$$
$$PR^2 = \begin{cases} (1-t^2) + 1^2 = 2 - t^2 & (0 \leqq t \leqq 1) \\ 1 & (1 \leqq t \leqq 2) \end{cases}$$

⇔ Pから一番遠いところと一番近いところを，図形的にとらえる．

であるから，L の断面積は，$\pi(PQ^2 - PR^2) = \begin{cases} 6\pi & (0 \leqq t \leqq 1) \\ (7-t^2)\pi & (1 \leqq t \leqq 2) \end{cases}$

となる．よって，求める体積は，

$$2W = 2\left\{\int_0^1 6\pi\, dt + \int_1^2 (7-t^2)\pi\, dt\right\} = 2\left(6\pi + \pi\left[7t - \dfrac{1}{3}t^3\right]_1^2\right) = \dfrac{64}{3}\pi$$

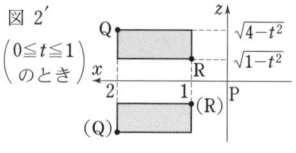

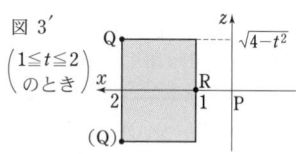

解説 （受験報告は p.201）

【回す立体を四面体にすると？】

A$(-1, 1, 1)$, B$(1, 1, 1)$, C$(1, 3, 1)$, D$(1, 3, 0)$ を4頂点とする四面体を z 軸のまわりに1回転してできる立体 E の体積 V を求めよ．

△ABCは，平面 $z=1$ 上にあり，右図のようである．Dは平面 $z=0$ 上にあり，DC // z 軸である．四面体の平面 $z=t$ による切り口 △A′B′C′ は △ABC と相似で，相似比は $1:t$ である． 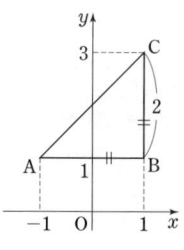
C′$(1, 3, t)$ であり，
P$(0, 0, t)$ とおくと，次図のようになる．

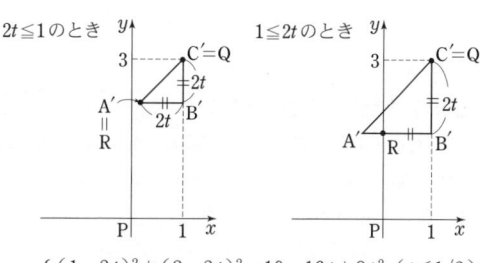

名大の問題と同様にQ, Rを定めて，計算していく．

$PQ^2 = 1^2 + 3^2 = 10$

$PR^2 = \begin{cases} (1-2t)^2 + (3-2t)^2 = 10 - 16t + 8t^2 & (t \leqq 1/2) \\ (3-2t)^2 = 9 - 12t + 4t^2 & (1/2 \leqq t) \end{cases}$

E の断面積 $= \begin{cases} \pi(16t - 8t^2) & (t \leqq 1/2) \\ \pi(1 + 12t - 4t^2) & (1/2 \leqq t) \end{cases}$

$$V = \pi\left\{\int_0^{\frac{1}{2}} (16t - 8t^2)\, dt + \int_{\frac{1}{2}}^1 (1 + 12t - 4t^2)\, dt\right\}$$

$$= \pi\left\{\left[8t^2 - \dfrac{8}{3}t^3\right]_0^{\frac{1}{2}} + \left[t + 6t^2 - \dfrac{4}{3}t^3\right]_{\frac{1}{2}}^1\right\} = \dfrac{11}{2}\pi \quad \text{（坪田）}$$

京都大学・文系

12年のセット
120分

① A**A*** Ⅱ/積分, **A**/確率
❷ B**** Ⅰ/空間図形(正四面体)
③ B****○ Ⅱ/座標(値域)
④ B****○ **A**/平面図形(論証)
⑤ C***** Ⅱ/三角関数, 座標

> 正四面体 OABC において，点 P, Q, R をそれぞれ辺 OA, OB, OC 上にとる．ただし P, Q, R は四面体 OABC の頂点とは異なるとする．△PQR が正三角形ならば，3辺 PQ, QR, RP はそれぞれ 3 辺 AB, BC, CA に平行であることを証明せよ．
> (12)

なぜこの1題か

京大の文系は，昨年はここ数年の中で一番易しいセットであったが，今年はやや難化した．誘導がほとんどついていないのは例年通りである．

① は小問 2 つ．4 次関数のグラフの面積と確率の問題で A レベル．これは確保しておきたい．

❷ は正四面体に関する証明問題．

③ は対称式のとりうる値の範囲．x, y が実数となるための条件を忘れないように．

④ は図形の命題の真偽判定の問題．見かけないタイプなのでやりにくく感じる人が多いだろう．

⑤ は三角関数の方程式に関する C レベルの問題．このセットだと，❷③で差がつきやすいだろう（❷と③は理系との共通問題．③は理系で取り上げている）．文系の人にとっては，❷の方が手をつけやすい人が多いのではないか．ここでは❷を取り上げよう．

【目標】 何を設定し，何を目標にするかが問題．方針が立てば完答を目標にしよう．そうでないときは，他の問題から手をつけていこう．

解答

OP, OQ, OR の長さを設定し，これらが等しいことを示すのを目標にしよう．△PQR の各辺の長さが等しいという式を立てるところである．その後，場合分けが生じる．

OP=p, OQ=q, OR=r とおく．P, Q, R は O とは異なるので，$p, q, r > 0$

OA=OB=OC であるから，

  PQ∥AB, QR∥BC, RP∥CA
    $\iff p=q=r$ ……………①

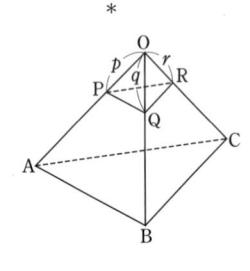

以下，①を示す．

△OPQ に余弦定理を用いると，

  PQ^2=OP^2+OQ^2−2OP・OQcos60°=p^2+q^2-pq

同様に，QR^2=q^2+r^2-qr, RP^2=r^2+p^2-rp.

いま，PQ=QR=RP であるから，

  $p^2+q^2-pq=q^2+r^2-qr=r^2+p^2-rp$

∴ $p^2-r^2-(p-r)q=0$, $q^2-p^2-(q-p)r=0$ ⇐ 左辺−中辺=0 と，中辺−右辺=0

∴ $(p-r)(p+r-q)=0$ ……②, $(q-p)(q+p-r)=0$ ………③

②により $p=r$ または $p+r=q$ である．

(ⅰ) $p=r$ のとき，③により，

  $(q-p)q=0$ ∴ $q=p$ ∴ $p=q=r$

(ⅱ) $p+r=q$ のとき，③で q を消去すると，

  $(p+r-p)(p+r+p-r)=0$ ∴ $r \cdot 2p=0$

したがって，$p=0$ または $r=0$ となり，この場合はあり得ない．

144

解説

【四面体がらみの証明問題】

京大では，四面体がらみの証明問題がよく出題されている．ここで紹介することにしよう．

> **例題 1.** 四面体 ABCD において $\vec{CA}$ と $\vec{CB}$，$\vec{DA}$ と $\vec{DB}$，$\vec{AB}$ と $\vec{CD}$ はそれぞれ垂直であるとする．このとき，頂点 A, 頂点 B および辺 CD の中点 M の 3 点を通る平面は辺 CD と直交することを示せ．
> （10 理系）

$\vec{AB}\cdot\vec{CD}=0$ が "与えられている" ので，目標は $\vec{AM}\cdot\vec{CD}=0$（または $\vec{BM}\cdot\vec{CD}=0$）を示すことである．まずは問題の仮定すべてを A（または B）始点のベクトルの条件に書き換えよう．

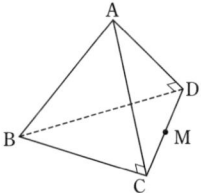

解 $\vec{AB}\cdot\vec{CD}=0$,
$\vec{AM}\cdot\vec{CD}=0$
であることを示せばよい．前者は仮定そのもの．後者を示す．仮定より，
$\vec{CA}\cdot\vec{CB}=0$ ∴ $-\vec{AC}\cdot(\vec{AB}-\vec{AC})=0$
∴ $|\vec{AC}|^2=\vec{AB}\cdot\vec{AC}$ ……①
$\vec{DA}\cdot\vec{DB}=0$ ∴ $-\vec{AD}\cdot(\vec{AB}-\vec{AD})=0$
∴ $|\vec{AD}|^2=\vec{AB}\cdot\vec{AD}$ ……②
$\vec{AB}\cdot\vec{CD}=0$ ∴ $\vec{AB}\cdot(\vec{AD}-\vec{AC})=0$
∴ $\vec{AB}\cdot\vec{AC}=\vec{AB}\cdot\vec{AD}$ ……③

よって，
$|\vec{AC}|^2\overset{①}{=}\vec{AB}\cdot\vec{AC}\overset{③}{=}\vec{AB}\cdot\vec{AD}\overset{②}{=}|\vec{AD}|^2$ ……④

であるから，AC=AD であり，△ACD は二等辺三角形である．M は辺 CD の中点であるから，AM⊥CD 即ち，$\vec{AM}\cdot\vec{CD}=0$ である．

▷注 ④を得た後は，内積を計算しても簡単．

> **例題 2.** 四面体 OABC において，三角形 ABC の重心を G とし，線分 OG を $t:1-t$ $(0<t<1)$ に内分する点を P とする．また，直線 AP と面 OBC との交点を A′，直線 BP と面 OCA との交点を B′，直線 CP と面 OAB との交点を C′ とする．このとき，三角形 A′B′C′ は三角形 ABC と相似であることを示し，相似比を t で表せ．
> （05 共通，後期）

ベクトルの出番．$\vec{OA'}$ などを $\vec{OA}, \vec{OB}, \vec{OC}$ で表そう．

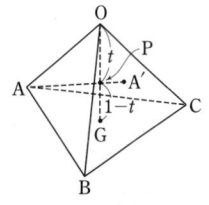

解 $\vec{OA}=\vec{a}, \vec{OB}=\vec{b}, \vec{OC}=\vec{c}$ とおくと，
$\vec{OG}=\frac{1}{3}(\vec{a}+\vec{b}+\vec{c})$ だから，
$\vec{OP}=\frac{t}{3}(\vec{a}+\vec{b}+\vec{c})$

$\vec{OA'}=\vec{OA}+x\vec{AP}=\vec{a}+x\left\{\frac{t}{3}(\vec{a}+\vec{b}+\vec{c})-\vec{a}\right\}$ ……①

と表せ，A′ は面 OBC 上にあるから，①の $\vec{a}$ の係数は 0 となり，$1+x\left(\frac{t}{3}-1\right)=0$ ∴ $x=\frac{3}{3-t}$

①に代入して，$\vec{OA'}=\frac{t}{3-t}(\vec{b}+\vec{c})$

同様に，$\vec{OB'}=\frac{t}{3-t}(\vec{c}+\vec{a})$, $\vec{OC'}=\frac{t}{3-t}(\vec{a}+\vec{b})$

よって，$\vec{A'B'}=\frac{t}{3-t}(\vec{a}-\vec{b})=\frac{t}{3-t}\vec{BA}$

同様に，$\vec{B'C'}=\frac{t}{3-t}\vec{CB}$, $\vec{C'A'}=\frac{t}{3-t}\vec{AC}$

したがって △A′B′C′∽△ABC で，相似比は $\frac{t}{3-t}:1$

> **例題 3.** 四面体 OABC は次の 2 つの条件
> (i) $\vec{OA}\perp\vec{BC}$, $\vec{OB}\perp\vec{AC}$, $\vec{OC}\perp\vec{AB}$
> (ii) 4 つの面の面積がすべて等しい
> をみたしている．このとき，この四面体は正四面体であることを示せ．
> （03 文系）

対等性に注意しよう．

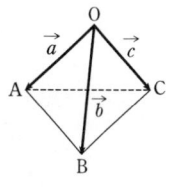

解 $\vec{OA}=\vec{a}, \vec{OB}=\vec{b}, \vec{OC}=\vec{c}$ とおくと，(i) より，
$\vec{a}\cdot(\vec{c}-\vec{b})=0$, $\vec{b}\cdot(\vec{c}-\vec{a})=0$
∴ $\vec{a}\cdot\vec{b}=\vec{a}\cdot\vec{c}=\vec{b}\cdot\vec{c}$ ……①

$\vec{a}$ と $\vec{b}$ のなす角を θ とすると，
$2\triangle OAB=|\vec{a}||\vec{b}|\sin\theta=\sqrt{|\vec{a}|^2|\vec{b}|^2-(\vec{a}\cdot\vec{b})^2}$
同様に，$2\triangle OAC=\sqrt{|\vec{a}|^2|\vec{c}|^2-(\vec{a}\cdot\vec{c})^2}$
$2\triangle OBC=\sqrt{|\vec{b}|^2|\vec{c}|^2-(\vec{b}\cdot\vec{c})^2}$

だから，(ii) と①より，
$|\vec{a}|^2|\vec{b}|^2=|\vec{a}|^2|\vec{c}|^2=|\vec{b}|^2|\vec{c}|^2$
∴ $|\vec{a}|=|\vec{b}|=|\vec{c}|$ ∴ OA=OB=OC

同様に，対等性から，A を始点にすると AO=AB=AC，B を始点にすると BO=BA=BC が言え，OABC の各面はすべて正三角形だから正四面体．

（坪田）

京都大学・文系

120分

11年のセット		
①(1)	A*○	AⅡ/平面図形(三角形)
(2)	A*	A/確率
❷	B***	B/空間ベクトル(四面体)
③	A**	Ⅱ/微分法(交点の個数)
④	A*○	Ⅱ/座標,積分法(面積)
⑤	C***	AB/場合の数,数列

四面体 OABC において，点 O から3点 A，B，C を含む平面に下ろした垂線とその平面の交点を H とする．$\vec{OA} \perp \vec{BC}$，$\vec{OB} \perp \vec{OC}$，$|\vec{OA}|=2$，$|\vec{OB}|=|\vec{OC}|=3$，$|\vec{AB}|=\sqrt{7}$ のとき，$|\vec{OH}|$ を求めよ．

(11)

なぜこの1題か

京大の文系は，昨年易しくなったが，今年はさらに易しくなった．誘導がほとんどついていないのは例年通りである．典型的な問題で演習を積んでいれば，⑤以外はどこかで見かけたことがあるだろう．⑤は C レベルの問題で完答は厳しい．

さて，①から④のうち，①③④は A レベルである．③は文字定数が現れるが，グラフの交点の個数を文字定数 a を分離して考える定番問題で易しい．①❷④は文字定数が現れない，答えが具体的な数値になる問題である．このうち，❷の四面体の高さの問題は難し目で B レベル．ベクトルのまま考えてよいが，座標で攻めたほうがラクである．立体は不得意な人も多いので，差がついた問題だろう．

【目標】 方針が立てば30分で完答を目指したい．

解答

$\vec{OA}=\vec{a}$，$\vec{OB}=\vec{b}$，$\vec{OC}=\vec{c}$ とおいて，与えられた条件から，まず，
$$|\vec{a}|,\ |\vec{b}|,\ |\vec{c}|,\ \vec{a}\cdot\vec{b},\ \vec{a}\cdot\vec{c},\ \vec{b}\cdot\vec{c}$$
を求める（これらが分かると，$\vec{a}$，$\vec{b}$，$\vec{c}$ の1次結合で表されたベクトルの大きさが計算できるから）．次に，H は平面 ABC 上にあるので，
$$\vec{OH}=s\vec{a}+t\vec{b}+u\vec{c},\quad s+t+u=1$$
と表し，$\vec{OH} \perp$ 平面 ABC の条件を，$\vec{OH}$ と平面上の2つのベクトルが垂直であることからとらえ，s，t，u を求める．

なお，見た目はベクトルの問題であるが，「点と平面の距離の公式」が使える座標で攻めた方がラクである（☞解説）．

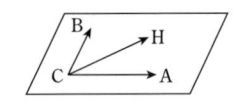

　　　　　　　　　＊　　　　　　　　　＊

$\vec{OA}=\vec{a}$，$\vec{OB}=\vec{b}$，$\vec{OC}=\vec{c}$ とおくと，
$$|\vec{a}|=2,\ |\vec{b}|=3,\ |\vec{c}|=3 \quad \cdots\cdots ①$$
$\vec{OA} \perp \vec{BC}$ により，
$$\vec{OA}\cdot\vec{BC}=\vec{a}\cdot(\vec{c}-\vec{b})=0 \quad \therefore\ \vec{a}\cdot\vec{b}=\vec{a}\cdot\vec{c} \quad \cdots\cdots ②$$
$\vec{OB} \perp \vec{OC}$ により，$\vec{b}\cdot\vec{c}=0 \quad \cdots\cdots ③$
$|\vec{AB}|=\sqrt{7}$ により，$|\vec{AB}|^2=|\vec{b}-\vec{a}|^2=7$
$$\therefore\ |\vec{b}|^2-2\vec{a}\cdot\vec{b}+|\vec{a}|^2=7 \quad \therefore\ \vec{a}\cdot\vec{b}=\frac{|\vec{b}|^2+|\vec{a}|^2-7}{2}=3$$

これと②とから，$\vec{a}\cdot\vec{b}=3,\ \vec{a}\cdot\vec{c}=3 \quad \cdots\cdots ④$

さて，H は平面 ABC 上の点であるから，
$$\vec{OH}=s\vec{a}+t\vec{b}+u\vec{c} \quad (s+t+u=1) \quad \cdots\cdots ⑤$$
とおける．$\vec{OH}$ と平面 ABC が垂直であるから，
$$\vec{OH} \perp \vec{CA},\ \vec{OH} \perp \vec{CB}$$

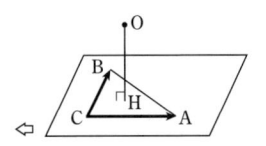

⇦ H が平面 ABC 上にあるとき，
$$\vec{CH}=s\vec{CA}+t\vec{CB}$$
と表せ．このとき
$$\begin{aligned}\vec{OH}&=\vec{OC}+\vec{CH}\\&=\vec{OC}+s\vec{CA}+t\vec{CB}\\&=\vec{c}+s(\vec{a}-\vec{c})+t(\vec{b}-\vec{c})\\&=s\vec{a}+t\vec{b}+(1-s-t)\vec{c}\end{aligned}$$
$u=1-s-t$ とおくと，左のように「係数の和＝1」の形になる．

⇦ ①を代入．

146

$\vec{OH}\cdot\vec{CA}=(s\vec{a}+t\vec{b}+u\vec{c})\cdot(\vec{a}-\vec{c})=0$ により,
$$s(|\vec{a}|^2-\vec{a}\cdot\vec{c})+t(\vec{a}\cdot\vec{b}-\vec{b}\cdot\vec{c})+u(\vec{a}\cdot\vec{c}-|\vec{c}|^2)=0$$
$\therefore\ s(2^2-3)+t(3-0)+u(3-3^2)=0$
$\therefore\ s+3t-6u=0$ ……………⑥

⇐ s, t, u について整理して, ①③④を代入する.

$\vec{OH}\cdot\vec{CB}=(s\vec{a}+t\vec{b}+u\vec{c})\cdot(\vec{b}-\vec{c})=0$ により,
$$s(\vec{a}\cdot\vec{b}-\vec{a}\cdot\vec{c})+t(|\vec{b}|^2-\vec{b}\cdot\vec{c})+u(\vec{b}\cdot\vec{c}-|\vec{c}|^2)=0$$
$\therefore\ s(3-3)+t(3^2-0)+u(0-3^2)=0$
$\therefore\ 9t-9u=0\quad\therefore\ u=t$ ……………⑦

⑦を⑤⑥に代入すると, $s+2t=1$, $s-3t=0\quad\therefore\ t=\dfrac{1}{5},\ s=\dfrac{3}{5}$

⇐ このとき, $u=t=\dfrac{1}{5}$

よって, $\vec{OH}=\dfrac{1}{5}(3\vec{a}+\vec{b}+\vec{c})$ である. ここで,
$$|3\vec{a}+\vec{b}+\vec{c}|^2=9|\vec{a}|^2+|\vec{b}|^2+|\vec{c}|^2+6\vec{a}\cdot\vec{b}+2\vec{b}\cdot\vec{c}+6\vec{a}\cdot\vec{c}$$
$$=9\cdot2^2+3^2+3^2+6\cdot3+2\cdot0+6\cdot3=90$$

⇐ ①③④を代入.

であるから, $|\vec{OH}|=\dfrac{1}{5}\sqrt{90}=\dfrac{3\sqrt{10}}{5}$

解 説 （受験報告は p.35）

【座標で解くと】

本問は, 解答の前文で書いたように, 座標で攻めた方がラクである.

座標平面上で, 1次式 $ax+by+c=0$ ……⑦ は直線を表し, 点 (x_0, y_0) と直線⑦との距離は
$$\dfrac{|ax_0+by_0+c|}{\sqrt{a^2+b^2}}$$
である. これに対し,

座標空間では, 1次式 $\boldsymbol{ax+by+cz+d=0}$ ……④ は**平面**を表し, 点 (x_0, y_0, z_0) と平面④との距離は
$$\dfrac{|ax_0+by_0+cz_0+d|}{\sqrt{a^2+b^2+c^2}}$$
となる (☞「教科書Nextベクトルの集中講義」§34, 35). これを使うとかなり楽に解ける.

$\vec{OB}\perp\vec{OC}$ であるから, Oを原点, B, C を座標軸上に設定しよう.

別解 ☆ $O(0, 0, 0)$ とおく.

$\vec{OB}\perp\vec{OC}$, $|\vec{OB}|=|\vec{OC}|=3$ により,
  $B(3, 0, 0)$
  $C(0, 3, 0)$
とおける. $A(a, b, c)$ ($c>0$) とおくと,
  $\vec{OA}\perp\vec{BC}$
により, $\vec{OA}\cdot\vec{BC}=0$

$\vec{BC}=(-3, 3, 0)$ であるから,
 $-3a+3b=0\quad\therefore\ b=a$

$A(a, a, c)$ であり, $|\vec{OA}|=2$, $|\vec{AB}|=\sqrt{7}$ から
 $a^2+a^2+c^2=4$ ………………①
 $(3-a)^2+a^2+c^2=7$ ……………②

①-② により, $-9+6a=-3\quad a=1$

これと①から, $c=\sqrt{2}\quad\therefore\ A(1, 1, \sqrt{2})$

$|\vec{OH}|$ は O と平面 ABC の距離である.

平面 ABC の方程式を
 $px+qy+rz+s=0$ ………………③
とおく. A, B, C の座標をそれぞれ代入して,
 $p+q+\sqrt{2}r+s=0$ ……………④
 $3p+s=0$ ……………………⑤
 $3q+s=0$ ……………………⑥

⑤⑥により, $q=p$, $s=-3p$ であり, ④に代入して
 $\sqrt{2}\,r=p$

[$r=1$ として $p\sim s$ の比を求めると]

よって, $p:q:r:s=\sqrt{2}:\sqrt{2}:1:(-3\sqrt{2})$

したがって, ③は
 $\sqrt{2}\,x+\sqrt{2}\,y+z-3\sqrt{2}=0$

点と平面の距離の公式を使って,
$$|\vec{OH}|=\dfrac{|0+0+0-3\sqrt{2}|}{\sqrt{2+2+1}}=\dfrac{3\sqrt{10}}{5}$$

(坪田)

京都大学・理系

12年のセット　150分

① (1) C*○　Ⅲ/極限
　(2) B**　Ⅲ/積分法
② B**　Ⅰ/空間図形（正四面体）
❸ B**○　Ⅱ/座標（値域）
④ C***　Ⅱ/多項式の割り算
⑤ C***　A/平面図形（論証）
⑥ D****　AB/確率，数列

実数 x, y が条件 $x^2+xy+y^2=6$ を満たしながら動くとき
$$x^2y+xy^2-x^2-2xy-y^2+x+y$$
がとりうる値の範囲を求めよ．　　　　　　　　　　　　　　　　　　（12）

なぜこの1題か

　のっけから驚いた．京大は「大人にはよく知られているけれど，最近あまり出ていない」問題が好みである．当然，生徒が知らない事項が多い．①(1)は，1と a の値によって場合分けが生じる．そんな極限，最近は，やってはいないだろう．20年も昔なら頻出だった．当時は，生徒に「極限は難しい．公式の適用では終わらないから」と言われた．しかし，最近はそうした「嫌な問題」が出されず，いわば純粋培養のようになっていた．こうした極限が見なおされるきっかけになればよいと思う．①(2)も見当はずれなことをやる生徒が多い．以前，$\dfrac{x^2-a^2}{x-a}$ を一向に約分せず，このままでずっと扱う生徒が多くて驚いた話をどこかに書いた．こんな約分，考えてすることでなく，指が勝手に $x+a$ とするべきものだろう．$\dfrac{1}{x^2}\log\sqrt{1+x^2}$ を $\dfrac{1}{2x^2}\log(1+x^2)$ とせず，ずっと $\dfrac{1}{x^2}\log\sqrt{1+x^2}$ のままで変形した受験生も少なくなかったらしい．対数の計算が身についていない．この系統の積分で頻出なのは $\int_0^a \log(x^2+a^2)dx$ であり，2011年は神戸大・後期にある．最初に部分積分をし，その後に置換積分する．ところが $\int \dfrac{1}{1+x^2}dx$ の連想なのか，$x=\tan\theta$ とした生徒が少なくない．最初に置換してしまうと部分積分をしにくくなってしまう．②は易しく，解法も多岐に渡るため，読むのが大変だったらしい．解けて当たり前の問題である．一番驚いたのは⑤だ．「証明せよ」と書いてあれば目標が定めやすいが，真偽の判定をするところから始めないといけないので難しい．第5問になって，既に時間が少なくなっていることと相まって，難易度の判断が狂っているのだろう．(p) は易しいのに，これすら解けていない．(q) はほとんど解けていない．証明する場合，仮定が使える方向，思考の方向が限られるが，反例となると「仮定を満たすが結論を満たさない例（長さと角度の3つの条件）」を一気に発想しないといけない．本誌4月号の注では式でアプローチする方法が書いてあるが，私は，式でのアプローチは即座に諦めた．角を等しくしておいて，長さの大小関係を実現する方向で考えようと発想できるかがポイントである．幾何の反例を考える訓練をしていないので，ハードルが高い．⑥は $n=1$ のとき，$n=2$ のときとやってみれば見えてくるのだが，ほとんど解けていない．⑤，⑥は，多くの人には試験対象外であった．④は完答率がそこそこあるが，生徒の自己申告の完答率だから，あまり当てにならない．解けたといっても，不十分なところが多いのではなかろうか．❸は酷似した過去問（02年の後期文系第2問）もあるが，他大学に類題も多い．どこかで解いた経験があるだろう．特に2次の場合なら「$x^2+y^2\leqq 1$ のとき，$x+y=u, xy=v$ として $v+ku$ の値域を求めよ」のようなものが頻出だから，おなじみである．

　試験は（学習到達度を測る）＋（見たことがない問題で思考力を試す）が大きな柱である．①(1)，⑤のような盲点を突くものは，少し方向が違うような気がする．商業ベースの模試でこういう問題を問題採用会議に出すと却下されるだろうなあ．

【目標】細かなところを丁寧に，20分程度で完答．

解　答

問題文の2式は x, y の対称式であるから，基本対称式 $x+y, xy$ で表せる．x, y が実数となるための条件を忘れないようにする．

＊　　　　　＊

⇔ $x+y=u, xy=v$ とおく．条件式から v は u で表せる．

$x+y=u$, $xy=v$ とおく. $x^2+xy+y^2=6$ より
$$(x+y)^2-xy=6 \quad \therefore \quad u^2-v=6$$
$$v=u^2-6$$
x, y は t の方程式 $t^2-ut+v=0$ ◁解と係数の関係
$$t^2-ut+u^2-6=0$$
の2解だから, 判別式を D として
$$D=u^2-4(u^2-6)=24-3u^2\geqq 0$$ ◁x, y が実数である条件
$$u^2\leqq 8 \quad \therefore \quad -2\sqrt{2}\leqq u\leqq 2\sqrt{2}$$
ここで
$$x^2y+xy^2-x^2-2xy-y^2+x+y$$
$$=xy(x+y)-(x+y)^2+(x+y)$$
$$=uv-u^2+u=u(u^2-6)-u^2+u$$
$$=u^3-u^2-5u=f(u) とおく.$$
$$f'(u)=3u^2-2u-5=(u+1)(3u-5)$$

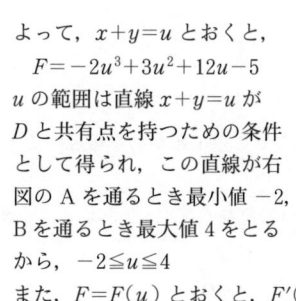

u	$-2\sqrt{2}$	$\cdots$	-1	$\cdots$	$\dfrac{5}{3}$	$\cdots$	$2\sqrt{2}$
$f'(u)$		+	0	−	0	+	
$f(u)$		↗		↘		↗	

$$f(-2\sqrt{2})=-8-6\sqrt{2}=-16.\cdots$$
$$f\left(\dfrac{5}{3}\right)=-\dfrac{175}{27}=-6.\cdots>f(-2\sqrt{2})$$
$$f(-1)=3$$
$$f(2\sqrt{2})=-8+6\sqrt{2}=0.4\cdots<f(-1)$$
$f(u)$ の値域は, $-8-6\sqrt{2}\leqq f(u)\leqq 3$
求める値の範囲は,
$$-8-6\sqrt{2} \text{ 以上 } 3 \text{ 以下}$$

⇨注 「$x^2y+xy^2-x^2-2xy-y^2+x+y$ がとりうる値の範囲を求めよ」という文章は心配りが足りません. 出題者が $z=x^2y+xy^2-x^2-2xy-y^2+x+y$ とでも名前をつけておけば, $-8-6\sqrt{2}\leqq z\leqq 3$ と答えやすいでしょう. 生徒の便宜を考えてほしいものです. 下の類題では F って名前がついているし.

解 説 (受験報告は p.171)

【類題】
次の連立不等式を満たす xy 平面内の領域を D とする.
$$4y+x-10\leqq 0, \quad y-x\geqq 0, \quad y+4x+5\geqq 0$$
点 $P(x, y)$ が領域 D を動くとき,
$$F=-2(x^3+y^3)+3(x^2+y^2)-6xy(x+y-1)+12(x+y)-5$$
の最大値と最小値を求めよ. (02 京大・文系-後期)

【略解】 D は右図網目部（境界を含む）. 一方,
$$F=-2\{x^3+y^3+3xy(x+y)\}+3(x^2+y^2+2xy)+12(x+y)-5$$
$$=-2(x+y)^3+3(x+y)^2+12(x+y)-5$$

よって, $x+y=u$ とおくと,
$$F=-2u^3+3u^2+12u-5$$
u の範囲は直線 $x+y=u$ が D と共有点を持つための条件として得られ, この直線が右図の A を通るとき最小値 -2, B を通るとき最大値 4 をとるから, $-2\leqq u\leqq 4$ 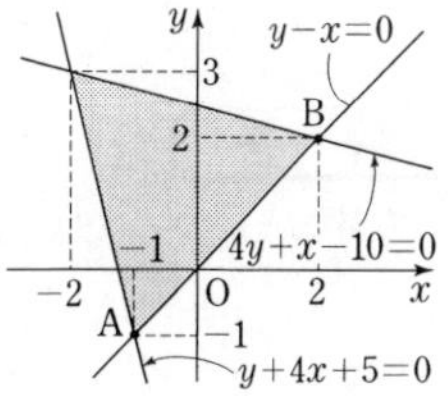
また, $F=F(u)$ とおくと, $F'(u)=-6(u+1)(u-2)$
$F(-2)=-1$, $F(2)=15$, $F(-1)=-12$,
$F(4)=-37$ より, **最大値 15, 最小値 −37**

(安田)

京都大学・理系（乙）

10年のセット
150分

① B** B/ベクトル
② B** II/座標
③ B** III/積分法(面積)
④ C*** AII/平面図形(外接円)
⑤ C**** I/整数
⑥ C** AIII/確率, 極限

$1<a<2$ とする．3辺の長さが $\sqrt{3}, a, b$ である鋭角三角形の外接円の半径が1であるとする．このとき a を用いて b を表せ． （10）

なぜこの1題か

相変わらず出題レベル，内容の安定しない京大である．09年は手順が多くて極端に面倒であった．10年は予想されたように計算の分量が大幅に減った．京大らしい問題としてはベクトルの①，整数問題の⑤だろう．②，③，⑥は大人にはよく知られた問題で，商業ベースの模擬試験で出題したら「こんな有名問題を出すなんて手抜きだ．もっと新作性の強い工夫した問題を出せ」と批判されるだろう．その後の模試の受験者数に影響を与えかねない内容である．

①は基本的であるが，意外に類題が作りづらく，京大らしい問題である．②は類題の経験の有無が重要で「座標平面での交角は tan で扱う」ことが分かっていれば，どうということもない．経験がないと，余弦定理や，ベクトルの内積を用いた cos 経由で解くだろう．それは大変である．前半の3題は落とせない．

⑤の整数は(1)は基本的な帰納法だが，(2)は難しい．08年の東大の整数を「1を並べる」という問題文の意図を無視して，式だけで純粋に解く解法を学んでいれば，同じ方法で，この(2)が解ける．興味があれば，拙著「東大数学で1点でも多く取る方法・理系編」でその方法を確認してほしい．批判を恐れずに，あえて断言すれば，時間に制限のある大学受験の数学では，式を主体にした応用性の広い解法を学んでおくことを第一としたい．問題の特殊性を使った「うまい解法」は，一見魅力的だが，設定が変わると使えなくなってしまうという両刃の剣である．しかし，(2)は大半が解けないので，合否を分ける問題ではない．

⑥は確率と区分求積の融合で，かつては頻出であった．本来は解けてほしい問題であるが，うまく変形できなかった人も多い．類題の経験があれば解けるが．

④と⑥の出来が重要である．

④は公式を正しく適用して計算すれば解けてしまう．どの公式をどのタイミングで使うかという問題である．「正弦定理だけを使うか余弦定理も使うか？」の解法の選択が重要である．私は「外接円の半径があるので，正弦定理だけに決まっている」と思うのだが，余弦定理で解こうとした人も多いらしい．

もしも「計算主体で解けそうにない」と思うなら，図形的にアプローチすることになるが，そうではない問題なのに，図形的に考えるのは，時間に制限のある入学試験用の解答としては，好ましくない方針だと思う．実際，生徒に聞いても，図形的なアプローチをした者はいない．類題（後で述べる一橋大の問題）を参照のこと．

【目標】 正弦定理で式をたて，20分程度で完答．

解 答

方針などについては，「なぜこの1題か」を参照のこと．

　　　　　　＊　　　　　　　　　＊

長さが $\sqrt{3}, a, b$ の辺の対角を C, A, B とする．正弦定理より

$$\frac{\sqrt{3}}{\sin C}=\frac{a}{\sin A}=\frac{b}{\sin B}=2\cdot 1$$

よって $\sin C=\dfrac{\sqrt{3}}{2}$

$0°<C<90°$ より $C=60°$ ∴ $A+B=120°$

⇐ 等式が一つあるので1文字消去．今は a（つまり A）が主役だから B を A で表す．

150

$$b = 2\sin B = 2\sin(120° - A)$$
$$= 2\sin 120° \cos A - 2\cos 120° \sin A = \sqrt{3}\cos A + \sin A$$

ここで，$\dfrac{a}{\sin A} = 2$ より $\sin A = \dfrac{a}{2}$

$0° < A < 90°$ より

$$\cos A = \sqrt{1 - \sin^2 A} = \sqrt{1 - \dfrac{a^2}{4}} = \dfrac{\sqrt{4 - a^2}}{2}$$

$$\therefore \ b = \dfrac{\sqrt{3(4 - a^2)} + a}{2}$$

⇦ a が主役だから $\sin A$ と $\cos A$ を a で表す．

解　説

【類題】

> 三角形の2辺の長さが a, b で，外接円の半径が r であるとき，第三辺の長さを求めよ．ただし，$a < b < 2r$ とする．　　　　　（85　一橋大）

解答は京大の問題とほとんど同じである．

解　正弦定理より，

$$\dfrac{a}{\sin A} = \dfrac{b}{\sin B} = \dfrac{c}{\sin C} = 2r$$

$a < b$ より $A < B$ だから最大角は B または C であり，A は鋭角である．$b < 2r$ は AC が直径でないというだけだから，B は鋭角の場合と鈍角の場合がある．

$$\cos A = \sqrt{1 - \sin^2 A} = \sqrt{1 - \dfrac{a^2}{4r^2}}$$

$$\cos B = \pm\sqrt{1 - \sin^2 B} = \pm\sqrt{1 - \dfrac{b^2}{4r^2}}$$

$$c = 2r\sin C = 2r\sin(\pi - A - B) = 2r\sin(A + B)$$
$$= 2r(\sin A \cos B + \cos A \sin B) \quad\cdots\cdots\cdots\cdots ①$$
$$= 2r\left(\pm\dfrac{a}{2r}\sqrt{1 - \dfrac{b^2}{4r^2}} + \dfrac{b}{2r}\sqrt{1 - \dfrac{a^2}{4r^2}}\right)$$
$$= \dfrac{1}{2r}\left(\pm a\sqrt{4r^2 - b^2} + b\sqrt{4r^2 - a^2}\right)$$

　　　　　＊　　　　　　　＊

①で $\cos A$，$\cos B$ を残して $\sin A$，$\sin B$ を消すと第一余弦定理 $c = a\cos B + b\cos A$ が得られる．これを知っていると「$\cos A$，$\cos B$ を a, b で表すだけ！」と見える．第一余弦定理は，式で証明するときは「加法定理を展開したもの」であり，図形的に証明をするときには図1で

$$c = \text{AH} + \text{BH} = b\cos A + a\cos B$$

図2で（$a\cos B < 0$ に注意）

$$c = \text{AH} - \text{BH} = b\cos A - (-a\cos B)$$

図3で $c = \text{BH} - \text{AH} = a\cos B - (-b\cos A)$

としたものである．

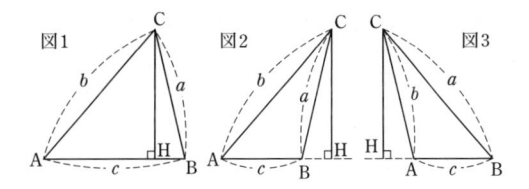

公式を使えば場合分けは要らないが，図を描いて，垂線を下ろして考えると場合分けが必要である．これを「図だと場合分けを落としやすいから鬱陶しい」と感じるか「直観的でわかりやすい」と感じるかは，人それぞれである．

一橋大の問題でも，図4を描いて（CDは直径）△CAD と △CHB が相似であることを示し，

$$b : 2r = h : a \ \text{から}\ h = \dfrac{ba}{2r}$$

$$\text{AB} = \text{AH} + \text{HB} = \sqrt{b^2 - h^2} + \sqrt{a^2 - h^2}$$
$$= \sqrt{b^2 - \dfrac{b^2 a^2}{4r^2}} + \sqrt{a^2 - \dfrac{b^2 a^2}{4r^2}}$$

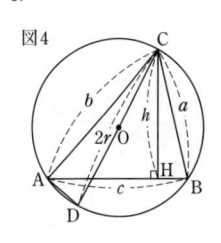

とした解答書があった．この解答のまずい点は自分の描いた図にとらわれ過ぎて，B が鈍角の場合を見落としていることと，自分がやっていることが正弦定理，第一余弦定理の証明であることに気づいていない点である．もしかしたら，解答者は正弦定理の証明方法を知らず，「線を引きまくっているうちに正弦定理の証明方法を自分で発見してしまった」のかもしれない．△ACD を描いて考えることは正弦定理 $b = 2r\sin B$ を証明しながらやることであり，h を考えることは正弦定理 $\dfrac{a}{\sin A} = \dfrac{b}{\sin B}$ で分母を払った関係式 $h = a\sin B = b\sin A$ を考えることである．

【余弦定理を用いると】

京大の問題で，$C=60°$ を導いたあと通常の余弦定理を用いると
$$(\sqrt{3})^2 = a^2 + b^2 - 2ab\cos 60°$$
となる．b について解くと $b = \dfrac{a \pm \sqrt{12-3a^2}}{2}$ になり，プラスマイナスのどっちが適するのか，両方とも適するのか定かではない．実は，解答で使っていない条件がある．

$1 < a < 2$ である．これと正弦定理 $a = 2\sin A$，および鋭角三角形であることから $30° < A < 90°$ がわかり，$A + B = 120°$ から $30° < B < 90°$，したがって
$$1 < b < 2 \quad \therefore \quad b - 1 = \dfrac{a - 2 \pm \sqrt{12-3a^2}}{2}$$
がわかる．複号がマイナスの場合は $b-1 < 0$ になり不適である．不要な条件 $1<a<2$ は余弦定理に迷いこんだ人のための救済手段として用意してあるようだ．

*　　　　　　*

ところで，余弦定理はどうやって証明するか，知っているだろうか？

前ページの図 1，2，3 のいずれであっても
$$c = b\cos A + a\cos B \quad (第一余弦定理)$$
が成り立ち，そして
$$BH = |c - b\cos A|$$
が成り立つ．$\triangle CHB$ で三平方の定理を用いる（$CH = b\sin A$ も使う）と
$$a^2 = BH^2 + CH^2 = (c - b\cos A)^2 + (b\sin A)^2$$
となり，これを整理して
$$a^2 = b^2 + c^2 - 2bc\cos A$$
を得る．

上では図形的な考察をしたが，正弦定理
$$\dfrac{a}{\sin A} = \dfrac{b}{\sin B} = \dfrac{c}{\sin C} = 2R$$
を 3 つとも（a，b，c が出てくる部分ということ）使えば，図形的な考察をせずに，純粋に式の計算だけで，普通の余弦定理を導くことができる．

次のようにする．まず，前ページ①のところで示したように，加法定理の展開から，第一余弦定理
$$c = a\cos B + b\cos A$$
が導ける．これから
$$c - b\cos A = a\cos B$$
となり，2 乗して
$$(c - b\cos A)^2 = (a\cos B)^2$$
$$(c - b\cos A)^2 = a^2(1 - \sin^2 B)$$
$$(c - b\cos A)^2 = a^2 - (a\sin B)^2$$
となる．ここで，$\dfrac{a}{\sin A} = \dfrac{b}{\sin B}$ だから $a\sin B = b\sin A$ なので
$$(c - b\cos A)^2 = a^2 - (b\sin A)^2$$
$$c^2 - 2bc\cos A + b^2\cos^2 A + b^2\sin^2 A = a^2$$
したがって
$$a^2 = b^2 + c^2 - 2bc\cos A$$
となる．

*　　　　　　*

ここで言いたいことは，正弦定理を 3 つとも使い，$\cos^2\theta + \sin^2\theta = 1$ を使うならば，余弦定理は使わなくても答えが得られるということである．

正弦定理と余弦定理を習うのは，数学 I であり，その時点では加法定理の展開は習っていない．だから「正弦定理を使っていれば，余弦定理を使わなくても答えが必ず導ける」などということは習わない．そのため，正弦定理と余弦定理を混在して使うこともあるだろう．本来は，これらを混在して使うことは迷いにつながり，時間に制限のある入学試験では負の要因になりかねない．大人はこれを知っているので，京大の問題では，「外接円の半径」が与えられている時点で，余弦定理は解法の選択肢から消え去るのである．　　　　　　（安田）

受験報告

▶ 今年の京大模試を数学に頼りすぎた，一浪による**京都大学理学部**受験報告です．……④ へ（30 分）．2 完か…こりゃ間違いなく易化だな．外接円の半径 1 と辺の長さ $\sqrt{3}$ は…正弦定理か！ 正弦・余弦を駆使すれば答えっぽいのは出るものの，± の処理に戸惑う．とりあえず放置．⑤ へ（41 分）．(1) は帰納法を使えば楽勝．(2) は (1) を使うのだろうが，先に求値問題をするべきと判断し，⑥ へ（47 分）．……② に戻る（70 分）．符号ミスに気付き，冷静に解くと 45 度になり，完答を確信．今思えば，角度の最大値なんだから，ほとんど有名角に決まっているだろう．① と ③ の見直しも行い，最低限の 3 完を確保．何故この 3 つが 35 点なんだろうと思いつつ，再び ④ へ（90 分）．− の場合 a が $\sqrt{3}$ 以上でないと成立しないので場合わけするが，b が 1 から 2 の間しか動かないことに気付かない．（鋭角でなく）ただの三角形成立条件で確かめ，「場合わけで差がつく問題か」と勘違い（110 分）．……

解答速報によると，
$$①○②○③○④▲⑤○⑥×$$
の，おおよそ 130 くらいだろうか．これは論証勝負になりそうだ．一次独立性や変数の範囲指定はちゃんとしたので大丈夫なはず…　（ひだまり荘の屋根の上からきた夢追い虫ユメス）

京都府立医科大学

10年のセット　120分

① C****　CⅢ/楕円, 関数の極限
❷ C***　 ⅠB/整数
③ C****　Ⅲ/微分, 積分(体積)
④ C****　BⅢ/空間座標, 数列の極限

---

n を 3 以上の整数とする．1 以上の整数 M を n で割ったときの商を M_1，余りを a_1 とする．続いて，M_1 を n で割ったときの商を M_2，余りを a_2 とする．このようにして 1 以上の整数 i に対して，M_i を n で割ったときの商を M_{i+1}，余りを a_{i+1} とおく．このとき $M_i=0$ となるような i の最小値を k とする．次に，M に対して，$a_1+a_2+\cdots+a_k$ を対応させる関数を $f(M)$ と表す．すなわち $f(M)=\sum_{i=1}^{k}a_i$ である．

たとえば $M=5^3$，$n=10$ のときは，$k=3$ であり，$f(M)=8$ となる．

（1）　M を $a_1, a_2, \cdots, a_k$ と n を用いて表せ．
（2）　$f(M) \leq M$ であることを示せ．また，等号が成立するための条件を n と M を用いて表せ．
（3）　$M-f(M)$ は $n-1$ で割り切れることを示せ．

次に，$f^1(M)=f(M)$，$f^j(M)=f(f^{j-1}(M))$（$j \geq 2$）により $f^j(M)$ を定める．M に対して，$f^j(M)<n$ となるような j の最小値を s とし，$f^s(M)$ の値を $R(M)$ とおく．

（4）　M が $n-1$ で割り切れるとき，$R(M)$ を求めよ．
（5）　M が $n-1$ で割り切れないとき，$R(M)$ がどのような値となるかを n, M を用いて説明せよ．

（10）

なぜこの 1 題か

今年度は，例年にもましてやりにくい問題が出そろった．全問難易度ランクが C である．

①は，楕円の接線・法線を扱う問題．$\sqrt{}$ がついたまま計算をしていき，(2)の法線の交点を求めるところであきらめる人も多いだろう．(3)(4)は簡単だが，(2)を乗り越えることが大変なので，完答できた人は少ないだろう．

❷は，n 進法をテーマにした整数の問題．テーマに気づかなくとも解くことはできる．誘導は丁寧だが，整数の論証問題は苦手な受験生が多く，点数にバラつきが出た 1 問である．最初の方の小問は易しめなので，ここを落とすと厳しくなる．抽象的な設定なので，(4),

(5)は，特に論証力を要する一題である．

③は，微積の融合問題．(1)の計算はうまく文字を置かないと意外と手こずる．ここを落としても，勘で共有点の座標さえ分かれば，(4)の求積計算をすることができる．

④は，京都府医大定番の空間の問題．やるべきことは 1 つなのだが，図が描きにくいので，誤りなく作業するのは相当の根気と集中力を要する．

以上から，❷でどこまで食らい付いたかが鍵となるだろう．

【目標】　(1)(2)で 10 分．(3)で 5 分．(4)(5)で 15 分．完答できなくても部分点を稼ごう．(5)で，$R(M)$ の値が予想できれば，その値を書いておこう．

解答

（1）　$M=nM_1+a_1$，$M_1=nM_2+a_2$，$M_2=nM_3+a_3$，… から，M_1，M_2，… を消去する．

（2）(3)　$M-f(M)$ を $a_\square$ で整理すると，$n^\square-1$ が現れる．
$n^j>1$（$j \geq 1$），$n^j-1=(n-1)(n^{j-1}+n^{j-2}+\cdots+n+1)$ を用いる．

なお，$n=10$ のとき，$f(M)$ は，M を 10 進法で表したときの各桁の数の和である．これに気付き，(3)は $n=10$ のとき「M を 9 で割った余りと $f(M)$ を 9 で割った余りが等しい」という事実を意味することにピンと来れば，(4)(5)の答えが予想できるだろう（□次頁の最初の傍注）．

⇐ (2)では $n^j>1$，(3)では後者を使う．

⇐「$M-f(M)$ が $n-1$ で割り切れる」ことは，「M と $f(M)$ を $n-1$ で割った余りが等しい」と同値．

(4)(5)　まず，$M, f(M), f^2(M), f^3(M), \cdots$ を $n-1$ で割った余りが等しいことを証明する．
　次に，$R(M) \geq 1$ であることを考慮して，$R(M)$ を定める．

＊　　　　　　　　　＊

(1)　$M = nM_1 + a_1, \ M_1 = nM_2 + a_2, \ M_2 = nM_3 + a_3, \ \cdots,$
　　　$M_{k-2} = nM_{k-1} + a_{k-1}, \ M_{k-1} = nM_k + a_k = a_k$ ……………①

から，$a_1, a_2, a_3, \cdots$ を消去していく．

$k \geq 2$ のとき，
$$\begin{aligned}M &= nM_1 + a_1 = n(nM_2 + a_2) + a_1 \\ &= n^2 M_2 + na_2 + a_1 = n^2(nM_3 + a_3) + na_2 + a_1 \\ &= n^3 M_3 + n^2 a_3 + na_2 + a_1 = n^3(nM_4 + a_4) + n^2 a_3 + na_2 + a_1 = \cdots \\ &= n^{k-1} M_{k-1} + n^{k-2} a_{k-1} + \cdots + n^2 a_3 + na_2 + a_1 \\ &= \boldsymbol{a_k n^{k-1} + a_{k-1} n^{k-2} + \cdots + a_3 n^2 + a_2 n + a_1} \end{aligned}$$　………②

$k = 1$ のとき，$M_1 = 0$ より，$M = nM_1 + a_1 = \boldsymbol{a_1}$ ……………③

⇐ ②，③をまとめて，
　$M = \sum_{i=1}^{k} a_i n^{i-1}$ と表せる．

(2)　$k \geq 2$ のとき，①より，$a_k = M_{k-1} \geq 1$
　　　$k = 1$ のとき，③より，$a_1 = M \geq 1$

⇐ $M_i = 0$ となる最小の i が k なので

いずれにしろ，$a_k \geq 1$ ……………………………………④

$k \geq 2$ のとき，$f(M) = a_k + a_{k-1} + \cdots + a_1$ と②より
$$M - f(M) = a_k(n^{k-1} - 1) + a_{k-1}(n^{k-2} - 1) + \cdots \\ + a_3(n^2 - 1) + a_2(n - 1)$$……………⑤

$n \geq 3$ より，i が正の整数のとき，$n^i - 1 > 0$
これと④と，$a_{k-1}, a_{k-2}, \cdots, a_1 \geq 0$ より
　　$M - f(M) \geq a_k(n^{k-1} - 1) \geq n^{k-1} - 1 > 0$　∴　$f(M) < M$

⇐ $a_i(n^{i-1} - 1) \geq 0$ なので，最初の不等号が成り立つ．

$k = 1$ のとき，③より，
　　$M - f(M) = a_1 - a_1 = 0$　∴　$f(M) = M$

したがって，$f(M) \leq M$ が成り立つ．
　等号成立は，$k = 1$ となるときで，$M_1 = 0$，つまり M を n で割って商が 0 のとき，すなわち，$\boldsymbol{M < n}$

(3)　i が正の整数のとき，$n^i - 1 = (n-1)(n^{i-1} + n^{i-2} + \cdots + n + 1)$
と因数分解できるので，$n^i - 1$ は $n-1$ で割り切れる．
　$k \geq 2$ のとき，⑤の各項 $(a_i(n^{i-1} - 1))$ は $n-1$ で割り切れるので，⑤は $n-1$ で割り切れる．
　$k = 1$ のとき，$M - f(M) = 0$ は $n-1$ で割り切れる．
　したがって，$M - f(M)$ は $n-1$ で割り切れる．

(4)(5)　(3)より，M と $f(M)$ は $n-1$ で割った余りが等しい．
これをくり返し用いて，
　　$f(M)$ と $f(f(M)) = f^2(M)$ は $n-1$ で割った余りが等しい．
　　$f^2(M)$ と $f(f^2(M)) = f^3(M)$ は $n-1$ で割った余りが等しい．
　　　…………
　　$f^{s-1}(M)$ と $f(f^{s-1}(M)) = f^s(M)$ は $n-1$ で割った余りが等しい．
$f^s(M) = R(M)$ より，M と $R(M)$ は $n-1$ で割った余りが等しい．
また，$M \geq 1$ のとき，$f(M) = a_1 + \cdots + a_k \geq a_k \geq 1$ である．
これをくり返し用いて，
　　$f(M) \geq 1$ のとき，$f(f(M)) = f^2(M) \geq 1$ である．
　　$f^2(M) \geq 1$ のとき，$f(f^2(M)) = f^3(M) \geq 1$ である．
　　　…………

元の数と，各桁の数の和を $n-1$ で割った余りは等しいのだから，これをくり返して，M を $n-1$ で割った余りと $R(M)$ を $n-1$ で割った余りは等しいはず．なお，☞解説

154

$f^{s-1}(M)≧1$ のとき，$f(f^{s-1}(M))=f^s(M)≧1$ である．
$f^s(M)=R(M)$ より，$M≧1$ のとき，$R(M)≧1$ である．
$f^s(M)<n$ であることを考慮すると，$R(M)$ は，

M が $n-1$ で割り切れるとき，$n-1$
M が $n-1$ で割り切れないとき，M を $n-1$ で割った余り

⇔ $R(M)≧1$ をわすれて，$R(M)=0$ としてしまってはいけない．

解　説　（受験報告は p.93）

【本問の背景は】

$n=10$ のときを例に挙げて，本問の背景について説明する．（3）を問題文の具体例で確かめてみよう．
$M=5^3=125$ のとき，
　　$125÷10=12$ 余り 5　　$a_1⇨5$,
　　$12÷10=1$ 余り 2　　$a_2⇨2$,
　　$1÷10=0$ 余り 1　　$a_3⇨1$, $k⇨3$
より，$f(M)=a_1+a_2+a_3=8$

a_1 は M の一の位の数，a_2 は M の十の位の数，a_3 は M の百の位の数になっていて，$f(M)$ は各桁の数の和になっている．このとき，$M-f(M)=125-8=117$ は，9（$=n-1=10-1$）で割り切れる．

（3）で $n=10$ のときは，「M を 9 で割った余りと M の各桁の数の和を 9 で割った余りは等しい」というよく知られた事実となる．

（3）は，上の事実を n 進法に拡張した定理である．

ここで，n 進法について補足しておこう．

問題では，M を初め n で割り，次々と商を n で割っていき，余りを a_1, a_2, $\cdots$, a_k とした．

例えば，$M=50$, $n=3$ としてみる．右のように次々と商を 3 で割ることによって，
$a_1=2$, $a_2=1$, $a_3=2$, $a_4=1$
となる．これを $a_4a_3a_2a_1$ と並べたもの 1212 は，50 の 3 進法表示になっている．

```
3) 50
3) 16 … 2 = a_1
3)  5 … 1 = a_2
    1 … 2 = a_3
        ‖
        a_4
```

逆に，1212 から M を作るには，（1）の式を用いて，
　　$1×3^3+2×3^2+1×3+2=50$　　………①
と計算できる．

10 進法表示の 678 が，$678=6×10^2+7×10+8$ を意味することから，①が 50 の 3 進法表示 1212 を与えていることが読み取れるだろう．

一般に，M に対して，問題のように a_1, a_2, $\cdots$, a_k を求め，$a_ka_{k-1}\cdots a_1$ と数字を並べたものを M の n 進法表示という．また逆に，「$a_ka_{k-1}\cdots a_1$」という n 進法表示を持つような数 M を作るには，（1）の式を用いて，$a_kn^{k-1}+a_{k-1}n^{k-2}+\cdots+a_2n+a_1=M$ とすればよい．

（4），（5）では，各桁の数の和をとることを繰り返しても $n-1$ で割った余りは変わらないことを用いる．

各桁の数の和は 1 以上であるから，$R(M)≧1$
$R(M)$ の取りうる範囲は，1 から $n-1$ までである．したがって，M が $n-1$ で割り切れるときは，$R(M)=n-1$ となる．

$n=10$ のとき，これを計算間違いの発見に応用したのが「九去法」である．例えば，
　　$6938×4921=34141798$　………②
が間違っていないかをチェックしてみよう．
$M=6938$, $N=4921$, $MN=34141798$ とすると，$R(M)=8$, $R(N)=7$, $R(MN)=1$ である．

一般に，合同式（☞ p.204）を用いて（mod 9），
　　$R(M)R(N)≡M\cdot N≡R(MN)$　………③
となるはずであるが，$8\cdot 7=56≡2≢1$ となるので，②の式に間違いがあることが分かる．

②の右辺は，正しくは 34141898 である．

なお，$MN=11$ であっても，③の式は成り立つことになってしまう．このことから分かるように「九去法」では，すべての間違いを発見できるわけではない．

【（3）〜（5）で合同式を用いる】

合同式（☞ p.204）を活用すると，解答を簡潔に記述することができる．（3）〜（5）を実際に解答してみよう．合同式は，以下すべて（mod $n-1$）とする．

$n≡1$ であるので，$n^i≡1$（i は正の整数）
　$M=a_kn^{k-1}+a_{k-1}n^{k-2}+\cdots+a_2n+a_1$
　　　$≡a_k+a_{k-1}+\cdots+a_2+a_1=\sum_{i=1}^{k}a_i=f(M)$　……①

となるから，$M-f(M)$ は $n-1$ で割り切れる．

①を繰り返し用いて，
　$R(M)=f^s(M)=f(f^{s-1}(M))≡f^{s-1}(M)$
　　　$=f(f^{s-2}(M))≡f^{s-2}(M)=\cdots\cdots≡f(M)≡M$

したがって，M を $n-1$ で割った余りと $R(M)$ を $n-1$ で割った余りが等しい．（以下略）　　　　　（石井）

京都府立医科大学

12年のセット　120分

① B*** ⅠⅡ/図形と三角比, 最大値
② C**** ＡＢⅠ/図形, ベクトル, 整数
③ C**** ⅠⅢ/空間図形, 不等式
④ C** Ⅲ/微分, 極限

2以上の整数 n に対し
$$I_n = \int_{2(n-1)\pi}^{2n\pi} \frac{1-\cos x}{x - \log(1+x)} dx$$
とおく.

(1) $I_n \leq \dfrac{2\pi}{2(n-1)\pi - \log(1+2(n-1)\pi)}$ であることを証明せよ.

(2) $\displaystyle\lim_{n\to\infty} nI_n = 1$ であることを証明せよ. ただし, $\displaystyle\lim_{x\to\infty} \frac{\log x}{x} = 0$ であることは証明なしに用いてよい.

(12)

なぜこの1題か

今年度は, 3年ぶりにBレベルの問題が出た. とは言え, 強豪の集う入試にふさわしい点の取りにくいセットであることに変わりはない.

①は, 図形と三角比の標準問題. 誘導が丁寧なので落とせないところだろう. 最後の設問の最大値を求めるところは, 相加相乗平均の不等式でさっさと済ませたい. 解答時間に差が出たか？

②は, 平面図形・ベクトル・整数の融合問題. 各設問がどの分野で解くべきかに迷う. 誘導にも乗りずらく, Cレベルで難しい. 平面図形が苦手な人は完答できないであろう.

③は, 立体感覚と計算力が必要な問題で完答するのは厳しい. ただ, 体積に着目することで(2)だけを解答し部分点を稼ぐことができる. 冷静でセコイ人が得をする問題だ.

④の(1)は不等式の問題で, 何で挟むかのセンスが問われる. この手の不等式はどの程度の正確さで評価(不等式を作る)するかの加減が難しい. この問題では被積分関数の分母を定数で評価すればよい. (1)では上からの評価しか与えられていないので, 下からの評価を思いつくかがカギ. この手の問題を解いたことがあるか否かで, 大きく差が付いたことだろう. 慣れている人にとっては, ルーティンワークである.

【目標】 (1)で10分. (2)で10分.

解 答

(1) 不等式の右辺の分母は, 被積分関数の分母の x に $2(n-1)\pi$ を代入したものである. $f(x) = x - \log(1+x)$ とおくと, $2(n-1)\pi \leq x \leq 2n\pi$ における $f(x)$ の最小値が $f(2(n-1)\pi)$ であれば都合よく問題の不等式が示せるので, $f(x)$ が増加関数であると見当がつく. 被積分関数の分母を定数に置き換えれば, 積分可能な関数になる. 分子を積分すると 2π になり不等式が示せる.

⇦ 分子はそのままで分母だけを評価すればうまくいく.

(2) $2(n-1)\pi \leq x \leq 2n\pi$ のとき, $f(2(n-1)\pi) \leq f(x) \leq f(2n\pi)$ であることを用いてはさみうちをする.

＊　　　　＊

(1), (2) 被積分関数の分母を, $f(x) = x - \log(1+x)$ とおく.

$f'(x) = 1 - \dfrac{1}{x+1} = \dfrac{x}{x+1}$ より, $x > 0$ のとき, $f'(x) > 0$.

よって, $f(x)$ は, $x > 0$ で増加関数である. $f(x) > f(0) = 0$

$2(n-1)\pi \leq x \leq 2n\pi$ で, $f(2(n-1)\pi) \leq f(x) \leq f(2n\pi)$

これを用いて, $1-\cos x \geq 0$ であるから,

156

$$\frac{1-\cos x}{f(2n\pi)} \leq \frac{1-\cos x}{f(x)} \leq \frac{1-\cos x}{f(2(n-1)\pi)}$$

$2(n-1)\pi$ から $2n\pi$ まで積分して,

$$\int_{2(n-1)\pi}^{2n\pi} \frac{1-\cos x}{f(2n\pi)} dx \leq \int_{2(n-1)\pi}^{2n\pi} \frac{1-\cos x}{f(x)} dx \leq \int_{2(n-1)\pi}^{2n\pi} \frac{1-\cos x}{f(2(n-1)\pi)} dx$$
……①

⇐ $f(2n\pi), f(2(n-1)\pi)$ は定数であることに注意.

ここで,$\int_{2(n-1)\pi}^{2n\pi} (1-\cos x) dx = \Bigl[x - \sin x \Bigr]_{2(n-1)\pi}^{2n\pi} = 2\pi$ なので,①は,

$$\frac{2\pi}{f(2n\pi)} \leq I_n \leq \frac{2\pi}{f(2(n-1)\pi)} = \frac{2\pi}{2(n-1)\pi - \log(1+2(n-1)\pi)}$$

((1)の証明終)

$$\therefore \quad \frac{2n\pi}{f(2n\pi)} \leq nI_n \leq \frac{2n\pi}{f(2(n-1)\pi)}$$

ここで,

$$\frac{2n\pi}{f(2n\pi)} = \frac{2n\pi}{2n\pi - \log(1+2n\pi)} = \frac{1}{1 - \dfrac{\log(1+2n\pi)}{1+2n\pi} \cdot \dfrac{1+2n\pi}{2n\pi}}$$

$n \to \infty$ のとき,$\dfrac{2n\pi}{f(2n\pi)} \to \dfrac{1}{1-0\cdot 1} = 1$

$$\frac{2n\pi}{f(2(n-1)\pi)} = \frac{2n\pi}{2(n-1)\pi - \log(1+2(n-1)\pi)}$$

$$= \frac{1}{\dfrac{n-1}{n} - \dfrac{\log(1+2(n-1)\pi)}{1+2(n-1)\pi} \cdot \dfrac{1+2(n-1)\pi}{2n\pi}}$$

⇐ $\displaystyle\lim_{x\to\infty} \frac{\log x}{x} = 0$ を用いている. ($x=1+2n\pi$)

$n \to \infty$ のとき,$\dfrac{2n\pi}{f(2(n-1)\pi)} \to \dfrac{1}{1-0\cdot 1} = 1$

よって,はさみうちの原理により,$\displaystyle\lim_{n\to\infty} nI_n = 1$

解説

【$\displaystyle\lim_{x\to\infty} \frac{\log x}{x} = 0$ の証明】

この極限を示す問題も出題される可能性がある.証明しておこう.

$x \geq 1$ のとき,$\log x \leq x$ ……① を示す.

$f(x) = x - \log x$ とおく.$f'(x) = 1 - \dfrac{1}{x} \geq 0$ $(x \geq 1)$

$f(x)$ は,$x \geq 1$ で増加関数なので,$f(x) \geq f(1) = 1$

$x \geq 1$ のとき,①が成り立つ.$x \geq 1$ のとき,①の x を $\sqrt{x}$ でおきかえて,

$\log \sqrt{x} \leq \sqrt{x}$ $\therefore$ $\dfrac{1}{2}\log x \leq \sqrt{x}$ $\therefore$ $\log x \leq 2\sqrt{x}$

$x \geq 1$ のとき,

$0 \leq \log x \leq 2\sqrt{x}$ $\therefore$ $0 \leq \dfrac{\log x}{x} \leq \dfrac{2}{\sqrt{x}}$

$x \to \infty$ のとき,$\dfrac{2}{\sqrt{x}} \to 0$ なので,はさみうちの原理により,$\displaystyle\lim_{x\to\infty} \frac{\log x}{x} = 0$

【分母だけを評価する類題】

分母を定数にすれば,積分できるので….

> $k > 0$ のとき,$\dfrac{1}{2(k+1)} < \displaystyle\int_0^1 \dfrac{1-x}{k+x} dx < \dfrac{1}{2k}$ を示せ.
> (10 東大,一部)

被積分関数の分母を評価してみよう.

解 $0 < x < 1$ のとき,$k < k+x < k+1$ より,

$$\frac{1-x}{k+1} < \frac{1-x}{k+x} < \frac{1-x}{k}$$

$$\therefore \int_0^1 \frac{1-x}{k+1} dx < \int_0^1 \frac{1-x}{k+x} dx < \int_0^1 \frac{1-x}{k} dx$$

$\displaystyle\int_0^1 (1-x) dx = \Bigl[x - \dfrac{x^2}{2} \Bigr]_0^1 = \dfrac{1}{2}$ より,

$$\frac{1}{2(k+1)} < \int_0^1 \frac{1-x}{k+x} dx < \frac{1}{2k}$$

(石井)

京都薬科大学

10年のセット　90分

① A***　AⅡ/確率, 座標, 指数・対数・三角
② B***　B/ベクトル (四面体)
③ B***　Ⅱ/座標, 微積分 (放物線)
④ C***　ABⅡ/確率, 漸化式, 対数

1辺の長さ1の正四面体OABCにおいて, 辺OA, OB, OC, AB, BC, CAの中点をそれぞれ, S, T, U, V, W, Xとおく. また, 点Oから平面ABCに下した垂線の足をHとおくとき, 次の　　　にあてはまる数を解答欄に記入せよ. ただし, 分数形で解答する場合は, 既約分数にすること.

(1) OHの長さは ア で, 正四面体の表面積は イ , 体積は ウ である. また, このとき, 正四面体に内接する球の体積は エ となる.

(2) S, T, U, V, W, Xを頂点とする立体の表面積は オ で, 体積は カ である. また, このとき, この立体に内接する球の体積は キ となる.

(3) $\vec{ST}=\vec{t}$, $\vec{SU}=\vec{u}$, $\vec{SV}=\vec{v}$ とおくとき, $\vec{TX}=$ ク $\vec{t}+$ ケ $\vec{u}+$ コ $\vec{v}$, $\vec{OC}=$ サ $\vec{t}+$ シ $\vec{u}+$ ス $\vec{v}$, $\vec{OH}=$ セ $\vec{t}+$ ソ $\vec{u}+$ タ $\vec{v}$ となる. (10)

なぜこの1題か

本大学では, ここ2年間①の出題形式が安定しておらず, 今年は3年前と同様の小問集合という出題形式に戻っている. 一方で, ①は以前までより解きやすいので, 今年のセットは, ❷, ③, ④で決まってくる. 傾向の不安定さがあるとは言え, 総合時間として厳しいのは例年通りである. 各問題を分析してみると, ①(小問集合) は既述のように時間をかけてはいけない問題になっている. ❷ (空間ベクトル) は設定自体は平易でありながらも, 冷静に見ていかないと変に遠回りをしてしまう可能性が大きい. ③ (微積分, 最大・最小) も❷と同様に, テーマとしている部分は標準的でありながらも, 計算量が多く, 時間内でミスせず (穴埋め式の性質上, たとえケアレスでも, ミスをしたらOUT!) に解き切るのは中々大変である.

④ (確率, 漸化式) は『破産型の確率』と呼ばれ, 確率漸化式のテーマとしては高級な分, ここを得点源にはしにくいだろう.

こうなると, ③より多少計算にゆとりがあって, 標準レベルの❷をいかに短い時間で, 正しく処理できるかが, 最終的には③, ④の得点力にもつながる (③, ④を❷より先に解くのは賢い戦略ではない!!) 点で, この問題が合否を分けていると言える. 特に(3)は遠回りをしやすいので, 時間面で大きな差がつく問題である.

【目標】 (1), (2)は10分以内で処理をしたい. (3)は自分で図を描き, 求めるベクトルを正四面体の辺に平行なベクトルに分解して考えていこう. 計算は大変ではないので, ❷は30分以内には解き切りたい.

解答

全体を通じて重要になるのが『中点連結定理』である. (☞傍注参照)
(1)では, Hが三角形ABCの重心と一致していることを使わないと大変である. (後は三平方の定理を使うだけである.)
(2)では, 6点S, T, U, V, W, Xを頂点とする立体が1辺の長さがすべて $\frac{1}{2}$ の正八面体であることに気付かないといけない. さらに, 正八面体がいくつかの平行な面で構成されていることに注意しよう.
(3) (2)までとは違い, 単純に指定されたベクトルで表す問題である. $\vec{TX}$ (TからXに行くベクトル) は, 指定されたベクトル $\vec{t}$, $\vec{u}$, $\vec{v}$ が正四面体のどれかの辺と平行なので, 辺に沿って辿るように分解するのがオーソドックスである. ただし, この解法は分解して出てきたベクトルを捉える時に遠回りをしやすいことには要注意!! なお, 別解もある (☞解説).

<中点連結定理>
①右図で
BC // MN
BC = 2MN

②右図で
NはACの中点

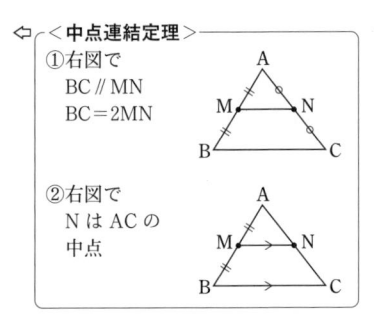

⇦ 上の中点連結定理を用いて, 平行なベクトルを見つけておく.

158

(1) 四面体 OABC を K とする．K は正四面体なので，頂点 O から平面 ABC に下ろした垂線の足 H は三角形 ABC の重心である．

BC の中点が W より，$AW = \dfrac{\sqrt{3}}{2}$

これと，AH : HW = 2 : 1 より，
$$AH = \dfrac{2}{3}AW = \dfrac{2}{3} \cdot \dfrac{\sqrt{3}}{2} = \dfrac{\sqrt{3}}{3}$$

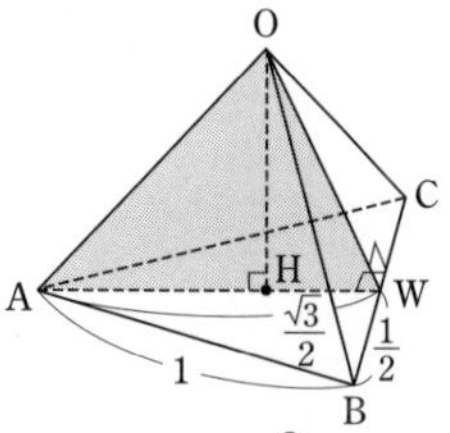

よって，三角形 OAH に着目して，
$$OH = \sqrt{OA^2 - AH^2} = \sqrt{1^2 - \left(\dfrac{\sqrt{3}}{3}\right)^2} = \dfrac{\sqrt{6}}{3}$$

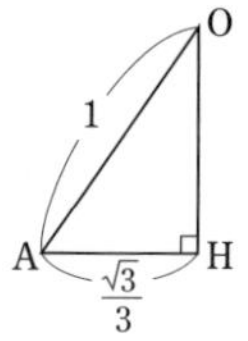

また，K の各面は 1 辺の長さが 1 の正三角形であるから，各面の面積はいずれも $\dfrac{\sqrt{3}}{4}$．

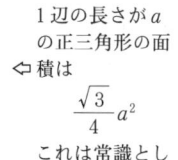

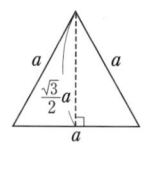

よって，$(K \text{の表面積} S) = 4 \cdot \dfrac{\sqrt{3}}{4} = \sqrt{3}$，

$(K \text{の体積} V) = \dfrac{1}{3} \cdot \dfrac{\sqrt{3}}{4} \cdot \dfrac{\sqrt{6}}{3} = \dfrac{\sqrt{2}}{12}$

さらに，K に内接する球の中心を I，半径を r_1 とすると，
$$V = (\text{I-OAB}) + (\text{I-OBC}) + (\text{I-OCA}) + (\text{I-ABC})$$

右辺の 4 つの三角錐の高さを r_1 と見ると，底面積の和は S であるから，$V = \dfrac{1}{3}Sr_1$

∴ $r_1 = \dfrac{3V}{S} = 3 \cdot \dfrac{\sqrt{2}}{12} \cdot \dfrac{1}{\sqrt{3}} = \dfrac{\sqrt{6}}{12}$

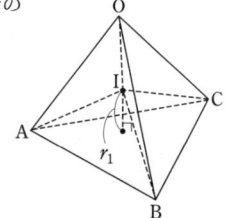

よって，求める体積は $\dfrac{4\pi}{3}\left(\dfrac{\sqrt{6}}{12}\right)^3 = \dfrac{\sqrt{6}}{216}\pi$

(2) 題意の立体 STUVWX を L とする．L は 1 辺の長さが $\dfrac{1}{2}$ の正八面体（☞傍注の右下図）であり，各面の面積はいずれも $\dfrac{\sqrt{3}}{16}$ である．

よって，$(L \text{の表面積}) = 8 \cdot \dfrac{\sqrt{3}}{16} = \dfrac{\sqrt{3}}{2}$

また，正四面体 K から，K を $\dfrac{1}{2}$ 倍に縮小したもので K の 4 頂点を頂点とする 4 つの小正四面体を切除して得られた立体が L であるから，

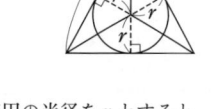

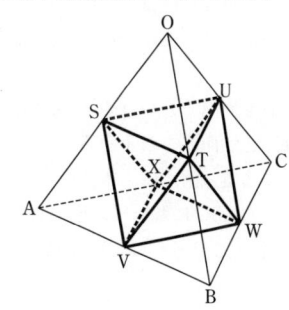

$(L \text{の体積}) = \dfrac{\sqrt{2}}{12} - 4 \cdot \dfrac{\sqrt{2}}{12} \cdot \left(\dfrac{1}{2}\right)^3 = \dfrac{\sqrt{2}}{24}$

さて，右図において平面 STU で四面体 K を切ると分かるように，中点連結定理より，面 STU と面 ABC は平行である．

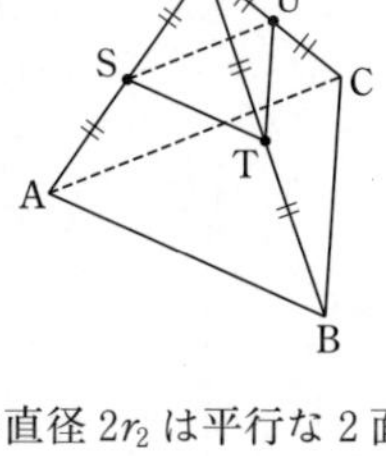

同様にして，立体 L の全ての面は対面と平行であることが分かる．

これより，L の内接球の半径を r_2 とすると，その直径 $2r_2$ は平行な 2 面間の距離となる．

したがって，(1) より，

$$2r_2 = \frac{1}{2}\mathrm{OH} = \frac{\sqrt{6}}{6} \quad \therefore \quad r_2 = \frac{\sqrt{6}}{12}$$

よって，求める体積は $\dfrac{4\pi}{3}\left(\dfrac{\sqrt{6}}{12}\right)^3 = \dfrac{\sqrt{6}}{216}\pi$

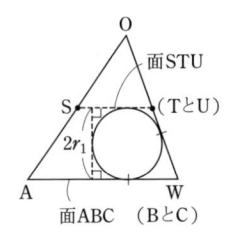

（3）（$\overrightarrow{\mathrm{TX}}$ を辺に沿ったベクトルで分解する．）
まず，$\overrightarrow{\mathrm{TX}} = \overrightarrow{\mathrm{TS}} + \overrightarrow{\mathrm{SX}} = -\overrightarrow{\mathrm{ST}} + \overrightarrow{\mathrm{SX}}$
ここで，右下図を参考にすると，
$\overrightarrow{\mathrm{SX}} = \overrightarrow{\mathrm{SA}} + \overrightarrow{\mathrm{AX}}$ であり，
$\overrightarrow{\mathrm{SA}} = \overrightarrow{\mathrm{TV}} = \overrightarrow{\mathrm{TS}} + \overrightarrow{\mathrm{SV}} = -\overrightarrow{\mathrm{ST}} + \overrightarrow{\mathrm{SV}}$
$\therefore \quad \overrightarrow{\mathrm{SA}} = -\vec{t} + \vec{v}$ ……………①
$\overrightarrow{\mathrm{AX}} = \overrightarrow{\mathrm{SU}} \quad \therefore \quad \overrightarrow{\mathrm{AX}} = \vec{u}$
$\therefore \quad \overrightarrow{\mathrm{SX}} = (-\vec{t}+\vec{v}) + \vec{u} = -\vec{t}+\vec{u}+\vec{v}$ ……②
以上から，
$\overrightarrow{\mathrm{TX}} = (-\vec{t}) + (-\vec{t}+\vec{u}+\vec{v}) = -2\vec{t}+\vec{u}+\vec{v}$

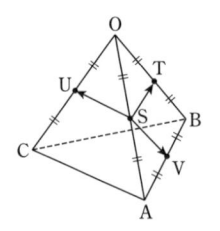

次に，$\overrightarrow{\mathrm{OA}} = 2\overrightarrow{\mathrm{SA}}$, $\overrightarrow{\mathrm{OC}} = 2\overrightarrow{\mathrm{SX}}$ であるから，それぞれ①，②より，
$\overrightarrow{\mathrm{OA}} = -2\vec{t}+2\vec{v}$ ……………③
$\overrightarrow{\mathrm{OC}} = 2(-\vec{t}+\vec{u}+\vec{v}) = -2\vec{t}+2\vec{u}+2\vec{v}$ …④
最後に，$\overrightarrow{\mathrm{OB}} = 2\overrightarrow{\mathrm{SV}} = 2\vec{v}$ ……⑤ であり，H が三角形 ABC の重心であること，つまり，
$$\overrightarrow{\mathrm{OH}} = \frac{\overrightarrow{\mathrm{OA}}+\overrightarrow{\mathrm{OB}}+\overrightarrow{\mathrm{OC}}}{3} \quad\cdots\cdots(*)$$
に注意すると，③，④，⑤を（*）に用いて，
$$\overrightarrow{\mathrm{OH}} = \frac{(-2\vec{t}+2\vec{v}) + 2\vec{v} + (-2\vec{t}+2\vec{u}+2\vec{v})}{3}$$
$$= -\frac{4}{3}\vec{t} + \frac{2}{3}\vec{u} + 2\vec{v}$$

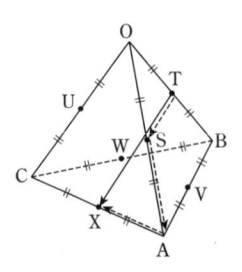

⇐ 解答の図は面 OAW による切り口．（ ）の中にある点は横から見ると重なる点．

⇐ 実は $r_1 = r_2$!!

⇐ 分からないベクトルは始点から捉えるのが原則 !! ここでの始点は S であることに注意しよう．

⇐ A を経由する最大の理由は，（中点連結定理から）$\vec{t}$, $\vec{u}$, $\vec{v}$ はどれも辺と平行なので辺に沿ったベクトルは表しやすいから．その上で，A を経由するのが最短ルートである．

⇐ $\overrightarrow{\mathrm{OH}}$ のために $\overrightarrow{\mathrm{OA}}$ 等も出しておこう．$\overrightarrow{\mathrm{OH}}$ は重心の位置ベクトルの公式
$$\overrightarrow{\mathrm{OH}} = \frac{\overrightarrow{\mathrm{OA}}+\overrightarrow{\mathrm{OB}}+\overrightarrow{\mathrm{OC}}}{3}$$
が使える．なお，$\overrightarrow{\mathrm{OC}} = 2\overrightarrow{\mathrm{SX}}$ も中点連結定理から．

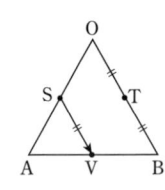

⇐ 平面でも空間でも重心の表し方は同じである．

解　説

【正四面体について】

正四面体はいくつも綺麗な性質がある．この問題でも，

　　H が三角形 ABC の重心と一致している

ことも重要な性質の一つである．初めにこのことについて解説しておこう．

最も簡潔で分かりやすい説明は，正四面体を真上から見ることによる．例えば，本問の正四面体 OABC において，面 ABC（正三角形であることに注意 !!）の真上から，つまり，O と H が重なるように正四面体を見ると，O の位置は右図のようになる．このことから，H が A, B, C から対等な位置にあることは明白である．また，この図から OA⊥BC，OB⊥CA なども分かる．

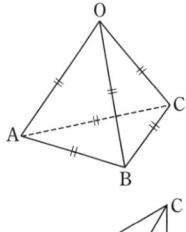

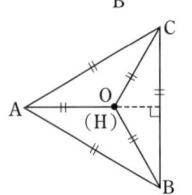

このように，正四面体をある一定方向から眺めることは，非常に重要である．

なお，正四面体の重要な捉え方に，**立方体に正四面体を埋め込む**という話があるので少し触れておこう．

右図1のように立方体において，ある頂点から順に対角の頂点を辿っていくと，立方体の側面の対角線を1辺とする正四面体が出来上がる．
（右図2は立方体に正四面体 OABC が埋め込まれた様子）

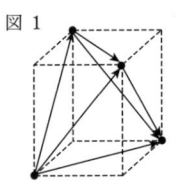

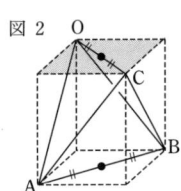

このようにして，立方体の面（図2の網目部分）を真上から見ると，（見ている面と平行な2辺以外の4本の辺は，見ている面の4辺と重なって見えるので）このときに正方形（右図3）を見てとれる．

図3

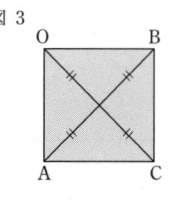

このことから，図の AB と OC のそれぞれの中点を結んだ線分は，当然辺 AB および辺 OC と垂直な関係になっていることが分かる．つまり，

正四面体で互いに対辺の関係にある辺の中点をとり，それらを結んで得られる線分は，元の対辺と垂直な関係にある

という有名な性質も説明できる．

以上をまとめると，正四面体の基本的な性質として，次のことが挙げられる．

――〈正四面体の基本事項〉――
正四面体において，
1° ある頂点から底面に下ろした垂線の足は，底面の重心である．
2° 対辺は互いに垂直な関係にある．
3° 対辺の関係にある2辺の中点を結んで得られる線分は，元の対辺と垂直な関係にある．

【(3)の別解】
(3)の解では，**求めるベクトルを辺に沿って辿るように分解していく**という手法をとった．

この解法の利点は，始点から終点に向かうルートを表したものがベクトルという基本的な認識の下で，辺に沿って辿りルートを明確にしながら，解くことができることにある．

しかしながら，皆さんは
「先生に言われたように適当な点を中継点にして分解してみても，答えは合っているが，途中の表し方が違うし，どうも何か釈然としない…」という経験をしたことはないだろうか？

「答えが合っていればそれで良い」という観点からは軽視されがちであるが，実はこのことがこの手法の欠点を表しているのである．

『ルートの明確化』が一通りでないことは，人によっては，複雑なルートを辿る可能性もあるということ，つまり，上手く図を利用しないと，遠回りしがちであることがこの手法の欠点であることに注意してもらいたい．

同様の方針でありながら，例えば $\vec{TX}$ を求めたあと $\vec{OC}$ を求めるときに，O から C に向かうルートを『O→T→X→C』として，$\vec{OC} = \vec{OT} + \vec{TX} + \vec{XC}$ としてから，
$$\vec{OT} = \vec{SV} = \vec{v},\quad \vec{XC} = \vec{SU} = \vec{u}$$
とすると（これぐらいの分解はまだマシではあるが…），若干計算量が増え，時間もかかり，やがては本大学のような試験では致命的なケアレスミスにつながってしまう．

そこで，ベクトルを分解する解法以外の手法も身につけておこう．本問では，**一度 O を始点とする1次独立な3つのベクトルで表しておき，それらを題意で要求されているベクトルに書き換える**という手法が良いだろう．

具体的に言えば，$\vec{OA} = \vec{a},\ \vec{OB} = \vec{b},\ \vec{OC} = \vec{c}$ として，まず $\vec{TX},\ \vec{OC},\ \vec{OH}$ を $\vec{a},\ \vec{b},\ \vec{c}$ で表すのである．

次に，これら $\vec{a},\ \vec{b},\ \vec{c}$ を $\vec{t},\ \vec{u},\ \vec{v}$ で表すことで，それ程大差なく解決できる．
（なお，次の解答では，中点の公式，重心の公式は自明なものとして使っているので，各自で行間を埋めて欲しい．）

別解 （3）

まず，$\vec{TX} = \vec{OX} - \vec{OT}$ であるから，
$$\vec{TX} = \frac{1}{2}(\vec{a} + \vec{c}) - \frac{1}{2}\vec{b} \quad \cdots\cdots ①$$
$$\vec{OC} = \vec{c} \quad \cdots\cdots\cdots\cdots\cdots\cdots ②$$
$$\vec{OH} = \frac{1}{3}(\vec{a} + \vec{b} + \vec{c}) \quad \cdots\cdots ③$$

次に， 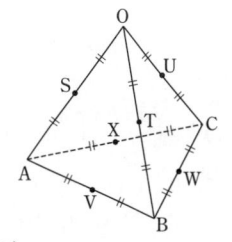
$$\vec{ST} = \vec{t} = \frac{1}{2}(\vec{b} - \vec{a}),$$
$$\vec{SU} = \vec{u} = \frac{1}{2}(\vec{c} - \vec{a}),$$
$$\vec{SV} = \vec{v} = \frac{1}{2}\vec{b}$$

であるから，これらを $\vec{a},\ \vec{b},\ \vec{c}$ の連立方程式として解くことにより，
$$\vec{a} = 2\vec{v} - 2\vec{t},\quad \vec{b} = 2\vec{v},\quad \vec{c} = 2\vec{v} - 2\vec{t} + 2\vec{u}$$

よって，これらを①，②，③に代入して整理すると，
$$\vec{TX} = -2\vec{t} + \vec{u} + \vec{v},\quad \vec{OC} = -2\vec{t} + 2\vec{u} + 2\vec{v}$$
$$\vec{OH} = -\frac{4}{3}\vec{t} + \frac{2}{3}\vec{u} + 2\vec{v}$$

を得る．

(中里)

同志社大学・理系

11年のセット
100分

① (1) A*　Ⅲ/積分(定積分)
　(2) B*○ A/確率(期待値)
❷　　 B*** C/1次変換
③　　 B*** BⅡ/ベクトル, 三角関数, 不等式
④　　 C*** ⅢB/微分, 数列, 極限

原点を O とする座標平面内で行列 $A = \begin{pmatrix} a & b \\ c & d \end{pmatrix}$ の表す1次変換 f を考える．この f によって，P(1, 0)，Q(0, 1) が移る点をそれぞれ P′，Q′ とすると，線分 OP′ と線分 OQ′ の長さが等しいとする．また，f によって，点 (1, 2) はそれ自身に移るとする．次の問いに答えよ．

(1) a, c の満たす条件を求めよ．また，この条件を満たす図形を ac 平面に図示せよ．

(2) 1次変換 f によって，点 R(1, 1) が移る点を R′ とする．また，線分 OR′ の長さを r とする．r の最大値および最小値とそのときの a, c の値，および点 R′ の座標をそれぞれ求めよ． (11)

なぜこの1題か

昨年はすべて B レベルであったが，今年は C レベルの問題が復活し，少々難化した．例年より数Ⅲの微積分の問題が少し減ったが，数ⅢCの比重が高いことには変わりない．とくに数Ⅲ(微積)の典型的な処理能力を問う問題が多いので，重点的に対策をしておこう．

①の穴埋め問題は，最後の空欄はやや数値計算が多いが押さえておきたい．③はベクトル．文字が多く，後半は抽象度がやや高く，上手く誘導に乗っていかないと苦戦しそうである．④は解けない漸化式で定まる数列の極限で C レベルの問題．(1)〜(5)と多くの小問に分かれ，(4)が山場である．

さて❷．1次変換という言葉に身構えてしまった人が多いのではないか．条件を成分で表せば，ほぼ座標の問題である．問題文に圧倒されず，手を動かしていけば，なんとか解けたのではないだろうか．本問が解ければ大きなアドバンテージになっただろう．

【目標】 (1)は，条件を成分で表していけばよい．(2)は，視覚的に最大・最小を捉えたい．30分で完答が目標．

解答

(1) (1, 2) がそれ自身に移る条件から，b, d を消去できる．

(2) r を a, c で表し，図形量に翻訳して(1)の図を用いて視覚的に最大・最小をとらえる．

　　　　　　　*　　　　　　*

(1) $\begin{pmatrix} a & b \\ c & d \end{pmatrix}\begin{pmatrix} 1 \\ 0 \end{pmatrix} = \begin{pmatrix} a \\ c \end{pmatrix}$, $\begin{pmatrix} a & b \\ c & d \end{pmatrix}\begin{pmatrix} 0 \\ 1 \end{pmatrix} = \begin{pmatrix} b \\ d \end{pmatrix}$

$\Leftarrow A\begin{pmatrix} 1 \\ 0 \end{pmatrix}$ は A の左側の列，$A\begin{pmatrix} 0 \\ 1 \end{pmatrix}$ は A の右側の列になる．

により，P′(a, c), Q′(b, d)

よって，OP′=OQ′ から，$a^2 + c^2 = b^2 + d^2$ ……………………①

次に，(1, 2) がそれ自身に移ることから，

$\begin{pmatrix} a & b \\ c & d \end{pmatrix}\begin{pmatrix} 1 \\ 2 \end{pmatrix} = \begin{pmatrix} a+2b \\ c+2d \end{pmatrix} = \begin{pmatrix} 1 \\ 2 \end{pmatrix}$

∴ $a+2b=1$, $c+2d=2$　∴ $b = \dfrac{1-a}{2}$, $d = \dfrac{2-c}{2}$ …………②

②を①に代入して整理し，

$a^2 + c^2 = \left(\dfrac{1-a}{2}\right)^2 + \left(\dfrac{2-c}{2}\right)^2$

∴ $4(a^2 + c^2) = (a^2 - 2a + 1) + (c^2 - 4c + 4)$

∴ $3a^2+3c^2+2a+4c=5$

∴ $3\left(a+\dfrac{1}{3}\right)^2+3\left(c+\dfrac{2}{3}\right)^2=5+\dfrac{1}{3}+\dfrac{4}{3}$

よって，$\left(a+\dfrac{1}{3}\right)^2+\left(c+\dfrac{2}{3}\right)^2=\dfrac{20}{9}$ となり，右図太線部（円 D）である．

（2）$\begin{pmatrix} a & b \\ c & d \end{pmatrix}\begin{pmatrix} 1 \\ 1 \end{pmatrix}=\begin{pmatrix} a+b \\ c+d \end{pmatrix}$ と②により，

$R'\left(a+\dfrac{1-a}{2},\ c+\dfrac{2-c}{2}\right)$, つまり $R'\left(\dfrac{a+1}{2},\ \dfrac{c+2}{2}\right)$. よって，

$$r=\dfrac{1}{2}\sqrt{(a+1)^2+(c+2)^2}$$

となるので，$S(a,\ c)$, $T(-1,\ -2)$ とおくと，

$$r=\dfrac{1}{2}ST$$

S は（1）の円 D 上を動き，T は D 上の定点であることに注意する．

・r の最小値．$S=T$ のときである．よって，
$a=-1$, $c=-2$ のとき，$R'(0,\ 0)$, **最小値 0**．

・r の最大値．ST が円の中心を通るとき，つまり S が図の点 S_0 のときに最大値をとる．S_0T の中点が円の中心であるから，
$\dfrac{a-1}{2}=-\dfrac{1}{3}$, $\dfrac{c-2}{2}=-\dfrac{2}{3}$ ∴ $a=\dfrac{1}{3}$, $c=\dfrac{2}{3}$

このとき，$R'\left(\dfrac{2}{3},\ \dfrac{4}{3}\right)$, **最大値 $\dfrac{2\sqrt{5}}{3}$**．

⇐ $\sqrt{(a+1)^2+(c+2)^2}$ を定点 $T(-1,\ -2)$ と動点 $S(a,\ c)$ の距離と見る．

⇐ $\left(-1+\dfrac{1}{3}\right)^2+\left(-2+\dfrac{2}{3}\right)^2=\dfrac{4}{9}+\dfrac{16}{9}=\dfrac{20}{9}$

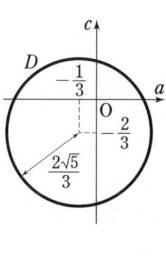

⇐ 定点と円周上の点との最短，最長距離をとらえるには，円の中心を利用するのが定石．

⇐ $\dfrac{1}{2}S_0T=$半径$=\sqrt{\dfrac{20}{9}}=\dfrac{2\sqrt{5}}{3}$

解 説

【$(x-p)^2+(y-q)^2$ を「距離」と見る】

上式は，$P(p,\ q)$, $X(x,\ y)$ とおいて，
$(x-p)^2+(y-q)^2=PX^2$（P と X の距離の 2 乗）
と見ることがポイントであった．類題を解いてみよう．

> 実数 $x,\ y$ が
> $2x^4-2x^3y-3x^3+3x^2y-xy+y^2+x-y=0$
> を満たすとき，x^2+y^2-4y+4 の最小値を求めよ．
> （10 信州大（後）・医）

最初の式は因数分解できることに注意しよう．

解 $2x^4-2x^3y-3x^3+3x^2y-xy+y^2+x-y=0$
∴ $2x^3(x-y)-3x^2(x-y)-y(x-y)+x-y=0$
∴ $(x-y)(2x^3-3x^2-y+1)=0$
∴ $x-y=0$ または $2x^3-3x^2-y+1=0$

よって，点 $X(x,\ y)$ は，直線 $l:y=x$ または曲線 $D:y=2x^3-3x^2+1$ 上を動く．

一方，$x^2+y^2-4y+4=x^2+(y-2)^2$ ……① は $A(0,\ 2)$ とおくと，
①$=AX^2$
となるから，A からの距離が最小となるときを考えればよい．

D に関して，$y'=6x^2-6x=6x(x-1)$ であるから，l, D を図示すると右図のようになる．

l または D 上の点で A からの距離が最小になるのは $(0,\ 1)$ のときである．右図のように，A を中心とする半径 1 の円 C を描いてみると，$(0,\ 1)$ 以外は円 C の外側にあるからである．

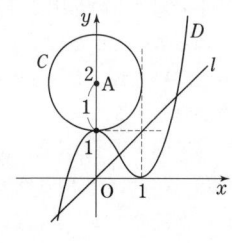

よって，AX の最小値は 1 であるから，求める①の最小値は **1** である．

⇒**注** $X=(0,\ 1)$ のとき最小であることについて：上図のように直線 $x=1$ と $y=1$ も描けば，何の紛れもない．

（坪田）

近畿大学・医学部

12年のセット 60分

① B** ⅡⅠ/積分, 2次関数（最大・最小）
② B**○ ⅠBⅡ/三角比, 数列
❸ B*** ⅡⅠ/指数関数, 2次方程式

---

p を実数の定数として，実数 x の関数を $f(x)=25^x+\dfrac{1}{25^x}+2p\left(5^x+\dfrac{1}{5^x}-1\right)+7$ とする．

$t=5^x+\dfrac{1}{5^x}$ とおき，$f(x)$ を t で表した関数を $g(t)$ とおく．

（1）関数 $g(t)$ を求めよ．

（2）方程式 $g(t)=0$ が実数解を1個もつとき，p の値と解 t の値を求めよ．

（3）方程式 $g(t)=0$ が次の条件をみたす2個の実数解 t_1, t_2 をもつとき，p がとりうる値の範囲をそれぞれ求めよ．

　　（ⅰ）$t_1<2$, $t_2>2$　（ⅱ）$t_1=2$, $t_2>2$　（ⅲ）$2<t_1<t_2$　（ⅳ）$t_1<t_2<2$

（4）t を定数とみなし $t=5^x+\dfrac{1}{5^x}$ を x の方程式とみなして，方程式 $t=5^x+\dfrac{1}{5^x}$ が異なる2つの実数解 x をもつように t の値を定めるとき，t がとりうる値の範囲を求めよ．

（5）方程式 $f(x)=0$ の異なる実数解 x の個数を，p の値で場合分けして求めよ．（12）

なぜこの1題か

近大・医の特徴は，60分という短い試験時間の間に，それほど難しくはない問題をたくさん解かせることである．時間をかければ何とかなる問題を，いかにてきぱきと解いていくかが鍵を握る．例年，①が穴埋めで，②と❸が記述問題である．たいてい誘導が丁寧で，大体はその誘導通りに解いていけば高得点があげられるだろう．

①は，積分方程式で与えられた2次関数の最大・最小を考える問題．②は図形と数列の融合問題（同じ操作の繰り返しで図形を定義する）．❸は文字を置き換えた方程式と元の方程式の解の個数の関係を考える必要がある問題である．

今年は，❸の分量が多いので，後回しにした人が多いのではないか．この問題でどれだけ部分点を稼げたかが鍵を握っただろう．

【目標】（3）は2次方程式の解の配置の問題である．時間内に(3)くらいまでは解いておきたい．

解　答

（2），（3）『相加・相乗平均により $t\geqq 2$』にすぐ気づいた人は，この条件を考慮するのか困る可能性があるが，（3）の（ⅰ）（ⅳ）を見ると，t はあらゆる値をとるとして考えよ，ということである．問題文にもっとはっきりと書いておいて欲しかった．（3）は解の配置の問題で，$y=g(t)$ のグラフを考察する．

⇦ $t=5^x+\dfrac{1}{5^x}\geqq 2\sqrt{5^x\cdot\dfrac{1}{5^x}}=2$

（4）$5^x=X$ とおくと，$X>0$ であることに注意する．

（5）t の値を1つ定めたとき，x が何個決まるかを考える必要がある．(4)が誘導になっている．丁寧に対応を考える．

⇦（5）の類題は頻出．

　　　　　　　＊　　　　　　　　＊

（1）$25^x+\dfrac{1}{25^x}=\left(5^x+\dfrac{1}{5^x}\right)^2-2=t^2-2$ であるから，

$f(x)=(t^2-2)+2p(t-1)+7$

$\therefore\ \boldsymbol{g(t)=t^2+2pt-2p+5}$

（2） $g(t)=0$ の判別式を D とすると，$D/4=p^2+2p-5$.
$D/4=0$ のときであるから，$p=-1\pm\sqrt{6}$
　　このとき，$g(t)=(t+p)^2$ であるから，解 t は，$t=-p$
　　よって答えは，$\boldsymbol{p=-1\pm\sqrt{6}}$，$\boldsymbol{t=1\mp\sqrt{6}}$（複号同順）

◁2解を α, α として，解と係数の関係から，$\alpha+\alpha=-2p$ としてもよい．

（3）　$y=g(t)$ の軸は $t=-p$ であり，$g(2)=2p+9$

（ⅰ）　$g(2)<0$ が条件であるから，$2p+9<0$　∴　$\boldsymbol{p<-\dfrac{9}{2}}$

（ⅱ）　$g(2)=0$ かつ 軸：$-p>2$　∴　$\boldsymbol{p=-\dfrac{9}{2}}$

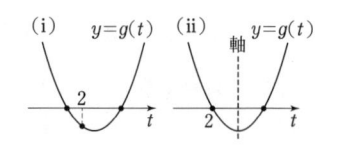

（ⅲ）　$D>0$ かつ 軸：$-p>2$ かつ $g(2)>0$
　　∴　「$p<-1-\sqrt{6}$ または $-1+\sqrt{6}<p$」
　　　かつ「$p<-2$」かつ「$2p+9>0$」
　　∴　$\boldsymbol{-\dfrac{9}{2}<p<-1-\sqrt{6}}$

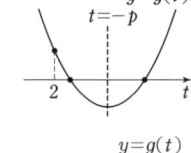

（ⅳ）　$D>0$ かつ 軸：$-p<2$ かつ $g(2)>0$
　　∴　「$p<-1-\sqrt{6}$ または $-1+\sqrt{6}<p$」
　　　かつ「$p>-2$」かつ「$2p+9>0$」
　　∴　$\boldsymbol{-1+\sqrt{6}<p}$

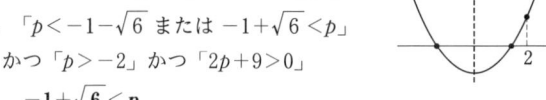

（ⅰ）について：
　$g(2)<0$ なら，上図のように必ず $t=2$ の前後で解をもつ．判別式を考慮する必要はない．
　（ⅱ）も判別式不要．

（4）　$5^x=X$ とおくと，実数 x に対して正の数 X が1つ定まる．
$t=5^x+\dfrac{1}{5^x}$ のとき，$t=X+\dfrac{1}{X}$　∴　$X^2-tX+1=0$ ……①
　よって，①が異なる正の2解をもつ条件を求めればよい．①の左辺を $h(X)$ とおくと，$h(0)>0$ であるから，その条件は，
　　①の判別式：$t^2-4>0$ かつ 軸：$\dfrac{t}{2}>0$　∴　$\boldsymbol{t>2}$ 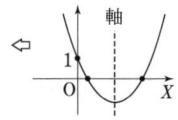

数Ⅲを学んでいれば，右図から答えを出すのもよい．

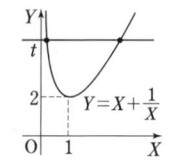

（5）　上と同様に考えて，①が正の解をただ1つもつのは $t=2$ のとき．
$g(t)=0$ が少なくとも1つ $t\geqq 2$ の解をもつ……② のは，（2）（3）より
・重解の場合……$p=-1-\sqrt{6}$ のとき（$t=1+\sqrt{6}$ で，x は2個）
・異なる2解の場合……（3）の（ⅰ），（ⅱ），（ⅲ）の場合
に限られる（$t=2$ を解にもつとき $p=-9/2$ に決まり，（ⅱ）の場合）．
（ⅰ）…x は2個，（ⅱ）…x は3個，（ⅲ）…x は4個
であり，②以外のときは実数解 x は存在しないから，答えは，

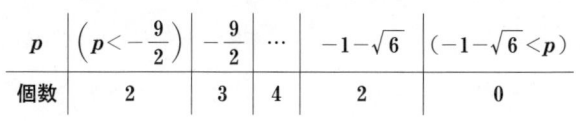

◁ $t\geqq 2$ の解をもたないときは，x の個数は0個．

◁ $t_1=2$，$t_2<2$ の場合はない．

p	$\left(p<-\dfrac{9}{2}\right)$	$-\dfrac{9}{2}$	⋯	$-1-\sqrt{6}$	$(-1-\sqrt{6}<p)$
個数	2	3	4	2	0

解　説

【（4）の別解】
　上の解答では，（3）と同様にグラフを活用して解いたが，2解とも正である条件は，
　　実数 α, β について，
　　　$\alpha>0$ かつ $\beta>0 \Longleftrightarrow \alpha+\beta>0$ かつ $\alpha\beta>0$
に着目して，解と係数の関係を使うのもよい方法である．
　別解　まず，①の判別式が正であることから，
　　　　　$t^2-4>0$ ……③

このもとで，2解の和が正，積が正であることが条件である．解と係数の関係により，
　　（2解の和）$=t>0$，（2解の積）$=1>0$
よって，③かつ $t>0$ により，t の範囲は
　　　　　$\boldsymbol{t>2}$

⇒**注**　実数 α, β について，
　　$\alpha\geqq 0$ かつ $\beta\geqq 0 \Longleftrightarrow \alpha+\beta\geqq 0$ かつ $\alpha\beta\geqq 0$
も成り立つ．

（坪田）

近畿大学・医学部

10年のセット　60分

① B** Ⅱ/座標, 三角関数
② B*** Ⅱ/座標(軌跡), 値域
③ B** AB/整数, 数列(不等式)

3つの条件

① $0 < x < 1$　　② $\dfrac{1}{x}$ の小数部分が $\dfrac{x}{2}$ に等しい　　③ $\dfrac{1}{x}$ の整数部分が n (n は自然数)

をみたす実数 x を x_n として, 数列 $\{x_n\}$ を作るとき

（1）初項 x_1 を求めよ. また, 一般項 x_n を求めよ.

（2）$x_n < \dfrac{1}{n}$ がなりたつことを示せ.

（3）数列 $\{x_n\}$ の第1項から第 n 項までの和 S_n に対して $S_n < 1 + \log_2 n$ がなりたつことを示せ.
ただし,

　　　任意の自然数 n に対して $\dfrac{1}{1} + \dfrac{1}{2} + \dfrac{1}{3} + \cdots + \dfrac{1}{n} \leqq 1 + \log_2 n$ がなりたつ　　………（*）

を利用せよ.

（4）（*）を, 以下のようにして証明せよ.（n は自然数）

　（ⅰ）二項定理を利用して $\left(1 + \dfrac{1}{n}\right)^n \geqq 2$ を示し, $\log_2\left(1 + \dfrac{1}{n}\right) \geqq \dfrac{1}{n}$ を示せ.

　（ⅱ）（*）がなりたつことを, 数学的帰納法を用いて示せ.

(10)

なぜこの1題か

　近大・医の特徴は, 60分という短い試験時間の間に, それほど難しくはない問題をたくさん解かせることである. 時間をかければ何とかなる問題を, いかにてきぱきと解いていくかが鍵を握る. 例年, ①が穴埋めで, ②と③が記述問題である. たいてい誘導が丁寧で, 大体はその誘導通りに解いていけば高得点があげられるだろう.

　①は見た目は座標の問題だが, A, B, Cが正三角形の頂点であることに気付き正弦定理を使わないと面倒.

　②は昨年と似た感じの軌跡の問題.

　❸は誘導を親切にしたがために, 見た目がごつくなった数列の問題. 難問ではなく, 計算も大変ではない.

　見た目に圧倒されず, ❸を短時間でクリアできたかどうかが, 高得点の鍵だろう.

【目標】誘導に乗って20分以内にクリアしたい.

解答

（1）（2）②, ③により, $\dfrac{1}{x} = (整数部分) + (小数部分) = n + \dfrac{x}{2}$

$0 < x_n < 1$ を満たす解を求める際, グラフを使おう.（2）も同様である.

（3）（*）と（2）を使う.

（4）（ⅰ）「$1/n$」の指数が小さい順に書き並べた展開式を作る.

⇦ 以下の解答では $\dfrac{x}{2}$ が本当に小数部分になり得ること, つまり $0 < \dfrac{x}{2} < 1$ であることを確認しておくことにする.

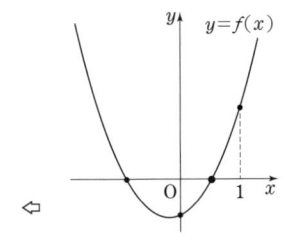

＊　　　　　　＊

（1）x_n を求める. $0 < x < 1$ により $0 < \dfrac{x}{2} < 1$ である.

$\dfrac{1}{x}$ の整数部分が n で, 小数部分が $\dfrac{x}{2}$ であるから, $\dfrac{1}{x} = n + \dfrac{x}{2}$

両辺を $2x$ 倍することにより, $x^2 + 2nx - 2 = 0$

　$f(x) = x^2 + 2nx - 2$ とおくと, $f(0) = -2 < 0$, $f(1) = 2n - 1 > 0$
であるから, $f(x) = 0$ は正と負の解をもち正の解は $0 < x < 1$ を満たす.

166

よって正の解が x_n で
$$x_n = -n + \sqrt{n^2+2}, \quad x_1 = \sqrt{3}-1$$

(2) $f\left(\dfrac{1}{n}\right) = \dfrac{1}{n^2} > 0$ であるから, $f(x)=0$ の正の解は $0 < x < \dfrac{1}{n}$ を満たす. よって $0 < x_n < \dfrac{1}{n}$ である.

(3) $0 < x_n < \dfrac{1}{n}$ により $x_m < \dfrac{1}{m}$ $(m \geq 1)$

この m を $m=1, 2, \cdots, n$ とした式を辺ごとに加え, (＊) も使うと,
$$S_n = x_1 + x_2 + \cdots + x_n < \dfrac{1}{1} + \dfrac{1}{2} + \cdots + \dfrac{1}{n} \leq 1 + \log_2 n$$

(4)(ⅰ)
$$\left(1 + \dfrac{1}{n}\right)^n = 1^n + {}_nC_1 \cdot 1^{n-1} \cdot \dfrac{1}{n} + \cdots + {}_nC_n\left(\dfrac{1}{n}\right)^n \geq 1 + {}_nC_1 \cdot \dfrac{1}{n}$$

よって $\left(1 + \dfrac{1}{n}\right)^n \geq 2$ であり, 両辺の $\log_2$ をとり, $n\log_2\left(1 + \dfrac{1}{n}\right) \geq 1$
$$\therefore \quad \log_2\left(1 + \dfrac{1}{n}\right) \geq \dfrac{1}{n} \quad \cdots\cdots ④$$

(ⅱ) $n=1$ のとき, (＊) は $1 \leq 1$ となり, 成り立つ.
$n=k$ のとき, (＊) が成り立つとすると
$$\dfrac{1}{1} + \dfrac{1}{2} + \cdots + \dfrac{1}{k} \leq 1 + \log_2 k \quad \cdots\cdots ⑤$$

ここで, ④で $n=k$ とおくと,
$$\log_2 \dfrac{k+1}{k} \geq \dfrac{1}{k} \quad \therefore \quad \dfrac{1}{k} \leq \log_2(k+1) - \log_2 k$$

$\dfrac{1}{k+1} < \dfrac{1}{k}$ であるから, $\dfrac{1}{k+1} < \log_2(k+1) - \log_2 k \quad \cdots\cdots ⑥$

⑤+⑥ により
$$\dfrac{1}{1} + \dfrac{1}{2} + \cdots + \dfrac{1}{k} + \dfrac{1}{k+1} < 1 + \log_2(k+1)$$

よって (＊) は $n=k+1$ でも成り立つから, 数学的帰納法により示された.

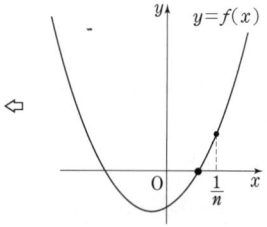

⇐ 式でやるなら, 分子を有理化して,
$$x_n = \dfrac{(-n+\sqrt{n^2+2})(n+\sqrt{n^2+2})}{n+\sqrt{n^2+2}}$$
$$= \dfrac{2}{n+\sqrt{n^2+2}} < \dfrac{2}{n+n} = \dfrac{1}{n}$$

⇐ 最初の 2 項を足すと, $1 + n \cdot \dfrac{1}{n} = 2$ となっていて, 示すべき式が得られる.

(ⅱ) では, (＊) を示したい. ④は,
⇐ $\log_2 \dfrac{n+1}{n} \geq \dfrac{1}{n}$ と変形して,
$$\dfrac{1}{n} \leq \log_2(n+1) - \log_2 n \quad \cdots ④'$$
の形で使う.

⇐ $n=k+1$ のときを示したいから, ④′ で $n=k+1$ とした式
$$\dfrac{1}{k+1} \leq \log_2(k+2) - \log_2(k+1)$$
と⑤を加えてみると, $\log_2 k$ が消えず失敗. そこで, まず $\log_2 k$ が消えるように $n=k$ とおいてみる.

解　説

【$1 + \dfrac{1}{2} + \cdots + \dfrac{1}{n} \leq 1 + \log_2 n$ の証明】

一般に, $\displaystyle\sum_{k=1}^{n} f(k)$ を図形化すると, 図ア or 図イの網目部の面積と見ることができる.

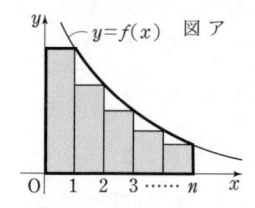

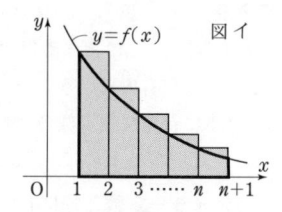

($f(k)$ を横幅 1, 高さ $f(k)$ の長方形の面積と見る) 面積の大小を考えれば不等式を作ることができる.

図のように, $f(x) > 0$, $f(x)$ は減少関数ならば, 太枠部と網目部の面積を比較すると, 図イ, 図アから
$$\int_1^{n+1} f(x)dx < \sum_{k=1}^{n} f(k) < f(1) + \int_1^n f(x)dx \quad \cdots Ⓐ$$
が成り立つ. (以下, 数Ⅲを使う.)

$f(x) = \dfrac{1}{x}$ として, Ⓐを使うと,
$$\int_1^{n+1} \dfrac{1}{x}dx < \sum_{k=1}^{n} \dfrac{1}{k} < 1 + \int_1^n \dfrac{1}{x}dx$$
$$\therefore \quad \log(n+1) < 1 + \dfrac{1}{2} + \cdots + \dfrac{1}{n} < 1 + \log n \quad \cdots\cdots Ⓑ$$

$\log n = \log_e n < \log_2 n$ により, 表題の不等式が得られる.

$T_n = 1 + \dfrac{1}{2} + \cdots + \dfrac{1}{n}$ とおくと，T_n は図ア，イで $f(x) = \dfrac{1}{x}$ のときの網目部の面積を表し，これから⑧が示されたわけである．⑧から $\displaystyle\lim_{n\to\infty} \dfrac{T_n}{\log n}$ を求めることができる（このような問題が頻出である）．

⑧から，$\log(n+1) < T_n < 1 + \log n$

∴ $\log n < T_n < 1 + \log n$

∴ $1 < \dfrac{T_n}{\log n} < \dfrac{1}{\log n} + 1$ ∴ $\displaystyle\lim_{n\to\infty} \dfrac{T_n}{\log n} = 1$

　　　　　＊　　　　　　　＊

T_n については，このように面積化することがしばしば有効である．次の問題の（1）も面積化することで解けるのだが，どうすればよいのか気づくだろうか？

自然数 n に対して次のようにおく．

$a_n = 1 + \dfrac{1}{2} + \cdots + \dfrac{1}{n} - \log n$

$b_n = 1 + \dfrac{1}{2} + \cdots + \dfrac{1}{n} - \log(n+1)$

（1）$n \geq 2$ のとき，$a_n < a_{n-1}$，$b_n > b_{n-1}$ を示せ．
不等式 $1.09 < \log 3 < 1.1$ を用いて，以下に答えよ．
（2）$n \geq 2$ のとき，$b_n > 0.4$ を示せ．
（3）$n \geq 3$ のとき，$0.4 < a_n < 0.75$ を示せ．

（10　大阪医大）

$\log(n+1) = \displaystyle\int_1^{n+1} \dfrac{1}{x} dx$ なので，b_n は前頁の図イで網目部と太枠部の面積の差を表すことに着目してみよう．

解　（1）$\log n = \displaystyle\int_1^n \dfrac{1}{x} dx$ であるから，a_n は右図の網目部の面積を表す．この n 個の網目部を左端が y 軸にくっつくように平行移動すると，図1の右側のようになる．図1において，

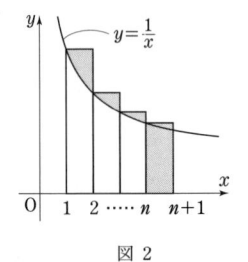

$a_{n-1} - a_n$
＝太枠部の面積

であるから，$a_n < a_{n-1}$ である．

同様に（前頁の図イの網目部と太枠部の面積の差が b_n なので）b_n と b_{n-1} は図2のようになるので，$b_n > b_{n-1}$

別解　（1）［$a_{n-1} - a_n > 0$，$b_n - b_{n-1} > 0$ を示せばよいが，$n \Rightarrow x$ として，微分を用いると，］

$a_{n-1} - a_n = \left(1 + \dfrac{1}{2} + \cdots + \dfrac{1}{n-1} - \log(n-1)\right)$
$\quad - \left(1 + \dfrac{1}{2} + \cdots + \dfrac{1}{n-1} + \dfrac{1}{n} - \log n\right)$
$= \log n - \log(n-1) - \dfrac{1}{n}$ ……………①

$f(x) = \log x - \log(x-1) - \dfrac{1}{x}$ $(x > 1)$ とおくと，

$f'(x) = \dfrac{1}{x} - \dfrac{1}{x-1} + \dfrac{1}{x^2} = \dfrac{x(x-1) - x^2 + (x-1)}{x^2(x-1)}$
$= \dfrac{-1}{x^2(x-1)} < 0$

よって，$f(x)$ は減少し，

$f(x) = \log \dfrac{x}{x-1} - \dfrac{1}{x} = \log\left(1 + \dfrac{1}{x-1}\right) - \dfrac{1}{x} \xrightarrow[x\to\infty]{} 0$

であるから，$f(x) > 0$

よって，① > 0，つまり $a_n < a_{n-1}$ が示された．
（$b_n > b_{n-1}$ についても同様なので省略）

（2）（1）により，$b_2 > 0.4$ を示せばよい．

$b_2 = 1 + \dfrac{1}{2} - \log 3 = 1.5 - \log 3$

$\log 3 < 1.1$ とから，$b_2 > 1.5 - 1.1 = 0.4$

（3）$n \geq 3$ のとき，$a_n < 0.75$ を示すには，（1）により，$a_3 < 0.75$ を示せばよい．$\log 3 > 1.09$ により，

$a_3 = 1 + \dfrac{1}{2} + \dfrac{1}{3} - \log 3 < 1.8\dot{3} - 1.09 = 0.74\dot{3} < 0.75$

次に，$a_n > b_n$ (∵ $\log(n+1) > \log n$) であるから，（2）と合わせて，$n \geq 3$ のとき，$a_n > b_n > 0.4$

⇨**注**　（3）図1により，a_n は1（横幅1，縦1の長方形の面積）より小さいことがすぐ分かる．さらに，曲線 $y = \dfrac{1}{x}$ は下に凸なので，各 ▨ の網目部の面積は，破線より上側の三角形の面積より大きいので，$a_n > 0.5$ が分かる．（このことから，（1）の出題者の想定していた解答は，別解なのだろう．）

　　　　　＊　　　　　　　＊

■**発展**　$\{a_n\}$ は，（1）により減少数列で，（3）により下に有界（$a_n \geq M$ となる定数 M が存在するとき，$\{a_n\}$ は下に有界という）である．ここで，

『下に有界な減少数列は収束する』

という定理があるので，$\displaystyle\lim_{n\to\infty} a_n$ は収束する．この極限値はオイラー定数と呼ばれていて，約 0.5772 であることが知られている．

（坪田）

大阪医科大学

12年のセット 100分

① B**○ B/数列
② C**○ Ⅲ/微分,積分(面積)
③ B*** Ⅰ/整数(不定方程式)
④ C**** B/空間ベクトル
⑤ B**○ A/確率漸化式

空間に四面体 OABC がある．△OAB，△OBC，△OCA の垂心をそれぞれ P, Q, R とする．ここで三角形の垂心とは，各頂点からそれぞれの対辺またはその延長に下ろした3本の垂線の交点である．次の記号を用いる．

$\vec{OA}=\vec{a}, \ \vec{OB}=\vec{b}, \ \vec{OC}=\vec{c}, \ |\vec{a}|=a, \ |\vec{b}|=b, \ |\vec{c}|=c,$
$\vec{a}\cdot\vec{b}=f, \ \vec{b}\cdot\vec{c}=g, \ \vec{c}\cdot\vec{a}=h$

(1) 直線 OA 上の点 D が $\vec{a}\perp\vec{BD}$ をみたすとき，$\vec{OD}$ を $\vec{a}, a, f$ を用いて表せ．
(2) $\vec{OP}$ を $\vec{a}, \vec{b}, a, b, f$ を用いて表せ．
(3) $a=b=c=1$ かつ $f=g=h$ のとき，3直線 AQ, BR, CP は1点で交わることを示し，その交点を M とするとき，$\vec{OM}$ を $\vec{a}, \vec{b}, \vec{c}$ と f を用いて表せ． (12)

なぜこの1題か

昨年は，平面図形，今年は整数と，本学ではあまり見かけない分野の問題が出題された．他は，数列，微積，ベクトル，確率とよく見かける分野である．昨年はなかったCレベルの問題が復活し，やや難化した．

①は，数列．一般項と和の入った条件式が与えられている頻出テーマの問題である．

②は $\sqrt{x^2+1}$ の積分に関する問題．(1)や(2)が誘導になっているのだが，かなり乗りにくい．

③は整数問題（不定方程式）．誘導に乗っていけばよいが，類題の経験がないとまごつく可能性はある．

④は空間ベクトル．3直線が1点で交わることを示すのが目標である．

⑤は，本学では定番の確率漸化式．

この中で，3直線が1点で交わることを示す④は，類題の経験があればうまく方針を立てられるだろう．時間も考慮すると本問が合否の鍵を握ったはず．

【目標】(2)までは押さえておきたい．(3)は対等性を活用して答えは出しておきたい．

解答

(2) 下図で BD と AE の交点が P で，(1)の結果から $\vec{OE}$ もすぐ分かる． ⇐文字を入れ替えただけ．

(3) 3本以上の直線が1点で交わることを示せ，という問題では，その交点の位置ベクトルなどを予想し，確かに全部の直線がその点を通っていることを示すのが手っとり早い．いま，$a=b=c, \ f=g=h$ であるから，対等性により，$\vec{OM}$ の $\vec{a}, \vec{b}, \vec{c}$ の係数は等しいはず． ⇐この手法について，「教科書 Next ベクトルの集中講義」の§30で詳しく解説している（なお，§19に正射影ベクトルがある）．

*　　　　　　　　　*

(1) $\vec{OD}=s\vec{a}$ とおくと，
$\vec{BD}=\vec{OD}-\vec{OB}=s\vec{a}-\vec{b}$
$\vec{a}\perp\vec{BD}$ のとき，$\vec{a}\cdot\vec{BD}=0$
∴ $s|\vec{a}|^2-\vec{a}\cdot\vec{b}=0$ ∴ $s=\dfrac{\vec{a}\cdot\vec{b}}{|\vec{a}|^2}$

よって，$\vec{OD}=\dfrac{\vec{a}\cdot\vec{b}}{|\vec{a}|^2}\vec{a}=\dfrac{f}{a^2}\vec{a}$

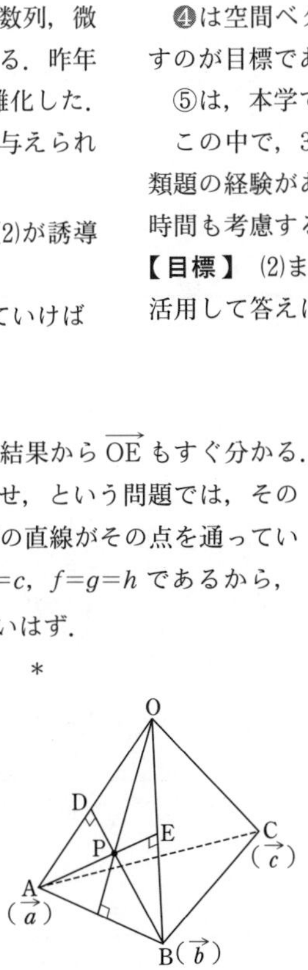

⇐ $\vec{OD}$ は $\vec{b}$ の $\vec{a}$ 上への正射影ベクトルで，公式を知っていれば一発で求まる．

(2) A から OB に下した垂線の足を E とする．

(1)と同様にして，$\vec{OE}=\dfrac{\vec{b}\cdot\vec{a}}{|\vec{b}|^2}\vec{b}=\dfrac{f}{b^2}\vec{b}$

⇐ $\vec{OD}$ の式で $\vec{a}$ と $\vec{b}$ を入れ替えたもの．

P は BD 上にあるから，$\vec{BP}=t\vec{BD}$ とおくと，
$$\vec{OP}=\vec{OB}+t\vec{BD}=\vec{OB}+t(\vec{OD}-\vec{OB})$$
$$=\vec{b}+t\left(\frac{f}{a^2}\vec{a}-\vec{b}\right)=\frac{f}{a^2}t\vec{a}+(1-t)\vec{b} \quad \cdots\cdots\cdots①$$

P は AE 上にあるから，$\vec{AP}=u\vec{AE}$ とおくと，①と同様にして，
$$\vec{OP}=\frac{f}{b^2}u\vec{b}+(1-u)\vec{a}=(1-u)\vec{a}+\frac{f}{b^2}u\vec{b} \quad \cdots\cdots\cdots②$$

⇐ ①の式で $\vec{a}$ と $\vec{b}$，a と b を入れ替え，t ⇔ u とした式になる．

①＝②であり，$\vec{a}$ と $\vec{b}$ は1次独立であるから，
$$\frac{f}{a^2}t=1-u \quad \cdots\cdots\cdots③, \quad 1-t=\frac{f}{b^2}u \quad \cdots\cdots\cdots④$$

③により，$u=1-\dfrac{f}{a^2}t$ であり，④に代入して，$1-t=\dfrac{f}{b^2}-\dfrac{f^2}{a^2b^2}t$

よって，$\dfrac{f^2-a^2b^2}{a^2b^2}t=\dfrac{f-b^2}{b^2}$ ∴ $t=\dfrac{a^2(f-b^2)}{f^2-a^2b^2}$

($0°<\angle AOB<180°$ により，$f^2<a^2b^2$)

⇐ $\vec{a}$ と $\vec{b}$ のなす角 ($\angle AOB$) を θ とおくと，$f=ab\cos\theta$ $\cdots\cdots\cdots$☆
よって，$-ab<f<ab$ であるから，
⇐ $f^2-a^2b^2\neq 0$

⇐ $\angle AOB$ ($=\theta$ とおく) が $\vec{a}$ と $\vec{b}$ のなす角であるから，$f=ab\cos\theta$
$0°<\theta<180°$ により，
$\quad -ab<f<ab$

①に代入して，$\vec{OP}=\dfrac{f(f-b^2)}{f^2-a^2b^2}\vec{a}+\dfrac{f(f-a^2)}{f^2-a^2b^2}\vec{b}$

(3) $a=b=c=1$, $f=g=h$ のとき，
$$\vec{OP}=\frac{f(f-1)}{f^2-1}\vec{a}+\frac{f(f-1)}{f^2-1}\vec{b}=\frac{f}{f+1}(\vec{a}+\vec{b})$$

対等性により，$\vec{OQ}=\dfrac{f}{f+1}(\vec{b}+\vec{c})$, $\vec{OR}=\dfrac{f}{f+1}(\vec{c}+\vec{a})$

O を始点とする位置ベクトルを考える．

AQ を $(f+1):f$ に分ける点の位置ベクトルは
$$\frac{f}{(f+1)+f}\vec{a}+\frac{f+1}{(f+1)+f}\cdot\frac{f}{f+1}(\vec{b}+\vec{c})=\frac{f}{2f+1}(\vec{a}+\vec{b}+\vec{c})\cdots⑤$$

である (ただし，$2f+1\neq 0$ のとき．$f\neq -1/2$ であることはあとで示す)．
BR，CP を $(f+1):f$ に分ける点の位置ベクトルも同様に⑤であるから，3直線 AQ，BR，CP は，位置ベクトルが⑤で表される点で交わる．よって，$f\neq -\dfrac{1}{2}$ ならば，$\vec{OM}=\dfrac{f}{2f+1}(\vec{a}+\vec{b}+\vec{c})$ である．

以下，$f\neq -\dfrac{1}{2}$ を示す．$f=-\dfrac{1}{2}$ とすると，$\cos\angle AOB=-\dfrac{1}{2}$

⇐ AQ を $k:(1-k)$ に分ける点の位置ベクトルは，
$$(1-k)\vec{OA}+k\vec{OQ}$$
$$=(1-k)\vec{a}+\frac{fk}{f+1}(\vec{b}+\vec{c})$$
$\vec{a}$, $\vec{b}$, $\vec{c}$ の係数が等しくなるとき
$$1-k=\frac{fk}{f+1} \quad ∴ \quad k=\frac{f+1}{2f+1}$$
よって，AQ を $(f+1):f$ に分ける点が M のはず．

などから，
$$\angle AOB=\angle BOC=\angle COA=120°$$
となるが，このとき O，A，B，C は同一平面上にあり，OABC は四面体にならない．よって $f\neq -\dfrac{1}{2}$ であるから，題意が示された．

解説

【(2)について】

①と $\vec{OP}\cdot\vec{AB}=0$ から t を求めることもできる．
$$\left\{\frac{f}{a^2}t\vec{a}+(1-t)\vec{b}\right\}\cdot(\vec{b}-\vec{a})=0 \text{ により，}$$

$$\frac{f^2}{a^2}t+b^2(1-t)-ft-f(1-t)=0$$
$$∴ \quad \frac{f^2-a^2b^2}{a^2}t=f-b^2 \quad ∴ \quad t=\frac{a^2(f-b^2)}{f^2-a^2b^2}$$

【対等性の活用】

本問は，対等性を生かして処理していくことがポイントであったと言える．

次の(3)の類題も同様に処理できる．

> 四面体 ABCD がある．
> AB，CD の中点を M，M'，
> AD，BC の中点を N，N'，
> △BCD の重心を G とする．
> このとき，3直線
>   MM'，NN'，AG
> は1点で交わることを示せ．

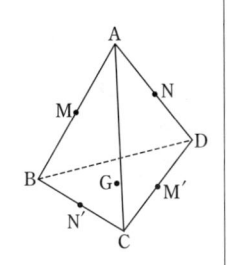

MM'，NN' の交点の位置ベクトルは，$\vec{OA}$，$\vec{OB}$，$\vec{OC}$，$\vec{OD}$ の対等な式になると予想できる．

解 O を始点とする位置ベクトルを考え，A($\vec{a}$) などと表す．

$M\left(\dfrac{\vec{a}+\vec{b}}{2}\right)$，$M'\left(\dfrac{\vec{c}+\vec{d}}{2}\right)$ であるから，MM' の中点の位置ベクトルは，$\dfrac{\vec{a}+\vec{b}+\vec{c}+\vec{d}}{4}$ ……① である．NN' の中点の位置ベクトルも①である．

また，$G\left(\dfrac{\vec{b}+\vec{c}+\vec{d}}{3}\right)$ であり，AG を 3：1 に内分する点の位置ベクトルは，①になる．

よって，MM'，NN'，AG は1点で交わる． （坪田）

受験報告

○ 12 京都大学・理系（解説は p.148）

▶数学・物理しかまともにできない広島の高校生の，**京都大学理学部**の受験報告です．昼食後の眠たい中，試験開始．

難化だといいな…と思い，問題を見渡すと，①誘導付きの積分!? (1)をどうやって使うんだろう…（結局試験が終わるまで，(1)と(2)が別の問題であることに気付かず）．②これは定型的．③2011年東大4番のパターンか．差がつきそう．④多分できるはず…．⑤幾何で(p)と(q)で別モノか…これは後まわしだな…．⑥これは1990年の東大の6番っぽい．ムズそう．ということで，難化を確信し，①から取りくむ．(1)は2項定理の利用かな…と思い，いろいろやるも，できずに15分経つ．アセってきたので，とりあえず完答しようと④へ(15分)．(1)は楽勝．(2)も余りを置いて，ていねいに示し，1完(30分)．調子づいてきたところで，❸をやる．案の定，対称式パターンだが，意外に数値比較がメンドウで手こずる．ていねいに処理し，2完(55分)．次にカンタンそうな②をやる．ベクトルと係数を比較するも，「正四面体」という条件を忘れ，全く示せず20分経つ(75分)．これはヤバい…とアセる．しかたないので⑥へ．とりあえず，地道に Y_{k-1} と Y_k の関係を調べると，案外単純な構造であることに気付く．Y_k の範囲でパターン分けし，漸化式を立てるために場合わけすると，アッサリ漸化式も立ち，特に重複があって困ることもなく，完答(105分)．思ったより⑥は難しくなかったな…と思い，⑤へ．(p)は楽勝(110分)．(q)は，大数の栗田先生の記事の図形での方針の立て方という記事に，角度は外接円でとらえる，というのがあったのを思い

出し，やりやすい角で考えようと思い，対偶をとって考えることに．すると，各条件を点集合で捉えることで，反例を見つけることができ，なんとか完答(130分)．うわ，もう20分しかない…とあせりつつ，もう1度②へ行くと，まさかの「正四面体」の条件があり，「よかった…」と思う．すぐに完答(140分)．あとは①だけ…と思い，(1)を考えるも，なかなかはさめず，そのまま試験終了．

今年は数Ⅲが①だけ(2011年もだけど)だし，行列も整数もないし，なんだか余り数学をやった意味がなかったな…と思う．そして①の勘違いを知り，落ちこむ．出来は①×②○③○④○⑤○⑥○というところ．一応5完だが，①は白紙なのが痛いし，②～⑥も減点はありそう．2日目の物理が得意なハズなのに大失敗したので，合否スレスレのラインというところか．と思いつつ，京都を後にする．

（これは教育やろなあ…）

▶**京都大学医学部医学科**の受験報告です．昼休みには友達と，今年も2010，11に引き続き，簡単傾向だろうと予想．計算ミスをしないようにせねば．前日の夜は緊張で眠れなかったので，栄養ドリンクを飲んで目を覚ます（−30分）．解答用紙が冊子形式であることに驚き，名前は表紙だけ書いたら良いと知り，少し喜ぶ（−15分）．そして試験開始．

まず①を見て焦る．(1)から解き方が分からない．飛ばして②へ．迷わず余弦定理を使い，式をいじって OP=OQ=OR を導き，1完(20分)．❸は飛ばして④へ．(1)は $\sqrt{2}$ のときと同じように示して一安心．(2)とりあえず x^3-2 で割った余りを ax^2+bx+c と置いて $\sqrt[3]{2}$ を代入．$\sqrt[3]{4}$ を消すと，遠回りしつつも $a=b=c=0$ を示せて2完(50分)．時間かけすぎたかなと思いつつ，⑤へ．京大が好きそうな平面図形．(p)外接円を考えて，すんなり解ける．(q)明らかに正しいじゃん．でも示せない．一旦飛ばして❸へ(65分)．長い式，よく見ると xy と $x+y$ で表せる．なんだ，見かけ倒しか．グラフまで書いて何度も計算を見直し，3完半(85分)．⑥はしんどそうなので①に戻る．(1) e の定義の式が頭から離れない．解けない．今年全体的に難しくない？ (2)去年の積分に似ているなと思って部分積分すると終了．3完2半(105分)．⑥へ．小数に直すと X_n が1 or 2 と分かり，それぞれの場合の Y_{n-1} の範囲を計算してみるとネタが見えた．これ難問だわ，かせがないと，と思って丁寧に記述．4完2半(130分)．残り20分で①(1)と⑤(q)．解けそうにないので，数値計算の見直しを10分．最後の10分で⑤(q)の悪あがきをして，試験終了．

終了後，近くの友達と話すと，皆イマイチな出来なようで少し安心．⑤(q)は誰も解けていなかった．後日答えをみると，①×②○③○④○⑤○⑥○だと思われる．①(1)は取りたかった．試験場の怖さ．でも，この難度で4完2半という結果には満足．⑤(q)の答えには唖然としました．今年は国語で小説，数学の難化，英語で記号選択，物理で相対論と，驚きの多い入試でした．どうか合格していますように！

（カモノハシが好きな現役生）

大阪医科大学

10年のセット 100分

① A* Ⅲ/微分
② C*** BⅢ/数列, 微分
③ B** B/空間座標, ベクトル
④ C*** Ⅲ/微分, 積分
⑤ B** AB/確率漸化式

すべての実数で $f(x)$ は連続な導関数 $f'(x)$ をもつ関数として,$g(x)=\int_{-1}^{1}f'(t)f(x-t)dt$ とおく.一般に関数 $h(x)$ において,常に $h(-x)=h(x)$ が成り立つとき $h(x)$ は偶関数,常に $h(-x)=-h(x)$ が成り立つとき $h(x)$ は奇関数であるという.

(1) $f(x)$ が偶関数ならば $f'(x)$ は奇関数,$f(x)$ が奇関数ならば $f'(x)$ は偶関数であることを示せ.

(2) $f(x)$ が偶関数または奇関数であるとき,$g(x)$ は奇関数であることを示せ.

(3) $f(x)=x^n$ (n は自然数)のとき $g(x)$ は整式である.その $g(x)$ の 0 でない最高次の項を求めよ. (10)

なぜこの１題か

今年は,昨年に比べるとやや難し目の微積分がらみの問題が２問出題された.しかし,以前出題されていたような大変な計算が必要になるようなことはなく,全問に手をつけられた受験生が少なくなかっただろう.

①は易しい.微分すると定数になるので,元の関数は１次式であることを使うだけである.②は,$1+\frac{1}{2}+\cdots+\frac{1}{n}$ と $\log n$ の差がどのくらいの値かという問題(近畿大の類題として p.168 で取り上げた).面積に着目する方針は,経験がないと解きづらい.

③は空間において平面と座標軸との交点を求める問題.難しいところはない.④は一般の偶関数・奇関数に関する問題.抽象的なのでやりにくく感じるだろうが,やることは限定されてくる.⑤は,確率の問題.漸化式の誘導があるので,例年よりやりやすい.すると②,④で差がつきやすかったはずだが,②より部分点を稼ぎやすかった④の得点の方がばらついているだろう.

【目標】(1)は押さえておきたい.(2)は $t=-u$ の置換を活用することに気付きたい.できれば30分程度で(3)の答まで出したい.

解 答

(1) 偶関数,奇関数の定義式の両辺を微分すればよい.

(2) $f(-x)=f(x)$ or $f(-x)=-f(x)$ の性質を活用するために,$g(-x)$ の定義式において,$t=-u$ と置換してみよう.

(3) $g(x)$ の定義式で,$f(x-t)=(x-t)^n$ を展開して積分する.t で積分するので,$\int_{-1}^{1}x^{\square}t^{\triangle}dt=x^{\square}\int_{-1}^{1}t^{\triangle}dt$ と変形でき,$x^{\square}$ の係数は〰〰であることに注意しよう.また,(2)により,$g(x)$ は奇関数である.

⇦目標は $g(-x)=-g(x)$ を示すこと.
⇦$g(-x)$ は $g(x)$ で $x \Rightarrow -x$ とした
$$g(-x)=\int_{-1}^{1}f'(t)f(-x-t)dt$$
である.

* *

(1) ・$f(x)$ が偶関数のとき,常に $f(-x)=f(x)$
この両辺を x で微分すると,$f'(-x)\cdot(-x)'=f'(x)$
∴ $f'(-x)=-f'(x)$
したがって,$f'(x)$ は奇関数である.

・$f(x)$ が奇関数のとき,常に $f(-x)=-f(x)$
この両辺を x で微分すると,$f'(-x)\cdot(-x)'=-f'(x)$
∴ $f'(-x)=f'(x)$
したがって,$f'(x)$ は偶関数である.

（2）・$f(x)$ が偶関数のとき，$f'(x)$ は奇関数である．このとき，常に
$$f(-x)=f(x), \quad f'(-x)=-f'(x) \quad \cdots\cdots\cdots\cdots① $$

$g(-x)=\int_{-1}^{1}f'(t)f(-x-t)dt$ において，$t=-u$ と置換すると，

$dt=-du$, $\begin{array}{c|ccc}t & -1 & \to & 1 \\ \hline u & 1 & \to & -1\end{array}$ であるから，

$$g(-x)=\int_{1}^{-1}f'(-u)f(-x+u)(-du)=\int_{-1}^{1}f'(-u)f(-x+u)du \quad Ⓐ$$
$$=\int_{-1}^{1}\{-f'(u)\}f(x-u)du \quad (\because ①)$$
$$=-\int_{-1}^{1}f'(u)f(x-u)du=-g(x)$$

・$f(x)$ が奇関数のとき，$f'(x)$ は偶関数である．このとき，常に
$$f(-x)=-f(x), \quad f'(-x)=f'(x)$$

これとⒶにより，
$$g(-x)=\int_{-1}^{1}f'(-u)f(-x+u)du=\int_{-1}^{1}f'(u)\{-f(x-u)\}du$$
$$=-\int_{-1}^{1}f'(u)f(x-u)du=-g(x)$$

以上により，$g(x)$ は奇関数であることが示された．

$\Leftarrow \int_{-1}^{1}f'(u)f(x-u)du$ は，$g(x)$ の定義式 $g(x)=\int_{-1}^{1}f'(t)f(x-t)dt$ において，積分変数 t を u に変えたものだから，$g(x)$ に等しい．
（なお，一般に，定積分の値は積分変数によらない．つまり
$$\int_{a}^{b}h(t)dt=\int_{a}^{b}h(u)du$$
である）

（3）$f(x)=x^n$ のとき，$f'(x)=nx^{n-1}$ であるから，
$$g(x)=\int_{-1}^{1}nt^{n-1}(x-t)^n dt=n\int_{-1}^{1}t^{n-1}\{x^n-ntx^{n-1}+\cdots+(-1)^n t^n\}dt$$
$$=n\Big\{x^n\underline{\int_{-1}^{1}t^{n-1}dt}-nx^{n-1}\int_{-1}^{1}t^n dt+\cdots+(-1)^n\int_{-1}^{1}t^{2n-1}dt\Big\}$$

$\Leftarrow (x-t)^n$ を2項定理で展開する．

・n が偶数のとき，$n-1$ が奇数であるから，$\underline{}=0$ である．よって，$g(x)$ の最高次の項は，
$$-n^2 x^{n-1}\int_{-1}^{1}t^n dt=-n^2 x^{n-1}\cdot 2\int_{0}^{1}t^n dt=-\dfrac{2n^2}{n+1}x^{n-1}$$

・n が奇数のとき，$g(x)$ の最高次の項は，
$$nx^n\int_{-1}^{1}t^{n-1}dt=nx^n\cdot 2\int_{0}^{1}t^{n-1}dt=2nx^n\cdot\dfrac{1}{n}=\mathbf{2x^n}$$

$\Leftarrow$ 一般に $p(x)$ を奇関数，$q(x)$ を偶関数とするとき，
$$\int_{-a}^{a}p(x)dx=0$$
$$\int_{-a}^{a}q(x)dx=2\int_{0}^{a}q(x)dx$$

解 説 （受験報告は p.39）

【三角関数の場合は？】

$g(x)$ の定義式において，積分区間が $-a\sim a$ の形なら（2）の事実は同様に成り立つ．

$f(x)=\sin x$ として，
$$g(x)=\int_{-\pi}^{\pi}f'(t)f(x-t)dt$$
を計算してみよう．（2）により，$g(x)$ は奇関数になる．

$$g(x)=\int_{-\pi}^{\pi}\cos t\cdot\sin(x-t)dt$$
$$=\int_{-\pi}^{\pi}\cos t(\sin x\cos t-\cos x\sin t)dt$$
$$=\int_{-\pi}^{\pi}(\sin x\cos^2 t-\cos x\cos t\sin t)dt \cdots\cdots①$$

ここで，（偶関数）×（奇関数）=（奇関数）であるから，$u=\cos t\sin t$ は，t の奇関数である．よって，①から，
$$g(x)=\int_{0}^{\pi}2\sin x\cos^2 t\,dt \quad (\cos^2 t \text{ は偶関数})$$
$$=\int_{0}^{\pi}\sin x(1+\cos 2t)dt$$
$$=\sin x\Big[t+\dfrac{\sin 2t}{2}\Big]_{0}^{\pi}$$
$$=\pi\sin x$$
となる．

同様に，$f(x)=\cos x$ のときは，$g(x)=-\pi\sin x$ となる．

(坪田)

大阪大学・文系（前期）

10年のセット
90分

❶ B*** Ⅱ/座標(通過領域), 微積分(面積)
② C** ⅡⅠ/指数・対数関数, 整数
③ B*** ⅡA/座標(領域), 確率

曲線 $C: y = -x^2 - 1$ を考える．

（1） t が実数全体を動くとき，曲線 C 上の点 $(t, -t^2-1)$ を頂点とする放物線 $y = \dfrac{3}{4}(x-t)^2 - t^2 - 1$ が通過する領域を xy 平面上に図示せよ．

（2） D を（1）で求めた領域の境界とする．D が x 軸の正の部分と交わる点を $(a, 0)$ とし，$x = a$ での C の接線を l とする．D と l で囲まれた部分の面積を求めよ．　　　　　（10）

なぜこの1題か

阪大文系は，例年はBレベルの3題セットであるが，今年は，かなり難化した．②の整数問題は，とくに(2)が文系としては高度な発想が必要で，解けなくても仕方ない．③(1)は絶対値記号つきの式の領域を図示する問題．(2)はサイコロに関する確率．4回振るが，2回ずつの話に還元でき，36通りについて調べればよいのだが，てきぱきとはいかないだろう．

一方，❶は通過領域に関する問題．類題の経験がないと厳しいが，類題を経験していれば何とかなるはず．本問で差がついただろう．

【目標】(1)を，判別式に結びつけ，(2)は「1/6 公式」を使って，30分程度で完答したい．

解 答

（1） 点 (X, Y) が求める通過領域上にあるための条件を考え，t の実数解条件に帰着させる（逆手流，詳しくは，☞解説）．

（2） 直線と放物線で囲まれる部分の面積だから，1/6 公式が使える．

※　　　　　　　　　※

（1） 求める通過領域を E とする．

点 (X, Y) が E 上の点であるための条件は，
$$Y = \frac{3}{4}(X-t)^2 - t^2 - 1 \quad \cdots\cdots ①$$
を満たす実数 t が存在することである．

①を4倍し $4Y = 3X^2 - 6Xt - t^2 - 4$．これを t について整理した方程式
$$t^2 + 6Xt + 4Y - 3X^2 + 4 = 0$$
が実数解をもつための条件を求めればよい．

その条件は，（判別式）$/4 \geq 0$ により，
$$(3X)^2 - (4Y - 3X^2 + 4) \geq 0$$
$$\therefore \quad Y \leq 3X^2 - 1$$

よって，求める領域は右図網目部（境界を含む）である．

⇦ 右図の網目部の面積は，$a > 0$ のとき
$$\int_\alpha^\beta \{(mx+n) - (ax^2+bx+c)\} dx$$
$$= -a \int_\alpha^\beta (x-\alpha)(x-\beta) dx$$
$$= \frac{a}{6}(\beta - \alpha)^3 \quad (a > 0, \alpha < \beta)$$

⇦ $12X^2 - 4Y - 4 \geq 0$

（2） $D: y = 3x^2 - 1$ $\cdots\cdots ②$

であり，$a = \dfrac{1}{\sqrt{3}}$ である．

$C: y = -x^2 - 1$ のとき，$y' = -2x$ であるから，C 上の $x = \dfrac{1}{\sqrt{3}}$ における接線 l は

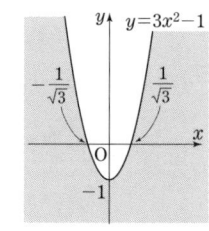

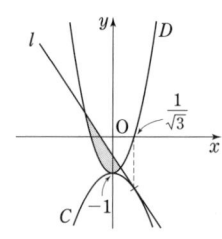

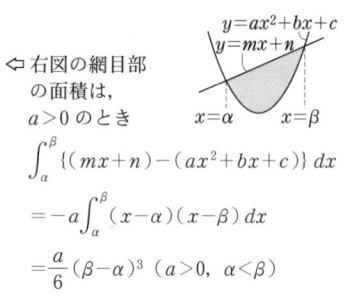

174

$$y=-\frac{2}{\sqrt{3}}\left(x-\frac{1}{\sqrt{3}}\right)-\frac{4}{3}=-\frac{2}{\sqrt{3}}x-\frac{2}{3} \quad \cdots\cdots\cdots\cdots\text{③}$$

D と l の交点の x 座標は，②－③＝0 により，

$$3x^2+\frac{2}{\sqrt{3}}x-\frac{1}{3}=0 \quad \therefore \quad 3\left(x+\frac{1}{\sqrt{3}}\right)\left(x-\frac{1}{3\sqrt{3}}\right)=0$$

$$\therefore \quad x=-\frac{1}{\sqrt{3}},\ \frac{1}{3\sqrt{3}}$$

⇐ $3x^2+\dfrac{2}{\sqrt{3}}x-\dfrac{1}{3}$
$=3\left(x^2+\dfrac{2}{3\sqrt{3}}x-\dfrac{1}{9}\right)$
$\dfrac{1}{9}=\dfrac{1}{\sqrt{3}}\cdot\dfrac{1}{3\sqrt{3}}$ に着目して因数分解した．もちろん，解の公式を利用して求めてもよい．

よって，求める面積は，

$$\int_{-\frac{1}{\sqrt{3}}}^{\frac{1}{3\sqrt{3}}}(\text{③}-\text{②})dx=-3\int_{-\frac{1}{\sqrt{3}}}^{\frac{1}{3\sqrt{3}}}\left(x+\frac{1}{\sqrt{3}}\right)\left(x-\frac{1}{3\sqrt{3}}\right)dx$$

$$=\frac{3}{6}\left(\frac{1}{3\sqrt{3}}+\frac{1}{\sqrt{3}}\right)^3=\frac{1}{2}\left(\frac{4}{3\sqrt{3}}\right)^3=\boldsymbol{\frac{32}{81\sqrt{3}}}$$

解 説 （受験報告は p.227）

【通過領域を逆手流でとらえる】

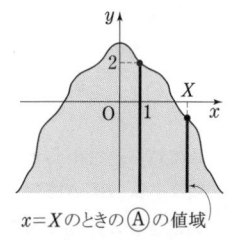

解答では，$y=\dfrac{3}{4}(x-t)^2-t^2-1 \quad \cdots\cdots\cdots\cdots\text{Ⓐ}$

の動く範囲を直接とらえるのではなく，次のように考えてとらえている．

例えば，Ⓐが点 $(0, 1)$ を通ることがあるのか？と尋ねられたら，$x=0$, $y=1$ をⒶに代入して，

$$1=-\frac{1}{4}t^2-1 \quad \therefore \quad t^2=-8$$

これを満たす実数 t は存在しないので，Ⓐが $(0, 1)$ を通ることはない，と答えるだろう．

$(2, 0)$ を通ることがあるのか？なら，$x=2$, $y=0$ をⒶに代入して，$0=-\dfrac{1}{4}t^2-3t+2$

$$\therefore \quad t^2+12t-8=0 \quad \therefore \quad t=-6\pm2\sqrt{11}$$

よって，$t=-6\pm2\sqrt{11}$ のとき，Ⓐは $(2, 0)$ を通る，と答えるだろう．

このように，ある点を指定したとき，Ⓐがその点を通ることがあるかどうかは，Ⓐにその点の座標を代入して t を求めるとき，実数解があるかどうかで判定できる．

ある点 (X, Y) をⒶが通るとき，この座標をⒶに代入して t を求めると，実数解が存在することになる．

したがって，点 (X, Y) をⒶが通る条件は，この座標をⒶに代入して得られる t の方程式が実数解をもつことと同値なのである．解答では，これを使っている．

⇒注 このようにとらえる方法を本誌では逆手流と呼んでいる．

【ファクシミリの原理による別解】

t を動かすとき，放物線Ⓐの動く範囲を，直接，一挙に捉えるのは難しい．そこで，まずは「Ⓐの動く範囲を直線で切った切り口（直線との共通部分）」を捉えることにしよう．ある直線上でどの範囲を動くかを調べるのである．$x=$ 一定，つまり y 軸に平行な直線で切った切り口を調べてみよう．例えば直線 $x=1$ で切った切り口を求めてみる．Ⓐに $x=1$ を入れ，$y=\dfrac{3}{4}(1-t)^2-t^2-1$

この t を動かすときの y の範囲が，切り口の y 座標の範囲である．t について整理し，平方完成して，

$$y=-\frac{1}{4}t^2-\frac{3}{2}t-\frac{1}{4}=-\frac{1}{4}(t+3)^2+2$$

$$\therefore \quad y\leqq 2$$

したがって，$x=1$ のとき，y は $y\leqq 2$ の範囲を動く．

x を X に固定すれば $x=X$ のときの y の動く範囲が得られ（t の関数と見たときの値域），求める領域が分かる．

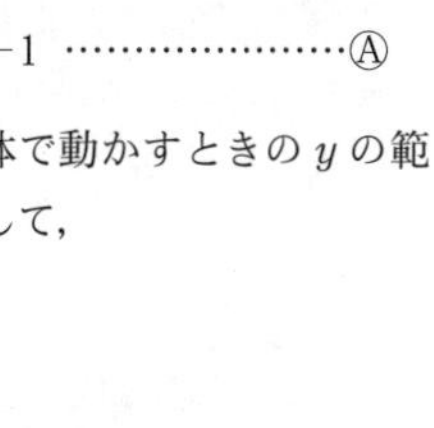

別解 （1）　$y=\dfrac{3}{4}(x-t)^2-t^2-1 \quad \cdots\cdots\cdots\cdots\text{Ⓐ}$

x を X に固定し，t を実数全体で動かすときの y の範囲を求める．Ⓐに $x=X$ を代入して，

$$y=-\frac{1}{4}t^2-\frac{3}{2}Xt+\frac{3}{4}X^2-1$$

$$=-\frac{1}{4}(t+3X)^2+3X^2-1$$

よって，$t=-3X$ のとき最大となり，y の範囲は，

$$y\leqq 3X^2-1$$

したがって，求める通過領域は，$y\leqq 3x^2-1$

（図示は略）　　　　　　　　　　　　　　　　　（坪田）

大阪大学・理系（前期）

10年のセット　150分

① B**　Ⅲ/微分, 積分
② B***　C/2次曲線(楕円, 双曲線)
③ C***　Ⅰ/整数(不定方程式)
④ B***　AⅢ/球(位置関係), 積分(体積)
❺ C****　ABⅢ/確率, 数列(漸化式), 極限

---

n を 0 以上の整数とする．立方体 ABCD-EFGH の頂点を，以下のように移動する 2 つの動点 P, Q を考える．時刻 0 には P は頂点 A に位置し，Q は頂点 C に位置している．時刻 n において，P と Q が異なる頂点に位置していれば，時刻 $n+1$ には，P は時刻 n に位置していた頂点から，それに隣接する 3 頂点のいずれかに等しい確率で移り，Q も時刻 n に位置していた頂点から，それに隣接する 3 頂点のいずれかに等しい確率で移る．一方，時刻 n において，P と Q が同じ頂点に位置していれば，時刻 $n+1$ には P も Q も時刻 n の位置からは移動しない．

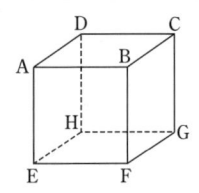

（1）時刻 1 において，P と Q が異なる頂点に位置するとき，P と Q はどの頂点にあるか．可能な組み合わせをすべて挙げよ．

（2）時刻 n において，P と Q が異なる頂点に位置する確率 r_n を求めよ．

（3）時刻 n において，P と Q がともに上面 ABCD の異なる頂点に位置するか，またはともに下面 EFGH の異なる頂点に位置するかのいずれかである確率を p_n とする．また，時刻 n において，P と Q のいずれか一方が上面 ABCD，他方が下面 EFGH にある確率を q_n とする．p_{n+1} を，p_n と q_n を用いて表せ．

（4）$\displaystyle\lim_{n\to\infty}\dfrac{q_n}{p_n}$ を求めよ．

（10）

なぜこの1題か

今年の阪大・理系は，手を出しかねる難問も易しすぎる問題もない良問のセットと言えるだろう．とは言え試験場では，B 問題も難問に見えたり，また難しく考えたりするので，手ごわいセットといったほうがよいかもしれない．①(2)の積分は，(1)を利用して部分積分に持ち込むのがポイント．比較的見えやすいだろう．②は2次曲線の接線がらみの問題．計算で片が付く．③は整数の難問である（p.229 に類題として紹介した．なおこの等式は，正多面体が 5 種類しかないことに関連している）．約数・倍数ではなく範囲を絞ることで解決するが見えにくい．出来てない人の方が多いだろう．④は図形と積分（体積）の融合問題．2 球の位置関係を中心間の距離と半径で捉え，体積計算では座標を設定して積分する．試験場ではとっつきにくく感じ，後回しにした人が多いのではないか．残る❺は確率の問題．点の移動に関する問題で，③④より手をつけやすいだろう．③や④では得点を期待しにくい状況なので，❺をいかに粘って得点を上積みできたかどうかが鍵を握ったはず．

【目標】(1)は必ず押さえたい．時間が許す限り粘り，40 分で完答できれば申し分ない．

解答

（2），（3）時刻 0 のとき，P=A, Q=C である．つまり，正方形の対角線の両端の 2 点から出発する．このとき(1)により，どの時刻においても，P と Q が異なる頂点にいるならば，必ず正方形の対角線の両端の 2 点にいる．これに気づくことがポイントである．

（4）（3）で，「p_{n+1}」しか聞かれていないので，q_n は消去できるはずと考えよう．$p_n+q_n=r_n$ である．

⇐ (1)の答えの組み合わせの2頂点は，どれも正方形の対角線の両端の2点である．

＊　　　　　＊

(**1**) (P, Q) は,
(B, D), (B, G), (D, B), (D, G),
(E, B), (E, D), (E, G)

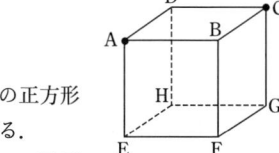

(**2**) (1)の 7 通りの頂点は，すべて各面の正方形の対角線の両端の 2 点であることに注意する．
P と Q が対角線の両端の 2 点から移動する（移動方法は $3^2 = 9$ 通り）とき，P と Q が異なる頂点に移動する場合は，必ず正方形の対角線の両端の 2 点に移され（よって，P と Q が異なる頂点に位置するのは，正方形の対角線の両端に限られる），このように移動する確率は $\dfrac{7}{9}$ である．したがって，$r_n = \left(\dfrac{7}{9}\right)^n$ ……①

⇦「P と Q が異なる頂点にいる」
⟺
「P と Q が対角線の両端にいる」
が成り立つ．
(1)により，対角線の両端から，対角線の両端に移動する確率は，
$\dfrac{7}{3^2} = \dfrac{7}{9}$
よって，「P と Q が異なる頂点」から「P と Q が異なる頂点」に移動する確率は $\dfrac{7}{9}$

(**3**) P と Q が異なる頂点にいて，「ともに上面，またはともに下面」のときを α，「一方が上面，他方が下面」のときを β と表す．

1° 時刻 n において α のとき．
たとえば (P, Q) = (A, C) の場合，時刻 $n+1$ に異なる頂点に移動するとき，

(A, C) ＜ (B, D), (D, B), (E, G) ……… α
　　　　(B, G), (D, G), (E, B), (E, D) … β

となり，他の場合も同様に α が 3 通り，β が 4 通り． ……⑦

2° 時刻 n において β のとき．
たとえば (P, Q) = (A, F) の場合，時刻 $n+1$ に異なる頂点に移動するとき，

(A, F) ＜ (D, B), (E, G) ……… α
　　　　(B, E), (B, G), (D, E), (D, G), (E, B) … β

となり，他の場合も同様に α が 2 通り，β が 5 通り．……④

よって，$p_{n+1} = \dfrac{3}{9}p_n + \dfrac{2}{9}q_n = \dfrac{1}{3}p_n + \dfrac{2}{9}q_n$ ……②

(**4**) $p_n + q_n = r_n$ と①により q_n を消去すると，②は
$$p_{n+1} = \dfrac{3}{9}p_n + \dfrac{2}{9}\left\{\left(\dfrac{7}{9}\right)^n - p_n\right\} = \dfrac{1}{9}p_n + \dfrac{2}{9}\left(\dfrac{7}{9}\right)^n$$
両辺を $\left(\dfrac{9}{7}\right)^{n+1}$ 倍して，$\left(\dfrac{9}{7}\right)^n p_n = x_n$ とおくと，
$$\left(\dfrac{9}{7}\right)^{n+1}p_{n+1} = \dfrac{1}{9}\cdot\dfrac{9}{7}\cdot\left(\dfrac{9}{7}\right)^n p_n + \dfrac{2}{9}\cdot\dfrac{9}{7}$$
$\therefore\ x_{n+1} = \dfrac{1}{7}x_n + \dfrac{2}{7}$ $\quad\therefore\ x_{n+1} - \dfrac{1}{3} = \dfrac{1}{7}\left(x_n - \dfrac{1}{3}\right)$

$p_0 = 1$ により $x_0 = 1$ であるから，
$$x_n - \dfrac{1}{3} = \left(\dfrac{1}{7}\right)^n \cdot \left(x_0 - \dfrac{1}{3}\right) = \dfrac{1}{7^n}\cdot\dfrac{2}{3} \quad \therefore\ x_n = \dfrac{1}{3} + \dfrac{2}{3}\cdot\dfrac{1}{7^n}$$

よって，$p_n = \left(\dfrac{7}{9}\right)^n x_n = \dfrac{1}{3}\left(\dfrac{7}{9}\right)^n + \dfrac{2}{3}\left(\dfrac{1}{9}\right)^n$

$q_n = ① - p_n = \dfrac{2}{3}\left(\dfrac{7}{9}\right)^n - \dfrac{2}{3}\left(\dfrac{1}{9}\right)^n$

$\therefore\ \dfrac{q_n}{p_n} = \dfrac{\dfrac{2}{3} - \dfrac{2}{3}\left(\dfrac{1}{7}\right)^n}{\dfrac{1}{3} + \dfrac{2}{3}\left(\dfrac{1}{7}\right)^n} \xrightarrow{n \to \infty} \mathbf{2}$

⇦ $p_{n+1} = ap_n + br^n$ の形の漸化式は，両辺を r^{n+1} で割ると，$z_{n+1} = cz_n + d$ の形の漸化式に直すことができる．

⇦ $x = \dfrac{1}{7}x + \dfrac{2}{7}$ を満たす $x\left(=\dfrac{1}{3}\right)$ を用いて変形（辺々引く）．

⇦ $p_n + q_n = r_n$

解説

【(4)で $p_n + q_n = r_n$ に気づかなかったら？】

$\{p_n\}$ と $\{q_n\}$ の連立漸化式を作るところだろう．
(3)の㋐，㋑により，

$$p_{n+1} = \frac{3}{9}p_n + \frac{2}{9}q_n, \quad q_{n+1} = \frac{4}{9}p_n + \frac{5}{9}q_n$$

$$\therefore \ p_{n+1} + \lambda q_{n+1} = \left(\frac{3}{9} + \frac{4}{9}\lambda\right)p_n + \left(\frac{2}{9} + \frac{5}{9}\lambda\right)q_n$$

ここで，$1 : \lambda = \left(\frac{3}{9} + \frac{4}{9}\lambda\right) : \left(\frac{2}{9} + \frac{5}{9}\lambda\right)$

を満たす λ を求める．$\lambda\left(\frac{3}{9} + \frac{4}{9}\lambda\right) = \frac{2}{9} + \frac{5}{9}\lambda$

$$\therefore \ 2\lambda^2 - \lambda - 1 = 0 \quad \therefore \ (\lambda - 1)(2\lambda + 1) = 0$$

$$\therefore \ \lambda = 1, \ -1/2$$

よって，$p_{n+1} + q_{n+1} = \frac{7}{9}(p_n + q_n)$

$$p_{n+1} - \frac{1}{2}q_{n+1} = \frac{1}{9}\left(p_n - \frac{1}{2}q_n\right)$$

と変形できる．これらと，$p_0 = 1$，$q_0 = 0$ により，

$$p_n + q_n = \left(\frac{7}{9}\right)^n, \quad p_n - \frac{1}{2}q_n = \left(\frac{1}{9}\right)^n$$

この2式から，p_n，q_n を求めればよい．

【(4)の結論】

立方体の面の正方形の対角線の両端の2点について，
・ともに上面，またはともに下面の場合は，
　(A, C), (B, D), (E, G), (F, H) の4通り
・一方が上面，他方が下面の場合は，
　(A, F), (A, H), (B, E), (B, G),
　(C, F), (C, H), (D, G), (D, E) の8通り

したがって，$\dfrac{q_n}{p_n}$ の極限が，$\dfrac{8}{4} = 2$ に収束することは，納得がいく結果である．

(坪田)

受験報告

▶大阪大学医学部医学科の受験報告です．当日の夜は2時過ぎまで眠れず，しかも6時半起きで，若干寝不足気味で試験に向かう．緊張を紛らわすためにかわいい子を探していたら，問題が配られた．試験開始(0分)．まず答案用紙を冊子から点線にそって切り離す作業．その後全体を見渡すと，①②は取り組みやすそう．③整数が2年連続かよ…．まあ確率よりはマシかと甘い考えを持つ．④座標を設定しないと分からないな．そして⑤．…確率もあるんかい！ ①から始めると，誘導に乗れて難なく1完(15分)．②に移ると，これも簡単．相加・相乗平均が使えて，2完(30分)．③は後回しで，⑤が慶應医の確率の類題くさいので⑤に行く．PQの位置関係が常に，ある面の対角だと気づけば簡単で3完(60分)．あれ？順調すぎないか…？ ③に移るも，方針が浮かばず④に逃げる．2球を式で表すと意外に簡単で積分計算も平易．4完(90分)．余は満足じゃ(笑)．③に移らず①，②，④，⑤の見直しをしていると②で計算ミスが発覚(110分)．③を再び考えると，通分した分子の $2m + 2n - mn$ が積を作る定石だと気づき，そこからは10分で仕上げる(125分)．その後全てを見直してフィニッシュ．速報によると，①○②○③○④○⑤○の会心の出来．難易予想は，①B** ②B** ③C*** ④B*** ⑤C***

(S台の阪大プレ数学で3割だった人)

▶10月号から急進的大数信者と化した現役生による**大阪大学理学部化学科前期**の受験報告です．①〜⑤までざっと見てみると，①定積分オンリー？ ②二次曲線に楕円とかめんどくさそう…③見たこともない不思議な形の整数問題，④一見ムズそうに見える球，⑤やさしそうな確率．①から取り掛かる(4分)．(1)手を動かすだけ．(2)どうせ(1)の誘導だろ，と代入(←ココで没)．いろいろ試すが出来ん．割り切り⑤へ(16分)．(1)易し杉．(2)(1)を利用で瞬殺．(3)誘導が分からんがひとまずやる(←3/9 約分忘れてた〜)．(4)ますます誘導の意味が分からんが，p_n と q_n の漸化式を出して，連立してつぶしきる．2度見直して④へgo(36分)．球は断面積でつぶすのがセオリー．ひとまず必要か否か分からんが球が接するか否かで場合分けして図を描く．場合分けいらんかったな(テンションdown)．円の断面から円を少し削ったものをくるくる回したものと気付く．後は手を動かすのみ．しかし体積がマイナスに…2回見直しても分からないので，①に戻る(50分)．$x = \log t$ と置き換えるも分からないので，③へ(60分)．テキトーに式変換するけど閃かない．一完しかしてないことに焦りを感じつつ④に(70分)．最初から見直すと，むちゃくちゃな座標設定に気付き，急いで書き直し，ようやく二完(85分)．①へ戻るもやはり分からず，逃げていた②へ(90分)．……帰りの受験速報で(←)に気付き，かなりがっくり．結果，①○× ②△(≒○) ③△(≒×) ④○ ⑤○○△(≒○)○ みたいな感じです．なんか去年より易化してる気がするし，物理大炎上したから，めっちゃ怖いです．

(弟にセンター数Ⅰ・Aで負けて散々馬鹿にされたダメな兄貴)

▶**大阪大学理学部**生物科学科——生命理学コースからの受験報告です．真っ先に全問題を一読して格付けを行う——結果①，②はしょぼそう，すぐに方針が立つ！(ヤッタ😊)．③，⑤は後でじっくり攻めよう．④これはマズイ，球を頭の中で転がしてるとますます気分が…ということで無難に①から始める(10分)．…(120分)．最後は⑤に全力投球．だが最後までP, Qの位置関係が分からずあきらめる(145分)．見直しをしていると何と①で計算ミス発見!! すぐ修正(149分)．そして終了(150分)．出来は①○②○③○④×⑤×((2)以降)で予定通り．でももうちょっと欲張っても良かったかな？ 難易度は①B②B③B④B⑤Cぐらいで様々な分野からの小問集合みたいで非常にバランスのとれたヘルシーなセットという印象でした．ここ数年は程好く易しいな〜♪

(物理をなめてて，見事に減却されたダメダメ理系ちゃん)

大阪府立大学・工学部（中期）

10年のセット
120分

① B*** BCⅢ/数列(漸化式), 行列, 極限
② C**** B/ベクトル(内積)
③ C**** A/場合の数
④ C**** Ⅲ/微分, 積分

次の問いに答えよ.

（1） a を正の定数とするとき, 関数 $f(x)=\log(x+\sqrt{a+x^2})$ の導関数 $f'(x)$ を求めよ.

（2） $t=\sqrt{3}\tan\theta$ とおくことにより, 定積分 $I=\displaystyle\int_0^1 \frac{dt}{\sqrt{(3+t^2)^3}}$ を求めよ.

（3） $0\leqq x\leqq 1$ であるすべての x に対して, 不等式

$$\int_0^x \frac{dt}{\sqrt{(3+t^2)^3}} \geqq k\int_0^x \frac{dt}{\sqrt{3+t^2}}$$

が成り立つための実数 k の範囲を求めよ. ただし, $\log 3 = 1.10$ とする. （10）

なぜこの1題か

今年は, 出題分野に偏りの少ない問題が並んだ. 大問数が5題から4題になったが, 質と量を考えると昨年並みと言えるだろう. 受験生の多い大学なので, ハイレベルの争いになっているに違いない.

具体的に見ると, 例年よりも微分や積分の計算は少なめではある. ただ, ①の小問の並びに行列や極限が含まれているので, やはり数ⅢCの範囲は多く出題される傾向がある. ①は押さえたい. ②のベクトルは斜交座標的な感覚が身についていないと厳しい.

また, 場合の数・確率は例年通り出題されている. 誘導・ヒントがついているが, (4)はヒントを使って解く方が考えにくい. (4)や(5)は↑$n-1$個, →$n-1$個,

↗1個の並び替えと考えれば一発なので不可解である. 以上の3題よりも, 今年は本学の重点分野の微積分④で差がついたのではないか. その④は, (1)や(2)でつまずかないようにしたい. 計算力があれば, 時間の節約にもなる. (3)は両辺の積分を計算する必要はないが, その計算をしてもそれに対し部分点はもらえると思われるので, 粘りたい.

微積分の計算力を身につけ, 微積分の典型問題への準備を周到に行った受験生に, 得点の傾く差の出る問題と言える. 合否も左右したことだろう.

【目標】 40分で完答が目標であるが, このセットの最後の問題でもあり, 時間の許す限り解ききり, 部分点として7割は確保しておくべきである.

解答

(1)と(2)を正しく求めないと, (3)の得点は覚束ない.

(3)は文字定数 k を分離して, $\dfrac{(左辺の積分)}{(右辺の積分)}\geqq k$ の左辺の最小値を考えるか, もしくは(左辺)−(右辺)を $g(x)$ とおいて $g(x)$ の増減を考える.

　　　　*　　　　　　*

（1） $f'(x)=\dfrac{(x+\sqrt{a+x^2})'}{x+\sqrt{a+x^2}}=\dfrac{1+\dfrac{2x}{2\sqrt{a+x^2}}}{x+\sqrt{a+x^2}}=\dfrac{\left(\dfrac{\sqrt{a+x^2}+x}{\sqrt{a+x^2}}\right)}{x+\sqrt{a+x^2}}$

$=\dfrac{1}{\sqrt{a+x^2}}$

⇦ 解説の別解. また, 微分するときは積分の形のまま実行する(積分してから微分するのは下手).

⇦ 合成関数の微分法より
$\{\log|g(x)|\}'=\dfrac{g'(x)}{g(x)}$
$\{(h(x))^{\frac{1}{2}}\}'=\dfrac{1}{2}(h(x))^{-\frac{1}{2}}h'(x)$

（2） $t=\sqrt{3}\tan\theta$ とおくと $dt=\sqrt{3}\times\dfrac{d\theta}{\cos^2\theta}$ であり,

t	0	$\cdots$	1
θ	0	↗	$\dfrac{\pi}{6}$

$I=\displaystyle\int_0^{\frac{\pi}{6}}\dfrac{1}{(\sqrt{3+3\tan^2\theta})^3}\cdot\dfrac{\sqrt{3}}{\cos^2\theta}d\theta=\int_0^{\frac{\pi}{6}}\dfrac{1}{3\sqrt{3}(1+\tan^2\theta)^{\frac{3}{2}}}\cdot\dfrac{\sqrt{3}}{\cos^2\theta}d\theta$

$=\displaystyle\int_0^{\frac{\pi}{6}}\dfrac{\cos^3\theta}{3\sqrt{3}}\cdot\dfrac{\sqrt{3}}{\cos^2\theta}d\theta=\int_0^{\frac{\pi}{6}}\dfrac{\cos\theta}{3}d\theta=\left[\dfrac{\sin\theta}{3}\right]_0^{\frac{\pi}{6}}=\dfrac{1}{6}$

⇦ $1+\tan^2\theta=\dfrac{1}{\cos^2\theta}$ より,
$\dfrac{1}{(1+\tan^2\theta)^{\frac{3}{2}}}=\cos^3\theta$

（3） $x=0$ のときは，任意の実数 k に対して成立．
$3+t^2>0$ により，被積分関数は正の値をとるので，$0<x\leq 1$ のとき両辺の積分値はともに正．よって，$\dfrac{(\text{左辺の積分})}{(\text{右辺の積分})} \geq k$ であり，

$$g(x) = \frac{(\text{左辺の積分})}{(\text{右辺の積分})} = \frac{\displaystyle\int_0^x \frac{dt}{(\sqrt{3+t^2})^3}}{\displaystyle\int_0^x \frac{dt}{\sqrt{3+t^2}}}$$

◁（2）で，積分区間が $[0,1]$ であるから，$g(x)$ の最小値が $g(1)$ であると見当がつく．

とおくと，$(g(x)$ の最小値$) \geq k$ となる k の範囲を求めればよい．

$$g'(x) = \frac{\dfrac{1}{(\sqrt{3+x^2})^3}\displaystyle\int_0^x \frac{dt}{\sqrt{3+t^2}} - \left\{\displaystyle\int_0^x \frac{dt}{(\sqrt{3+t^2})^3}\right\}\cdot \dfrac{1}{\sqrt{3+x^2}}}{\left(\displaystyle\int_0^x \frac{dt}{\sqrt{3+t^2}}\right)^2}$$

◁ 商の微分法
関数 u, v に対して，
$\left(\dfrac{u}{v}\right)' = \dfrac{u'v - uv'}{v^2}$
また，
$\dfrac{d}{dx}\displaystyle\int_0^x f(t)\,dt = f(x)$

$$= \frac{\displaystyle\int_0^x \frac{dt}{\sqrt{3+t^2}} - (3+x^2)\int_0^x \frac{dt}{(\sqrt{3+t^2})^3}}{(\sqrt{3+x^2})^3 \left(\displaystyle\int_0^x \frac{dt}{\sqrt{3+t^2}}\right)^2}$$

以下，$g'(x)<0$ を示す．$g'(x)$ の分母は正の値であるから，$g'(x)$ の分子を

$$h(x) = \int_0^x \frac{dt}{\sqrt{3+t^2}} - (3+x^2)\int_0^x \frac{dt}{(\sqrt{3+t^2})^3}$$

◁ $g(x)$ の増減を調べるために $g'(x)$ の符号を調べる．
分母は正の値であるから，分子の符号のみ調べればよい．

とおくと，$h(0)=0$．また，

$$h'(x) = \frac{1}{\sqrt{3+x^2}} - 2x\int_0^x \frac{dt}{(\sqrt{3+t^2})^3} - (3+x^2)\cdot \frac{1}{(\sqrt{3+x^2})^3}$$

$$= -2x \int_0^x \frac{dt}{(\sqrt{3+t^2})^3} < 0$$

よって，$0<x\leq 1$ で $h(x)<0$ となり $g'(x)<0$
結局，$0<x\leq 1$ で $g(x)$ の最小値は $g(1)$
（1），（2）より，

$$g(1) = \frac{\displaystyle\int_0^1 \frac{dt}{(\sqrt{3+t^2})^3}}{\displaystyle\int_0^1 \frac{dt}{\sqrt{3+t^2}}} = \frac{\dfrac{1}{6}}{\Big[\log(t+\sqrt{3+t^2})\Big]_0^1} = \frac{\dfrac{1}{6}}{\dfrac{1}{2}\log 3} = \frac{1}{3\log 3}$$

◁ $\log 3 - \log\sqrt{3} = \dfrac{1}{2}\log 3$

$$\therefore \quad k \leq \frac{1}{3\log 3}$$

◁ この解答例では，$\log 3 = 1.10$ は不要である．

解説

【（3）の別解】

解答では，「文字定数を分離する」定石に従った．
素直に，（左辺）－（右辺）を x の関数と見て，微分していく方針だと次のようになる．

別解 $g(x) = (\text{左辺}) - (\text{右辺})$

$$= \int_0^x \frac{dt}{\sqrt{(3+t^2)^3}} - k\int_0^x \frac{dt}{\sqrt{3+t^2}}$$

とおくと，

$$g'(x) = \frac{1}{\sqrt{(3+x^2)^3}} - k\frac{1}{\sqrt{3+x^2}}$$

$$= \frac{3+x^2}{\sqrt{(3+x^2)^3}}\left(\frac{1}{3+x^2} - k\right)$$

上式括弧内の符号変化を調べて，区間 $[0,1]$ で増減表を書き，$g(x) \geq 0$ （$0 \leq x \leq 1$）となる条件を考える．

180

($0≦x≦1$ のとき, $\dfrac{1}{4}≦\dfrac{1}{3+x^2}≦\dfrac{1}{3}$ であり, $\dfrac{1}{3+x^2}=k$ となる x は, $\sqrt{-3+\dfrac{1}{k}}$ であることに注意すると,)

(場合1) $k≦\dfrac{1}{4}$ のとき,

x	0	...	1
$g(x)$	0	↗	$g(1)$
$g'(x)$		+	

となり, $0≦x≦1$ で $g(x)≧g(0)=0$ が成り立つ.

(場合2) $\dfrac{1}{4}<k<\dfrac{1}{3}$ のとき,

x	0	...	$\sqrt{-3+\dfrac{1}{k}}$	...	1
$g(x)$	0	↗		↘	$g(1)$
$g'(x)$		+	0	−	

となり, $g(1)≧0$ となればよい.

(場合3) $k≧\dfrac{1}{3}$ のとき,

x	0	...	1
$g(x)$	0	↘	$g(1)$
$g'(x)$		−	

増減表から $0<x≦1$ のとき $g(x)<0$ となり不適.
(1), (2) より
$$g(1)=\int_0^1\dfrac{dt}{(\sqrt{3+t^2})^3}-k\int_0^1\dfrac{dt}{\sqrt{3+t^2}}$$
$$=\dfrac{1}{6}-k\Big[\log(t+\sqrt{3+t^2})\Big]_0^1=\dfrac{1}{6}-\dfrac{k}{2}\log 3$$

結局, (場合2) のとき, $g(1)≧0$ が条件で, $3\log 3 ≒ 3.30$ に気をつけて,
$$\dfrac{1}{4}<k≦\dfrac{1}{3\log 3}$$

(場合1) より, $k≦\dfrac{1}{4}$ のときも $g(x)≧0$ であるから,

(場合1, 2, 3) を合わせて, $k≦\dfrac{1}{3\log 3}$

⇨注 $k≦\dfrac{1}{4}$ ならば, 増減表より $g(1)>0$ なので, $g(1)=0$ となるのは $k>\dfrac{1}{4}$ のときである. つまり, $g(1)=0$ の解 $k=\dfrac{1}{3\log 3}$ は当然 $\dfrac{1}{4}$ より大きいので, 別解でも実は $3\log 3 ≒ 3.30$ を使う必要はない.
　出題者の意図は, 次のようなことだろうか.
$g(x)≧0$ ($0≦x≦1$) が成り立つためには, $g(1)≧0$ が必要. $g(1)=\dfrac{1}{6}-\dfrac{k}{2}\log 3≧0$ により, $k≦\dfrac{1}{3\log 3}$ となり, (場合3) は最初から考える必要はない.

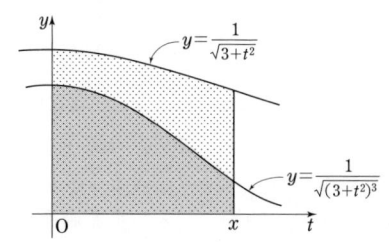

【$g(x)$ の最小値】

解答において,
$$\dfrac{\int_0^x\dfrac{dt}{(\sqrt{3+t^2})^3}}{\int_0^x\dfrac{dt}{\sqrt{3+t^2}}}=\dfrac{(網目部の面積)}{(打点部の面積)}$$

で, $y=\dfrac{1}{(\sqrt{3+t^2})^3}$ の方が $y=\dfrac{1}{\sqrt{3+t^2}}$ よりも減り方が大きいので, この面積比は x が大きいほど小さくなるのは感覚的に分かるだろう. このようにして, $g(x)$ が減少することを押さえておくと, 見通しがよいだろう.

【(3) の積分】

(3) で, 両辺の積分計算をすると, 右辺の積分について, (1) の結果から,
$$\int_0^x\dfrac{dt}{\sqrt{3+t^2}}=\Big[\log(t+\sqrt{3+t^2})\Big]_0^x$$
$$=\log(x+\sqrt{3+x^2})-\log\sqrt{3}$$

となる. 左辺については, $x=\sqrt{3}\tan\varphi$ $\left(0≦\varphi≦\dfrac{\pi}{6}\right)$ とおくと, (2) と同様にして,
$$\int_0^x\dfrac{dt}{(\sqrt{3+t^2})^3}=\Big[\dfrac{\sin\theta}{3}\Big]_0^\varphi=\dfrac{\sin\varphi}{3}$$

となる.

$\tan\varphi=\dfrac{x}{\sqrt{3}}$ により, φ は右図のような角であるから, $\sin\varphi=\dfrac{x}{\sqrt{3+x^2}}$

したがって, 与えられた不等式は, 次のようになる.
$$\dfrac{x}{3\sqrt{3+x^2}}≧k\{\log(x+\sqrt{3+x^2})-\log\sqrt{3}\}$$

微分して増減を調べる方針が見えているので計算上の得はない (積分してから微分するのはソン!!) が, 部分点は少しはもらえたと思われる (結果的に, 与式の積分の $x=1$ のときの値は必要になる. 右辺の積分は無駄ではない).

(宮西)

大阪府立大学・工学域（中期）

12年のセット
120分

① B*　　Ⅰ／数と式（整数）
② B**　　Ⅱ／座標，三角関数
③ B**○　ＡＢ／確率（確率漸化式）
④ C***　Ⅲ／微分
⑤ C***　Ⅲ／積分

表が出る確率が p，裏が出る確率が $1-p$ である1個のコインがある．ただし，p は $0<p<1$ である定数とする．このコインをくりかえし投げる試行を考える．n を2以上の自然数とし，Q_n を n 回目に初めて2回続けて表が出る確率とする．以下の問いに答えよ．ただし，計算の過程は記入しなくてよい．

（1）　Q_2, Q_3, Q_4 を p を用いて表せ．

（2）　1回目に表が出た場合と裏が出た場合に分けることによって，Q_{n+2} を Q_n, Q_{n+1} および p を用いて表せ．

（3）　$p=\dfrac{3}{7}$ のとき，一般項 Q_n を n を用いて表せ．　　　　　　　　　　　　　　　　　（12）

なぜこの1題か

　昨年と同様に，標準的な問題が多かった．行列の問題は無くなり，代わりに確率が復活し，大問数は5題となっている．受験生の多い大学であるから，高得点が必要になっただろう．例年通り，微積が多い．また，計算の過程を要求しない問題が増えたため，計算ミスに注意したい．

　各問を見てみると，①は整数問題．実は典型的な不定方程式の問題なので完答しておきたい．②の $|\overrightarrow{OP}|$ の最小値は，原点から線分 AB に下ろした垂線の足が最小を与えていることに気づけば早い．ただ，多くの受験生にとって，問題設定からこのことには気付きにくかったのではないか．最後の2題④と⑤は微積の問題で，やや難し目．時間配分と計算ミスに気を付けて，得点を上積みしていきたいところだ．

　さて，本問❸は配点も高く，答えのみの要求である．（配点は，②40点，①，❸，④，⑤各50点）

　正確に答まで到達したかどうかが，得点差につながる．分数が出てきてミスしやすい．(2)の漸化式を，勘違いなく立式することもポイントだ．2項間でなく，3項間なので経験が少ないと，まごつきやすいだろう．

　(3)は隣接3項間漸化式の特性方程式（2次方程式）が因数分解で解ける．(1)で Q_2, Q_3, Q_4 を計算してあるので，一般項から Q_4 まで検算する用心深さがあれば良いだろう．

　多くの受験生にとって，❸をミスなく押さえて差をつけられないようにするのが大切だろう．

【目標】　25分で完答が目標である．時間の許す限り検算をしよう．

解答

（1）　最後の2回が表であるから，その1つ前は裏が出る．

（2）　1回目が表なら2回目が裏となるので，残り n 回については確率 Q_n となる．1回目が裏なら，残り $n+1$ 回については確率 Q_{n+1} となる．

（3）　隣接3項間漸化式を解く際，公比が分数の等比数列が表れる．分数なので，計算ミスに気を付けたい．なお，解説で紹介するように処理する方法もある．

＊　　　　　　＊

　表が出るときを○，裏が出るときを×，どちらが出ても良いときを△で表す．また，○と×の n 個の順列で，n 回目に初めて○が2連続するものを A_n で表す．

○が2連続しない
⇔ A_n : ……………×○○

（1）　A_2：○○　　　　∴ $Q_2 = p^2$
　　　　A_3：×○○　　∴ $Q_3 = (1-p)p^2$
　　　　A_4：△×○○　∴ $Q_4 = (1-p)p^2$

182

（2） 1回目が○か×かで場合分けすると，A_{n+2} は次のいずれかである．

1°　○×$\underbrace{\boxed{A_n}}_{n\text{コ}}$ のとき，確率 $p(1-p)Q_n$ ◁1回目が○のとき2回目は×でないと2回で試行が終わってしまう．

2°　×$\underbrace{\boxed{A_{n+1}}}_{n+1\text{コ}}$ のとき，確率 $(1-p)Q_{n+1}$

1°と2°は，互いに排反なので，
$$Q_{n+2}=(1-p)Q_{n+1}+p(1-p)Q_n$$
（$Q_1=0$ とすると，$n=1$ のときも成り立つ）

（3） $p=\dfrac{3}{7}$ のとき，（2）の答えから $Q_{n+2}=\dfrac{4}{7}Q_{n+1}+\dfrac{12}{49}Q_n$．これは， ◁2次方程式 $t^2=\dfrac{4}{7}t+\dfrac{12}{49}$ の解を用いて変形する．
$$\left(t+\dfrac{2}{7}\right)\left(t-\dfrac{6}{7}\right)=0$$
により $t=-\dfrac{2}{7},\ \dfrac{6}{7}$．

$$\begin{cases} Q_{n+2}+\dfrac{2}{7}Q_{n+1}=\dfrac{6}{7}\left(Q_{n+1}+\dfrac{2}{7}Q_n\right) \\ Q_{n+2}-\dfrac{6}{7}Q_{n+1}=-\dfrac{2}{7}\left(Q_{n+1}-\dfrac{6}{7}Q_n\right) \end{cases}$$

隣接3項間漸化式の解法については，☞解説．

と変形できるから，
$$\begin{cases} Q_{n+1}+\dfrac{2}{7}Q_n=\left(Q_2+\dfrac{2}{7}Q_1\right)\left(\dfrac{6}{7}\right)^{n-1} \\ Q_{n+1}-\dfrac{6}{7}Q_n=\left(Q_2-\dfrac{6}{7}Q_1\right)\left(-\dfrac{2}{7}\right)^{n-1} \end{cases}$$

$Q_1=0,\ Q_2=p^2=\left(\dfrac{3}{7}\right)^2$ であるから， ◁（1）から．なお，
$$Q_3=Q_4=(1-p)p^2=\dfrac{4}{7}\left(\dfrac{3}{7}\right)^2=\dfrac{36}{343}$$

$$\begin{cases} Q_{n+1}+\dfrac{2}{7}Q_n=\left(\dfrac{3}{7}\right)^2\left(\dfrac{6}{7}\right)^{n-1} & \cdots\cdots① \\ Q_{n+1}-\dfrac{6}{7}Q_n=\left(\dfrac{3}{7}\right)^2\left(-\dfrac{2}{7}\right)^{n-1} & \cdots\cdots② \end{cases}$$

このとき，$Q_1=0$
$Q_2=\dfrac{9}{56}\cdot\dfrac{8}{7}=\dfrac{9}{7^2}=\left(\dfrac{3}{7}\right)^2$
$Q_3=\dfrac{9}{56}\cdot\dfrac{32}{49}=\dfrac{36}{343}$
$Q_4=\dfrac{9}{56}\cdot\dfrac{224}{343}=\dfrac{36}{343}$

$(①-②)\div\dfrac{8}{7}$ により
$$Q_n=\dfrac{7}{8}\left(\dfrac{3}{7}\right)^2\left\{\left(\dfrac{6}{7}\right)^{n-1}-\left(-\dfrac{2}{7}\right)^{n-1}\right\}$$
$$=\dfrac{9}{56}\left\{\left(\dfrac{6}{7}\right)^{n-1}-\left(-\dfrac{2}{7}\right)^{n-1}\right\}$$

◁となることをチェックしよう．

解　説

【（3）　隣接3項間漸化式】

$a_{n+2}+pa_{n+1}+qa_n=0,\ a_1=a,\ a_2=b$ の解法は，特性方程式と呼ばれる2次方程式 $t^2+pt+q=0$ を利用するのが有名である．この2解を $\alpha,\ \beta$ とおくと，解と係数の関係により，
$$p=-(\alpha+\beta),\ q=\alpha\beta$$
となる．この $\alpha,\ \beta$ を用いて，漸化式は
$$a_{n+2}-(\alpha+\beta)a_{n+1}+\alpha\beta a_n=0$$
と表せ，$a_{n+2}-\alpha a_{n+1}=\beta(a_{n+1}-\alpha a_n)$ と変形できることを用いる．このことから数列 $\{a_{n+1}-\alpha a_n\}$ が，初項 $a_2-\alpha a_1$，公比 β の等比数列だとわかる．よって
$$a_{n+1}-\alpha a_n=(a_2-\alpha a_1)\cdot\beta^{n-1}\ \cdots\cdots①$$
$\alpha\neq\beta$ なら，同様にして
$$a_{n+1}-\beta a_n=(a_2-\beta a_1)\cdot\alpha^{n-1}\ \cdots\cdots②$$

①-② より
$$(\beta-\alpha)a_n=(a_2-\alpha a_1)\cdot\beta^{n-1}-(a_2-\beta a_1)\cdot\alpha^{n-1}$$
$$\cdots\cdots③$$
を得て a_n を求めることが出来る．

⇨**注** ①を解いてもよい．隣接2項間漸化式
$a_{n+1}=\alpha a_n+(a_2-\alpha a_1)\cdot\beta^{n-1}$ を β^{n+1} で割ると，
$$\dfrac{a_{n+1}}{\beta^{n+1}}=\dfrac{\alpha}{\beta}\cdot\dfrac{a_n}{\beta^n}+\dfrac{a_2-\alpha a_1}{\beta^2}\ \text{となる．ここで，}$$
$b_n=\dfrac{a_n}{\beta^n}$ とおけば，$b_{n+1}=\dfrac{\alpha}{\beta}b_n+\dfrac{a_2-\alpha a_1}{\beta^2}$．
よって，$b_{n+1}=rb_n+s$ の形の隣接2項間漸化式を解いて b_n を求めて，$a_n=\beta^n\cdot b_n$ としてもよい．

*　　　　　　　　　*

また，特性方程式の2解が異なる数のときは，③から分かるように，

の形になる．本問は穴埋め形式だから，この事実を使い，
$$Q_n = A\left(\frac{6}{7}\right)^{n-1} + B\left(-\frac{2}{7}\right)^{n-1}$$
として $Q_1=0$, $Q_2=\frac{9}{49}$ から，A, B を求めてしまうほうがてっとり早いし，ミスもしにくいだろう．実行してみると，

$$\begin{cases} A+B=0 \\ \frac{6}{7}A - \frac{2}{7}B = \frac{9}{49} \end{cases} \quad \therefore \quad \begin{cases} B=-A \\ \frac{8}{7}A = \frac{9}{49} \end{cases}$$

これから，$A=\frac{9}{56}$，$B=-\frac{9}{56}$ となり，

$$Q_n = \frac{9}{56}\left\{\left(\frac{6}{7}\right)^{n-1} - \left(-\frac{2}{7}\right)^{n-1}\right\}$$

と容易に求まる．

【漸化式を立てる】

確率や場合の数の漸化式を立てるときは

最後または最初

の試行で場合分けするのが定石である．2項間になることが多いが，3項間になるケースもある．少し練習しておこう．

碁石を n 個一列に並べる並べ方のうち，黒石が先頭で白石どうしは隣り合わないような並べ方の総数を a_n とする．ここで，$a_1=1$, $a_2=2$ である．このとき $a_{10}=\boxed{}$ である．　　　（11年　早大・教）

解　黒石と白石の n 個の列で，先頭が黒石になり，白石どうしは隣り合わない並べ方を A_n で表す．A_{n+2} は，2個目が白か黒かで場合分けして，次のいずれかの場合である．

1°　黒白 | 黒 A_n | （n コ）のとき，a_n 通り．

2°　黒 | 黒 A_{n+1} | （$n+1$ コ）のとき，a_{n+1} 通り．

1°と2°の場合を合わせて，$a_{n+2} = a_n + a_{n+1}$

$a_3 = a_1 + a_2 = 1+2 = 3$, $a_4 = a_2 + a_3 = 2+3 = 5$

というように順次 a_n を求めていくと下表のようになる．

n	1	2	3	4	5	6	7	8	9	10
a_n	1	2	3	5	8	13	21	34	55	89

よって，$a_{10} = 89$．　　　　　　　　　　（宮西）

受験報告

▶**大阪府立大学工学域**の受験報告をします．午前中の理科で9割くらいとれ，昼休みに聞いた阪大の結果が合格だったのでうかれまくる．午前中に比べると教室の人数が明らかに少なくなっている．実際，前の人居なくなってるしって思っているとスタート（0分）．①完全数の問題．(2)(3)から(4)までの誘導の意味がわからないがとりあえず全部埋める（15分）．②しょっぱなから意味不明．ごちゃごちゃしてくる変数が多い，範囲もあるしってことでとばす（25分）．④にいく．(1)微分．(2)判別式．(3), (1)の微分した状態の式を展開せずに保って置き α, β を代入するとうまく消え，単調減少性を語り，中間値の定理より解意を示す（40分）．⑤(1)ふつうに積分．(2)置換してこれ以降この置換を使う．(3)偶奇で分けて(4)それを足す，確証は持てないが多分あってる（60分）．そして確率の問題❸へ．この問題は答えだけの評価なので慎重に確率漸化式を立てる．すると(3)で三項間の漸化式になっている!!!　四谷のS先生に感謝しながら一般解を使い $n=2,3$ の条件を代入するがうまくいかない，ちょっと焦るが単なる計算ミスだったので安心して答えを出す（85分）．のこりの35分を②に費やしましたが結局よくわからなかったので適当な答えを書く（120分）．気持ちとしては①△②×❸○○○④○○○⑤○○○○です．（大数ゼミと駿台市ヶ谷が大好きな四谷生）

▶**阪府大**中期を念のために受けてみました．①を見て整数問題だったのでいきなりギョッとしたものの，手をつけてみれば中学受験でも通用しそうなレベル．あまりにあっけなく完答してしまい，逆に不安になる（5分）．②は AB と OA' の直線の式を求めてから P の座標を出す．OP の分母を初め合成してみたが，上手くいかず微分し，更に問題文の不等式を $\tan\theta$ の不等式に変形すると今度はうまくいって完答（20分）．これもあまりに簡単すぎて更に不安になる．❸は(1)は瞬殺．だが(2)が全く意味がわからずとりあえずパス（30分）．④(1)は機械的に計算するだけ．(2)も $g(x)$ の判別式を解くだけ．しかし(3)で手が止まる．とりあえず $f''(\alpha)$ と $f''(\beta)$ の正負を調べてみる．中間値の定理に持ち込むのだろうと思うが，γ が唯一つであることをどう示すかわからずにしばらく悩むが，よく考えてみればそこまで問われていないことに気づき，答案をまとめる．勘違いから時間を大幅にロスしてしまった（60分）．⑤はかなり昔の東工大の過去問でも類題が出ている有名問題．定石通り積分区間を分割して絶対値を外して計算するだけで，これは類題をさんざん経験しているので手が止まることもなく完答（85分）．さっき飛ばした❸(2)へ戻る．とりあえず $n=5$ までについて全ての場合を書きだして考えていたらようやく意味がわかって解けた．(2)さえできれば(3)はただの数列の問題．出てきた結果に $n=2,3,4$ を代入して答えに確信を持つ（100分）．①で何かとんでもない勘違いをしているのではないかと心配になって時間いっぱい見直して終了．解答速報によると恐らく満点でしょう．今年の①は何だったのだろう．でも整数問題なので，問題文すら読まなかった人もいた筈で，今年の合否を分けた問題は①だと思うのですが，いかがなものでしょうか？

（受験オタクの親戚）

神戸大学・理系 （前期）

12年のセット
120分

① B** Ⅱ/座標（距離）
② B** C/行列（n乗）
③ B** Ⅲ/微積分（定積分で表された関数）
④ A** ⅡⅢ/対数関数，定積分
❺ B** CⅢ/パラメータ表示，積分（体積）

座標平面上の曲線 C を，媒介変数 $0 \leq t \leq 1$ を用いて $\begin{cases} x = 1 - t^2 \\ y = t - t^3 \end{cases}$ と定める．以下の問に答えよ．

（1） 曲線 C の概形を描け．
（2） 曲線 C と x 軸で囲まれた部分が，y 軸の周りに1回転してできる回転体の体積を求めよ．

(12)

なぜこの1題か

神戸大学は，標準的な良問を出題する大学である．高校の数学の到達度をはかるものとして適切な出題が多い．手も足もでない難問もなく，計算が面倒すぎることもあまりなく，分量的にも適当である．以前はあまり他でみかけないような特徴のある問題（例えば，05年度の第5問など）を1問出すことが多かったが，最近はそのような問題も少なくなった．07年度からはかなり易しくなり，計算量も減少したが，08年度から証明問題を出題するようになった．09年度はかなり難化したが，10年度は易化し以前の難易に戻った．さて今年度は昨年よりやや易しくなったようだが，ほぼ同様の難易度である．数Ⅲ，とくに「積分」が3問もあることが目をひく．「行列」は出題されたが，ベクトル・図形問題がなく，「確率」も昨年度に続いて出題されなかった．ⅢCで4/5もあるのは，理系の入試としては普通ではあるが，本学では近年なかったことである．また，「示せ」という問題は①(1)だけであり，すこし傾向が変ってきているのかもしれない．

今年度の問題について，もうすこし具体的にみていこう．①は座標平面の点と直線の問題であるが，これは計算でやると大変で失敗している受験生がほとんどである．今年度で一番できていない問題になった．はじめが難しかったので，ここでつまずいて調子がでなかった受験生もいるのではないだろうか．昨年度もそうだったが，第1問がやりやすいとは限らない．とりかかる問題の選択には注意した方がよさそうだ．②は行列の n 乗計算である．誘導にしたがって計算すればよいが，二項係数の和がでてきてこの計算がポイントになったかもしれない（08年前期5番，後期5番にもある）．誘導の方法以外にもいろんな方法が考えられるが，いずれにせよ，行列をきちんとやっていた受験生はできたはずの頻出問題である．③は数Ⅲで，誘導にのればなんでもないはずだが，あまりできていない．(2)は合成関数の微分がきちんとわかっているかを問うものであるが，まちがえている人がかなりいる．さらにそのあと(3)で誘導の意味がわからなかったり，微分して0になる関数は0であるとしてみたり，というミスがほとんどで，いずれにせよ微積分がきちんとわかっていないと思われる答案を書いてしまった人が大半のようだ．このような問題にきちんと答えられるような勉強をしてほしいというのが出題者の意図であろう．④はまたしても微分と積分の問題であるが，計算問題である．具体的だからだろうが，③よりはよくできている．

さて，❺はパラメータ表示曲線についての，y 軸周りの回転体の体積の問題である．神戸大学は07年前期4番にも同様の問題を出題しているので，やったことのある人がかなりいただろう．教科書レベルではないが，数Ⅲの受験勉強をきちんとした人には容易な問題であったはずである．練習さえしておけばできる，という意味でも学習効果が高く，これはきちんと理解しておきたい問題である．

【目標】 (1) 微分して増減表，そしてグラフを描き，10分もあれば十分だろう．
(2) 積分で表して，計算を実行し，15分程度でなんとかしたい．

解答

（1） t の関数 x, y をそれぞれ微分して増減を調べ，極値を求める．それらをあわせてグラフを描く．

（2）2曲線が囲む部分の y 軸まわりの回転体となる．右図のとき網目部を y 軸まわりに回転してできる立体の体積は
$$V=\int_a^b \{\pi f(y)^2-\pi g(y)^2\}\,dy$$
で計算できる．ここでいまの場合この公式の $f(y)$, $g(y)$ は具体的には y の式で表せないが，積分変数を t に戻せば $x=1-t^2$ になることに注意して，置換する．

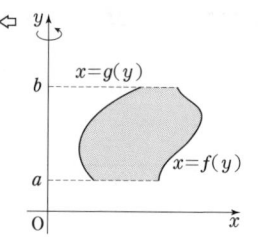

*　　　　　*

（1）$C:\begin{cases} x=1-t^2 \\ y=t-t^3 \end{cases}$ $(0\leq t\leq 1)$

において，

◁ t を消去してもできる ☞解説

$$\dfrac{dx}{dt}=-2t<0 \ (0<t\leq 1) \qquad \dfrac{dy}{dt}=1-3t^2\begin{cases} >0 \ \left(0\leq t<\dfrac{1}{\sqrt{3}}\right) \\ <0 \ \left(\dfrac{1}{\sqrt{3}}<t\leq 1\right) \end{cases}$$

したがって，x, y の増減は表のようになり，C の概形は図のようになる．

t	0	...	$\dfrac{1}{\sqrt{3}}$	...	1
x	1	↘	$\dfrac{2}{3}$	↘	0
y	0	↗	$\dfrac{2\sqrt{3}}{9}$	↘	0

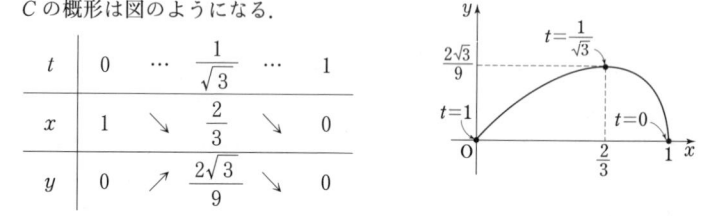

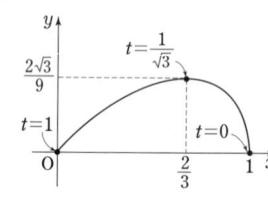

◁ $t\to +0$ のとき
$$\dfrac{dy}{dx}=\dfrac{\dfrac{dy}{dt}}{\dfrac{dx}{dt}}=\dfrac{1-3t^2}{-2t}\to -\infty$$
だから点 $(1,\ 0)$ での接線は x 軸に垂直になる．

（2）$\alpha=\dfrac{2\sqrt{3}}{9}$ とおく．C の $0\leq t\leq \dfrac{1}{\sqrt{3}}$ の部分を $x=x_1$ $(0\leq y\leq \alpha)$，$\dfrac{1}{\sqrt{3}}\leq t\leq 1$ の部分を $x=x_2$ $(0\leq y\leq \alpha)$ と表すと，求める体積は

◁ x_1, x_2 は y の関数であるが，具体的には求められないし，求める必要もない．

$$\int_0^\alpha \{\pi(x_1)^2-\pi(x_2)^2\}\,dy$$
$$=\pi\left(\int_0^{\frac{1}{\sqrt{3}}} x^2\dfrac{dy}{dt}\,dt-\int_1^{\frac{1}{\sqrt{3}}} x^2\dfrac{dy}{dt}\,dt\right)$$
$$=\pi\int_0^1 x^2\dfrac{dy}{dt}\,dt=\pi\int_0^1 (1-t^2)^2(1-3t^2)\,dt$$
$$=\pi\int_0^1 (1-5t^2+7t^4-3t^6)\,dt$$
$$=\pi\left(1-\dfrac{5}{3}+\dfrac{7}{5}-\dfrac{3}{7}\right)=\dfrac{\mathbf{32}}{\mathbf{105}}\boldsymbol{\pi}$$

◁ 積分変数を t に変更，すなわち $y=t-t^3$ と置換すると，x_1 も x_2 も元々の $x=1-t^2$ になる．
$$\int_0^{\frac{1}{\sqrt{3}}}-\int_1^{\frac{1}{\sqrt{3}}}=\int_0^{\frac{1}{\sqrt{3}}}+\int_{\frac{1}{\sqrt{3}}}^1=\int_0^1$$

◁ バウムクーヘン分割の公式を利用する方法もある ☞解説

解　説 （受験報告は p.230）

【パラメータを消去する】

$0\leq t\leq 1$ のとき $x=1-t^2$ から $t=\sqrt{1-x}$ となり，
$$y=(1-t^2)t=x\sqrt{1-x}$$
したがって，
$$f(x)=x\sqrt{1-x} \quad (0\leq x\leq 1)$$
とおくと，$C:y=f(x)$ とかける．これから

$$f'(x)=\sqrt{1-x}+x\cdot\dfrac{-1}{2\sqrt{1-x}}=\dfrac{2-3x}{2\sqrt{1-x}}$$

となり，$f(x)$ の増減は右の表のようになる．これからも C の概形が得られる．

x	0	...	$\dfrac{2}{3}$	...	1
$f'(x)$		+	0	−	
$f(x)$	0	↗		↘	1

【バウムクーヘン分割の公式】

t を消去して $C: y=f(x)$ としたとき，$0 \leq x \leq 1$ の範囲で C と x 軸の間にある部分を y 軸のまわりに回転してできる立体の体積 V を求めることになり，「バウムクーヘン分割の公式」（☞ p.197）が利用できる．このとき求める体積を V とおくと

$$V = \int_0^1 2\pi x f(x) dx$$

であるが，これを計算するには

$$V = 2\pi \int_0^1 x^2 \sqrt{1-x}\, dx$$

において，$\sqrt{1-x}=t$ とおく．すると

$$x=1-t^2 \quad \therefore \quad dx=-2t\,dt, \quad \begin{array}{c|c} x & 0 \to 1 \\ \hline t & 1 \to 0 \end{array}$$

だから

$$\begin{aligned}
V &= 2\pi \int_1^0 (1-t^2)^2 t(-2t)\,dt \\
&= 4\pi \int_0^1 (t^2 - 2t^4 + t^6)\,dt \\
&= 4\pi \left(\frac{1}{3} - \frac{2}{5} + \frac{1}{7} \right) \\
&= \frac{32}{105}\pi
\end{aligned}$$

上の計算では，置換して媒介変数 t にもどしていることになってしまうので，t を消去せずに，媒介変数表示から直接に積分変数を t に変更して

$$V = \int_0^1 2\pi x y\, dx$$

（y は x の関数とみたもので上の $f(x)$ のこと）

$$\begin{aligned}
&= \int_1^0 2\pi x y \frac{dx}{dt} dt \\
&= \int_1^0 2\pi (1-t^2)(t-t^3)(-2t)\,dt \\
&= 4\pi \int_0^1 (1-t^2)^2 t^2\, dt
\end{aligned}$$

として計算した方が効率はよいだろう．

グラフの概形を描くには t を消去するのはよい方法であるが，体積の計算では媒介変数のまま積分を計算する方がよい．

【3次曲線のグラフ】

t の範囲を $0 \leq t \leq 1$ に制限せずに全実数にしてみよう．
t を消去すると，$x=1-t^2$ により $t=\pm\sqrt{1-x}$ だから

$$y=(1-t^2)t=\pm x\sqrt{1-x} \quad \therefore \quad y=\pm f(x)$$
$$\therefore \quad y^2 = x^2 - x^3$$

$f(x)$ の増減は上で調べたので（$x<0$ で単調増加で $x \to -\infty$ のとき $f(x) \to -\infty$），右のような原点で自分自身と交わるグラフになる．この曲線もときどき入試に出題されるものの1つである．

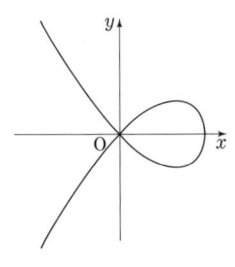

【類題】

本問と同様のタイプの問題は頻出問題の1つであり，毎年多くの大学で出題されているが，神戸大学では07年前期第4問に出題されていた．

> $\begin{cases} x = \sin t \\ y = \sin 2t \end{cases}$ $\left(0 \leq t \leq \dfrac{\pi}{2}\right)$ で表される曲線を C とおく．このとき，次の問に答えよ．
>
> (1) y を x の式で表せ．
> (2) x 軸と C で囲まれる図形 D の面積を求めよ．
> (3) D を y 軸のまわりに1回転させてできる回転体の体積を求めよ．

解 (1) $0 \leq t \leq \dfrac{\pi}{2}$ のとき，

$$\begin{aligned}
y &= 2\sin t \cos t = 2\sin t \sqrt{1-\sin^2 t} \\
&= \boldsymbol{2x\sqrt{1-x^2}} \quad (0 \leq x \leq 1)
\end{aligned}$$

(2) $x=\sin t,\ y=\sin 2t$ の増減は右表のようになるので，D の面積は

t	0	$\cdots$	$\dfrac{\pi}{4}$	$\cdots$	$\dfrac{\pi}{2}$
x	0	↗	$\dfrac{1}{\sqrt{2}}$	↗	1
y	0	↗	1	↘	0

$$\begin{aligned}
\int_0^1 y\,dx &= \int_0^{\frac{\pi}{2}} y \frac{dx}{dt} dt \\
&= \int_0^{\frac{\pi}{2}} \sin 2t \cos t\, dt \\
&= \int_0^{\frac{\pi}{2}} 2\sin t \cos^2 t\, dt = \left[-\frac{2}{3}\cos^3 t \right]_0^{\frac{\pi}{2}} = \boldsymbol{\dfrac{2}{3}}
\end{aligned}$$

(3) 求める体積は

$$\begin{aligned}
\int_0^1 2\pi x y\, dx &= \int_0^{\frac{\pi}{2}} 2\pi x y \frac{dx}{dt} dt \\
&= \int_0^{\frac{\pi}{2}} 2\pi \sin t \sin 2t \cos t\, dt \\
&= \pi \int_0^{\frac{\pi}{2}} \sin^2 2t\, dt = \pi \int_0^{\frac{\pi}{2}} \frac{1-\cos 4t}{2} dt \\
&= \frac{\pi}{2} \left[t - \frac{1}{4}\sin 4t \right]_0^{\frac{\pi}{2}} = \boldsymbol{\dfrac{\pi^2}{4}}
\end{aligned}$$

（米村）

神戸大学・理系 （前期）

11年のセット
120分

① B*** ⅡB／複素数, 三角関数, 数列
❷ B*** Ⅱ／座標（領域と最大・最小）
③ B*** Ⅲ／定積分（不等式）, 数列の極限
④ B** ⅠⅡ／整式の除法, 有理数・無理数
⑤ B** Ⅲ／微分法（不等式）

以下の問に答えよ．
（1） t を正の実数とするとき，$|x|+|y|=t$ の表す xy 平面上の図形を図示せよ．
（2） a を $a \geq 0$ をみたす実数とする．x, y が連立不等式
$$\begin{cases} ax+(2-a)y \geq 2 \\ y \geq 0 \end{cases}$$
をみたすとき，$|x|+|y|$ のとりうる値の最小値 m を，a を用いた式で表せ．
（3） a が $a \geq 0$ の範囲を動くとき，（2）で求めた m の最大値を求めよ． (11)

なぜこの1題か

神戸大学は，標準的な良問を出題する大学である．高校の数学の到達度をはかるものとして適切な出題が多い．手も足もでない難問もなく，計算が面倒すぎることもあまりなく，分量的にも適当である．以前はあまり他でみかけないような特徴のある問題（例えば，05年度の第5問など）を1問出すことが多かったが，最近はそのような問題も少なくなった．07年度からはかなり易しくなり，計算量も減少したが，08年度から証明問題を出題するようになった．09年度はかなり難化したが，10年度は易化し以前の難易に戻った．さて今年度は昨年と同様の難易度で，定番の数Ⅲは2問出題されたが，頻出の「確率」,「行列」が出題されなかった．かわりに「複素数」,「有理数・無理数」が出題されたため，特に難しくなったわけではないのだが，傾向が変って難しくなったと感じた受験生が多かったようだ．3年続けてベクトルがなく，今年も図形的な問題がなかった．不等式にかかわるものが3題あり，関数の扱いが多く，全体として非常に理系らしい出題である．

今年度の問題について，もうすこし具体的にみていこう．①は複素数の問題であるが，内容としては三角関数の加法定理と等比数列の和の公式である．誘導が適切に設定されているので，無理な問題ではないが，複素数を深く履修しない現行の課程ではちょっと難しかったようである．ただし，このような問題が今後も出題されるとは考えにくいので，あまり気にしなくてもよい．次の課程からこのような問題がまた復活するだろうが，出題者はやや先走りしてしまったのかもしれない．同じテーマを回転を表す行列の問題として出題すれば，もっと取り組みやすかっただろうと思われる．なお3つの小問すべてに「示せ」とあるが，論証問題（論理の展開が主なテーマの問題）ではなく，実質的には計算問題である．③は数Ⅲで，和を面積化することにより積分で評価し，はさみうちにより和の極限を求める頻出問題である．これはある程度数Ⅲを勉強してきた人にとっては見ただけで「しめた！」と思える問題である．このような問題を一見して「解ける」と思えるようになってほしい．④は有理数・無理数の問題であり，神戸大学らしい出題である．(2)は実質的には論証問題であるが，うまく誘導にのって完答したい．⑤は数Ⅲで，関数の増減の不等式への応用である．5問中，最もやりやすかっただろう．これは完答しなければならない．

さて，❷は数Ⅱの xy 平面の領域での関数の最大・最小の問題である．最小値を求めるべき関数に絶対値がついていること，さらに領域を定義する式に文字定数 a が含まれているところが，やや問題を複雑にしていて，場合分けが必要になる．このあたりがクリアできれば差をつけることができただろう．教科書レベルではあまり文字定数はでてこないが，入試ではごく普通にあらわれる．このような定数をあらわす文字が，教科書レベルと入試の gap の1つといえる．このような文字の扱いに慣れること，そしてそれらが普通の数のように扱えるようになることが，入試を突破するには必須であろう．

【目標】 (1) これは有名なので知っている人も多かっただろう．知らなくても対称性をうまく利用すれば簡単であり5分．
(2) a が含まれているので，色々と図を描いたりして場合分けをつかむのに時間がかかり20分．
(3) 2つの1次分数関数のグラフ（直角双曲線）を描くだけで5分．
　全部で30分くらいかけても完答を目指したい．

解　答

（1）　xy 平面で $|x|+|y|=1$ が正方形を表すことは知っているだろう．答だけでもよいが，記述の解答としては対称性に注意すると場合分けが減らせる．

（2）　まず，$|x|+|y|$ を t とおき（1）を利用して，xy 平面の図形の共有点条件へ．領域 $ax+(2-a)y\geqq 2$ は，傾き $\dfrac{a}{a-2}$ の直線を境界とする半平面であるが，ここで $a-2$ で割るので $a>2$，$a=2$，$a<2$ の場合分けをする．各場合に図を描くと，上の傾きと（1）の正方形の辺の傾きを比較することに気がつくはず．あとは t の最小値を求める．

（3）　（2）ができれば容易．分数関数のグラフを描くだけ．

＊　　　　　＊

（1）　$|x|+|y|=t$ ……………①
$x\geqq 0$，$y\geqq 0$ のとき，①は $x+y=t$（$t>0$）となり，点 $(t,0)$ と点 $(0,t)$ を結ぶ線分である．①の x 軸，y 軸に対する対称性から，①の表す図形は右図のような正方形の周である．

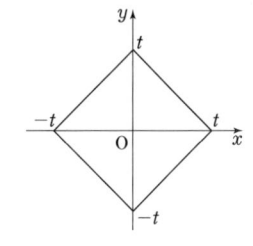

⇐①は，x を $-x$ あるいは y を $-y$ と置き換えても変化しないので，x 軸，y 軸に対称な図形．

（2）　$D:\begin{cases} ax+(2-a)y\geqq 2 &\cdots\cdots② \\ y\geqq 0 \end{cases}$

とおくと，領域 D と図形①が共有点をもつような t の値の最小値が m である．②は，$(a-2)(y-1)\leqq a(x-1)$ と書き換えられ，

・$0\leqq a<2$ のとき $y\geqq \dfrac{a}{a-2}(x-1)+1$

・$a=2$ のとき $x\geqq 1$

・$a>2$ のとき $y\leqq \dfrac{a}{a-2}(x-1)+1$

⇐②の境界 $ax+(2-a)y=2$ は，
　$a(x-y)+2(y-1)=0$
と変形でき，$x-y=y-1=0$ から定点 $(x,y)=(1,1)$ を通り，第1象限を通過する．また，②は原点を含まない□解説

⇐不等式なので $a-2$ の符号で場合を分ける．

①の第1象限の部分の傾き -1 と②の境界の傾きを比較して，場合を分ける．

（i）　$0\leqq a\leqq 1$ のとき，$-1\leqq \dfrac{a}{a-2}\leqq 0$ だから，D は下図のようになり，①が点 $\left(0,\dfrac{2}{2-a}\right)$ を通るとき，t は最小値 $\dfrac{2}{2-a}$ をとる．

$0<a\leqq 1$　　　　　$a=0$

⇐t を 0 から大きくしていくとき，はじめて正方形①が D と共有点をもつときに最小値をとる．②は $(1,1)$ を通る直線の原点を含まない側であるから，その共有点は $(0,t)$ か $(t,0)$ のいずれかで，どちらになるかで場合を分ける．また，傾きについて
「$0\leqq a<2$ かつ $\dfrac{a}{a-2}\geqq -1$」のとき，
　$a\leqq -(a-2)$　∴　$a\leqq 1$
に注意する．

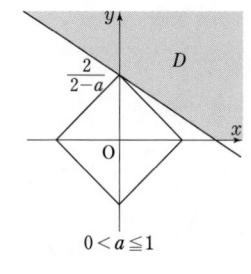

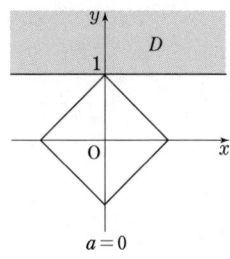

（ii）　$1<a$ のとき，$1<a<2$ なら $\dfrac{a}{a-2}<-1$，$2<a$ なら $\dfrac{a}{a-2}>1$ だから，D は下図のようになる．$a=2$ の場合も含めて，①が点 $\left(\dfrac{2}{a},0\right)$ を通るとき，t は最小値 $\dfrac{2}{a}$ をとる．

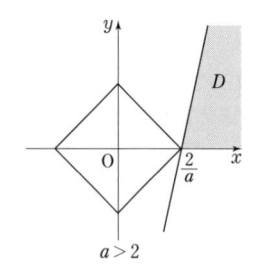

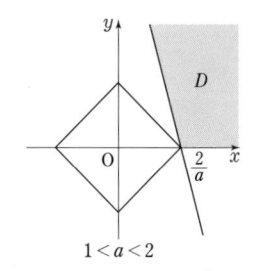

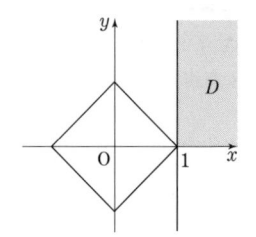

以上から，求める最小値は
$$m = \begin{cases} \dfrac{2}{2-a} & (0 \leq a \leq 1) \\ \dfrac{2}{a} & (1 \leq a) \end{cases}$$

⇦ $a=2$ のときは下図のようになる．

⇦ $a=1$ のとき $\dfrac{2}{2-a}$ と $\dfrac{2}{a}$ は同じ値 2 をとる．

（3） a の関数として，$\dfrac{2}{2-a}$ は $0 \leq a \leq 1$ では増加であり，$\dfrac{2}{a}$ は $1 \leq a$ では減少だから，m のグラフは右図のようになり，m は $a=1$ のとき最大値 2 をとる．

⇦ $0 \leq a \leq 1$ では $2-a$ は正で減少する．

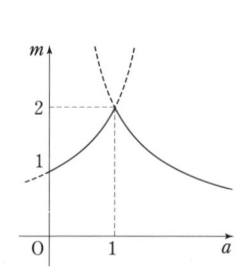

解説

【領域における2変数関数の値域】

（2）の解法は教科書にもあるので知っているだろうが，その理由を説明しておこう．

xy 平面の領域 D での関数 $f(x, y)$ の値域とは，すべての関数値の集合，つまり実数の部分集合
$$R = \{f(x, y) \mid (x, y) \in D\} \quad \cdots\cdots (*)$$
のことである．値域に最大数が含まれるとき，それを最大値といい，最小数が含まれるとき，それを最小値という（最大数や最小数が含まれないときは最大値や最小値は存在しない）．しかし，上の（*）の表現では値域を決定したことにはならず，実際に R がどんな集合であるか，例えば区間 $(0, 1]$ であるとか，を答えなければならない．そこで実数 k が関数値になる，つまり $k \in R$ を言い換える．すると，ある D の点での関数値に k が等しくなるのだから，
$$R = \{k \mid f(x, y) = k \text{ をみたす } (x, y) \in D \text{ がある}\}$$
となる．これで存在条件を求めることになったが（逆手流），さらにこれを図形的に言い換える．k を定数とみると方程式 $f(x, y) = k$ は xy 平面の図形を表すので，
$$R = \{k \mid \text{図形 } f(x, y) = k \text{ と領域 } D \text{ が共有点をもつ}\}$$
こうして値域を求めることが共有点条件に帰着される．もちろん，$f(x, y) = k$ や D がよくわからない図形ならばこの言い換えは有効ではなく，その場合は「まず1文字固定」などを考えることになる．なお，ここで「ある」

とか「もつ」は「少なくとも1組ある」，「少なくとも1つもつ」という意味である．

【直線の動き】

②の境界の直線 $l : ax + (2-a)y = 2$ は，$a \neq 2$ のとき $y = \dfrac{a}{a-2}x - \dfrac{2}{a-2}$ であり，このまま扱っても解けないことはないが，傍注で述べたように a に関係なく通る定点 A(1, 1) をみつけておくと，l がつねに第1象限を通ることがわかる．さらに②は $(x, y) = (0, 0)$ のときには成り立たないので，②は l の原点を含まない側である．これから l と①の第1象限の部分 $x + y = t\ (>0)$ の関係をみればよいことになる．また，$l : y = \dfrac{a}{a-2}(x-1) + 1$ だから傾き $b = \dfrac{a}{a-2}$ のとる値を調べれば l の動きも図形的にわかる．$b = 1 + \dfrac{2}{a-2}$ と変形すればグラフは次の図のようになる．

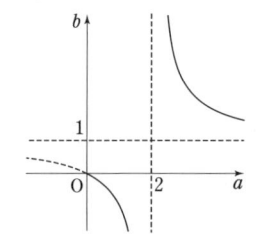

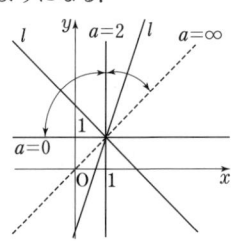

【端点に着目】

$a≧0$ のとき D の図をみれば，D と正方形①が共有点をもつのは，①の端点のうち点 $(t, 0)$ または点 $(0, t)$ が D に属するときだから

$$at≧2 \text{ または } (2-a)t≧2 \cdots\cdots(*)$$

のときである．D は原点を含まないので $t>0$ としてよい．したがって，t のとり得る値の範囲は，定数 $a≧0$ に対して，

(*)をみたす

ような $t>0$ の値の集合である．「$(*)$，$a≧0$，$t>0$」を at 平面に図示すると図のようになる．ここで，領域 $(2-a)t≧2$ は原点を含まないので，$(2-a)t=2$ つまり $t=\dfrac{2}{2-a}$ の原点を含まない方の領域である．各 a に対して t の最小値 m として求めると同じ答が得られる．

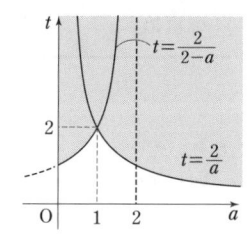

【類題】

本問と同様のタイプの問題は頻出問題の1つであり，毎年多くの大学で出題されているが，神戸大学では99年前期第4問に出題されていた．

> 連立不等式 $\dfrac{1}{x}+\dfrac{1}{y}≦\dfrac{1}{3}$，$x>3$，$y>3$ の表す領域を D とする．このとき次の各問に答えよ．
> (1) D を図示せよ．
> (2) D 内を (x, y) が動くとき $2x+y$ のとる値の最小値を求めよ．また，そのときの x, y の値を求めよ．

上にも説明したように，（2）では普通は $2x+y=k$ とおいて，この直線と D とが共有点をもつ条件に帰着させる．それでいいのだが，別の考え方として，ここでは y を消去して考えることにする（まず x を固定したともいえる）．

解 （1） $x>3$，$y>3$ だから，両辺に $3xy$ (>0) をかけて

$$3y+3x≦xy$$

$$\therefore\ y≧\dfrac{3x}{x-3}$$

$$\therefore\ y≧3+\dfrac{9}{x-3}\ (x>3)$$

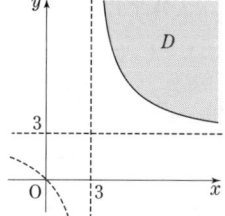

$$\cdots\cdots\text{①}$$

したがって，D は右図の網目部（境界を含む）のようになる．

（2） ①から，$x>3$ において

$$2x+y≧2x+3+\dfrac{9}{x-3}=2(x-3)+\dfrac{9}{x-3}+9$$

$$≧2\sqrt{2(x-3)\cdot\dfrac{9}{x-3}}+9=6\sqrt{2}+9$$

ここで，等号が成り立つのは

$$2(x-3)=\dfrac{9}{x-3}\quad \therefore\ x-3=\dfrac{3}{\sqrt{2}}$$

$$\therefore\ \boldsymbol{x=3+\dfrac{3}{2}\sqrt{2},\ y=3+3\sqrt{2}}$$

のときで，このとき $2x+y$ は最小値 $9+6\sqrt{2}$ をとる．

なお，相加平均と相乗平均の関係を利用したが，

$$z=2x+y=2x+\dfrac{3x}{x-3}\ (x>3)$$ を微分してその最小値を求めてもよい．

（米村）

受験報告

▶三浪生による**神戸大医学科**受験報告也．冊子配付，表も裏もすけている，①は奥ゆかしい i 登場．cos, sin とからむ旧課程を思わせる，遠慮なく目を凝らすに，(1), (2)は想像出来，(3)は詰まる．試験開始．押せば出来そうな(3)からかかる．(2)の式より z(略)$=0$ とし，$z=0$ は察しがつき，$\sin\dfrac{2\pi}{n}\ne 0$ により，$\cos\dfrac{2\pi}{n}-1+\sin\dfrac{2\pi}{n}\ne 0$ を言い，出来．(1)三行，(2)$k=1\sim n-1$ 部に(1)使い，$\sum_{k=1}^{n-1}\to\sum_{l=2}^{n}$ とし，$k=n$ 部は $l=1$ に当り，これは z．①終．次❷，嫌な気がする．

(1)故森毅サンが直線の式を二変数とみるもよいと言っていたことを思い出す．図形が目に浮かぶ（図1）（これは過，x, y を絞って図2）．$x=0$ の時 $y=\pm t$，$y=0$ の時 $x=\pm t$，与式の｜｜をはずすと必ず直線の式になるとだけ言い図1を描く．(2)正しく理解せず甲斐なくいじり，逃げる（35分）．③へ，(3)が詰甘いがハサミウッて log3（54分）．④へ，(3)で $a^2-2a+4=0$ を解き $a=1+\sqrt{5}$，X の式で満たすか調べようとし，次数下げすると Y の式が出て来て汗，可であることにして⑤へ．微分して示し，(2)は(1)の式から $(2n\log n)^n$ を作ろうとすれば出来（90分）．残りで全力❷なさむとす．直線による領域は常に原点を含まぬ所と思い至り，漸く題意つかみ，$ax+(2-a)y=2$ の x, y 切片を絶対値にした奴の小さい方が m と気づく．切片出し，a で場合分けて考えてゆき，理屈に不備あろうが，一往出来．(3)は簡単，分数関数のグラフ二つ描き小さい方を結び，$m(a)$ のグラフを得て，最大値も得る．全体を見直すうちに試験終了．二時間で一所懸命やるとなかなか楽しい問題達と思いました．難易度は❷が C 以外は B と予想．合否を分けた一題に載るのは❷と思う．

（Jarc Macobs）

191

神戸大学・理系（前期）

10年のセット　120分

① B**　Ⅲ/微分(極値)
② B**○　Ⅰ/整数(約数・倍数)
③ B***　Ⅲ/微積分(グラフ,面積)
④ B***　AB/確率(期待値)
⑤ B**○　CⅢ/1次変換,極限(級数)

N を自然数とする．赤いカード2枚と白いカード N 枚が入っている袋から無作為にカードを1枚ずつ取り出して並べていくゲームをする．2枚目の赤いカードが取り出された時点でゲームは終了する．赤いカードが最初に取り出されるまでに取り出された白いカードの枚数を X とし，ゲーム終了時までに取り出された白いカードの総数を Y とする．このとき，以下の問に答えよ．

（1）$n = 0, 1, \cdots, N$ に対して，$X = n$ となる確率 p_n を求めよ．

（2）X の期待値を求めよ．

（3）$n = 0, 1, \cdots, N$ に対して，$Y = n$ となる確率 q_n を求めよ． (10)

なぜこの1題か

　神戸大学は，標準的な良問を出題する大学である．高校の数学の到達度をはかるものとして適切な出題が多い．手も足もでない難問もなく，計算が面倒すぎることもあまりなく，分量的にも適当である．以前はあまり他でみかけないような特徴のある問題（例えば，05年度の第5問など）を1問出すことが多かったが，最近はそのような問題もなくなった．07年度からはかなり易しくなり，計算量も減少したが，08年度から証明問題を出題するようになった．09年度はかなり難化したが，一転して今年度は易化し，以前の難易度に戻ったといえる．ただし，今年は文字のでてくる問題が多く，そのため苦戦を強いられた受験生が多かったようだ．数Ⅲが2題，確率，整数の論証，さらに行列も出題されたが，3年続けてベクトルがなく，昨年度に続いて今年も図形的な問題がなかった．全体としてⅢCの比重が高く，非常に理系らしい出題である．

　今年度の問題について，もうすこし具体的にみていこう．①は数Ⅲの微分の問題である．極値をもたない条件は導関数の符号が変化しない（つねに0以上またはつねに0以下）ことから，文字定数の範囲を求める．導関数は $\sin x$ の2次式になることから，2次関数の値域の問題に帰着される．めずらしく誘導がないが，内容はシンプルなのでとれるはずである．②は近年の傾向である論証問題で，素数がテーマである．素数のどのような性質を使うのかは，問題文の「ただし書き」にあるので難問ではないが，素数が具体的でなく「素数 p」として表されているために，難しく感じた人がかなりいたようだ．③も数Ⅲで，2曲線のグラフを調べ，囲む部分の面積を求める問題である．積分がすこし面倒だが，これはきちんととりたい．⑤は行列（1次変換）の問題で，問題の1次変換が回転拡大であることに気がつけば簡単に処理できる．連立漸化式を解こうなどと考えたらどうしようもなくなるので，1次変換に慣れていない人はやりにくく感じたようだ．また，(1)ができなくても l_n の漸化式を導けば(2)(3)はできる．

　さて，❹は確率であるが，具体的な数値ではなく，個数に N がでてくるものである．文字がでてくると途端に難しく感じる人がいるが，数学とは本来そういうものであり，数字しかでてこないのは数学以前といえる．教科書レベルではあまり文字はでてこないが，入試ではごく普通にあらわれる．このような定数をあらわす文字が，教科書レベルと入試の gap の1つといえる．このような文字の扱いに慣れること，そしてそれらが普通の数のように扱えるようになることが，入試を突破するには必要であろう．さて，本問は全事象を何と考えるかにより，いくつか解法が考えられるが，できるだけ要領よく考えたい．日頃から確率では「何が等確率か？」という視点をもって問題にのぞむことが大切である．

【目標】（1）全事象を正しくとらえて10分．
（2）和の計算をするだけで10分．
（3）（1)と同様に考えて5分．全部で25分くらいで解答できれば申し分ない．

解　答

192

（1） 全事象は赤いカードの配置の仕方すべてであると考えられるので，組合せ $_nC_r$ を用いて表せる．
（2） （1）の結果を用いて，正直に期待値の和の計算をする．
$\sum\limits_{k=1}^{n} k^j$ （$j=1, 2$）の公式を利用する．
（3） （1）と同様に考える．

　　　　　　　＊　　　　　　　　　＊

（1） 2枚目の赤を引いたあともカードを引くことにすると，$N+2$ 枚のカードが並ぶ．このとき，1列に並んだ $N+2$ 個所のうち，赤いカードの場所の選び方 $_{N+2}C_2$ 通りが同様に確からしい（残りの場所には白いカードを並べる）．このうち $X=n$ となるのは

$$\underbrace{\square\cdots\square}_{n\text{個}}\bullet\underbrace{\square\cdots\bullet\cdots\square}_{1\text{個所に}\bullet}^{N-n+1\text{個}}\quad(\bullet:\text{赤いカード})$$

$n+1$ 枚目が赤で，他の赤いカードが $n+2$ 枚目以降の $N+2-(n+1)=N-n+1$ 個所のいずれかひとつにあるときだから，

$$p_n = \frac{_{N-n+1}C_1}{_{N+2}C_2} = \frac{2(N-n+1)}{(N+1)(N+2)}$$

⇦ 赤いカード2枚の配置のされ方すべてが同様に確からしく，これらが全事象と考えられる．すると「2枚目の赤いカードが取り出された時点で終了」というわけにはいかない．また，他の全事象の考え方については，⇨ 解説

（2） X の期待値は

$$\sum_{k=0}^{N} kp_k = \sum_{k=1}^{N} kp_k = \frac{2}{(N+1)(N+2)} \sum_{k=1}^{N} k(N-k+1)$$

$$= \frac{2}{(N+1)(N+2)} \sum_{k=1}^{N} \{(N+1)k - k^2\}$$

$$= \frac{2}{(N+1)(N+2)} \left\{(N+1) \cdot \frac{1}{2}N(N+1) - \frac{1}{6}N(N+1)(2N+1)\right\}$$

$$= \frac{2}{(N+1)(N+2)} \cdot \frac{1}{6}N(N+1)(N+2) = \frac{N}{3}$$

⇦ 期待値の計算では値が0の部分は加えなくてよい．

⇦ この答は当然の結果．⇨ 解説

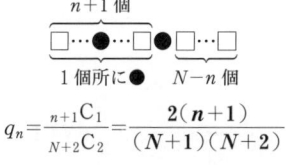

（3） $Y=n$ となるのは，赤いカードが1枚目から $n+1$ 枚目までのいずれか1個所に1枚，$n+2$ 枚目にもう1枚あるときだから，

$$\underbrace{\square\cdots\bullet\cdots\square}_{1\text{個所に}\bullet}^{n+1\text{個}}\bullet\underbrace{\square\cdots\square}_{N-n\text{個}}$$

$$q_n = \frac{_{n+1}C_1}{_{N+2}C_2} = \frac{2(n+1)}{(N+1)(N+2)}$$

⇦ （1）を利用する方法もある．⇨ 解説

解　説

【全事象を何と考えるか】

上の解答では，全事象を，赤いカードの配置のされ方のすべて $_{N+2}C_2$ 通りと考えたが，本問は「くじびき」の問題であり，原則「確率ではものはすべて区別する」に従うと，例えば（1）では，異なる $n+1$ 枚のカードを引く順列と考えられる．この考え方では次のようになる．

別解（1）$X=n$ となるのは，$n+1$ 枚カードを取り出すとき $n+1$ 回目にはじめて赤いカードが取り出されるときである．このときカードの取り出し方は全部で $_{N+2}P_{n+1}$ 通りあり，このうち n 枚連続して白いカードが出て，$n+1$ 回目に赤いカードが出るのは $_NP_n \cdot {_2}P_1$ 通りだから，

$$p_n = \frac{_NP_n \cdot {_2}P_1}{_{N+2}P_{n+1}} = \frac{N!}{(N-n)!} \cdot 2 \cdot \frac{(N-n+1)!}{(N+2)!}$$

$$= \frac{2(N-n+1)}{(N+1)(N+2)}$$

これは $n=0$ のときも成り立つ．

（2）（解答と同様なので省略）

（3） $Y=n$ となるのは，$n+2$ 枚のカードを取り出すとき $n+2$ 回目に 2 枚目の赤いカードを取り出すときである．このときカードの取り出し方は全部で ${}_{N+2}P_{n+2}$ 通りあり，このうち $n+1$ 枚目までに白いカード n 枚，赤いカードが 1 枚出るのは ${}_{N}P_n \cdot {}_{n+1}C_1 \cdot {}_{2}P_1$ 通りで，最後は残り 1 枚の赤いカードが出るときだから，

$$q_n = \frac{{}_N P_n \cdot {}_{n+1}C_1 \cdot {}_2 P_1}{{}_{N+2}P_{n+2}}$$
$$= \frac{N!}{(N-n)!} \cdot (n+1) \cdot 2 \cdot \frac{(N-n)!}{(N+2)!}$$
$$= \frac{2(n+1)}{(N+1)(N+2)}$$

これは $n=0$ のときも成り立つ．

【期待値】

期待値とは根元事象での値の平均のことである．そのため直観的に考えて納得のいく結果になることが少なくない．（2）でも，1 枚目の赤いカードが取り出されるまでに取り出される白いカードの枚数の平均は，N 枚の白いカードが赤いカード 2 枚で等分されることから，$\frac{N}{3}$ になるのは当然の結果であるといえる．

$$\underbrace{\square \cdots \square}_{N/3 \text{個}} ● \underbrace{\square \cdots \square}_{N/3 \text{個}} ● \underbrace{\square \cdots \square}_{N/3 \text{個}}$$

【逆向きの順列とみる】

左右 1 列の順列は左と右をいれかえて逆向きにみても同じである．したがって，（3）でカードの順番を逆にみると，$Y=n$ は後から $N-n+1$ 枚目がはじめて赤となるときだから，$X=N-n$ と同じことになり，（1）の結果で $n \to N-n$ とおきかえて

$$q_n = \frac{2(n+1)}{(N+1)(N+2)}$$

が得られる．

【類題】

本問と同様の問題は毎年のように出題されているが，今年度北大に次の問題（$N=100$ の場合）があった．

2 本の当たりくじを含む $N+2$ 本のくじを，1 回に 1 本ずつ，くじがなくなるまで引き続けることにする．ただし，$N+2$ は 3 の倍数であるとする．
（1）n 回目に 1 本目の当たりくじが出る確率を求めよ．

（2）A，B，C の 3 人が，A，B，C，A，B，C，A，… の順に，このくじ引きを行なうものとする．1 本目の当たりくじを A が引く確率を求めよ．B と C についても，1 本目の当たりくじを引く確率を求めよ． （類 10 北大・理系）

（1）の確率を $P(n)$ とおくと，本問と同様にして

$$P(n) = \frac{{}_{N+2-n}C_1}{{}_{N+2}C_2} = \frac{2(N-n+2)}{(N+1)(N+2)}$$

（本問の p_{n-1} と同じ：n 回目に 1 本目の当たり（赤）くじを引くには，それまでにはずれ（白）を $n-1$ 本引いている．$n+1$ 回目〜$N+2$ 回目に 2 本目の当たり（赤）くじが出る．）

（2）では，何回目にくじを引くかは
 A：1, 4, …, N （3 で割ると余り 1）
 B：2, 5, …, $N+1$ （3 で割ると余り 2）
 C：3, 6, …, $N+2$ （3 の倍数）

だから，それぞれが 1 本目の当たりくじを引く確率を P_A, P_B, P_C とおくと

$P_A = P(1) + P(4) + \cdots + P(N)$

$= \frac{2}{(N+1)(N+2)}\{(N+1)+(N-2)+\cdots+2\}$

[{ } 内を等差数列の和として計算する．$P(1)$，$P(4)$，…，$P(N)$ の項数は $\frac{N+2}{3}$]

$= \frac{2}{(N+1)(N+2)} \cdot \frac{1}{2}\{(N+1)+2\} \cdot \frac{N+2}{3}$

$= \frac{N+3}{3(N+1)}$

$P_B = P(2) + P(5) + \cdots + P(N+1)$

$= \frac{2}{(N+1)(N+2)}\{N+(N-3)+\cdots+1\}$

$= \frac{2}{(N+1)(N+2)} \cdot \frac{1}{2}(N+1) \cdot \frac{N+2}{3}$

$= \frac{1}{3}$

$P_C = P(3) + P(6) + \cdots + P(N+2)$

$= \frac{2}{(N+1)(N+2)}\{(N-1)+(N-4)+\cdots+0\}$

$= \frac{2}{(N+1)(N+2)} \cdot \frac{1}{2}\{(N-1)+0\} \cdot \frac{N+2}{3}$

$= \frac{N-1}{3(N+1)}$

（米村）

岡山大学・理系

12年のセット　120分

① B**　　C/楕円(接線)
② B**　　A/確率
③ B**○　Ⅲ/微積分(最小, 体積)
④ C***　 ⅢB/合成関数, 漸化式

---

a を正の定数とし，座標平面上の 2 曲線 $C_1 : y = e^{x^2}$, $C_2 : y = ax^2$ を考える．このとき以下の問いに答えよ．ただし必要ならば $\lim_{t \to +\infty} \dfrac{e^t}{t} = +\infty$ であることを用いてもよい．

（1）$t > 0$ の範囲で，関数 $f(t) = \dfrac{e^t}{t}$ の最小値を求めよ．

（2）2 曲線 C_1, C_2 の共有点の個数を求めよ．

（3）C_1, C_2 の共有点の個数が 2 のとき，これらの 2 曲線で囲まれた領域を y 軸のまわりに 1 回転させてできる立体の体積を求めよ．

（12）

なぜこの 1 題か

出題分野はここ数年ほぼ固定されていて，数Ⅲから 2 題，数Ｃから 1 題と場合の数・確率（1 題）である．数Ｃの 1 題は行列が続いていた（09 年から 11 年）が，今年は楕円であった．

内容面の特徴としては，数式主体の問題が多いことがあげられる．しかし，微積分の計算ばかり出るわけではないので，幅広く勉強しておく必要がある．なお，解答時間には余裕があるので，なるべく読みやすい答案を書くように心がけよう．

合格者の平均点（2 次試験の全科目合計）は，理学部で 6 割 5 分前後，医学部で 8 割であった．

①は 2 定点と楕円上を動く 1 点を頂点とする三角形の面積についての問題（最大値を求める）．接線のヒントがあるので解きやすい．

②は，座標平面上を点がタテヨコに動く問題．壁があるタイプなので間違えやすい．また，確率が無理数になるので，正解なのか不安になった受験生もいるだろう．

④は多項式を合成して作られる方程式についての問題（漸化式を作って解の個数を求める）．誘導に乗れれば解けるが，それでも難しく，できた人は少ないだろう．

③は(1)が(2)のヒント（置き換えと定数分離）になっている．(3)は y 軸についての回転体で，勉強した人なら解けるはずの問題である．本問が満点なら 3 完に近づける．また，医学部では落とせない．

【目標】 このセットであれば，30 分程度で完答なら申し分ない．

解答

（1）微分して増減を調べる．

（2）求めるものは $e^{x^2} = ax^2$ を満たす x の個数．$x^2 = t$ とおくと $e^t = at$ で，さらに定数 a を分離して $a = \dfrac{e^t}{t}$ とすれば（1）が使える．

（3）C_1, C_2 が接する場合である．C_1, C_2 とも y 軸に関して対称であることに注意する．ここでは，y 軸（回転軸）方向の積分で計算するが，バウムクーヘン分割を用いてもよい．

＊　　　　　＊

（1）$f'(t) = \dfrac{e^t \cdot t - e^t \cdot 1}{t^2} = \dfrac{e^t(t-1)}{t^2}$

であるから，増減は右表のようになる．

t	0	$\cdots$	1	$\cdots$
$f'(t)$		$-$	0	$+$
$f(t)$		↘		↗

求める最小値は
$$f(1) = e$$

195

（2）求めるものは $e^{x^2}=ax^2$ ……① を満たす x の個数で，$t=x^2$ とおくと①は $e^t=at$ ……②（$t\geqq 0$）である．

$t=0$ は②を満たさないから，②のとき $a=\dfrac{e^t}{t}=f(t)$ ………………③

$\lim_{t\to +0}f(t)=\infty$，$\lim_{t\to +\infty}f(t)=+\infty$ と（1）の増減表より $y=f(t)$ のグラフは右のようになる．よって，③を満たす t の個数は，

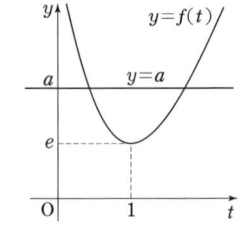

$0<a<e$ のとき 0，$a=e$ のとき 1，
$e<a$ のとき 2

である．$x=\pm\sqrt{t}$（$t>0$）だから，①を満たす x の個数は，

$0<a<e$ のとき 0，$a=e$ のとき 2，$e<a$ のとき 4

◁ $y=f(t)$ と $y=a$ の共有点の個数．

◁ t の値 1 つに対して x の値（共有点）は 2 つ．

（3）（2）より $a=e$ の場合である．このとき，③を満たす t は 1 だから，$C_1:y=e^{x^2}$ と $C_2:y=ex^2$ の共有点は $x=\pm 1$ の 2 点となる（右図）．C_1，C_2 はともに y 軸に関して対称であるから，題意の立体は，両者で囲まれた領域のうちの $x\geqq 0$ の部分の回転体に等しい．

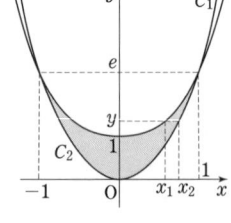

図のように x_1，x_2 をおくと，求める体積は

$$\int_0^e \pi x_2^2 dy - \int_1^e \pi x_1^2 dy \cdots\cdots\cdots\cdots ④$$

◁ C_1，C_2 の，y 座標が y の点の x 座標を x_1，x_2（ただし，ともに正）とする．x_1，x_2 は y の関数．

◁（C_2 の回転体）−（C_1 の回転体）

$y=e^{x_1^2}$ より $\log y = x_1^2$，$y=ex_2^2$ より $\dfrac{y}{e}=x_2^2$ となるので，

$$④ = \pi \int_0^e \dfrac{y}{e}dy - \pi \int_1^e \log y\, dy$$

$$= \dfrac{\pi}{e}\left[\dfrac{1}{2}y^2\right]_0^e - \pi\Big[y\log y - y\Big]_1^e$$

$$= \dfrac{\pi}{e}\cdot\dfrac{1}{2}e^2 - \pi\{(e\log e - e)-(-1)\}$$

$$= \dfrac{\pi e}{2} - \pi = \left(\dfrac{e}{2}-1\right)\pi$$

◁ $\int \log y\, dy = \int y' \log y\, dy$
$= y\log y - \int y\cdot\dfrac{1}{y}dy$
$= y\log y - y +$（定数）

解　説　（受験報告は p.137）

【C_1 と C_2 の交点について】

（2）で調べたように，C_1 と C_2 の共有点の個数は，解答（3）の図のように接するときを境にして 0 個，2 個，4 個となる．感覚的にも納得できるが，C_1，C_2 ともに下に凸なグラフになるので，「$a>e$ のとき，共有点は図から 4 個」のように，グラフ（図）を根拠とすることはできない（もっとも，本問の流れでこのような解答は書かないだろう）．

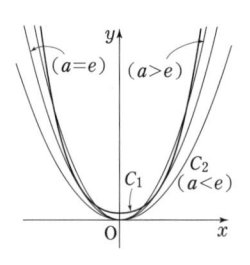

これについて少し説明しよう．

放物線と，2 本の線分からなる折れ線を考えてみる．すると，右のように 4 つの交点をもつ図が描ける．この例から（折れ線のかわりに，折れ線に近いなめらかな曲線を考えて）増加で下に凸な曲線が 2 つあるときに，それらの共有点は 2 個とは限らないということが理解できるだろう．

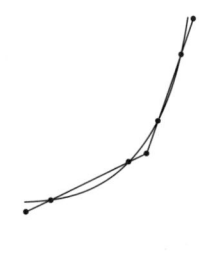

そこで，本問ではまず $x^2=t$ とおいて②：$e^t=at$ にする．この形であれば，右辺のグラフが直線になるので図

から共有点の個数を求めてもよい（接するときを境に 0 個，1 個，2 個となる）が，a を完全に分離して③の形にすると紛れの余地がないのでこのような誘導になっている（②は $y=e^t$ が下に凸であることを用いている．③にすれば増減のみ）．

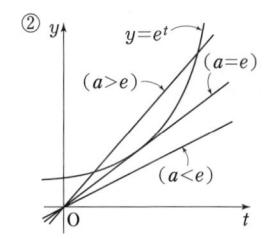

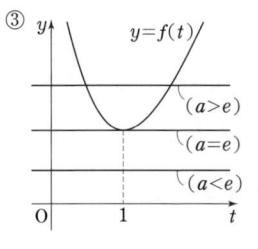

【$\lim_{t\to+\infty}\dfrac{e^t}{t}=+\infty$ の証明】

これは，例えば $e^x>x^2$ $(x>0)$ ……⑤ から示される．$g(x)=e^x-x^2$ とおくと，$g'(x)=e^x-2x$ であり，上の②の図から $e^x>2x$ $(2<e$ に注意$)$ となるので $g'(x)>0$．これと $g(0)=1$ から $g(x)>0$ $(x>0)$

⑤より $\dfrac{e^x}{x}>x$ が得られるので，$x\to+\infty$ として

$\lim_{x\to+\infty}\dfrac{e^x}{x}=+\infty$ となる．

【回転体の体積について】

x 軸を回転軸とする，右図網目部の回転体の体積は
$$\int_a^b \pi\{f(x)\}^2 dx$$
である．

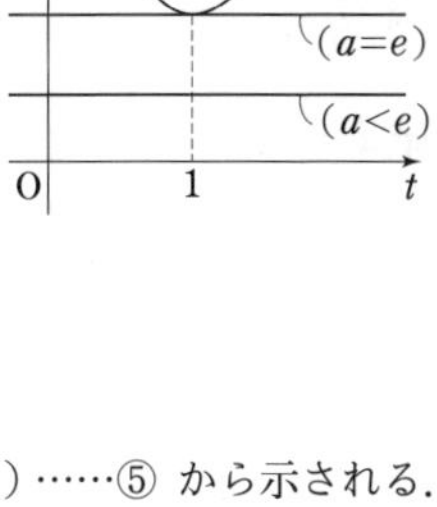

y 軸回転の場合も同様で，
$$\int_a^b \pi\{g(y)\}^2 dy$$
となるのであるが，この定積分で求めているのは，$y=a, y=b, x=g(y)(>0)$ で囲まれた部分（図の網目部）の回転体の体積であることに注意しよう．

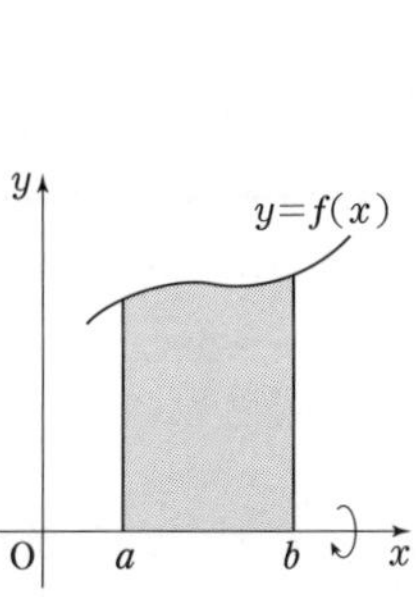

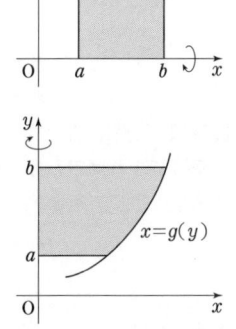

本問のように，$y=(x\text{の式})$ [つまり，y が x の関数] になっている場合は，これを $x=g(y)$ の形に書き直してから上の公式を使う．被積分関数が $\{g(y)\}^2=x^2$ であるから，

$x^2=(y\text{の簡単な式})$ となるときは
$$\int_a^b \pi x^2 dy\text{ を用いて計算する}$$

のがよいだろう．本問では，C_1, C_2 ともに x^2 がかたまりで出てくるので，
$$\int \pi\{g(y)\}^2 dy = \int \pi x^2 dy = \cdots$$
[以下，x^2 をそれぞれ y で表して計算] という方針に気づいてほしい．

x^2 を y で表すのが困難な，あるいは表すことができても積分計算がしにくいときは次のバウムクーヘン分割の公式（月刊誌での呼び方）を用いる．

> 右図の網目部を y 軸のまわりに 1 回転させてできる立体の体積は，
> $$\int_a^b 2\pi x f(x) dx$$

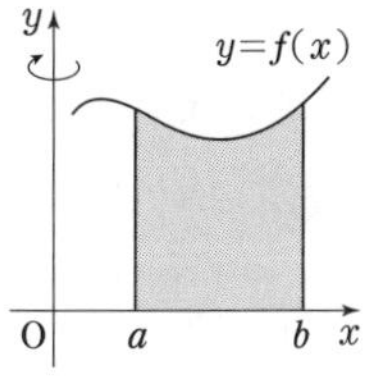

$x\sim x+\Delta x$ の部分の回転体は，半径が x と $x+\Delta x$ で高さが $f(x)$ の 2 つの円柱にはさまれた部分とみなすことができて，その体積は（底面積が $2\pi x\times\Delta x$，高さが $f(x)$ の柱体の体積，すなわち）$2\pi x f(x)\Delta x$ で近似できる．これをたし合わせて（積分して）上の式になる．

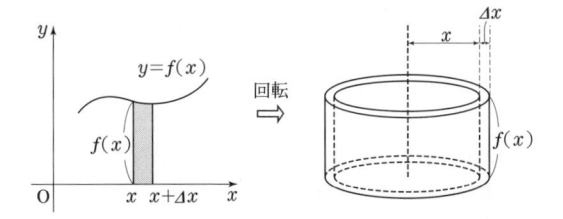

きちんとした証明ではないが，このように理解していればよいだろう．なお，底面積の $2\pi x\Delta x$ は，円周 $2\pi x\times$ 幅 Δx と考えている．

この公式を用いて，本問の(3)を解いてみよう．

上の $f(x)$ を
$$f(x)=(C_1-C_2)=e^{x^2}-ex^2$$
とすればよいので，求める体積は
$$\int_0^1 2\pi x(e^{x^2}-ex^2)dx$$
$$=\pi\int_0^1 2xe^{x^2}dx-2\pi e\int_0^1 x^3 dx$$
$$=\pi\left[e^{x^2}\right]_0^1 - 2\pi e\left[\dfrac{1}{4}x^4\right]_0^1$$
$$=\pi(e-1)-2\pi e\cdot\dfrac{1}{4}$$
$$=\dfrac{1}{2}\pi e-\pi=\left(\dfrac{e}{2}-1\right)\pi$$

（飯島）

広島大学・理系（前期）

11年のセット　150分

① B***　C/行列
② B***　ⅡⅠ/対数, 整数
③ B***　ⅡⅢ/三角関数, 積分法
④ C***　B/平面ベクトル
❺ B***　AB/確率, 数列(漸化式)

△ABC の頂点は反時計回りに A, B, C の順に並んでいるとする．点 A を出発した石が，次の規則で動くとする．

コインを投げて表が出たとき反時計回りに隣の頂点に移り，裏が出たときは動かない．

コインを投げて表と裏の出る確率はそれぞれ $\frac{1}{2}$ とする．

コインを n 回投げたとき，石が点 A, B, C にある確率をそれぞれ a_n, b_n, c_n とする．次の問いに答えよ．

(1) a_1, b_1, c_1 の値を求めよ．

(2) a_{n+1}, b_{n+1}, c_{n+1} を a_n, b_n, c_n で表せ．また，a_2, b_2, c_2 および a_3, b_3, c_3 の値を求めよ．

(3) a_n, b_n, c_n のうち2つの値が一致することを証明せよ．

(4) (3)において一致する値を p_n とする．p_n を n で表せ．　　　　(11)

なぜこの1題か

難易度・形式・分野とも目立った変化はなく，傾向に沿った出題と言える．頻出分野の行列・確率・整数は今年も出題されているが，それを知っていて少し力を入れて勉強していれば攻略できるということはなく，過去問研究の勝負ではなさそうである．

広島大の特徴として，標準問題が中心で小問が多いことがあげられる．しかし，証明などの解きにくい問題がところどころにあり，どの大問も簡単には完答できない．作戦としては，小問を解いて部分点を稼いでいくのがよいだろう．極端な難問はなく，スピード勝負というほどのボリュームもないので力の差が反映されやすいセットと言える．

合格者の平均点（2次試験の全科目合計）は，理学部で6割弱，医学部で8割弱であった．理学部はきっちり部分点を集められれば完答なしでもよいが，医学部は2題完答（＋部分点）が最低ラインと考えられる．

①②は，易しい小問と難しい小問がはっきりしているので差はつきにくい．

③は $\cos x$, $\sin x$ の2次式を $\cos 2x$, $\sin 2x$ に書き換える問題で，経験済みの人が多いだろう．

④の平面ベクトルは今年のセットでは解きやすそうに見えるが，うまくやらないと面倒な式が出てきて焦ることになる．

❺は，確率についての漸化式を作るところは類題が多いが，「2つの値が一致する」ことを示して「その値を求めよ」という流れの問題は珍しい．頻出分野ということもあり，これをとりあげたい．

【目標】(1)(2)は合わせて15分程度で解きたい．30分で完答できれば申し分ないが，他の問題で得点できれば後半は捨ててもよい．

解答

(1)は「1回目にコインの表が出た場合，裏が出た場合」と考えればよいが，(2)は「a_{n+1} について，$n+1$ 回後に石が A にあるのはどのような状況か？」と考える．

⇦ n 回後に C にあって表が出るか，n 回後に A にあって裏が出る．

(3)は，［(4)を見ると p_n を n で表せ，となっているので］具体的に求めずに示す．(2)の漸化式を用い，帰納法で示すと(4)を解く手がかりが得られる．(4)は p_n についての漸化式をまず作る．

＊　　　　＊

（1） 表が出た場合は石は B へ移り，裏が出た場合は A から動かないので，
$$a_1 = \frac{1}{2}, \quad b_1 = \frac{1}{2}, \quad c_1 = 0$$

（2） a_{n+1} は「$n+1$ 回後に石が A にある」確率であり，「　」となるのは

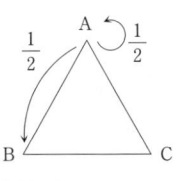

　　n 回後に石が C にあって，次にコインの表が出る場合

　または　n 回後に石が A にあって，次にコインの裏が出る場合

である．従って，$a_{n+1} = \dfrac{1}{2}(c_n + a_n)$ ……………①

同様に，$b_{n+1} = \dfrac{1}{2}(a_n + b_n)$ ……②，$c_{n+1} = \dfrac{1}{2}(b_n + c_n)$ …………③

これらと（1）より，

$$a_2 = \frac{1}{4}, \ b_2 = \frac{1}{2}, \ c_2 = \frac{1}{4}\,;\, a_3 = \frac{1}{4}, \ b_3 = \frac{3}{8}, \ c_3 = \frac{3}{8}$$

（3） n についての帰納法で示す．

・$n = 1$ のとき，$a_1 = b_1$ だから成り立つ．

・$n = k$ のときに成り立つとすると，

　　$a_k = b_k$ ………④，$b_k = c_k$ ………⑤，$c_k = a_k$ ………………⑥

のいずれかが成り立つ．

④のとき，①③より $a_{k+1} = c_{k+1}$ ……………………⑦

⑤のとき，①②より $a_{k+1} = b_{k+1}$

⑥のとき，②③より $b_{k+1} = c_{k+1}$

であるから $n = k+1$ のときも成り立つ．以上で示された．

（4） $p_1 = a_1 = b_1 = \dfrac{1}{2}$

$a_n = b_n = p_n$ のとき，$c_n = 1 - (a_n + b_n) = 1 - 2p_n$ であり，このとき⑦より $a_{n+1} = c_{n+1} = p_{n+1}$ だから，①より　　　　　　　　　　　　　　　　　　⇐ 石は A，B，C のいずれかにあるので $a_n + b_n + c_n = 1$

$$p_{n+1} = \frac{1}{2}\{(1-2p_n) + p_n\} \quad \therefore \quad p_{n+1} = -\frac{1}{2}p_n + \frac{1}{2} \ \cdots\cdots ⑧$$

⇐ $a_n = p_n$，$c_n = 1 - 2p_n$

これは，$b_n = c_n = p_n$，$c_n = a_n = p_n$ のときも成り立つ．

⑧のとき，$p_{n+1} - \dfrac{1}{3} = -\dfrac{1}{2}\left(p_n - \dfrac{1}{3}\right)$ であるから，$p_1 = \dfrac{1}{2}$ より

$$p_n = \left(-\frac{1}{2}\right)^{n-1}\left(p_1 - \frac{1}{3}\right) + \frac{1}{3} = \frac{1}{3} + \frac{1}{6}\left(-\frac{1}{2}\right)^{n-1}$$

$$= \frac{1}{3}\left\{1 - \left(-\frac{1}{2}\right)^n\right\}$$

解説

【a_n，b_n，c_n を p_n で表すと】

a_n，b_n，c_n を p_n で表してみよう．

（3）の過程から，p_n が $a_n \sim c_n$ のどれになるかがわかる．

$n = 1$ のとき，$a_1 = b_1 = p_1$，$c_1 = 1 - 2p_1$

$n = 2$ のとき，$a_2 = c_2 = p_2$，$b_2 = 1 - 2p_2$

$n = 3$ のとき，$b_3 = c_3 = p_3$，$a_3 = 1 - 2p_3$

$n = 4$ のとき，$a_4 = b_4 = p_4$，$c_4 = 1 - 2p_4$

　　　　　⋮

以下同様にして，n を 3 で割った余り r に応じて

$r = 1$ のとき，$a_n = b_n = p_n$，$c_n = 1 - 2p_n$

$r = 2$ のとき，$a_n = c_n = p_n$，$b_n = 1 - 2p_n$

$r = 0$ のとき，$b_n = c_n = p_n$，$a_n = 1 - 2p_n$

と表される（厳密には帰納法で示す）．従って，

$\{a_n\} = \{p_1, p_2, 1-2p_3, p_4, p_5, 1-2p_6, \cdots\}$

となる.

これを1つの式で表す (a_n を n と p_n で表す) ことは可能であるものの,例えば次のような式になって非常に複雑である.そのため,p_n を求めよという設問になっている.

$\omega = \dfrac{-1+\sqrt{3}i}{2}$ とする.このとき,

$$\omega^3 = 1, \quad \omega^2 + \omega + 1 = 0$$

$\begin{bmatrix} \omega^3 - 1 = 0 \iff (\omega-1)(\omega^2+\omega+1) = 0 \text{ の虚数解の 1} \\ \text{つが } \omega \end{bmatrix}$

である.次に,

$$s_n = \omega^n + \omega^{2n} + 1$$

とおくと,上で定めた r に対して

$$s_n = \begin{cases} 0 \ (r=1 \text{ または } r=2) \\ 3 \ (r=0) \end{cases}$$

となる($r=1, r=2$ のときは $s_n = \omega + \omega^2 + 1$,$r=0$ のときは $s_n = 1+1+1$).

この s_n を用いると,

$$a_n = \dfrac{1}{3} s_n + (1-s_n) p_n$$

と表される.なお,漸化式①②③を(1)の初期値のもとで解いても実質的に同じものしか得られない(著しく簡単な表現はない).

【類題】

本問のような漸化式を作る問題はときどき出題される.昨年の名古屋大の問題を紹介しよう.

> はじめに,Aが赤玉を1個,Bが白玉を1個,Cが青玉を1個持っている.表裏の出る確率がそれぞれ $\dfrac{1}{2}$ の硬貨を投げ,表が出ればAとBの玉を交換し,裏が出ればBとCの玉を交換する,という操作を考える.この操作を n 回($n=1, 2, 3, \cdots$)くり返した後にA,B,Cが赤玉を持っている確率をそれぞれ a_n, b_n, c_n とおく.
>
> (3) a_n, b_n, c_n を求めよ.
>
> (10 名古屋大・理系/(1)(2)省略)

赤玉だけが問題であるから,赤玉が動く確率を考える.右図(数値は確率で,例えばAが赤玉を持っていて次にBに移る確率は $1/2$)を用いて,まず漸化式を作ろう.

$$a_{n+1} = \dfrac{1}{2} a_n + \dfrac{1}{2} b_n \quad \cdots\cdots ①$$

$$b_{n+1} = \dfrac{1}{2} a_n + \dfrac{1}{2} c_n \quad \cdots\cdots ②$$

$$c_{n+1} = \dfrac{1}{2} b_n + \dfrac{1}{2} c_n \quad \cdots\cdots ③$$

確率漸化式を解くポイントは主に
- **対等性の活用**
- **全事象の和が1**($a_n + b_n + c_n = 1$ ……④)

の2つである.この問題では,②と④を用いると

$$b_{n+1} = \dfrac{1}{2}(a_n + c_n) = \dfrac{1}{2}(1 - b_n)$$

となって b_n が求められる.①~④において a_n と c_n は対等である(ただし,最初にAが赤玉を持っているので $a_n = c_n$ ではない)から a_n と c_n を組にしよう,と考えるとこの方針が浮かびやすい.

$b_1 = \dfrac{1}{2}$ を用いて b_n を求めると,

$$b_n = \dfrac{1}{3}\left\{1 - \left(-\dfrac{1}{2}\right)^n\right\} \quad \cdots\cdots ⑤$$

となる(計算は略).

これを①に代入して a_n を求めることもできるが,ここでも a_n と c_n の対等性を意識するとよい.対等なときは足したり引いたりするとうまくいくことが多く,この場合は $a_n + c_n$($= 1 - b_n$)が既に n で表されているので①-③を作ってみると,

$$a_{n+1} - c_{n+1} = \dfrac{1}{2}(a_n - c_n)$$

$a_1 = \dfrac{1}{2}, c_1 = 0$ とから,

$$a_n - c_n = \left(\dfrac{1}{2}\right)^{n-1}(a_1 - c_1) = \left(\dfrac{1}{2}\right)^n$$

これと,④⑤から得られる

$$a_n + c_n = \dfrac{2}{3} + \dfrac{1}{3}\left(-\dfrac{1}{2}\right)^n$$

を用いて,

$$a_n = \dfrac{1}{3} + \dfrac{1}{6}\left(-\dfrac{1}{2}\right)^n + \left(\dfrac{1}{2}\right)^{n+1}$$

$$c_n = \dfrac{1}{3} + \dfrac{1}{6}\left(-\dfrac{1}{2}\right)^n - \left(\dfrac{1}{2}\right)^{n+1}$$

【広島大と名古屋大を比較すると】

似たような漸化式になるが,$a_n \sim c_n$ を n で表した形は大きく違う.この違いは対等性にある.名古屋大の方は一度AとCを同一視すると右のように簡略化した図を書くこ

とができ，実質的に 2 人の間を赤玉が行き来する問題となる．

一方，広島大では，A，B，C が対等であるため，上のような簡略化はできず，3 つのものの間を石が巡る問題となる．そのため漸化式を解いた結果が簡単にならないのである．そこで，簡略化を

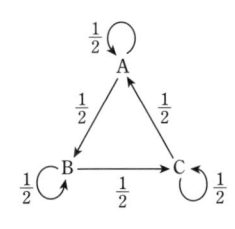

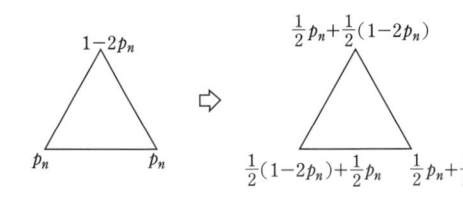

というように工夫している．右側の図の一致する値に着目すると，漸化式 $p_{n+1} = \frac{1}{2}p_n + \frac{1}{2}(1-2p_n)$ が得られる（一致しない値に着目してもよく，$1-2p_{n+1} = \frac{1}{2}p_n + \frac{1}{2}p_n$ なので同じ漸化式になる）．

なお，名古屋大では a_n などの式に $(-1)^n$ が出てきて，広島大では ω^n が出てくるが，

$\{(-1)^n\} = \{-1, 1, -1, 1, \cdots\}$ 　周期 2

$\{\omega^n\} = \{\omega, \omega^2, 1, \omega, \omega^2, 1, \cdots\}$ 　周期 3

という意味で上のことと関連がある．

（飯島）

受験報告

▶広島大学薬学部の受験報告です．教室に入ると人が多く，改めて倍率が去年より上がっていることを認識．心拍数が…．問題が配られる．透かし読みをし，①が一次変換であることを確認．去年に続きまた来たかと思っていると試験開始．とりあえず一度ざっと問題を見渡す．①普通の一次変換かな？　②なんてことだ，整数じゃないか！　しかも対数…己の準備不足を呪う．③三角関数…センター以来だ…お久しぶりです．④ベクトル来た！計画通り（ニヤッ）．⑤確率漸化式かぁ，多分大丈夫．普通に①から解き始める（5 分）．(1)はただの計算問題．(2)典型問題．(3)条件を求めよ？　なんぞこれ．なんかあがいても出来ないので途中まで書いて放置（25 分）．恐る恐る②へ．(1)背理法を使い一瞬．(2)コレも背理法なの？っと思うがペンが進まない．方針だけ書いて放置．(3)もはや触れず（50 分）．やばい…1 完もしてねぇじゃねえか!!　③へ．(1)ぐちゃぐちゃ式変形するとそれっぽい，あくまでも「っぽい」答えが出る．(2)(1)あんま関係なくねーか？と思いつつも「っぽい」答えが出る．(3)身構えていたのにあっさり計算できて拍子抜けするも，とりあえず 1 完．一応検算する（90 分）．思ったより時間がかかり焦る．④へ．(1)外分の公式がおぼろだったので，普通に解く．(2)(1)で出た値を駆使しながらなんとか証明．(3)…分からん（110 分）．ここでしばらく自分が書いた図形とにらめっこ開始．ふと ∠BQC が直角であることに気づく．テンション MAX に．あやしい答えになったが出来た!!　(4)(3)を利用．ようやく 2 完（130 分）．やばい！時間が…．⑤へ．(1)瞬殺．(2)図を描いて瞬殺．(3)これは…？帰納法しか思いつかん…．何とか書き上げる．(4)最初題意が掴めなかったが，何とか「っぽい」答えが出る（145 分）．残り時間は受験番号などを確認し試験終了（150 分）．その後，理科は化学の選択問題と生物の大問 2 で死を見る．英語も分量大幅増加＆難化．ゾンビのようになりながら帰宅．

翌朝，恐怖の解答速報によると大体
①○○△②○△（≒×）×③○○○
④○○○○（≒△）（←記述が微妙）
⑤○○○○（≒△）（←記述が微妙）

で 7 割弱くらいか？　後期の勉強は手につかず遊びまわる．3 月 8 日，ネットを見るとなぜか合格．やったー！　英語が時間内に終わったおかげか？　その他様々な謎を残したまま受験生ライフが幕を閉じた．（本番に弱いことに本気で気づいたオロカモノなナマケモノ）

○11 名古屋大学・理系 （解説は p.142）

▶名古屋大学（理系）の受験報告．さて❶長方形の回転，もうニヤニヤしていた．今年は楽そうだ．なにかの引っ掛けか猜疑心は尽きない．十五分かかり次へ．(2)今度は軸が違うだけで同じだろと思う．しかし様子がおかしい．もう一回回転させるようだ．近年の東大理科数学を彷彿とさせた．まあ蓋を開けてみればただのドーナツの場合わけでしかない（35 分）．❷確率．さて(1)いやはや結構めんどい．次，n 回の一般論．しかしなんてことはない．(3)ここで(2)の過ちに気づいた．同じカードの時を引いていない．最悪．落ちるとこだった．それでも一般項に $n=2, 3$ を入れてあっていることを確認して一安心．二完答（60 分）．❸領域．(1)も過去問で見たことがある．a で場合わけ．(2)…悪夢の始まりだった．軌跡はすぐにもとまったがつながらない．ここで一時間の消耗．とりあえず幾何で解こうとしていたが．❹整数論，30 分しか余っていない．今日新幹線，鬱だわ，勝利を確信できない．明日から日々の仕事が待っている．ルンルン気分ではできないようだ．ベストを尽くす，心に刻んだ．(1)どう考えても 4 しか答えがない．正直，焦るが 4 しかない．(2)タイムプレッシャーで頭が回らない．試験終了，解答集めているときに，(3)(2)ミスが発覚．もう落ちたか，そう思った．③④どちらか捌いてたら，合格だったろう．悔やまれる．はぁ．帰り名古屋駅のツインタワーを拝む．後期準備しよう．結果は
❶○○　❷○○○　❸○×　❹○×
（気持ち 62.5%）．　（3 月 1 日 at 小倉）

201

広島大学・理系（前期）

10年のセット
150分

① B*** ＣBⅡ/1次変換,内積,三角関数
② B** Ⅱ/方程式,微分法
③ B*** Ⅲ/微積分総合
④ B**○ A/確率
❺ C*** ⅠB/整数(剰余),数列(和)

4で割ると余りが1である自然数全体の集合を A とする．すなわち，$A = \{4k+1 \mid k$ は0以上の整数$\}$ とする．次の問いに答えよ．

（1）x および y が A に属するならば，その積 xy も A に属することを証明せよ．

（2）0以上の偶数 m に対して，3^m は A に属することを証明せよ．

（3）m，n を0以上の整数とする．$m+n$ が偶数ならば $3^m 7^n$ は A に属し，$m+n$ が奇数ならば $3^m 7^n$ は A に属さないことを証明せよ．

（4）m，n を0以上の整数とする．$3^{2m+1} 7^{2n+1}$ の正の約数のうち A に属する数全体の和を m と n を用いて表せ．

(10)

なぜこの1題か

昨年よりやや易化した．時間も余裕があるので全問に手をつけることができるだろう．医学部は高得点の争いになったはずである．

広島大の特徴として，小問が多いことがあげられる．完答できなくとも小問を解いて部分点を稼ぐという方針で臨みたい．

①の行列（1次変換は用語だけ）は，今年は計算主体である（昨年・一昨年は真偽を答えるものであった）．(2)の n 乗計算（ノーヒント）がメインで，3乗して E になることに気付くかどうかがポイント．

②は風変わりではあるものの難しくはない．できている受験生が多いだろう．

③は典型題で「1対1対応の演習/数Ⅲ」(p.78)にほぼ同じ問題が載っている．少し時間をかけてでも計算を合わせたい．

④の確率は見落としや勘違いをしやすいが，「確率の和が1」を確認すれば防げる．

❺の整数は広島大では頻出．誘導が親切であるもののこのセットでは考えさせられる問題である．

差がつきやすいのは①④❺であろう．いずれも頻出分野であるが，整数の難問が出題されやすい傾向をふまえ，❺をとりあげる．

【目標】(2)までは解いておきたい．30分程度で完答できれば申し分ない．

解 答

（1）$x = 4k+1$，$y = 4l+1$ とおいて計算する．

（2）$3^2 = 9$ が A に属することと(1)を用いる．

（3）7を4で割った余りは3だから

$(3^m 7^n$ を4で割った余り$) = (3^m 3^n$ を4で割った余り$)$

となる（解説参照）．これは 3^{m+n} を4で割った余りだが，$m+n$ が偶数のときは(2)の結果が使える．

⇦ よって 7^n を4で割った余りは 3^n を4で割った余りに等しい．

（4）(3)より，$3^r 7^s$（$r+s$ が偶数）の和になる．$r+s$ が偶数なので「r，s ともに偶数」か「r，s ともに奇数」である．約数に制限がないときの総和の計算は

$(3^0 + 3^1 + 3^2 + \cdots + 3^{2m+1}) \times (7^0 + 7^1 + 7^2 + \cdots + 7^{2n+1})$

とできるのでこれを参考にする．

⇦ 展開するとすべての約数が1つずつあらわれる．

＊　　　　　　　＊

（1）$x = 4k+1$，$y = 4l+1$（k，l は0以上の整数）とおくと，$xy = 4(4kl+k+l)+1$ であり $4kl+k+l \geq 0$ だから xy は A に属する．

（2） $m=2m'$（m' は 0 以上の整数）とおくと，$3^m=3^{2m'}=(3^2)^{m'}=9^{m'}$ である．9 が A に属することと(1)から，$m'\geqq 1$ のときは $9^{m'}$ は A に属する．$m'=0$ のときは $3^0=1$ なので A に属する．

◁厳密には帰納法（(1)で $x=9^{m'}$，$y=9$ として $m'\Rightarrow m'+1$ を示す）だが答案はこれでよいだろう．

（3） 7 を 4 で割った余りは 3 だから，$3^m 7^n$ を 4 で割った余りは $3^m\cdot 3^n=3^{m+n}$ を 4 で割った余りと等しい．

$m+n$ が偶数のときは，（2）より 3^{m+n} が A に属するから $3^m 7^n$ も A に属する．

$m+n$ が奇数のときは 3^{m+n-1} が A に属するから $3^{m+n-1}=4M+1$（M は 0 以上の整数）と書ける．このとき，$3^{m+n}=3^{m+n-1}\cdot 3=4\cdot 3M+3$ を 4 で割った余りは 3 となるから 3^{m+n} は A に属さない．

以上で示された．

◁ $\underbrace{m+n}_{奇数}=\underbrace{m+n-1}_{偶数}+1$ として(2)の結果を活用する．

（4） （3）より，$3^{2m+1}7^{2n+1}$ の正の約数で A に属するものは，
$$3^r 7^s \ (0\leqq r\leqq 2m+1,\ 0\leqq s\leqq 2n+1,\ r+s \text{ は偶数})$$
と書けるものである．$r+s$ が偶数のとき「r, s ともに偶数」または「r, s ともに奇数」であることに注意すると，求める和は
$$(3^0+3^2+3^4+\cdots+3^{2m})(7^0+7^2+7^4+\cdots+7^{2n})$$
$$+(3^1+3^3+3^5+\cdots+3^{2m+1})(7^1+7^3+7^5+\cdots+7^{2n+1})$$
$$=(1+3^2+\cdots+3^{2m})(1+7^2+\cdots+7^{2n})$$
$$+3\cdot 7(1+3^2+\cdots+3^{2m})(1+7^2+\cdots+7^{2n})$$
$$=(1+3\cdot 7)\cdot\frac{(3^2)^{m+1}-1}{3^2-1}\cdot\frac{(7^2)^{n+1}-1}{7^2-1}$$
$$=\frac{11}{192}(3^{2m+2}-1)(7^{2n+2}-1)$$

◁ 3偶数・7偶数
◁ 3奇数・7奇数
◁ $1+3^2+\cdots+3^{2m}$ は初項 1，公比 3^2，項数 $m+1$ の等比数列の和

解説

【(3)で m, n の偶奇を考えると】

解答では，（3）は（2）との関連を考えて $m+n$ をかたまりのまま扱ったが，この段階で m, n の偶奇で場合わけしておいてもよい．

別解 $7^2=49\in A$ であるから，（2）と同様に n が偶数のとき $7^n\in A$ である．また，$x=4k+1, y=4l+3$ のとき $xy=4(4kl+3k+l)+3$ だから，このとき $xy\notin A$ となる．

m', n' を 0 以上の整数として，

(a) $m=2m', n=2n'$ のとき
  $3^m\in A, 7^n\in A$ より $3^m 7^n\in A$

(b) $m=2m', n=2n'+1$ のとき
  $3^m 7^n=(3^{2m'}7^{2n'})\cdot 7$ で $3^{2m'}7^{2n'}\in A, 7=4\cdot 1+3$ だから $3^m 7^n\notin A$

(c) $m=2m'+1, n=2n'$ のとき
  $3^m 7^n=(3^{2m'}7^{2n'})\cdot 3$ なので上と同様に $3^m 7^n\notin A$

(d) $m=2m'+1, n=2n'+1$ のとき
  $3^m 7^n=(3^{2m'}7^{2n'})\cdot(3\cdot 7)$ で，$3^{2m'}7^{2n'}\in A$，$3\cdot 7=21\in A$ なので $3^m 7^n\in A$

(a), (d) の場合は $m+n$ はそれぞれ $2(m'+n'), 2(m'+n'+1)$ であるから偶数で，$3^m 7^n$ は A に属する．

(b), (c) の場合は $m+n$ は奇数であり，$3^m 7^n$ は A に属さない．

以上で示された．

【(4)について】

$3^{2m+1}7^{2n+1}$ の正の約数のうち A に属するものを書き並べてみると解答のように計算できることが理解しやすい．この場合，系統的に並べるのがポイントである．

r, s ともに偶数の場合は，
$$3^0 7^0, 3^0 7^2, 3^0 7^4, \cdots, 3^0 7^{2n-2}, 3^0 7^{2n} \quad\cdots\text{①}$$
$$3^2 7^0, 3^2 7^2, 3^2 7^4, \cdots, 3^2 7^{2n-2}, 3^2 7^{2n} \quad\cdots\text{②}$$
$$3^4 7^0, 3^4 7^2, 3^4 7^4, \cdots, 3^4 7^{2n-2}, 3^4 7^{2n} \quad\cdots\text{③}$$
$$\vdots$$

①, ②, ③の和はそれぞれ
$$3^0(7^0+7^2+7^4+\cdots+7^{2n-2}+7^{2n}),$$
$$3^2(7^0+7^2+7^4+\cdots+7^{2n-2}+7^{2n}),$$
$$3^4(7^0+7^2+7^4+\cdots+7^{2n-2}+7^{2n})$$

となることから，r, s ともに偶数の場合の $3^r 7^s$ の和は
$$(3^0+3^2+3^4+\cdots+3^{2m})(7^0+7^2+7^4+\cdots+7^{2n})$$
となる．

r, s ともに奇数の場合も同様である．

【合同式について】

本問のように余りを議論する場合，合同式を知っていると見通しが良い．

x, y を整数，m を 2 以上の自然数とし，$x-y$ が m の倍数であるとき $x \equiv y \pmod{m}$ と書く．$x-y$ が m の倍数であるとは，
$$(x \text{ を } m \text{ で割った余り}) = (y \text{ を } m \text{ で割った余り})$$
ということである．y は x を m で割った余りそのものとは限らないが，実際には余りそのものとして使うことが多く，イメージもしやすい．

このとき，次のことが成り立つ．

$x \equiv y \pmod{m}, z \equiv w \pmod{m}$ ならば
（ⅰ）$x+z \equiv y+w \pmod{m}$
（ⅱ）$x-z \equiv y-w \pmod{m}$
（ⅲ）$xz \equiv yw \pmod{m}$

本問で使うのは（ⅲ）なので（ⅲ）を示そう．
$x-y=Am, z-w=Bm$（A, B は整数）とおけて
$xz - yw = (Am+y)(Bm+w) - yw$
$\qquad = ABm^2 + Amw + Bmy$
$\qquad = m(ABm + Aw + By)$
なので $xz \equiv yw \pmod{m}$ となる．

（ⅲ）でまず $z=x, w=y$ とおくと $x^2 \equiv y^2 \pmod{m}$ となり，これと $x \equiv y$ を"辺々かけて" $x^3 \equiv y^3 \pmod{m}$，以下同様にして
$$x^n \equiv y^n \pmod{m} \quad n=1, 2, 3, \cdots \quad \cdots ☆$$
が示される（厳密には帰納法で示す）．

さて，本問であるが，A は 4 で割ると 1 余る自然数全体の集合なので，x が A に属するとき
$$x \equiv 1 \pmod{4}$$
と書ける．従って（1）は
$x \equiv 1 \pmod{4}, y \equiv 1 \pmod{4}$ ならば
$xy \equiv 1 \pmod{4}$
を示す問題となるが，これは（ⅲ）を示せということであるから，「合同式の性質（ⅲ）より明らか」といった答案は不適切である．

（2）は，（1）で（ⅲ）を示したので，$9 \equiv 1 \pmod{4}$ と☆を用いて

$m \geq 1$ のとき
$$3^{2m'} = (3^2)^{m'} = 9^{m'} \equiv 1^{m'} = 1 \pmod{4} \quad \cdots\cdots ④$$
としてもかまわないだろう．

（3）では，$7 \equiv 3 \pmod{4}$ と☆から $7^n \equiv 3^n \pmod{4}$ となり，これと $3^m \equiv 3^m \pmod{4}$ から
$$3^m 7^n \equiv 3^m 3^n = 3^{m+n} \pmod{4}$$
となる．また，奇数乗の場合は
$$3^{2m'+1} = (3^{2m'}) \cdot 3 \equiv 1 \cdot 3 = 3 \pmod{4} \quad \cdots\cdots ⑤$$
であり，④，⑤をまとめると，3^m（$m = 0, 1, 2, \cdots$）を 4 で割った余りは 1, 3 を繰り返す． （飯島）

【受験報告】

▶広島大学医学部医学科の受験報告です．倍率 9 倍はひどい．問題が配られる（−10 分）．透かし読みをし，①はいつもの行列だとわかる．(1)の答えを頭の中で出すと，(2)は周期性を利用するやつだとわかる．(3)は見えない．試験開始(0分)．①から書き出す．(1)普通に計算．(2)周期的．(3)すでに行列ではない(8分)．他の問題を見ると，②多項式の因数分解＋微分法，③典型的な絶対値付きの積分，④確率，⑤整数 ktkr！面倒そうなものから解く(10分)．②(1)普通に因数分解．(2)計算間違いが怖い…．(3)$-1<p<1$ に注意して p の値を出す．範囲でなく，値が出たので安心(25分)．③こういう問題は時間かかるから嫌い．(1)t で場合分け．(2)落ち着いて計算．(3)ミスに気付いたが，すぐ直す．あれ？時間かからなかった…(40分)．④(1)秒殺(2)普通すぎる(3)得点を k と置いて解く．いくつか値を代入し，ミスに気付くが，あせらず修正．(4)解くだけ(55分)．⑤広大で整数か，と思う．(1)合同式使っていいかな？(2)帰納法で(1)を利用して解く．が，スペースがたりなくなりそうなので他の書き方で書く．(3)合同式を使いながら，記述量が多くなるなあと思いつつ解く．(4)約数の和．偶奇の組み合わせで 2 つに分けて計算．値が汚い．学校の数学の先生に数列は，解いたら何個か代入しろと言われたので代入するが，値が大きくて大変．むしろ，こっちが時間かかるが，正解を確信(85分)．どれが今年の合否を分ける問題か考えたりしている(⑤かな？)と，終了(150分)．解答速報を見た結果，①○○○○③○○○○④○○○⑤○○○○でした．大幅易化か？まあ，センターが絶望的，英語リアル 5 割，理科は見てないけど，そこそこなので，倍率的にも不合格だと思う．面接も緊張しすぎてしまった．4 月からは，学コンに挑戦したいと思います．よろしくお願いします．P.S. と思っていたんですが，受かりました．やったー！
（遅刻の多さに定評のある人智を越えたチビ）

熊本大学・医学部（医）

11年のセット 120分

① C**　　I／整数
② B**○　B／空間ベクトル
③ C***　CⅢ／楕円, 微分法
④ C***　BⅡ／空間座標, 積分法

楕円 $C: x^2+4y^2=4$ と点 $P(2, 0)$ を考える．以下の問いに答えよ．

（1） 直線 $y=x+b$ が楕円 C と異なる2つの交点をもつような b の値の範囲を求めよ．

（2） （1）における2つの交点を A, B とするとき，三角形 PAB の面積が最大となるような b の値を求めよ．

(11)

なぜこの1題か

09年以降，理学部などとは別のセットとなっている（一部の問題は共通）が，今年度までの3年間を見る限りでは，質的にも量的にも理学部との顕著な違いはない．また，数Ⅲは必須であるものの，出題分野に特段の偏りは見られない．

医学部医学科ゆえに合格ラインは高く，全分野にわたって高水準の学力が必要である．

❷は，今年のセットでは方針の立てやすい問題である．易しくはないが，医学部受験生であれば解いておきたい．

❹は立体図形の体積を求める問題で，錐体になることに気づけば早い．ただ，それに気づかなくても積分で求められるくらいの力はほしい．

❶は小問2つで，(1)が(2)のヒントになっている．第1問という理由でこの問題に最初に手をつけ，方針が浮かばないと焦るだろう．(1)の使い方がわかれば(2)は1行で終わるだけに，ポイントになりそうな問題ではある．

❸は楕円を円に変換することに気づくと見通しがよいが，そのままでもできる．いずれにしても三角形の面積の求め方がカギと言えるだろう．

❶❸の一方は完答したいところである．どちらも経験の差が出やすいが，❶はパズル的な要素が少しあることもあり，❸をとりあげる．

【目標】 40分かかっても完答できればよいが，円に変換することに気づけば30分で解けるだろう．

解　答

楕円を円に変換する．C の概形は右のようになるから，y 軸方向に2倍すると半径2の円 C' になる．[以下，解答の図参照]

（1）は，直線 l' と円 C' が交点をもつ条件で，l' とOの距離を考えればよい．

この変換で面積は2倍になるから，（2）は $\triangle PA'B'$ の面積が最大になる b を求める．$2\triangle PA'B' = A'B' \times (P と l' の距離)$ から求められる．

⇦ 一般に，ある方向に a 倍の拡大をすると面積は a 倍．

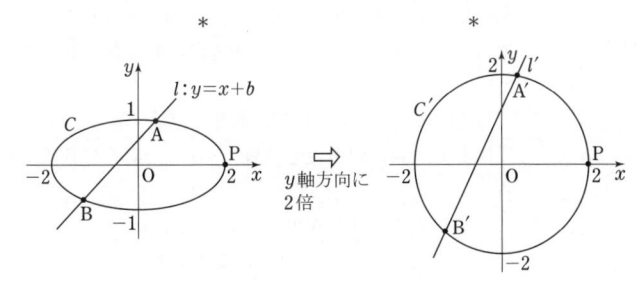

$C: x^2+4y^2=4$ と直線 $l: y=x+b$ を y 軸方向に2倍拡大し，それぞれ C', l' とすると，

$$C': x^2+y^2=4, \quad l': y=2x+2b$$

⇦ C' は半径2の円．l' の方は右辺を2倍にすればよい．

205

である．この変換で，C と l の交点 A, B は C' と l' の交点 A', B' に移り，P(2, 0) は動かない． ⇐ 以下，P は変換後の P とする．

（1） C と l が2つの交点をもつための条件は，C' と l' が2つの交点をもつことであり，それは，l' と O の距離 d が $d<2$ を満たすことである．

$$d=\frac{|2b|}{\sqrt{2^2+1^2}}<2 \quad \therefore \quad |b|<\sqrt{5}$$

⇐ 点 $(0, 0)$ と $l' : 2x-y+2b=0$ の距離

よって，$-\sqrt{5}<b<\sqrt{5}$

（2） $2\triangle\text{PAB}=\triangle\text{PA'B'}$ であるから，$\triangle\text{PA'B'}$ が最大になる b を求めればよい．

$2\triangle\text{PA'B'}=\text{A'B'}\times(\text{P と } l' \text{ の距離})$

であり，

$$\text{A'B'}=2\sqrt{2^2-d^2}=2\sqrt{2^2-\frac{(2b)^2}{5}}$$

$$(\text{P と } l' \text{ の距離})=\frac{|4+2b|}{\sqrt{5}}$$

⇐ 点 $(2, 0)$ と $l' : 2x-y+2b=0$ の距離

であるから，

$$2\triangle\text{PA'B'}=2\sqrt{2^2-\frac{(2b)^2}{5}}\cdot\frac{|4+2b|}{\sqrt{5}}=\frac{8}{5}\sqrt{(5-b^2)(2+b)^2}$$

ここで $f(b)=(5-b^2)(2+b)^2$ とおくと，

$$f'(b)=(-2b)(2+b)^2+(5-b^2)\cdot 2(2+b)$$
$$=2(2+b)\{-b(2+b)+(5-b^2)\}$$
$$=-2(2+b)(2b^2+2b-5)$$

$f(b)$ が最大となる b の値を求めるので，$b\geqq 0$ としてよい．

⇐ $b=0$ の場合と $b<0$ の場合を比べると，A'B' は $b=0$ の方が大きい．P と l' の距離も $b=0$ の方が大きい．よって $b<0$ では最大になり得ない．

$2b^2+2b-5=0$ の大きい方の解 $\dfrac{-1+\sqrt{11}}{2}$ を α とおくと増減は右表のようになるから，求める b の値は，$\alpha=\dfrac{-1+\sqrt{11}}{2}$

b	0	$\cdots$	α	$\cdots$	$(\sqrt{5})$
$f'(b)$		$+$		$-$	
$f(b)$		↗		↘	(0)

解　説

【楕円→円の変換について】

一般に，楕円を軸方向（軸は楕円の軸）に拡大して長軸と短軸の長さが同じになるようにすると，円になる．

これは知識としてよく，変換後の円の方程式は半径を見て書けばよいが，本問の場合について式でもやってみよう．

$C : x^2+4y^2=4$ 上の点を (p, q) とする．この点を y 軸方向に 2 倍した点は $(p, 2q)$ で，これを (X, Y) とおくと，

$$X=p, \quad Y=2q \quad \therefore \quad p=X, \quad q=\frac{Y}{2}$$

$p^2+4q^2=4$ だから $X^2+Y^2=4$．

　　　　*　　　　　　　*

本問では，x 軸方向に 1/2 倍して半径 1 の円にしてもよいが，拡大後の直線の方程式を求める場合は y 軸方向の拡大の方がわかりやすい（y 座標，すなわち右辺を何倍かすればよい）ので，y 軸方向の拡大を採用した．

　　　　*　　　　　　　*

軸方向に拡大する変換で，直線は直線に移る（つまり，変換前の直線は変換後も直線）．また，交点の数は変わらない．従って，（1）では

C と l が異なる2つの交点をもつ
$\iff$ C' と l' が異なる2つの交点をもつ

と言いかえられる．なお，本問では使わないが，接するという性質も保たれるので，上の「2つの交点をもつ」を「接する」にしても成り立つ．

円と直線が交わるかどうかは，「円の半径」と「円の中心と直線の距離 d」を比較すればわかる．(2)では，円の中心と弦（この場合は直線 l'）の距離から弦 A'B' の長さを求めることができ，このような円の図形的性質を使えることが円に変換するメリットと言える．解答では(1)で求めた d を(2)で再利用している．

* *

解答前文の傍注で述べたように，ある方向に a 倍の拡大をすると面積は a 倍になる．この事実は，例えば右図網目部の面積を求めるときに利用できる（y 軸方向に 2 倍すると，求めたい面積の 2 倍が 扇形－三角形 で計算できる）．

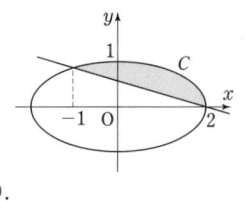

線分の長さは，拡大方向に平行なものを除き，a 倍にならない（例えば本問で $2AB \neq A'B'$）が，中点は中点に移る（AB の中点 ⇒ A'B' の中点）．

また，角度も一般には変わってしまう．楕円を円にすればどんな問題でもラクになる，というわけではないので注意しよう．例えば，次の問題では，接線をとらえるのはよい（円に変換して中心との距離＝半径）が，接線のなす角については，変換前に直交 ⇔ 変換後に直交 ではない．

点 Q を楕円 $C: x^2+4y^2=4$ の外部の点とする．Q から C に引いた 2 本の接線が直交するとき，Q の軌跡を求めよ． （有名問題☞「ⅢC スタ」8・4）

【楕円のままやると】

本問では，楕円のまま解いても極端に大変にはならない．(2)の △PAB を求めるところまでやってみよう．
(1)は，y を消去して，
$x^2+4(x+b)^2=4$ が異なる 2 つの実数解をもつ
⇔ $5x^2+8bx+4b^2-4=0$ ……① の判別式が正
⇔ $(4b)^2-5\cdot(4b^2-4)>0$
(以下略) とする．

(2)は，△PAB の求め方がポイントになる．三角形の面積を求める公式は
$\frac{1}{2}|ad-bc|$，$\frac{1}{2}PA\cdot PB\sin\angle APB$，
$\frac{1}{2}\sqrt{|\overrightarrow{PA}|^2|\overrightarrow{PB}|^2-(\overrightarrow{PA}\cdot\overrightarrow{PB})^2}$

などいろいろあるが，A, B の座標（きれいにならない）を具体的に求めてそれを上の公式に入れる，という方針では計算が大変である．$A(\alpha, \alpha+b)$ などとおいて第 1 の公式を使う（あとで①の解と係数の関係を用いる）という手もあるが，解答と同様，AB を底辺とみて (底辺)×(高さ)÷2 がよいだろう．

A, B の x 座標が①の 2 解，すなわち
$$\frac{-4b\pm\sqrt{(4b)^2-5(4b^2-4)}}{5}=\frac{-4b\pm 2\sqrt{5-b^2}}{5}$$

であることから，
AB＝(A, B の x 座標の差)×$\sqrt{2}$
$=2\cdot\frac{2}{5}\sqrt{5-b^2}\times\sqrt{2}$，

高さは，P と l の距離で $\frac{|2+b|}{\sqrt{2}}$

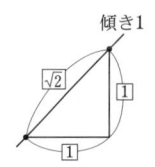

よって $\triangle PAB=\frac{2}{5}\sqrt{5-b^2}\,|2+b|$ となる．

以下，解答と同様．なお，l と x 軸の交点を R として PR×(A, B の y 座標の差)÷2 としてもよいが①を計算してあるので上のようにした．

【楕円を円に変換する有名問題】

楕円 $C: x^2+4y^2=4$，点 S(4, 0) とし，S を通る直線が C と 2 点で交わるとき，その 2 交点を T，U とする．TU の中点 M の軌跡を求めよ．

解答の概略を示そう．y 軸方向に 2 倍する．

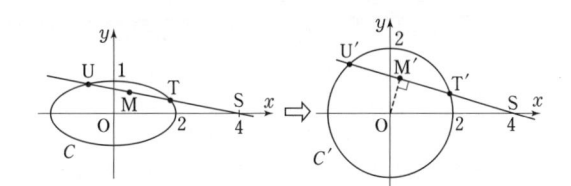

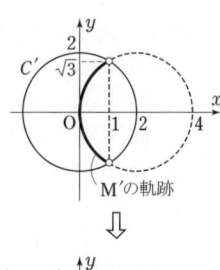

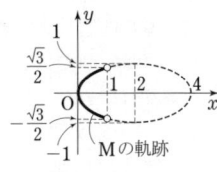

C' と交わるように (4, 0) を通る直線を動かして考える．
T'U' の中点 M' は，O から T'U' に下した垂線の足に一致する．従って，M' の軌跡は O，S を直径の両端とする円のうちの C' の内部にある部分である．よって，M の軌跡はこれを y 軸方向に 1/2 倍したもので，図を見て式を書くと
$$\frac{(x-2)^2}{2^2}+y^2=1 \ (0\leq x<1)$$
となる．

(飯島)

九州大学・理系（前期）

12年のセット
150分

① B** Ⅲ/体積
② C*** C/行列（積）
③ C*** Ⅲ/方程式
④ C*** BⅢ/数列, 極限
⑤ C*** A/確率

---

p と q はともに整数であるとする．2次方程式 $x^2+px+q=0$ が実数解 α, β を持ち，条件 $(|\alpha|-1)(|\beta|-1) \neq 0$ をみたしているとする．このとき，数列 $\{a_n\}$ を
$$a_n = (\alpha^n - 1)(\beta^n - 1) \quad (n=1, 2, \cdots)$$
によって定義する．以下の問いに答えよ．

(1) a_1, a_2, a_3 は整数であることを示せ．

(2) $(|\alpha|-1)(|\beta|-1) > 0$ のとき，極限値 $\displaystyle\lim_{n\to\infty} \left|\dfrac{a_{n+1}}{a_n}\right|$ は整数であることを示せ．

(3) $\displaystyle\lim_{n\to\infty} \left|\dfrac{a_{n+1}}{a_n}\right| = \dfrac{1+\sqrt{5}}{2}$ となるとき，p と q の値をすべて求めよ．ただし，$\sqrt{5}$ が無理数であることは証明なしに用いてよい．

(12)

なぜこの1題か

九大の問題の特徴は，どの問題も計算主体の誘導形式で作業量が多いことである．いずれの問題も初めの設問は簡単で大抵とれるのだが，最後の設問になるとなかなかできない．やや難しい問題も含まれているが，それでも部分点はとりやすいようになっている．また，近年は計算が中心の問題にくわえて，整数などの論証問題も出題するようになった．今年度は誘導形式でない問題が出題されたり，ベクトルがなかったり，ⅢCがらみが4題もあることなど，これまで一定していた出題にすこし変化がみられた．

計算問題でも論証問題でも，九大の出題するような問題への対策は，誘導にうまく乗ることである．誘導の意図をつかむことができれば解けたも同然である．ただ単に問題を解くだけでなく，最後の目標への問題の流れを意識して演習してほしい．

今年の問題についてもうすこし具体的にみてみよう．①は数Ⅲの体積の問題である．しょっぱなから誘導のない問題で驚いた受験生も多かっただろう．とはいえ，これは頻出の問題で多くの大学で出題されているので，きちんと数Ⅲをやっていた人にはやりやすかっただろう（☞「1対1/数Ⅲ」p.116演習題）．このような誘導のない問題も出題するのは今後も続くのかもしれない．②は行列である．(1)は成分計算だけでほとんどの受験生はできただろう．(2)も AB を計算して，$(AB)^2$，$(AB)^3$ と求めていけばなんとかなるが，(3)は規則性をつかみ，10個以下に減らすところが要点である．できなかったり，不完全な解答を書いた受験生も多かっただろう．ただ，具体的な問題なので，時間さえあれば，計算して答にはたどりつけるだろう．③は文字定数を2つ含む，絶対値のはいった2次方程式についての実数解の存在条件を問うものである．a を分離するという方針を立てても，そのあとが作業量もかなりあり，なかなか大変である．場合分けをして，2次方程式の解の配置にもっていくこともできるが，これでも簡単にはいかない．本問は(1)からやりにくく，これは近年の九大ではあまりなかったことである．④は，数列の極限の問題であるが，一般項がはじめに与えられている．(1)はなんでもないだろう．α，β の対称式を $\alpha+\beta$ と $\alpha\beta$ を用いて表せばよい．(2)，(3)は極限の問題であり，ここで場合分けが必要になる．前問もそうだが，本問は文字定数を2個（p，q）含んでいる．そのような場合にも極限の議論がきちんとできるか，具体的な数でやっていることが文字でもできるか，ということが問われている．最後の⑤は具体的な確率の問題である．やや面倒だが状況の推移を樹形図で整理していくと，すこし時間はかかるがなんとかなる．

以上のように今年の問題は，昨年度に比べるとすこし難しくなっているが，面倒なものに時間をかけすぎて，手をつけない易しい小問が残ってしまうのはなんとしても避けるべきである．とりあえず，①，②(1)(2)，④(1)，⑤(1)(2)あたりをしっかりとりたい．ついで②(3)，④(2)(3)，⑤(3)になんとか手をつけたい．

【目標】 (1)がんばって計算して5分程度．
(2)場合分けに気づいて10分でなんとかしたい．
(3)15分くらい．合計30分くらいで解答できれば申し分ない．

解 答

(1) a_1, a_2, a_3 は α, β の対称式なので，これらを基本対称式 $\alpha+\beta$，$\alpha\beta$ で表し，解と係数の関係を利用する．p, q は整数であることに注意．

(2) α^n, β^n を含む式の $n\to\infty$ での極限を求めるのだから，$|\alpha|$, $|\beta|$ と 1 との大小で場合を分ける．

(3) (2) の仮定以外の場合に極限がどうなるかを考える．極限から α, β の一方がわかり，そのときに p, q が求められる．ここで，$\sqrt{5}$ が無理数であることを用いる．

　　　　　　　　　＊　　　　　　　＊

(1) 解と係数の関係により
$$\alpha+\beta=-p,\ \alpha\beta=q$$
だから
$$a_1=(\alpha-1)(\beta-1)=\alpha\beta-(\alpha+\beta)+1=q+p+1$$
$$a_2=(\alpha^2-1)(\beta^2-1)=(\alpha\beta)^2-(\alpha^2+\beta^2)+1$$
$$=q^2-(p^2-2q)+1=(q+1)^2-p^2$$
$$a_3=(\alpha^3-1)(\beta^3-1)=\alpha^3\beta^3-(\alpha^3+\beta^3)+1$$
$$=(\alpha\beta)^3-\{(\alpha+\beta)^3-3\alpha\beta(\alpha+\beta)\}+1$$
$$=q^3-\{(-p)^3-3q(-p)\}+1=p^3+q^3-3pq+1$$
これらと p, q が整数であることから，a_1, a_2, a_3 は整数である．

(2) $(|\alpha|-1)(|\beta|-1)>0$ により，
　　$1°$ 「$|\alpha|<1$, $|\beta|<1$」 または $2°$ 「$|\alpha|>1$, $|\beta|>1$」

$1°$ のとき，$n\to\infty$ のとき $\alpha^n\to 0$, $\beta^n\to 0$ だから $a_n\to 1$ であり，
$$\lim_{n\to\infty}\left|\frac{a_{n+1}}{a_n}\right|=\left|\frac{1}{1}\right|=1 \text{ は整数である．}$$

$2°$ のとき，$\left|\dfrac{1}{\alpha}\right|<1$, $\left|\dfrac{1}{\beta}\right|<1$ だから，

$$\frac{a_{n+1}}{a_n}=\frac{(\alpha^{n+1}-1)(\beta^{n+1}-1)}{(\alpha^n-1)(\beta^n-1)}=\frac{\alpha-\left(\frac{1}{\alpha}\right)^n}{1-\left(\frac{1}{\alpha}\right)^n}\cdot\frac{\beta-\left(\frac{1}{\beta}\right)^n}{1-\left(\frac{1}{\beta}\right)^n}\to\alpha\beta\quad(n\to\infty)$$

ゆえに $\displaystyle\lim_{n\to\infty}\left|\frac{a_{n+1}}{a_n}\right|=|\alpha\beta|=|q|$ は整数である．

以上で題意が示された．

(3) $$\lim_{n\to\infty}\left|\frac{a_{n+1}}{a_n}\right|=\frac{1+\sqrt{5}}{2}\quad\cdots\cdots\cdots\text{①}$$

は整数ではなく，仮定により $(|\alpha|-1)(|\beta|-1)\neq 0$ だから，(2) から $(|\alpha|-1)(|\beta|-1)<0$ である．問題は α, β について対称的だから，$|\alpha|<1<|\beta|$ としてよい．このとき

$$\frac{a_{n+1}}{a_n}=\frac{\alpha^{n+1}-1}{\alpha^n-1}\cdot\frac{\beta-\left(\frac{1}{\beta}\right)^n}{1-\left(\frac{1}{\beta}\right)^n}\to\beta\quad(n\to\infty)$$

だから，① により $\beta=\pm\dfrac{1+\sqrt{5}}{2}$ である．

- $\beta=\dfrac{1+\sqrt{5}}{2}$ のとき，β は $x^2+px+q=0$ の解だから

$$\left(\dfrac{1+\sqrt{5}}{2}\right)^2+p\cdot\dfrac{1+\sqrt{5}}{2}+q=0$$

$$\therefore\ \dfrac{1}{2}(p+1)\sqrt{5}+\dfrac{1}{2}(p+2q+3)=0$$

p，q は整数（有理数）で，$\sqrt{5}$ は無理数だから ⇔解説の「有理数と無理数」を参照

$$\begin{cases} p+1=0 \\ p+2q+3=0 \end{cases} \quad \therefore\ p=-1,\ q=-1$$

（実際，$p\neq -1$ なら $\sqrt{5}=-\dfrac{p+2q+3}{p+1}$ が有理数となって矛盾）このとき 2次方程式は $x^2-x-1=0$ となり，$\alpha=\dfrac{1-\sqrt{5}}{2}$ であり，$|\alpha|<1<|\beta|$ をみたす．

- $\beta=-\dfrac{1+\sqrt{5}}{2}$ のときも，同様にして $p=1$, $q=-1$, $\alpha=\dfrac{-1+\sqrt{5}}{2}$ となり条件をみたす．

以上から，$p=\pm 1$, $q=-1$ である．

解説

【主要部をとりだす】

極限を求めるには，主要部に注目する．例えば，

$$L_1=\lim_{n\to\infty}(3^n-2^n)$$

において，3^n も 2^n もともに ∞ に発散するので，形式的には $\infty-\infty$ の形になり，極限はこのままではわからない．このような形の極限は不定形とよばれる．3^n も 2^n も極限は同じ ∞ だが，発散のスピードはまったく違い，3^n にくらべたら 2^n などはチリかホコリのようなものである．すなわち無視できるので，3^n がこの極限の主たる部分であり，$3^n-2^n \fallingdotseq 3^n \to \infty$ となり $L_1=\infty$ である．$\fallingdotseq$ などという記号（数学的には意味が定められていない）をもちいては解答にならないので，このことを表現するために

$$3^n-2^n=3^n\left\{1-\left(\dfrac{2}{3}\right)^n\right\}$$

と変形して，$1-\left(\dfrac{2}{3}\right)^n \to 1$ で $3^n \to \infty$ だから，∞ に発散すると表現する．主要部をとりだし，残りが極限に影響しないことを説明しているのである．同様の例をもう1つ考えてみよう．

$$L_2=\lim_{n\to\infty}\dfrac{a^n+1}{b^n+1}\ (a>0,\ b>0)$$

分子 a^n+1 を考えてみる．$a>1$ のとき，a^n は ∞ に発散するので，a^n が主要部で，$0<a<1$ のときは $a^n\to 0$ だから，1 が主要部である．分母についても同様だから，$a>1$, $b>1$ のときは，

$$\dfrac{a^n+1}{b^n+1} \fallingdotseq \left(\dfrac{a}{b}\right)^n \to \begin{cases} \infty & (a>b\text{ のとき}) \\ 1 & (a=b\text{ のとき}) \\ 0 & (a<b\text{ のとき}) \end{cases}$$

である．これを説明するために

$$\dfrac{a^n+1}{b^n+1}=\left(\dfrac{a}{b}\right)^n\cdot\dfrac{1+\left(\dfrac{1}{a}\right)^n}{1+\left(\dfrac{1}{b}\right)^n}$$

と変形し，波線部$\to 1$ を用いる．$a=b$, $a=1$, $b=1$ の場合もそれぞれ考えると，答はかなり複雑で

$$L_2=\begin{cases} \infty & (a>1\text{ かつ }a>b) \\ 2 & (a=1\text{ かつ }0<b<1) \\ 1 & (\lceil 0<a<1\text{ かつ }0<b<1\rfloor\text{ または }a=b) \\ \dfrac{1}{2} & (0<a<1\text{ かつ }b=1) \\ 0 & (b>1\text{ かつ }b>a) \end{cases}$$

となる（2012年度京大理系1番も a と 1 の大小が問題になる）．

【有理数と無理数】

有理数 a, b と無理数 α について

$$a+b\alpha=0 \Longrightarrow a=b=0 \quad \cdots\cdots(*)$$

である．実際，$b\neq 0$ と仮定すると，

$\alpha = -\dfrac{a}{b} =$ (有理数) となり矛盾するので,$b=0$ となり,すると $a=0$ もわかる.ここで「有理数の和差積商は有理数である」という事実を用いている.

【有理数係数の n 次方程式の共役解】

解の公式から,$\dfrac{1+\sqrt{5}}{2}$ を解にもつ有理数係数の 2 次方程式のもう 1 つの解は $\dfrac{1-\sqrt{5}}{2}$ であろう,とは予想がつくが,これは解答にかいたように $(*)$ の性質から証明できる.これは一般化できて

「有理数係数の n 次方程式 $P(x)=0$ が,$a+b\sqrt{m}$ (a, b, m は有理数で,$\sqrt{m}$ は無理数) の解をもてば,$a-b\sqrt{m}$ も解である」

が成り立つ.このとき $a+b\sqrt{m}$ と $a-b\sqrt{m}$ は共役な解とよばれる.ちょうど実係数の方程式が複素数 $a+bi$ (a, b は実数) を解にもてば,その共役複素数 $a-bi$ も解になることと同様である.

【$\{a_n\}$ のみたす漸化式】

やや面倒だが $\{a_n\}$ は漸化式
$a_{n+3} = (q-p)a_{n+2} + q(p-1)a_{n+1} + q^2 a_n - q^2 - pq + p + 1$
をみたすことがわかる.この右辺は整数係数であり,(1) から a_1, a_2, a_3 は整数なので,帰納法ですべての自然数 n について,「a_n は整数である」ことがわかる.(1) は本来「a_n が整数である」ことを示すための設問である.

また,「a_n が整数である」ことは,
$a_n = \alpha^n \beta^n - \alpha^n - \beta^n + 1 = q^n - (\alpha^n + \beta^n) + 1$
において,

すべての n について $\alpha^n + \beta^n$ が整数である

ことからもわかる.これも p, q が整数であることから n についての帰納法で示せる(また,$b_n = \alpha^n + \beta^n$ とおくと,$\{b_n\}$ は漸化式 $b_{n+2} + p b_{n+1} + q b_n = 0$ をみたすこともわかる).

(米村)

受験報告

▶浪人生による九州大学医学部医学科の受験報告です.1 日目の朝,試験時間には余裕で間に合うように会場に到着するも入室が早く少し焦る.最初は得意の英語で会心の出来,数学へのはずみとなる.昼食をとりいざ人生を分ける数学へ(0 分).いつも通り素直に①から取りかかる.問題の簡単さに驚きつつ慎重に計算して答えを得る(15 分).②へ.パッと見ただの計算問題だったので多少メンドウだったがこれも慎重に計算して答えを得る(45 分).いいペースで解き進めていると思いつつ③へ進む.問題文に与えられた式と問題の設定からグラフと直線の交点について考えればいいことにすぐ気づき,$x^2 + |x+1| + n - 1 > 0$ を確認し,$f(x) = \dfrac{\sqrt{n}(x+1)}{x^2 + |x+1| + n - 1}$ としたところまで順調に進み,$f(x)$ を出すも上手いこと極値が出ずに少し焦り時間をとられる(60 分).あと 2 問題を残していることもあり,一呼吸おいて④へ.(1) は地道に計算.(2) も $|\alpha|, |\beta|$ の範囲の場合分けのみですぐに終わる.(3)(2) から $|\alpha|, |\beta|$ の範囲をしぼり,α, β, p, q の値は出るも議論が不十分な気がして不安を残しつつ⑤へ(85 分).苦手な確率の問題だったが,設定が分かりやすく,時間をかければ解けるだろうと思い慎重にとりかかる.(1) はすんなりいくも,(2) に時間がかかり,しかも一応出た答えの確率の和が 1 にならず間違いをさがすのにさらに時間を取られる(110 分).なんとか答えを出す.(3) も地道に場合を分けて計算(115 分).ここで③以外の見直しをしてもう 1 度③にチャレンジする(130 分).何度か計算してやっとそれらしい値が出るもあえなく時間切れ(150 分).結局,出来は
①○②○○○③××④○○△⑤○○○
何ともいえない感じがしつつ次の日の理科をがんばればいいかと思い九大を去る.
P.S. 合格してました.1 年間ありがとうございました.
(絶対メガネ男子)

▶九州大学医学部医学科受験報告です.二度目の九医,去年と同じ教室で意気込みながら試験開始(0 分).①を見るなり思考が停止する……単答問題!?いや,難しくはないけれど九大ではかなり珍しいパターン,初めて見た.とりあえず無難にこなすが(15 分),②に移ってもショックを引きずり,明らかに変な答えになる.いったんとばし(30 分),③を見るとなんだかやはり九大らしくない問題……私としては某関西の国立の K 大の匂いがしてならない(違う?)(2) はおそらく医学部といえど解ききる必要はないだろう,と早々にギブアップ(50 分).④はぐるぐるとこねくりまわすうちにいつのまにか解け(70 分)⑤に移るが,なんと(2)で思考停止する.場合わけの大量発生にこれは無理だと思う(90 分).そして②へ行き,計算をくりかえすが間違いが見つからない.焦っても見つからない(120 分).あと 30 分でも見つからない…ここでダザイフのミチザネさんに祈る(本当です).すると奇跡的に(本当です)計算ミス発見!しかも 3 つも!……40 分も探していたら当たり前か.難く計算を終え(135 分),残り 15 分,①や④など完答しておきたい問題のみなおしを続け,ここでタイムアップ(150 分).結果としては
①○②○○○③△×④○○○⑤○××
とバラツキのひどい結果に.去年よりは明らかに難化しているが,どうだろうか.うかってますように.
P.S. うかってました.どうやらセンターでのボーダー +20 が効いたようです.でも数学苦手でも学コン続けてよかった.ありがとうございました.
(前世はカンブリア)

九州大学・理系 (前期)

11年のセット　150分

① B** Ⅲ/積分法(面積)
② B*** Ⅲ/微分法(極値, 不等式), 極限
❸ B*** BⅡ/数列(漸化式), 三角関数
④ B*** B/空間座標(球, 四面体)
⑤ C*** A/確率(期待値)

数列 $a_1, a_2, \cdots, a_n, \cdots$ は

$$a_{n+1}=\frac{2a_n}{1-a_n^2} \quad n=1, 2, 3, \cdots$$

をみたしているとする．このとき，以下の問いに答えよ．

(1) $a_1=\dfrac{1}{\sqrt{3}}$ とするとき，一般項 a_n を求めよ．

(2) $\tan\dfrac{\pi}{12}$ の値を求めよ．

(3) $a_1=\tan\dfrac{\pi}{20}$ とするとき，

$$a_{n+k}=a_n \quad n=3, 4, 5, \cdots$$

をみたす最小の自然数 k を求めよ．

(11)

なぜこの1題か

九大の問題の特徴は，どの問題も計算主体の誘導形式で作業量が多いことである．いずれの問題も初めの設問は簡単で大抵とれるのだが，最後の設問になるとなかなかできない．やや難しい問題も含まれているが，それでも部分点はとりやすいようになっている．また，近年は計算が中心の問題にくわえて，整数などの論証問題も出題するようになっていた．11年は1次変換も論証問題も出題されなかったが，④の空間座標はやりにくいと感じた受験生が多かっただろう．

計算問題でも論証問題でも，九大の出題するような問題への対策は，誘導にうまく乗ることである．誘導の意図をつかむことができれば解けたも同然である．ただ単に問題を解くだけでなく，最後の目標への問題の流れを意識して演習してほしい．

今年の問題についてもうすこし具体的にみてみよう．①は数Ⅲの微積分の計算問題で，やや面倒とはいえ地道に計算するだけである．これくらいの計算はなんとか乗り切ってほしい．②も数Ⅲの微分の問題である．(1)(2)はほとんどの受験生はできただろう．(3)で定石通り「文字定数 k を分離」すると，$f(-a)$ の符号による場合分けが必要となることに注意したい．❸は数列の漸化式で，一般項はすぐには求められないタイプではないので，「実験→推定→証明（帰納法）」という流れで考えることになる．(2)は簡単で(1)とは直接には関係ないが，ここで加法定理に気がついて(3)へつなげてほしいということだろう．(3)はすこしやりにくかったようだが，(1)(2)の誘導の意味を正しく読みとって，繰り返すまで書き上げて，ついで正の周期の最小性を確認するという方針がたてられれば，他の受験生と差がつけられたはずである．④は座標空間の四面体がテーマである．(1)は4頂点から等距離の点（外接球の中心）を求めるので方程式をたてればすぐわかる．(2)は垂線の長さを求める問題で，これを $\overrightarrow{AF}=s\overrightarrow{AB}+t\overrightarrow{AC}$ となる s, t を求めようとすると，計算が大変で苦戦をしいられることになる．今年の問題の中ではもっともやりにくかったかもしれない．最後の⑤は具体的な確率の問題である．やや面倒だが樹形図で整理していくと，すこし時間はかかるがなんとかなる（(1)〜(4)の完答は難しいが，(1)〜(3)は比較的やりやすい）．

以上のように今年の問題は，昨年度に比べるとすこしやりやすくなっているが，面倒なものに時間をかけすぎて，手をつけない易しい小問ができてしまうのを避けるべきである．とりあえず，①，②(1)(2)，❸(1)(2)，④(1)，⑤(1)(2)(3)あたりをしっかりとりたい．ついで各設問の最後の小問になんとか手をつけたい．

【目標】 (1) 10分程度．
(2)これは簡単で3分もあれば十分．
(3)求める k の意味をよみとって，周期がわかるまで項を求めていく．あとは最小の周期であることを示すので，17分くらい．合計30分くらいで解答したい．

解 答

(1) 一般項がすぐに求められるタイプの漸化式ではないので,「実験→推定→証明」の手順にしたがい,初項から順に具体的に計算していく.

(2) 加法定理を利用するだけ.

(3) a_2 を求めるために $a_1 = \tan\dfrac{\pi}{20}$ を漸化式に代入すると,$\tan\theta$ の加法定理に気がつく.「$a_3, a_4, \cdots$ の周期を求めよ」といっているので,繰り返しがでるまで項を具体的に計算する.あとは「最小」を説明する.

*　　　　　*

(1) $f(x) = \dfrac{2x}{1-x^2}$ とおくと,
$$a_{n+1} = f(a_n) \quad (n \geq 1) \quad \cdots\cdots\cdots ①$$

である.$a_1 = \dfrac{1}{\sqrt{3}}$ から順次求めていくと

$$a_2 = f\left(\dfrac{1}{\sqrt{3}}\right) = \dfrac{\dfrac{2}{\sqrt{3}}}{1-\dfrac{1}{3}} = \sqrt{3}$$

$$a_3 = f(\sqrt{3}) = \dfrac{2\sqrt{3}}{1-3} = -\sqrt{3}$$

$$a_4 = f(-\sqrt{3}) = -f(\sqrt{3}) = \sqrt{3} = a_2$$

となり,①から $n \geq 2$ では $a_2 = \sqrt{3}, a_3 = -\sqrt{3}$ を繰り返す.ゆえに,

$$a_n = \begin{cases} \dfrac{1}{\sqrt{3}} & (n=1 \text{ のとき}) \\ \sqrt{3} & (n \text{ が偶数のとき}) \\ -\sqrt{3} & (n \text{ が 3 以上の奇数のとき}) \end{cases}$$

(2) $\tan\dfrac{\pi}{12} = \tan\left(\dfrac{\pi}{3} - \dfrac{\pi}{4}\right) = \dfrac{\tan\dfrac{\pi}{3} - \tan\dfrac{\pi}{4}}{1 + \tan\dfrac{\pi}{3} \cdot \tan\dfrac{\pi}{4}}$

$$= \dfrac{\sqrt{3}-1}{1+\sqrt{3}} = \dfrac{1}{2}(\sqrt{3}-1)^2 = \mathbf{2-\sqrt{3}}$$

(3) $f(\tan\theta) = \dfrac{2\tan\theta}{1-\tan^2\theta} = \tan 2\theta, \; f(-x) = -f(x)$

を用いて,$a_1 = \tan\dfrac{\pi}{20}$ から順次求めていくと

$$a_2 = \tan\dfrac{\pi}{10}, \; a_3 = \tan\dfrac{\pi}{5}, \; a_4 = \tan\dfrac{2\pi}{5}$$

$$a_5 = \tan\dfrac{4\pi}{5} = -\tan\dfrac{\pi}{5} = -a_3$$

$$a_6 = f(-a_3) = -f(a_3) = -a_4$$

$$a_7 = f(-a_4) = -f(a_4) = -a_5 = a_3$$

これと①から $\{a_n\}$ は,$n \geq 3$ では $a_3 = \tan\dfrac{\pi}{5}, \; a_4 = \tan\dfrac{2\pi}{5}, \; a_5 = -a_3,$

$a_6 = -a_4$ の値を繰り返す.また,$0 < \theta < \dfrac{\pi}{2}$ では $\tan\theta$ は単調増加だから,

⇦ $a_{n+1} = \dfrac{2a_n}{1-a_n^2}$ は一般項がすぐわかるタイプの漸化式ではないので,n の小さな値で実験して一般項を推定してみようと考える.

⇦ $a_4 = a_2$ となったので,
$a_5 = f(a_4) = f(a_2) = a_3$
$a_6 = f(a_5) = f(a_3) = a_4 = a_2$
となり,以降はこの繰り返し.帰納法で示すまでもない.⇨解説の「数列の周期性」

⇦ $n \geq 2$ のときは $(-1)^n \sqrt{3}$ ともかける.

⇦ $\dfrac{\pi}{12}$ を有名角で表すことを考えると,
$$\dfrac{1}{12} = \dfrac{1}{3 \cdot 4} = \dfrac{1}{3} - \dfrac{1}{4}$$
は気がつくだろう.

⇦ $\tan\theta$ の 2 倍角公式

⇦ a_3 と同じ値がでるまで項を順番に求めていく.

これで周期 4,すなわち
$a_{n+4} = a_n \; (n \geq 3)$
がわかったが,これより小さい周期 ⇦ がないことを示す.

213

$0<\tan\dfrac{\pi}{5}<\tan\dfrac{2\pi}{5}$ であり，とくに a_3 から a_6 までの値はすべて異なる．
したがって，$a_{n+k}=a_n$ $(n\geq 3)$ となる自然数 k は 4 以上であり，
$k=4$ のとき条件をみたすので，最小の k は 4 である．

解 説

【数列の周期性】

数列 $\{a_n\}$ $(n\geq 1)$ に対し，すべての $n\geq 1$ について
$$a_{n+p}=a_n$$
をみたすような一定の自然数 p があるとき，$\{a_n\}$ は周期 p の周期数列であるという．このような周期のうち最小のものを基本周期という．

（1）のとき，a_1 を除いて $\{a_n\}$ $(n\geq 2)$ は基本周期 2 の周期数列である．（3）は「$a_1=\tan\dfrac{\pi}{20}$ のとき $\{a_n\}$ $(n\geq 3)$ の基本周期を求めよ」ということである．

$F(x)$ を n によらない x の関数とするとき，漸化式 $a_{n+1}=F(a_n)$ $(n\geq 1)$ で定義される数列 $\{a_n\}$ は，ひとつ手前の項から次の項が定まる規則が n によらずきまっているので，ある項と同じ値が再び現れると以降は繰り返しになる．したがって，（1）では $a_4=a_2$，（3）では $a_7=a_3$ であることから，それ以降は周期的である．なお，ここで漸化式があることが大切で，数列の項を書き並べていくと，繰り返しになっているので，周期的である，というのは正しくない．有限個の値を調べただけでは周期的であることは数学的には証明できないからである．漸化式があるからこそ，同じ値がでれば繰り返すのである．

【$\tan\dfrac{\pi}{12}$ の値（別解）】

$\dfrac{\pi}{6}=2\cdot\dfrac{\pi}{12}$ だから，$\tan\theta$ の 2 倍角公式により
$$\tan\dfrac{\pi}{6}=\dfrac{2\tan\dfrac{\pi}{12}}{1-\tan^2\dfrac{\pi}{12}}$$

$\tan\dfrac{\pi}{12}=x$ とおくと，$x>0$ であり
$$\dfrac{1}{\sqrt{3}}=\dfrac{2x}{1-x^2} \quad \therefore\ x^2+2\sqrt{3}x-1=0$$
$$\therefore\ x=-\sqrt{3}+\sqrt{4}=2-\sqrt{3}$$

【一般項 a_n】

各 n について $\tan\theta_n=a_n$ となる θ_n がとれる．このとき $a_{n+1}=f(a_n)$ から
$$\tan\theta_{n+1}=f(\tan\theta_n)=\tan 2\theta_n$$
したがって，$\theta_{n+1}=2\theta_n$ $(n\geq 1)$ とすれば $\{a_n\}=\{\tan\theta_n\}$ は漸化式をみたす．$a_1=\tan\alpha$ となる α をとると，$\theta_n=2^{n-1}\alpha$ となるから，
$$a_n=\tan 2^{n-1}\alpha$$
とかける．

（1）のとき $a_1=\tan\dfrac{\pi}{6}$ だから，α として $\alpha=\dfrac{\pi}{6}$ がとれ，$a_n=\tan\dfrac{2^{n-1}}{6}\pi=\tan\dfrac{2^{n-2}}{3}\pi$ となる．これから一般項が得られるが，さらに具体的な値を求めるには，$n\geq 2$ のとき
$$2^{n-2}=\{3+(-1)\}^{n-2}=(3\text{の倍数})+(-1)^{n-2}$$
となることと $\tan\theta$ が周期 π であることから，
$$a_n=\tan\dfrac{(-1)^{n-2}}{3}\pi\quad (n\geq 2)$$
と変形でき，$\{a_n\}$ は $n\geq 2$ のとき $a_2=\sqrt{3}$，$a_3=-\sqrt{3}$ の値を繰り返すことがわかる．

【類題】

本問と同じタイプの漸化式は多くはないが，たまに見かける．

> 実数からなる数列 $\{a_n\}$ が
> $$a_{n+1}=\dfrac{\sqrt{3}a_n-1}{a_n+\sqrt{3}}\quad (n\geq 1)$$
> をみたすとき，$\{a_n\}$ $(n\geq 1)$ は周期的であることを示せ．

これだけを誘導なしで出されるとつらいが，本問の経験があれば見えてくるだろう．もちろん $\tan x$ の加法定理である．

解 $a_1=\tan\alpha$ となる角 α をとる（$\tan x$ はすべての実数値をとるので α は存在する）．このとき
$$a_2=\dfrac{\sqrt{3}\tan\alpha-1}{\tan\alpha+\sqrt{3}}=\dfrac{\tan\alpha-\dfrac{1}{\sqrt{3}}}{1+\tan\alpha\cdot\dfrac{1}{\sqrt{3}}}$$

$$=\frac{\tan\alpha-\tan\frac{\pi}{6}}{1+\tan\alpha\tan\frac{\pi}{6}}=\tan\left(\alpha-\frac{\pi}{6}\right)$$

これから，帰納法により（証明略）

$$a_n=\tan\left(\alpha-\frac{(n-1)\pi}{6}\right)\quad(n\geq 1)$$

であることがわかり，

$$\frac{(n+6-1)\pi}{6}=\frac{(n-1)\pi}{6}+\pi$$

および $\tan x$ の周期は π であることから，

$$a_{n+6}=a_n \quad (n\geq 1)$$

となり，$\{a_n\}$ は周期6の周期数列である．

(米村)

受験報告

▶**九州大学工学部**の受験報告です．人身事故による1時間の延期となりおどろいたが，自分がその車両に乗ってなくて一安心．とりあえず，すかしよみを実行するも不可能だった．まず全体をみまわして，行列が出てないことにおどろき．対策していたのに．とりあえず①をやってみる．手がふるえていたが，難なくクリア．（計算ミスをしていた．）簡単そうなベクトルをしてみる．センター以下じゃねとつっこみながらクリア．次に③の漸化式の問題．与式を $\frac{1}{a_{n+1}}=\frac{1-a_n^2}{2a_n}$ としてもうまくいかず，実験すると答えが判明．帰納法によって示す．$\tan\frac{\pi}{12}=\tan\left(\frac{\pi}{3}-\frac{\pi}{4}\right)$ は同志社でも出たなと，心の中で笑う．(3)にいどむ．$\tan 2\theta=\frac{2\tan\theta}{1-\tan^2\theta}$ に気づき，表をつくり周期数列になることを示し $k=4$ とし完答を確信．②のビセキの問題．(1)は普通にして(2)はハサミウチ，(3)は場合分けがいるなと思いながら(1)をつかって解答．⑤の確率にとりかかる．(1)(2)(3)は出来，今年は易化だなと思っていたら，(4)の面倒さに苦しむ．なんとかきれいに解答をまとめるために，使ったことのない補題をつかって，意地で計算．ここで30分余っていたので①にもどり計算ミスのチェック．ミスに気づき計算を3回する．すべて見直し全完を確信．2日目の後にくばっていた解答速報によると結果は

①○②●③○④○⑤○

周期数列になることを上手く示せたかどうかは不安だが，目標達成．易化したので論述勝負になるなと思い，九大を去る．　　　　　　（輝け M クラス代表．）

○12 **慶應義塾大学・薬学部**（解説は p.115）

▶昨年は化学のお陰で合格した**慶應薬**を受験してきました．昨年は過去問を全く見ずに受けてしまい，数学は大して出来なかったため対策しようと思ったものの，国立の対策で忙しく，結局何もせずに当日になってしまう．試験が始まり，①(1)からギョッとしてしまう．が，よく考えてみれば二項の展開なら大したことはなく，難なく解く．でも3項の展開なら危うかったか（5分）．(2)でいきなりペンが止まる．$x(x-3)=a^4$ と $\frac{3x^2-16x+20}{x-2}=a^2$ を連立して解こうとしたらわけがわからなくなり(3)へ（10分）．(3)は大したことなく，QP：PC=t：$1-t$ とおいて計算して答えを出す．(4)は見た瞬間パスして(5)へ．これはセンターでもよく見るタイプ．(ii) は定石通り $F(t)$ のグラフを求めて k を分離して考える（18分）．❷は積分方程式の典型問題なので特に悩む所も無くテキパキと処理する（32分）．③も内容自体はセンターでよく見るタイプで，やはり t^2 を求めてから $\sin^2\frac{\theta}{2}$ 等をどんどん変形していくだけ．t の範囲に注意すれば大したことはない問題．とりあえず2完して少し落ちつく（45分）．(4)(1)は C と l_1 の交点の x 座標を求めてから AB を a で表し，更に O と l_1，l_1 と l_2 の距離を求めていると意外ときれいな式となり，答えが出る（53分）．しかし(2)でペンが止まる．とりあえず $\cos\theta$ や $\cos\angle$AOB を求めてみるも全く進展なし．自分の描いた（不正確な）図から $\frac{\pi}{2}-\theta$ かと思ったが，答えの式の形から違うらしく，あきらめて①へ（65分）．とりあえず(2)に再びチャレンジ．もしかしたら a が求まるのではないかと思ったらやはりきれいに求まり，(i) を計算するが，何度やっても $\frac{15}{16}$ となってしまい，分母の桁数が合わない．とりあえず (ii) のみ出して(4)へ．時間切れが迫っており，焦りから何もできないまま終了．結果は①○△○×②○③○④○××．今回も結局化学の満点に救われる形となりました．　（受験オタク）

▶**慶應義塾大学薬学部**薬科学科の受験報告です．英語が易化したのか解きやすく，差はつかないと自分に言い聞かせるが，上手くいったと思うと碌なことないよなあと嫌な予感がする（−150分）．化学が焦りながらもまずまずに終わり，最後の数学に向けて意気込んで長いチャイム試験開始（0分）．まず全問に目を通す．①❷は全て取りたいが計算が煩雑そう．③も典型問題に見える．④は図を描かないと先が分からない．とりあえず④から始める（3分）．図を描くもベクトルを意識し過ぎたせいか他の解法を思いつかない…．①に逃げる（15分）．(1)(2)(3)を丁寧に解き，早めに全問に手を付けたいため③へ（30分）．③は(2)で混乱して時間を削りながら何とか答えを出し，(3)を一先ず捨てることにする（50分）．①に戻ると…数独？安易に $4!\times 4\times 4=384$（通り）として(5)へ．(ii) は絶対に落としてはいけないと思い丁寧に解ききり，1完のつもり（65分）．❷④のマーク欄がすっからかんで焦り，④に戻るもまた門前払いされ❷へ（70分）．(1)を気合で5分で答えを出すも全て分数になって詰み，マークの点検をして試験終了（80分）．後日，慶應側の出題ミスで，時間を割きかつ丁寧にやって解けてしまった①(5)が全員正解となることを知り絶望する．結果は

①○○○○○○×○○❷×××③○○×④×××　速報によると，①(5)は勝手に解釈した場合の解答では正解だった（苦笑）．P.S 合格してました．

（杉の宿で大貧民）

215

産業医科大学

12年のセット　①(1)　B*○　Ⅰ/方程式（ガウス記号入り）
100分　　(2)　B*○　ⅡⅢ/三角関数（最大値）
　　　　　(3)(4)　B*B*　B/空間座標, Ⅲ/積分
　　　　　(5)(6)　B*○B*○　A/確率, 期待値
　　　　②　　　C***　Ⅱ/座標（円）, 積分（面積）
　　　　❸　　　C****　Ⅲ/積分, 極限

自然数 n と 0 以上の整数 m に対して，$p_n = {}_{2n}C_n \left(\dfrac{1}{2}\right)^{2n}$，$I_m = \displaystyle\int_0^{\frac{\pi}{2}} \sin^m x\, dx$ とおく．次の問いに答えなさい．

(1) すべての自然数 n について $\left(n+\dfrac{1}{2}\right)p_n^2 = \dfrac{bI_{2n}}{I_{2n+1}}$ が成り立つように，定数 b の値を求めなさい．

(2) $0 < x < \dfrac{\pi}{2}$ のとき，$\sin^m x > \sin^{m+1} x > 0$ であることを用いて，極限 $\displaystyle\lim_{n\to\infty} \sqrt{n}\, p_n$ を求めなさい．

(12)

なぜこの1題か

小問集合1題と大問2題という形式は昨年と同様である．小問の題数は8問から今年は6問に減少．しかし，一題一題が重く，処理量は増加している．レベルも一昨年程度に戻ったといえる．①の小問で肩慣らしをして，大問で勝負！と考えていた受験生にとっては，出鼻を挫かれたのではないだろうか．

さて，その①であるが簡単に解決するものはほとんどない（(2)は直感的に考えて $a=b=c=\pi/3$ のときであろうと予想してまともに計算しなければ瞬間的に出るが）．一方で本学受験生レベルにとっては，時間を掛ければ解けるものばかりともいえる．しかし時間の限られた試験場では「これはめんどう．後回しにしよう．次もめんどうだな～…」となってしまい一周目では1，2問しか埋まらないともなりかねないセットである．最終的に，6問中4問以上取れた受験生はかなり少なかったと予想する．次に②は，(1)が P に関する円の極線（2接点を通る直線）と直線 OP の交点の計算．(2)が P の軌跡（放物線になる）と直線で囲まれた図形の面積という内容．標準よりやや難し目．そして❸は，有名な積分と極限についての問題．本学受験生なら❸の類題は見かけたことがあるはず．すると❸の出来がポイントだろう．その❸の(1)は，I_m の漸化式を導いて I_m を求めた経験はあるだろうから，しっかり取っておくべき設問であろう．I_{2n}，I_{2n+1} の一般項を求め，右辺を計算すると見やすい．(2)が山場である．問題文から不等式を作ることはすぐ分かるが，(1)を使ってどのように作るのかという発想力が問われる．ここが今年の分かれ目といえるだろう．

【目標】 (2)は気付くまでの試行錯誤がいる．①で4問以上取れていれば(2)は落としてもよいがそうでなければ取っておきたい．

解答

$I_n = \displaystyle\int_0^{\frac{\pi}{2}} \sin^n x\, dx$ は頻出の積分であり，結果も次のようにきれいになる．

$$I_n = \begin{cases} \dfrac{n-1}{n} \cdot \dfrac{n-3}{n-2} \cdots\cdots \dfrac{1}{2} \cdot \dfrac{\pi}{2} & (n：偶数) \\ \dfrac{n-1}{n} \cdot \dfrac{n-3}{n-2} \cdots\cdots \dfrac{2}{3} \cdot 1 & (n：奇数) \end{cases}$$

導出は部分積分を用いて，漸化式 $I_n = \dfrac{n-1}{n} I_{n-2}$ $(n \geq 2)$ を作り，これをくり返し用いると上述の一般項が得られる．(1)は以上のことと，式変形において $2n(2n-2)(2n-4)\cdots 2 = 2^n \cdot n!$ がポイントになる．次に(2)は(1)式の両辺を $\left(n+\dfrac{1}{2}\right)$ で割りルートをとり $\sqrt{n}$ を掛けると，

例えば，これを既知とすると
$$\int_0^{\frac{\pi}{2}} \sin^4 x\, dx = \frac{3}{4} \cdot \frac{1}{2} \cdot \frac{\pi}{2} = \frac{3}{16}\pi$$

と求まる．一方，普通（？）に計算すると，$\sin^4 x$ を，

$(\sin^2 x)^2 = \left(\dfrac{1-\cos 2x}{2}\right)^2$

$= \dfrac{1}{4}(1 - 2\cos 2x + \cos^2 2x)$

$= \dfrac{1}{4}\left(1 - 2\cos 2x + \dfrac{1+\cos 4x}{2}\right)$

というように半角公式を2回使って変形することになり，やや手間が掛かる．

216

$\sqrt{n}\,p_n = \sqrt{b}\sqrt{\dfrac{n}{n+\dfrac{1}{2}}}\sqrt{\dfrac{I_{2n}}{I_{2n+1}}}$. $n\to\infty$ では $I_{2n}\approx I_{2n+1}$, $n\approx n+\dfrac{1}{2}$ なので, $\sqrt{n}\,p_n \approx \sqrt{b}$ と予想がつく. あとはヒントをもとにして, $I_{2n}\approx I_{2n+1}$ をはさみうちで示していく.

⇦ $\lim_{n\to\infty}\dfrac{b_n}{a_n}=1$ のとき, $n\to\infty$ において a_n と b_n は $a_n \fallingdotseq b_n$ と考えられる.
⇦ これを $a_n \approx b_n$ と表す. 左のコメントのように, 極限では大雑把に捉えて結果を予想しておくことはとても大切である.

* *

（1） 部分積分を用いると, $n\geqq 2$ のとき,

$$I_n = \int_0^{\frac{\pi}{2}} \sin^n x\,dx = \int_0^{\frac{\pi}{2}} \sin^{n-1} x(-\cos x)'\,dx$$

$$= \left[\sin^{n-1} x(-\cos x)\right]_0^{\frac{\pi}{2}} - \int_0^{\frac{\pi}{2}} (n-1)\sin^{n-2} x \cos x(-\cos x)\,dx$$

$$= (n-1)\int_0^{\frac{\pi}{2}} \sin^{n-2} x(1-\sin^2 x)\,dx = (n-1)(I_{n-2} - I_n)$$

を得るから, $I_n = \dfrac{n-1}{n} I_{n-2}$ ……………………………①

よって, ①をくり返し使うと

$$I_{2n} = \frac{2n-1}{2n} I_{2n-2} = \frac{2n-1}{2n}\cdot\frac{2n-3}{2n-2} I_{2n-4} = \cdots\cdots$$

$$= \frac{2n-1}{2n}\cdot\frac{2n-3}{2n-2}\cdots\frac{1}{2} I_0$$

$$= \frac{2n-1}{2n}\cdot\frac{2n-3}{2n-2}\cdots\frac{1}{2}\cdot\frac{\pi}{2}$$

⇦ $I_0 = \int_0^{\frac{\pi}{2}} \sin^0 x\,dx = \int_0^{\frac{\pi}{2}} dx = \dfrac{\pi}{2}$

同様にして①を使うと

$$I_{2n+1} = \frac{2n}{2n+1}\cdot\frac{2n-2}{2n-1}\cdots\frac{2}{3} I_1 = \frac{2n}{2n+1}\cdot\frac{2n-2}{2n-1}\cdots\frac{2}{3}\cdot 1$$

⇦ $I_1 = \int_0^{\frac{\pi}{2}} \sin x\,dx = \left[-\cos x\right]_0^{\frac{\pi}{2}} = 1$

従って, $\dfrac{I_{2n}}{I_{2n+1}} = (2n+1)\cdot\dfrac{(2n-1)^2(2n-3)^3\cdots 1^2}{(2n)^2(2n-2)^2\cdots 2^2}\cdot\dfrac{\pi}{2}$

$$= \pi\left(n+\frac{1}{2}\right)\cdot\left\{\frac{(2n-1)(2n-3)\cdots 1}{2n(2n-2)\cdots 2}\right\}^2 \cdots\cdots②$$

⇦ ②のように変形しておいて,（1）の与式と見比べると
$b \Rightarrow \dfrac{1}{\pi}$,
$p_n \Rightarrow \dfrac{(2n-1)(2n-3)\cdots 1}{2n(2n-2)\cdots 2}$
であろうと見当がつく.

ここで, $p_n = {}_{2n}C_n\left(\dfrac{1}{2}\right)^{2n} = \dfrac{(2n)!}{n!n!2^{2n}} = \dfrac{(2n)!}{(2^n\cdot n!)^2}$ であり

$$2^n n! = 2n\cdot 2(n-1)\cdot 2(n-2)\cdots 2\cdot 1$$
$$= 2n(2n-2)(2n-4)\cdots 2$$

に注目すると,

$$p_n = \frac{(2n)!}{\{2n(2n-2)(2n-4)\cdots 2\}^2} = \frac{2n(2n-1)(2n-2)(2n-3)\cdots 2\cdot 1}{\{2n(2n-2)(2n-4)\cdots 2\}^2}$$

$$= \frac{(2n-1)(2n-3)\cdots 1}{2n(2n-2)\cdots 2}$$

だから, ②に代入して

$$\frac{I_{2n}}{I_{2n+1}} = \pi\left(n+\frac{1}{2}\right)p_n^2 \text{ つまり } \left(n+\frac{1}{2}\right)p_n^2 = \frac{1}{\pi}\cdot\frac{I_{2n}}{I_{2n+1}} \quad\therefore\ b = \frac{1}{\pi}$$

（2） あとで $\lim_{n\to\infty}\dfrac{I_{2n}}{I_{2n+1}} = 1$ ……☆ を示すが, まず☆を用いて答えを出す.

（1）より, $p_n^2 = \dfrac{1}{n+\dfrac{1}{2}}\cdot\dfrac{bI_{2n}}{I_{2n+1}}$ なので,

$$\sqrt{n}\,p_n = \sqrt{b}\sqrt{\frac{n}{n+\frac{1}{2}}}\sqrt{\frac{I_{2n}}{I_{2n+1}}} \xrightarrow{n\to\infty} \sqrt{b} = \frac{1}{\sqrt{\pi}}$$

⇦ とりあえず答えを出しておくと安心．ここで止まったとしても部分点が狙えるだろう．

次に☆を示す．$0 < x < \frac{\pi}{2}$ のとき，$\sin^m x > \sin^{m+1} x > 0$ により

$$\int_0^{\frac{\pi}{2}} \sin^m x\, dx > \int_0^{\frac{\pi}{2}} \sin^{m+1} x\, dx > 0 \quad \therefore\ I_m > I_{m+1} > 0$$

$$\therefore\ I_{2n} > I_{2n+1},\ I_{2n+1} > I_{2n+2}$$

これと，（1）で導いた漸化式 $I_n = \frac{n-1}{n} I_{n-2}$ から $\frac{I_{n-2}}{I_n} = \frac{n}{n-1}$ なので

$$\frac{I_{2n}}{I_{2n+1}} > \frac{I_{2n+1}}{I_{2n+1}} = 1,\quad \frac{I_{2n}}{I_{2n+1}} < \frac{I_{2n}}{I_{2n+2}} = \frac{2n+2}{2n+1}$$

$$\therefore\ 1 < \frac{I_{2n}}{I_{2n+1}} < \frac{1+\frac{1}{n}}{1+\frac{1}{2n}} \xrightarrow{n\to\infty} 1$$

⇦ ┌──── はさみうちの原理 ────
　$a_n < x_n < b_n$, $\lim_{n\to\infty} a_n = \lim_{n\to\infty} b_n = \alpha$
　ならば，$\lim_{n\to\infty} x_n = \alpha$

よって，はさみうちの原理により $\lim_{n\to\infty} \frac{I_{2n}}{I_{2n+1}} = 1$ が示された．

⇨ 注　不等号は≦でもよい．

以上から，$\lim_{n\to\infty} \sqrt{n}\, p_n = \frac{1}{\sqrt{\pi}}$

解　説

【p_n の極限と意味づけ】

$\sqrt{n}\, p_n = a_n$ とおくと，（2）より $\lim_{n\to\infty} a_n = \frac{1}{\sqrt{\pi}}$ なので

$$\lim_{n\to\infty} p_n = \lim_{n\to\infty} \frac{a_n}{\sqrt{n}} = 0\ (\because\ 分子は収束，分母 \to \infty)$$

$p_n = {}_{2n}C_n \left(\frac{1}{2}\right)^{2n}$ の形からは「なんとなくそうかなぁ〜」とおもうかもしれないが，（1）で導いた

$$p_n = \frac{(2n-1)(2n-3)\cdots 1}{2n(2n-2)\cdots 2}$$

の形からは不思議に感じるかもしれない．

モデルを考えてみよう．$p_n = {}_{2n}C_n \left(\frac{1}{2}\right)^{2n}$ の形から p_n は，『$2n$ 回コインを投げたとき，ちょうど n 回表が出る確率』と解釈できる．（一般には一回の試行で A の起こる確率が $\frac{1}{2}$ であるとき，この試行を $2n$ 回行ってちょうど n 回 A が起こる確率が p_n であると考えられる）

例えば

$$p_1 = {}_2C_1 \left(\frac{1}{2}\right)^2 = \frac{1}{2} = 0.5\ （半分は起こる）$$

$$p_5 = {}_{10}C_5 \left(\frac{1}{2}\right)^{10} = \frac{63}{256} \fallingdotseq 0.246\ （約 4 分の 1）$$

$$p_{10} = {}_{20}C_{10} \left(\frac{1}{2}\right)^{20} = \frac{46189}{262144} \fallingdotseq 0.176\ （約 17\%）$$

というふうに減少していき，$n=1000$ とした「2000 回コインを投げてちょうど（このちょうどがミソ）1000 回表が出る」ことはすごく稀にしか起こらないことは直感的にも納得できるだろう．それをきちんと示したのが $\lim_{n\to\infty} p_n = 0$ の結果ということである．

【類題】

本問には類題が多く，微積分の頻出テーマの一つと言ってよい．（制限時間 30 分でチャレンジしてみよ）

┌─ 類題 ─────────────────
　$I_n = \int_0^{\frac{\pi}{2}} \sin^n \theta\, d\theta\ （n=0, 1, 2, \cdots）$ とおく．
　（1）I_n を I_{n-2} を用いて表し，$nI_n I_{n-1}$ の値を求めよ．
　（2）数列 $\{I_n\}$ は減少数列であることを示せ．
　（3）$\lim_{n\to\infty} n I_n^2$ を求めよ．
　　　　　　　　　　　　　　　　　　　　── 東京医科歯科大

［解説］

（1）は先の解答のようにして $I_n = \frac{n-1}{n} I_{n-2}\ (n \geq 2)$ を得るので，両辺に $n I_{n-1}$ を掛けて

$$n I_n I_{n-1} = (n-1) I_{n-1} I_{n-2}$$

これをくり返すと $nI_nI_{n-1}=1\cdot I_1I_0=\dfrac{\pi}{2}$ となる.

（2） 先程のヒントにあったように $0<\theta<\dfrac{\pi}{2}$ のとき

$\sin^n\theta>\sin^{n+1}\theta(>0)$ より $\displaystyle\int_0^{\frac{\pi}{2}}\sin^n\theta d\theta>\int_0^{\frac{\pi}{2}}\sin^{n+1}\theta d\theta$

∴ $I_n>I_{n+1}\ (>0)$

つまり $\{I_n\}$ は減少数列である.

（3） $I_n\approx I_{n+1}$ なので，答えは（1）の結果になることが見える．それを（2）を用いてはさみうちで求めてみよう．

（2）より $I_{n-1}>I_n\ (>0)$ なので nI_n を掛けて

$nI_nI_{n-1}>nI_n^2$ ∴ $\dfrac{\pi}{2}>nI_n^2$ ……① (∵ （1））

また，$I_n>I_{n+1}\ (>0)$ に nI_n を掛けて

$nI_n^2>nI_{n+1}I_n=\dfrac{n}{n+1}\times(n+1)I_{n+1}I_n$

（1）より $(n+1)I_{n+1}I_n=\dfrac{\pi}{2}$ なので

$$nI_n^2>\dfrac{n}{n+1}\times\dfrac{\pi}{2}\quad\cdots\cdots\cdots\cdots②$$

①，②から $\dfrac{\pi}{2}>nI_n^2>\dfrac{n}{n+1}\cdot\dfrac{\pi}{2}\xrightarrow[n\to\infty]{}\dfrac{\pi}{2}$

よって，はさみうちの原理により $\displaystyle\lim_{n\to\infty}nI_n^2=\dfrac{\pi}{2}$

【ウォリスの公式】

本問の結果，$\displaystyle\lim_{n\to\infty}\sqrt{n}\,p_n=\dfrac{1}{\sqrt{\pi}}$ を具体的に書いてみよう．$p_n={}_{2n}C_n\left(\dfrac{1}{2}\right)^{2n}=\dfrac{(2n)!}{(n!)^2}\cdot\left(\dfrac{1}{2}\right)^{2n}$ であるから

$$\lim_{n\to\infty}\sqrt{n}\cdot\dfrac{(2n)!}{2^{2n}(n!)^2}=\dfrac{1}{\sqrt{\pi}}$$

逆数をとると

$$\lim_{n\to\infty}\dfrac{2^{2n}(n!)^2}{\sqrt{n}(2n)!}=\sqrt{\pi}\quad\cdots\cdots\cdots(*)$$

さらに2乗すると

$$\lim_{n\to\infty}\dfrac{2^{4n}(n!)^4}{n\{(2n)!\}^2}=\pi\quad\cdots\cdots\cdots(**)$$

ここで導かれた(*)または(**)をウォリスの公式と呼ぶ．とくに(**)は，円周率 π の極限表示になっている．

$b_n=\dfrac{2^{4n}(n!)^4}{n\{(2n)!\}^2}$ とおいて，はじめの方を求めてみると $b_1=4$, $b_2=\dfrac{32}{9}=3.55\cdots$, $b_3=\dfrac{256}{75}=3.4133\cdots$ のように減少しながら $\pi=3.141592\cdots$ に近づいていく．なお，この公式を発見したジョン・ウォリス（John Wallis 1616〜1703）はイギリスの数学者であり，無限大を表す記号 ∞ は彼の発案といわれている． （高橋）

受験報告

▶産業医科大の受験報告です．これも日本医科大と同様に正直解いた順などは正確には覚えてないですが出来と難度予想は ①(1)○×(B**)(2)×(B**)(3)○○(B*)(4)○(A*)(5)×(B**)(6)×(○?) (B*)②○○(B**○)❸△○(B***) です（だと思います）．①(2)は凡ミスをしてしまいました．❸は論証をせずに値しか求めていない点で減点されていると思います．合否を分けた問題は①だと思うのですが，全問で差が付くような中々良いセットだったと思います．他教科の出来は英語が70%〜75%で物理が85%位で化学が難化で50%取れれば御の字．でも学科は通過して，前期（千葉大医）不合格後に小論と面接に行って，正規合格をもらいました． （防医のM子が人気な事に吹いた防医中退生D.Y）

産業医科大学

10年のセット　❶(1)(2)　A○B*○　ＢⅠ/数列, 関数
100分　　(3)(4)　C*○A　ＢⅢ/数列, 極限
　　　　　(5)(6)　A○C**　Ⅲ/微分, 積分
　　　　　(7)(8)　A○B*　ＣＡＢ/曲線, 確率
　　　❷　　　　　 B**　　Ⅱ/座標, 三角関数
　　　❸　　　　　 C***　 Ⅱ/座標, 積分(面積)

空欄にあてはまる適切な数, 式, 記号などを解答用紙の所定の欄に記入しなさい.

(1) 等差数列をなす3つの数を初項から順に a, b, c とする. a, b, c の和が24で, a と c の差の絶対値が b であるとき, $\dfrac{ac}{b}$ の値は ア である.

(2) 実数 x についての関数 $f(x) = \sum_{k=1}^{99}|x-k| = |x-1|+|x-2|+\cdots+|x-99|$ の最小値は イ である.

(3) 初項が $a_1 = \cos\dfrac{\pi}{6}$, 第2項が $a_2 = \cos\dfrac{\pi}{6}\cos\dfrac{\pi}{12}$, 一般項が

$a_n = \cos\dfrac{\pi}{3\cdot 2}\cos\dfrac{\pi}{3\cdot 2^2}\cdots\cos\dfrac{\pi}{3\cdot 2^n}$ ($n = 1, 2, \cdots$) で与えられる数列の極限 $\lim_{n\to\infty}a_n$ の値は ウ である.

(4) 極限値 $\lim_{x\to 0}\dfrac{\cos x - x^2 - 1}{x^2}$ の値は エ である.

(5) 関数 $y = x\sqrt{x^2+1} + \log(\sqrt{x^2+1}+x)$ の導関数 $\dfrac{dy}{dx}$ を $g(x)$ とおくとき $g(7)$ の値は オ である.

(6) θ を変数とする2つの関数 $x_1 = \cos^4\theta$, $x_2 = \sin^4\theta$ に対して, 定積分

$\displaystyle\int_0^{\frac{\pi}{2}}\sqrt{\left(\dfrac{dx_1}{d\theta}\right)^2+\left(\dfrac{dx_2}{d\theta}\right)^2}\,d\theta$ の値は カ である.

(7) 媒介変数 t を用いて $x = \sin 2t$, $y = \sin 5t$ と表される座標平面上の曲線を C とする. C と y 軸が交わる座標平面上の点の個数は キ である.

(8) 1, 2, 3, 4, 5, 6, 7, 8 の数字が書かれた8枚のカードの中から1枚取り出してもとに戻すことを n 回行う. この n 回の試行で, 数字8のカードが取り出される回数が奇数である確率を p_n とするとき, p_n を n の式で表すと ク である.

(10)

なぜこの1題か

ここ数年は, 穴埋式の小問集1題と大問2題という出題が続いている. 今年も同じ形式であったが, 小問が例年の倍の8問になった. 100分で全問解き切るのは厳しいセットである. レベルは昨年並といってよい.

大問から具体的に見ていくと❷は, 放物線の2接線の交点, 直線の傾きを tan で表しなす角を捉える, 相加・相乗という有名テーマに関する出題でこれは落とせない (p.61で取り上げた). ❸は見慣れない設定に戸惑う問題だが, やってみると計算主体なだけの面倒な問題. (2)などは途中汚い式になり不安になって止めて, 他の問題に移った受験生が多かったことだろう. その意味で差は付きにくい. 一方, ❶はぱっと見で出来そうな問題も多く, ここに受験生は時間を費やしたと考えられる. 実際, AからCレベルまでバランスよく出ており, 実力差が反映されやすい. 今年は❶の得点差が合否を分けたと言える.

【目標】 (1)(4)(5)(7)は易しい. (8)も確率漸化式であることに気付けば何でもない. ここまでを30分以内で完答し, 残り時間を(2)(3)(6)に費やす. そのうちの2つ取ることが目標である.

解答

差がつく（2）（3）（6）に絞って述べる．（2）は，グラフがイメージ出来たかがポイントである．（3）は cos の n 個の積をまとめなければいけないのだが，ノーヒントであるところが難しい．2倍角の公式を利用する．（6）は置換をして $\int \sqrt{x^2+1}\,dx$ に帰着させる．この積分は本来さらに置換をするのだがよく見ると……実は（5）がヒントになっている．

* *

（1） a, c は対等で，ac/b を求めるから，$a \geq c$ としてよい．このとき，題意より $2b=a+c$ ……①，$a+b+c=24$ ……②，$a-c=b$ ……③
③より $b+c=a$ なので②に代入して，$2a=24$ ∴ $a=12$
このとき，$b+c=12$，$2b-c=12$ より，$b=8$，$c=4$
∴ $ac/b = 12 \cdot 4/8 = \mathbf{6}$

⇦ a と c の対称性（文字を入れ換えても変わらない）に気付かなかったら
$|a-c|=b$ より $a-c=\pm b$
として，2つの場合を計算することになる（どちらも同じ結果になる）．

（2） $f(x) = |x-1| + |x-2| + \cdots + |x-99|$
$= \begin{cases} -(x-1)-(x-2)-\cdots-(x-99) = -99x + \text{定数} & (x<1) \\ (x-1)-(x-2)-\cdots-(x-99) = -97x + \text{定数} & (1 \leq x < 2) \\ \cdots\cdots\cdots\cdots\cdots\cdots\cdots\cdots\cdots\cdots \\ (x-1)+(x-2)+\cdots+(x-49)-(x-50)-\cdots-(x-99) \\ \qquad = -x + \text{定数} \quad (49 \leq x < 50) \\ (x-1)+(x-2)+\cdots+(x-50)-(x-51)-\cdots-(x-99) \\ \qquad = x + \text{定数} \quad (50 \leq x < 51) \\ \cdots\cdots\cdots\cdots\cdots\cdots\cdots\cdots\cdots\cdots \\ (x-1)+\cdots+(x-98)-(x-99) = 97x + \text{定数} & (98 \leq x < 99) \\ (x-1)+\cdots\cdots\cdots\cdots+(x-99) = 99x + \text{定数} & (x \geq 99) \end{cases}$

であり，$f(x)$ は連続関数である．各区間の傾きから，$f(x)$ は $x<50$ で減少，$x \geq 50$ で増加するから，求める最小値は
$f(50) = 49+48+\cdots+1+0+1+2+\cdots+49 = (1+49)\times 49 = \mathbf{2450}$

⇦ 絶対値が99個もあり，いきなりは大変である．そこで，少ない個数で見てみると……
$y = |x-1| + |x-2|$ ……①
$y = |x-1| + |x-2| + |x-3|$ ……②
のグラフは，下図のようになる．

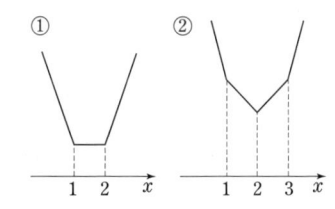

連続関数であり，絶対値をはずすと1次以下だからグラフは1本の折れ線になる．奇数個だと真ん中で尖って，そこで最小値をとるようである．

（3） $a_n = \cos\dfrac{\pi}{3\cdot 2} \cos\dfrac{\pi}{3\cdot 2^2} \cdots \cos\dfrac{\pi}{3\cdot 2^{n-1}} \cos\dfrac{\pi}{3\cdot 2^n}$ の両辺に $\sin\dfrac{\pi}{3\cdot 2^n}$

を掛けると，$\cos\dfrac{\pi}{3\cdot 2^n} \sin\dfrac{\pi}{3\cdot 2^n} = \dfrac{1}{2}\sin\dfrac{\pi}{3\cdot 2^{n-1}}$ などを使って，

$\sin\dfrac{\pi}{3\cdot 2^n} a_n = \dfrac{1}{2}\cos\dfrac{\pi}{3\cdot 2} \cos\dfrac{\pi}{3\cdot 2^2} \cdots \cos\dfrac{\pi}{3\cdot 2^{n-1}} \sin\dfrac{\pi}{3\cdot 2^{n-1}}$

$= \dfrac{1}{2^2}\cos\dfrac{\pi}{3\cdot 2} \cos\dfrac{\pi}{3\cdot 2^2} \cdots \cos\dfrac{\pi}{3\cdot 2^{n-2}} \sin\dfrac{\pi}{3\cdot 2^{n-2}}$

$= \cdots = \dfrac{1}{2^{n-1}}\cos\dfrac{\pi}{3\cdot 2} \sin\dfrac{\pi}{3\cdot 2} = \dfrac{1}{2^n}\sin\dfrac{\pi}{3}$

∴ $a_n = \dfrac{\dfrac{1}{2^n}\sin\dfrac{\pi}{3}}{\sin\dfrac{\pi}{3\cdot 2^n}} = \dfrac{\dfrac{\pi}{3\cdot 2^n}}{\sin\dfrac{\pi}{3\cdot 2^n}} \cdot \dfrac{\sin\dfrac{\pi}{3}}{\dfrac{\pi}{3}} \xrightarrow[n\to\infty]{} \dfrac{\sin\dfrac{\pi}{3}}{\dfrac{\pi}{3}} = \mathbf{\dfrac{3\sqrt{3}}{2\pi}}$

⇦ この発想は難しい！
2倍角の公式 $\sin 2x = 2\sin x \cos x$
つまり $\cos x \sin x = \dfrac{1}{2}\sin 2x$
を利用するのだが，$\sin\dfrac{\pi}{3\cdot 2^n}$ を掛けることによって，後からドンドンまとまっていくのがおもしろい．

$n\to\infty$ のとき，$\dfrac{\pi}{3\cdot 2^n} \to 0$ より

⇦ $\boxed{\displaystyle\lim_{x\to 0}\dfrac{\sin x}{x}=1,\ \lim_{x\to 0}\dfrac{x}{\sin x}=1}$
を利用．

（4） $\dfrac{\cos x - x^2 - 1}{x^2} = -1 - \dfrac{1-\cos x}{x^2} = -1 - \dfrac{1-\cos^2 x}{x^2(1+\cos x)}$

$= -1 - \left(\dfrac{\sin x}{x}\right)^2 \cdot \dfrac{1}{1+\cos x} \xrightarrow[x\to 0]{} -1 - \dfrac{1}{2} = \mathbf{-\dfrac{3}{2}}$

⇦ $\boxed{\displaystyle\lim_{x\to 0}\dfrac{1-\cos x}{x^2}=\dfrac{1}{2}}$
を覚えている人は，これを使って求めてよい．

（5） $y = x\sqrt{x^2+1} + \log(\sqrt{x^2+1}+x)$ より
$y' = 1 \cdot \sqrt{x^2+1} + x \cdot \dfrac{2x}{2\sqrt{x^2+1}} + \dfrac{1}{\sqrt{x^2+1}+x}(\sqrt{x^2+1}+x)'$

⇦ $\boxed{(\sqrt{f(x)})' = \dfrac{f'(x)}{2\sqrt{f(x)}}}$ および

221

$$=\sqrt{x^2+1}+\frac{x^2}{\sqrt{x^2+1}}+\frac{1}{\sqrt{x^2+1}+x}\left(\frac{x}{\sqrt{x^2+1}}+1\right)$$

$$=\sqrt{x^2+1}+\frac{x^2}{\sqrt{x^2+1}}+\frac{1}{\sqrt{x^2+1}}=2\sqrt{x^2+1} \ (=g(x))$$

よって，$g(7)=2\sqrt{50}=\mathbf{10\sqrt{2}}$

⇔ $\boxed{(\log f(x))'=\dfrac{f'(x)}{f(x)}}$ は公式としておこう．

(6) $\dfrac{dx_1}{d\theta}=x_1'$, $\dfrac{dx_2}{d\theta}=x_2'$ と表す．$x_1=\cos^4\theta$, $x_2=\sin^4\theta$ より
$x_1'=4\cos^3\theta(-\sin\theta)$, $x_2'=4\sin^3\theta\cos\theta$ なので，

$$x_1'^2+x_2'^2=16\sin^2\theta\cos^2\theta(\cos^4\theta+\sin^4\theta)$$
$$=4\sin^2 2\theta\{(\cos^2\theta+\sin^2\theta)^2-2\sin^2\theta\cos^2\theta\}$$
$$=4\sin^2 2\theta\left(1-\frac{1}{2}\sin^2 2\theta\right)=2\sin^2 2\theta(1+\cos^2 2\theta)$$

$$\therefore \int_0^{\frac{\pi}{2}}\sqrt{\left(\frac{dx_1}{d\theta}\right)^2+\left(\frac{dx_2}{d\theta}\right)^2}d\theta=\int_0^{\frac{\pi}{2}}\sqrt{2}\sin 2\theta\sqrt{1+\cos^2 2\theta}\,d\theta \cdots ①$$

ここで，$\cos 2\theta=t$ とおくと，$-2\sin 2\theta d\theta=dt$ であるから，

$$①=\int_1^{-1}\sqrt{2}\sqrt{1+t^2}\left(-\frac{1}{2}\right)dt=\frac{\sqrt{2}}{2}\int_{-1}^1\sqrt{1+t^2}\,dt=\sqrt{2}\int_0^1\sqrt{1+t^2}\,dt$$
$$\cdots\cdots\cdots\cdots\cdots\cdots\cdots①'$$

⇔ $\int(\cos\varphi\text{ の式})\sin\varphi d\varphi$ は $\cos\varphi=t$ とおく．

⇔
2θ	0	→	π
t	1	→	-1
  $(\cos 2\theta=t)$

さて(5)から，$\left\{\dfrac{1}{2}(x\sqrt{x^2+1}+\log(\sqrt{x^2+1}+x))\right\}'=\sqrt{x^2+1}$ に注意し

$①'=\sqrt{2}\left[\dfrac{1}{2}(t\sqrt{t^2+1}+\log(\sqrt{t^2+1}+t))\right]_0^1=\mathbf{1+\dfrac{\sqrt{2}}{2}\log(\sqrt{2}+1)}$

⇔ これに気付くと，手間が大きく省ける．気付かなかった場合の処理は解説を参照のこと．

(7) $C:x=\sin 2t$, $y=\sin 5t$ において $0\leqq t<2\pi$ としてよい．
C が y 軸と交わるとき，$x=\sin 2t=0$ より
$2t=0, \pi, 2\pi, 3\pi \ (\because \ 0\leqq 2t<4\pi)$
$\therefore \ t=0, \dfrac{\pi}{2}, \pi, \dfrac{3}{2}\pi$　このとき順に $y=0, 1, 0, -1$

よって，C と y 軸の交点は，$(0, 0), (0, 1), (0, -1)$ の **3個**

⇔ t の関数 x, y はともに 2π ごとに同じ値をとる（周期 2π）．

(8) 題意より，8 のカードが取り出される回数についての状態遷移図は右のようになるので

(n回) ──確率 $\frac{7}{8}$──→ ($n+1$回)
奇数回(p_n) ──→ 奇数回(p_{n+1})
偶数回($1-p_n$) ──確率 $\frac{1}{8}$──↗

⇔ 上の矢印は 8 のカードが出ない確率，下の矢印は出る確率である．

$p_{n+1}=p_n\cdot\dfrac{7}{8}+(1-p_n)\cdot\dfrac{1}{8}$

$p_{n+1}=\dfrac{3}{4}p_n+\dfrac{1}{8}$ であり，変形して，$p_{n+1}-\dfrac{1}{2}=\dfrac{3}{4}\left(p_n-\dfrac{1}{2}\right)$

$p_1=\dfrac{1}{8}$ とから，$p_n-\dfrac{1}{2}=-\dfrac{3}{8}\cdot\left(\dfrac{3}{4}\right)^{n-1}$　$\therefore \ \boldsymbol{p_n=\dfrac{1}{2}-\dfrac{3}{8}\left(\dfrac{3}{4}\right)^{n-1}}$

⇔ $a_{n+1}=pa_n+q \ (p\neq 1, q\neq 0)$ は定数 α を用いて $a_{n+1}-\alpha=p(a_n-\alpha)$ に変形をすると等比型になる．α は $\alpha=p\alpha+q$ の解である．

解 説　（受験報告は p.123）

【(2)について】

解答の傍注でも述べたように，個数が多かったり一般の n での話でいきなりは考えにくい場合は

小さい所で実験し，規則性を発見し一般へつなげる

ことが大切である．なお本問は次の不等式を利用してもよい．一般に $a<b$ のとき

$|x-a|+|x-b|\geqq b-a$（等号条件：$a\leqq x\leqq b$）

が成り立つことに注意する（各自で確認せよ）と

$\begin{cases} |x-1|+|x-99|\geqq 98 & \text{（等号条件：}1\leqq x\leqq 99\text{）} \\ |x-2|+|x-98|\geqq 96 & \text{（等号条件：}2\leqq x\leqq 98\text{）} \\ \cdots\cdots\cdots \\ |x-49|+|x-51|\geqq 2 & \text{（等号条件：}49\leqq x\leqq 51\text{）} \\ |x-50|\geqq 0 & \text{（等号条件：}x=50\text{）} \end{cases}$

辺々加えて

$$f(x)=|x-1|+\cdots+|x-99| \geqq 0+2+\cdots\cdots+96+98$$
$$=2450$$
等号は $1\leqq x\leqq 99$ かつ $2\leqq x\leqq 98$ かつ…… かつ $x=50$
すなわち $x=50$ のとき成立する．
したがって，求める $f(x)$ の最小値は **2450**

* *

この解答のポイントは，真ん中に関して対称に2つずつセットにしているところである．

【（3）について】

$\lim_{n\to\infty} a_n = \cos\frac{\pi}{3\cdot 2}\cos\frac{\pi}{3\cdot 2^2}\cdots\cos\frac{\pi}{3\cdot 2^n}\cdots$ なる無限積がテーマである．無限級数（無限和）はよく扱われる．その流れは，部分和を求めてその極限をとる，であった．これに習い，部分積（一般的に使う言い方ではない）を求め，その極限として求めたい．では，部分積 a_n をどうまとめるか？ これは経験（又はヒント）がないと難しい．ここに，最近の類題をあげておこう．

以下の各問いに答えよ．ただし，$0<t<\pi$ とする．
（1） 次の等式を証明せよ．
$$\cos\frac{t}{2}\cos\frac{t}{4}\cos\frac{t}{8}=\frac{\sin t}{8\sin\frac{t}{8}}$$
（2） 次のように定義される数列 $\{a_n\}$ の極限値 $\lim_{n\to\infty}a_n$ を t を用いて表せ．
$$a_1=\cos\frac{t}{2},\ a_n=a_{n-1}\left(\cos\frac{t}{2^n}\right)\ (n=2,\ 3,\ \cdots)$$
（3） 数列 $\{b_n\}$，$\{c_n\}$ を次のように定義する．
$$b_1=\sqrt{\frac{1}{2}},\ b_n=\sqrt{\frac{1+b_{n-1}}{2}}\ (n=2,\ 3,\ \cdots)$$
$$c_1=\sqrt{\frac{1}{2}},\ c_n=c_{n-1}b_n\ (n=2,\ 3,\ \cdots)$$
このとき $\lim_{n\to\infty}c_n$ を求めよ．（08 東京医科歯科大）

［解説］（1）は，分母を払うと2倍角の公式を使って後からまとまっていき，$\sin t$ に等しくなる．これが（2）へのヒントになるのはもう見えるだろう．先の解答と同様にして $a_n=\dfrac{\sin t}{2^n\sin\dfrac{t}{2^n}}$ とまとめて，

$$\lim_{n\to\infty}a_n=\lim_{n\to\infty}\frac{\dfrac{t}{2^n}}{\sin\dfrac{t}{2^n}}\cdot\frac{\sin t}{t}=\frac{\sin t}{t}$$

と求められる．（3）はやや難しいが（2）と（3）の問題文を見比べると，b_n が $\cos\dfrac{t}{2^n}$ に対応し，$c_n=a_n$ で $t=\dfrac{\pi}{2}$ とすると初項とばっちり合う．解答としては $\{b_n\}$ の漸化式が与えられているので，$b_n=\cos\left(\dfrac{1}{2^n}\cdot\dfrac{\pi}{2}\right)$ を数学的帰納法で証明するとよい．すると

$$\lim_{n\to\infty}c_n=\lim_{n\to\infty}a_n=\frac{\sin t}{t}=\frac{2}{\pi}\ \left(\because\ t=\frac{\pi}{2}\right)$$

【（6）について】

（5）のヒントに気付かなかった場合，$\int\sqrt{x^2+1}\,dx$ はどのように計算したらよいのだろうか？ しばしば次のその1の置換の誘導がついている（1対1数III p.70）．

（その1） $\sqrt{x^2+1}+x=t$ とおく
（その2） $x=\dfrac{e^t-e^{-t}}{2}$ とおく（☞p.118）
（その3） $x=\tan\theta$ とおく

その3はよく知られた方法ではあるがこの積分の場合，さらに置換する必要があり，最適とはいえない．
その2は双曲線 $y=\sqrt{x^2+1}\iff x^2-y^2=-1,\ y\geqq 1$ が $x=\dfrac{e^t-e^{-t}}{2},\ y=\dfrac{e^t+e^{-t}}{2}$ とパラメータ表示されることからきている置き方である．その1もパラメータ表示 $x=\dfrac{1}{2}\left(t-\dfrac{1}{t}\right),\ y=\dfrac{1}{2}\left(t+\dfrac{1}{t}\right)\ (t>0)$ から発想されている．実際，2式を加えると $x+y=t$ から，$x+\sqrt{x^2+1}=t$ を得る（$y=\sqrt{x^2+1}$）．ここでは，その1での計算を紹介しておこう．
$\sqrt{x^2+1}=t-x$ を2乗すると $x^2+1=t^2-2tx+x^2$
$$\therefore\ x=\frac{t^2-1}{2t}\quad \therefore\ dx=\frac{t^2+1}{2t^2}dt$$
よって，$\displaystyle\int\sqrt{x^2+1}\,dx=\int\left(t-\frac{t^2-1}{2t}\right)\cdot\frac{t^2+1}{2t^2}dt$
$$=\int\frac{(t^2+1)^2}{4t^3}dt=\frac{1}{4}\int\left(t+\frac{2}{t}+\frac{1}{t^3}\right)dt$$
$$=\frac{1}{4}\left(\frac{1}{2}t^2+2\log t-\frac{1}{2t^2}\right)+C\ (C：定数)$$
ここで $t^2-\dfrac{1}{t^2}=\left(t+\dfrac{1}{t}\right)\left(t-\dfrac{1}{t}\right)=4xy=4x\sqrt{x^2+1}$
となるので
$$\int\sqrt{x^2+1}\,dx=\frac{1}{2}(x\sqrt{x^2+1}+\log(\sqrt{x^2+1}+x))+C$$

* *

ところで本問は，パラメータ表示された曲線 $x=\cos^4\theta,\ y=\sin^4\theta$（陰関数に直すと $\sqrt{x}+\sqrt{y}=1$ で，これは放物線の一部を表す）の $0\leqq\theta\leqq\pi/2$ の部分の長さを求めている．曲線の長さは一部（京都大など）を除き，入試範囲外とされているが，公式を与えるなどして出題している大学もある．産業医科大の2005年入試では，公式などのヒントもなく出題している． （高橋）

徳島大学・医, 歯, 薬学部（前期）

11年のセット　120分

① B*○　Ⅱ/微分, 積分
② B***　Ⅱ/座標(不等式)
③ B**○　Ⅲ/微分, 積分(面積), 極限
④ B***　CⅡ/行列, 指数・対数

$X = \dfrac{1}{4}\begin{pmatrix} \sqrt{6} & 2\sqrt{2} \\ 5\sqrt{2} & 2\sqrt{6} \end{pmatrix}$, $Y = \begin{pmatrix} -1 & \sqrt{3} \\ \sqrt{3} & -2 \end{pmatrix}$ のとき $A = XY$ とする. 行列 A^n ($n = 1, 2, 3, \cdots$) の表す移動によって, 点 $(-10^8, \sqrt{3} \times 10^8)$ が点 P_n に移るとする. $\log_{10} 2 = 0.3010$ として次の問いに答えよ.

(1) $A = k\begin{pmatrix} \cos\theta & -\sin\theta \\ \sin\theta & \cos\theta \end{pmatrix}$ を満たす k と θ を求めよ. ただし, $k > 0$ とし, θ は $0 \leq \theta < 2\pi$ とする.

(2) 点 P_n が中心 $(0, 0)$, 半径 1 の円の内部にある n のうちで, 最小の n の値を求めよ.

(3) 不等式 $2^8 < \sqrt{x^2 + y^2} < 2^{15}$, $y > |x|$ の表す領域を D とする. 点 P_n が D 内にある n の値をすべて求めよ.

(11)

なぜこの１題か

昨年同様突出して難しい問題はなく, どれも方針にはあまり悩まないだろう. ①は4次関数のグラフが囲む部分の面積で, 実質数Ⅱ. ②は線型計画法. 領域が絶対値つきの不等式で表されており, 場合分けを丁寧に進めれば大差はつかないだろう. ③の対数関数のグラフから面積, 極限は定番問題. ④は一読して「回転と拡大」がテーマとわかる. 数値が大きく対数との融合であり, 今年の大阪大理系①に類似する（☞解説）.

①, ②は教科書章末問題を少し難しくした感じの問題. ③は接点の x 座標を設定してくれているのでやり易い. ④は(1)〜(3)をバラバラに見ると平均的だが, (2), (3)を図形的に解き, それを手早く答案にまとめるのは意外に苦労するだろう. 行列, 対数, 座標平面の混在する④が合否を分けたと思われる.

【目標】(2)は OP_n の長さだけで済むため, ここまで15分. (3)は角も考えるので, 合計30分前後で完答したい.

解答

(1)から A は回転拡大を表すので, (2)以降は図形的に考える. この誘導は点列 P_0, P_1, P_2, $\cdots$ の位置を決めるのに後々役立つ.

(3) $y > |x|$ を先に使うと, 飛び飛びの n が候補となり扱いにくいだろう. 距離の条件 $2^8 < \sqrt{x^2 + y^2} < 2^{15}$ を先に使う. (2)で行った $\log_{10} 2 = 0.3010$ を用いる数値計算が再利用できる.

◁ P_n を, 原点からの距離と偏角でとらえる. (2)では距離だけが問題.

◁ (3)の問題文からして, 原点からの距離と偏角についての条件になっている.

(1) $A = XY = \dfrac{1}{4}\begin{pmatrix} \sqrt{6} & 2\sqrt{2} \\ 5\sqrt{2} & 2\sqrt{6} \end{pmatrix}\begin{pmatrix} -1 & \sqrt{3} \\ \sqrt{3} & -2 \end{pmatrix} = \dfrac{1}{4}\begin{pmatrix} \sqrt{6} & -\sqrt{2} \\ \sqrt{2} & \sqrt{6} \end{pmatrix}$

これが $A = k\begin{pmatrix} \cos\theta & -\sin\theta \\ \sin\theta & \cos\theta \end{pmatrix}$ と一致するので

$\begin{cases} k\cos\theta = \dfrac{\sqrt{6}}{4} \\ k\sin\theta = \dfrac{\sqrt{2}}{4} \end{cases}$ より $k^2 = \left(\dfrac{\sqrt{6}}{4}\right)^2 + \left(\dfrac{\sqrt{2}}{4}\right)^2 = \dfrac{1}{2}$ ∴ $k = \dfrac{1}{\sqrt{2}}$ (> 0)

このとき, $\cos\theta = \dfrac{\sqrt{3}}{2}$, $\sin\theta = \dfrac{1}{2}$ である. $0 \leq \theta < 2\pi$ より, $\theta = \dfrac{\pi}{6}$

◁ $\begin{pmatrix} \sqrt{6} & -\sqrt{2} \\ \sqrt{2} & \sqrt{6} \end{pmatrix}$ は解説の「回転と拡大」で述べるように回転・拡大を表し, 拡大率は $\sqrt{(\sqrt{6})^2 + (\sqrt{2})^2} = 2\sqrt{2}$

拡大率をくくり出すと

$\begin{pmatrix} \sqrt{6} & -\sqrt{2} \\ \sqrt{2} & \sqrt{6} \end{pmatrix} = 2\sqrt{2}\begin{pmatrix} \dfrac{\sqrt{3}}{2} & -\dfrac{1}{2} \\ \dfrac{1}{2} & \dfrac{\sqrt{3}}{2} \end{pmatrix}$

$= 2\sqrt{2}\begin{pmatrix} \cos\dfrac{\pi}{6} & -\sin\dfrac{\pi}{6} \\ \sin\dfrac{\pi}{6} & \cos\dfrac{\pi}{6} \end{pmatrix}$

224

（2）（1）より A は xy 平面上の点を $\mathrm{O}(0,0)$ を中心に $\theta=\dfrac{\pi}{6}$ 回転し，$\dfrac{1}{\sqrt{2}}$ 倍拡大する変換を表す行列である．よって $\mathrm{P}_0(-10^8,\ \sqrt{3}\times 10^8)$ とおけば条件より
$$\overrightarrow{\mathrm{OP}_n}=A^n\overrightarrow{\mathrm{OP}_0}$$
なので
$$\overrightarrow{\mathrm{OP}_n}\text{ は }\overrightarrow{\mathrm{OP}_0}\text{ を }\dfrac{\pi}{6}\times n\text{ 回転し，}\left(\dfrac{1}{\sqrt{2}}\right)^n\text{ 倍したもの} \cdots\cdots (*)$$
である．これより
$$\mathrm{OP}_n^2=\left(\dfrac{1}{\sqrt{2}}\right)^{2n}\cdot \mathrm{OP}_0^2=2^{-n}\{(-10^8)^2+(\sqrt{3}\times 10^8)^2\}=2^{2-n}\cdot 10^{16}\cdots ①$$
点 P_n が円 $x^2+y^2=1$ の内部にあるとき
$$\mathrm{OP}_n^2<1 \quad \therefore\ 2^{2-n}\cdot 10^{16}<1 \quad \therefore\ \log_{10}(2^{2-n}\cdot 10^{16})<\log_{10}1$$
よって，$(2-n)\log_{10}2+16<0$
ここで $\log_{10}2=0.3010$ を用い
$$n-2>\dfrac{16}{\log_{10}2}=\dfrac{16}{0.3010}=53.15\cdots\cdots ②$$
以上より，求める最小の自然数 n は，**56**

（3）領域 D は右図網目部分（境界含まず）．
$2^8<\sqrt{x^2+y^2}<2^{15}$ より
$2^{16}<\mathrm{OP}_n^2<2^{30}$
$16\log_{10}2<\log_{10}(2^{2-n}\cdot 10^{16})<30\log_{10}2$
$\hspace{4em}(\because ①)$
$16<(2-n)+\dfrac{16}{\log_{10}2}<30$
$2-30+\dfrac{16}{\log_{10}2}<n<2-16+\dfrac{16}{\log_{10}2}$
$2-30+53.15\cdots<n<2-16+53.15\cdots\ (\because ②)$
$\hspace{6em}25.15\cdots<n<39.15\cdots$
n は自然数なので，$n=26,\ 27,\ \cdots,\ 39 \cdots\cdots ③$
次に，点 P_n が $y>|x|$ の部分にあるための条件を求める．
$\overrightarrow{\mathrm{OP}_n}$ が x 軸の正の方向となす角を反時計まわりに θ_n とおくと，
$\overrightarrow{\mathrm{OP}_0}=10^8\begin{pmatrix}-1\\\sqrt{3}\end{pmatrix}$ により $\theta_0=120°$
で，$(*)$ から
$$\theta_n=120°+30°\times n$$
であり，θ_n を $0°\leq\theta_n<360°$ で考え直して，
$\theta_0=\theta_{12}=\theta_{24}=\theta_{36}=\cdots=120°$
θ_n は $30°$ の倍数で，D の図から
$\theta_n=60°,\ 90°,\ 120°$ となればよい．
$\theta_{24}=120°$ と $\theta_{36}=120°$ に注意すると，
③のとき，
$\hspace{2em}\theta_{26}=180°,\ \cdots,\ \theta_{33}=30°$,
$\hspace{2em}\theta_{34}=60°,\ \theta_{35}=90°,\ \theta_{36}=120°$,
$\hspace{2em}\theta_{37}=150°,\ \cdots,\ \theta_{39}=210°$
なので，求める値は $\boldsymbol{n=34,\ 35,\ 36}$

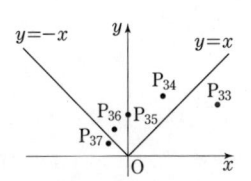

$\Leftarrow$ と変形することができる．よって
$A=\dfrac{1}{\sqrt{2}}\begin{pmatrix}\cos\dfrac{\pi}{6} & -\sin\dfrac{\pi}{6}\\ \sin\dfrac{\pi}{6} & \cos\dfrac{\pi}{6}\end{pmatrix}$ と分かる．

$\Leftarrow A^n=\left(\dfrac{1}{\sqrt{2}}\right)^n\begin{pmatrix}\cos\dfrac{\pi n}{6} & -\sin\dfrac{\pi n}{6}\\ \sin\dfrac{\pi n}{6} & \cos\dfrac{\pi n}{6}\end{pmatrix}$

$\Leftarrow (*)$ より $|\overrightarrow{\mathrm{OP}_n}|^2$ は，初項 $|\overrightarrow{\mathrm{OP}_0}|^2$，公比 $\left(\dfrac{1}{\sqrt{2}}\right)^2=\dfrac{1}{2}$ の等比数列．
$|\overrightarrow{\mathrm{OP}_n}|^2$ ではなく $|\overrightarrow{\mathrm{OP}_n}|$ を考えてもよいが，公比に $\sqrt{\ }$ が現れるので，ここでは $|\overrightarrow{\mathrm{OP}_n}|^2$（距離の 2 乗）を考えることにする．
$\Leftarrow n>55.15\cdots$

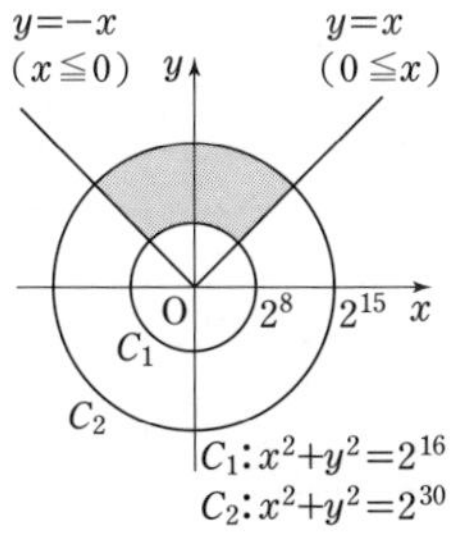

$\Leftarrow$ まず，距離の条件から考える．
点 $\mathrm{P}_n(x,\ y)$ が，2 円の間にあればよい．

$C_1:x^2+y^2=2^{16}$
$C_2:x^2+y^2=2^{30}$

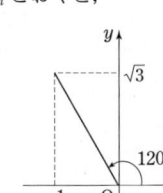

角の単位はラジアンでもよいのだが，
$\Leftarrow \theta_n=\dfrac{2}{3}\pi+\dfrac{\pi}{6}\times n$ となりイメージがつかみにくいため度にした．
$\Leftarrow 30°\times 12=360°$
$\Leftarrow y>|x|$ より，$45°<\theta_n<135°$

$\Leftarrow \mathrm{P}_{33}\sim\mathrm{P}_{37}$ の偏角は左図（O からの距離は正確ではない）．

解説

【回転と拡大】

xy 平面上で $O(0, 0)$ を中心とする θ 回転の1次変換を表す行列 $R(\theta)$ は
$$R(\theta) = \begin{pmatrix} \cos\theta & -\sin\theta \\ \sin\theta & \cos\theta \end{pmatrix}$$
であり，積，逆行列について以下の性質がある．
$$R(\alpha)R(\beta) = R(\alpha+\beta)$$
$$\{R(\theta)\}^n = R(n\theta) \quad (n=1, 2, 3, \cdots) \quad \cdots\cdots ④$$
$$\{R(\theta)\}^{-1} = R(-\theta)$$
④は本問(2)の(*)で用いた（厳密には数学的帰納法で証明する）．

$R(\theta)$ に似た $A = \begin{pmatrix} a & -b \\ b & a \end{pmatrix}$ は，さらに拡大も含む．

$A = \begin{pmatrix} a & -b \\ b & a \end{pmatrix}$ (ただし $A \neq O$)

に対して，右の図のように r, θ を定めると，
$$a = r\cos\theta,\ b = r\sin\theta$$
が成り立つので，
$$A = r\begin{pmatrix} \cos\theta & -\sin\theta \\ \sin\theta & \cos\theta \end{pmatrix} = \sqrt{a^2+b^2}\, R(\theta)$$

つまり
$$A = \begin{pmatrix} a & -b \\ b & a \end{pmatrix}\text{ の形の行列は回転・拡大}$$
を表し，拡大率は $\sqrt{a^2+b^2}$
である．

類題 1 a を自然数とする．O を原点とする座標平面上で行列 $A = \begin{pmatrix} a & -1 \\ 1 & a \end{pmatrix}$ の表す1次変換を f とする．$r > 0$ および $0 \leq \theta < 2\pi$ を用いて
$A = \begin{pmatrix} r\cos\theta & -r\sin\theta \\ r\sin\theta & r\cos\theta \end{pmatrix}$ と表すとき，r, $\cos\theta$, $\sin\theta$ を a で表せ． (11 大阪大，(1)のみ)

解 $(a, 1)$ に対し図のように θ $(0 \leq \theta < 2\pi)$ と r をとると，
$$a = r\cos\theta,\ 1 = r\sin\theta$$
が成り立つ．よって，
$$A = \begin{pmatrix} a & -1 \\ 1 & a \end{pmatrix} = \begin{pmatrix} r\cos\theta & -r\sin\theta \\ r\sin\theta & r\cos\theta \end{pmatrix}$$
が成立する．

$(a, 1)$ に対して，図の r, θ は唯一つに決まる．ここで上図から，
$$r = \sqrt{a^2+1},\ \cos\theta = \frac{a}{\sqrt{a^2+1}},\ \sin\theta = \frac{1}{\sqrt{a^2+1}}$$

類題 2 行列 $A = \begin{pmatrix} a & b \\ c & d \end{pmatrix}$ が次の条件を満たしているものとする．
$$A\begin{pmatrix} 1 \\ 1 \end{pmatrix} = \begin{pmatrix} \sqrt{\frac{1}{2}} \\ \sqrt{\frac{3}{2}} \end{pmatrix} \quad A\begin{pmatrix} -1 \\ 1 \end{pmatrix} = \begin{pmatrix} -\sqrt{\frac{3}{2}} \\ \sqrt{\frac{1}{2}} \end{pmatrix}$$
このとき，次の問いに答えよ．
(1) A および A^2 を求めよ．
(2) O を座標平面上の原点とし，O と異なる点 $P(x_1, y_1)$ があり，他の2点 $Q(x_2, y_2)$, $R(x_3, y_3)$ に対して次の関係があるとする．
$$\begin{pmatrix} x_2 \\ y_2 \end{pmatrix} = A^3 \begin{pmatrix} x_1 \\ y_1 \end{pmatrix} \quad \begin{pmatrix} x_3 \\ y_3 \end{pmatrix} = A^{-1}\begin{pmatrix} x_1 \\ y_1 \end{pmatrix}$$
このとき，三角形 OQR が正三角形であることを証明せよ．
(3) 点 P, Q は(2)と同じものとする．$\angle OPQ$ の大きさを求めよ．

(11 弘前大・医)

[解説] (2), (3) では 4点 O, P, Q, R の位置関係をきかれている．(1)の A, A^2 が特殊な形であれば，成分計算よりも図形的な解法が楽では？と期待できる．

なお，問題文冒頭の「$A = \begin{pmatrix} a & b \\ c & d \end{pmatrix}$ が」とは，A が2行2列の行列，と言っているのであって，必ずしも $a \sim d$ を使う必要はなく，これを
$$A\begin{pmatrix} 1 \\ 1 \end{pmatrix} = \begin{pmatrix} a & b \\ c & d \end{pmatrix}\begin{pmatrix} 1 \\ 1 \end{pmatrix} = \begin{pmatrix} a+b \\ c+d \end{pmatrix}$$
とすると，後々計算量が増え，苦労する．

(1)は与えられた条件より
$$A\begin{pmatrix} 1 & -1 \\ 1 & 1 \end{pmatrix} = \begin{pmatrix} \sqrt{\frac{1}{2}} & -\sqrt{\frac{3}{2}} \\ \sqrt{\frac{3}{2}} & \sqrt{\frac{1}{2}} \end{pmatrix} \quad \cdots\cdots ①$$

$\begin{pmatrix} 1 & -1 \\ 1 & 1 \end{pmatrix}^{-1} = \frac{1}{2}\begin{pmatrix} 1 & 1 \\ -1 & 1 \end{pmatrix}$ を①の両辺に右からかけ
$$A = \frac{1}{2\sqrt{2}}\begin{pmatrix} 1 & -\sqrt{3} \\ \sqrt{3} & 1 \end{pmatrix}\begin{pmatrix} 1 & 1 \\ -1 & 1 \end{pmatrix}$$

$$= \frac{1}{2\sqrt{2}} \begin{pmatrix} 1+\sqrt{3} & 1-\sqrt{3} \\ \sqrt{3}-1 & \sqrt{3}+1 \end{pmatrix}$$

2乗して

$$A^2 = \frac{1}{8}\begin{pmatrix} 1+\sqrt{3} & 1-\sqrt{3} \\ \sqrt{3}-1 & \sqrt{3}+1 \end{pmatrix}^2 = \frac{1}{2}\begin{pmatrix} \sqrt{3} & -1 \\ 1 & \sqrt{3} \end{pmatrix}$$

先程の $R(\theta) = \begin{pmatrix} \cos\theta & -\sin\theta \\ \sin\theta & \cos\theta \end{pmatrix}$ を用いると

$A^2 = R(30°)$ もわかるが，早ければ①の段階で次のように「回転。拡大」に持ちこんでもよい．

$$\begin{pmatrix} 1 & -1 \\ 1 & 1 \end{pmatrix} = \sqrt{2}\begin{pmatrix} \cos 45° & -\sin 45° \\ \sin 45° & \cos 45° \end{pmatrix} = \sqrt{2}R(45°)$$

$$\begin{pmatrix} \sqrt{\frac{1}{2}} & -\sqrt{\frac{3}{2}} \\ \sqrt{\frac{3}{2}} & \sqrt{\frac{1}{2}} \end{pmatrix} = \sqrt{2}\begin{pmatrix} \cos 60° & -\sin 60° \\ \sin 60° & \cos 60° \end{pmatrix}$$
$$= \sqrt{2}R(60°)$$

なので，①は
$$A\{\sqrt{2}R(45°)\} = \sqrt{2}R(60°)$$
$$AR(45°) = R(60°)$$

$\{R(45°)\}^{-1}\ (=R(-45°))$ を右からかけ
$$A = R(60°)R(-45°) = R(15°)$$

15°は有名角ではないので加法定理を用い
$$\cos 15° = \cos(45°-30°)$$
$$= \cos 45° \cdot \cos 30° + \sin 45° \cdot \sin 30° = \frac{\sqrt{3}+1}{2\sqrt{2}}$$

$$\sin 15° = \sin(45°-30°)$$
$$= \sin 45° \cos 30° - \cos 45° \cdot \sin 30° = \frac{\sqrt{3}-1}{2\sqrt{2}}$$

これから，$A = R(15°) = \dfrac{1}{2\sqrt{2}}\begin{pmatrix} 1+\sqrt{3} & 1-\sqrt{3} \\ \sqrt{3}-1 & 1+\sqrt{3} \end{pmatrix}$

$$A^2 = \{R(15°)\}^2 = R(2\times 15°) = \frac{1}{2}\begin{pmatrix} \sqrt{3} & -1 \\ 1 & \sqrt{3} \end{pmatrix}$$

ここまでで A，A^2 がそれぞれ15°，30°回転を表す行列だと判明したので，（2），（3）はそれを使い図形的に進める．

$$\begin{pmatrix} x_2 \\ y_2 \end{pmatrix} = A^3 \begin{pmatrix} x_1 \\ y_1 \end{pmatrix} \text{ より } \overrightarrow{OQ} = A^3 \overrightarrow{OP} = R(45°)\overrightarrow{OP}$$

$$\begin{pmatrix} x_3 \\ y_3 \end{pmatrix} = A^{-1} \begin{pmatrix} x_1 \\ y_1 \end{pmatrix} \text{ より } \overrightarrow{OR} = A^{-1} \overrightarrow{OP} = R(-15°)\overrightarrow{OP}$$

なので
$$\begin{cases} \overrightarrow{OP} \text{ を }45°\text{ 回転したものが } \overrightarrow{OQ} \\ \overrightarrow{OP} \text{ を }-15°\quad\prime\prime\quad\overrightarrow{OR} \end{cases}$$

OQ=OR と，∠ROQ=45°+15°=60°
より，△OQR は正三角形である．

次に，OP=OQ より
∠OPQ=∠OQP
△OPQ の内角の和=180°
なので，求める角の大きさは
$\angle OPQ = \dfrac{1}{2}(180°-45°) = \mathbf{67.5°}$

（奥山）

受験報告

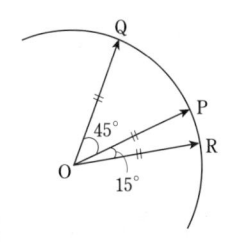

○10 大阪大学・文系（解説は p.174）

▶大阪大学法学部前期日程の受験報告です．数学で高得点をとらないと落ちる，というプレッシャーで潰されそうになる（-5分）．そして試験開始．ザーと冊子を見るとベクトルがないことに気づきラッキーだと思う．とりあえず②から解く．(1)は x と y を順に書いて2式に成立する x と y を決めるだけなので，しっかり見直し $x=4$，$y=3$ を得る．(2)は「限られる」ことを示す??　よくわからない が，$\log_2 x$ と 2^x，$\log_3 y$ と 3^y は逆関数なので，$\log_2 x = a$，$\log_3 y = b$ とおいて一文字消去する．すると，$2^{2b+1}+3^{3b}=43$ となり，単調性を発見．数Ⅲをやってくれた学校に感謝し1完（25分）．次に❶へ．(1)は有名な解の存在問題．（判別式）≧0として領域を得る．(2)は計算メンドそう…．ここは踏ん張り所と判断し，気合いを入れて計算．何回 も見直し2完（45分）．③へ．(1)は $x\geq 0$，$y\geq 0$；$x\leq 0$，$y\leq 0$；$x\leq 0$，$y\geq 0$；$x\leq 0$，$y\leq 0$ に場合分けをして終わり．(2)は $x\geq 0$，$y\geq 0$ のときの (x,y) を求め，それぞれ確率を出して終了（75分）．②の(2)の証明を何度も書き直し試験終了．結果は
❶○　②○○(or △)　③○　で9割くらい．3/8に合格が決まる．（センター76%でもしっかり受かった現役生）

227

徳島大学・医, 歯, 薬学部 （前期）

10年のセット 120分

① B**○ Ⅲ/微分, 積分（面積）
② B** BⅢ/数列（漸化式）, 極限
③ B** A/確率
④ B*** CⅠ/行列, 整数

行列 A で表される移動によって, 点 (x, y) は点 $(x+y, x-y)$ に移る. 行列 B で表される移動によって, 点 (x, y) は点 $(2x+y+ax, x+2y-ay)$ に移る. 行列 X が $AX=B$ を満たすとき, 次の問いに答えよ.

（1） X の逆行列が存在しないような a の値を求めよ.
（2） a が整数で, 行列 X^{-1} のすべての成分が整数になるような a をすべて求めよ. （10）

なぜこの1題か

昨年の行列のような突出して難しい問題もなく, どれも方針を立てやすい. ①は曲線 $y=\log x$ と直線で囲まれる部分の面積とその最小値. 微積計算も少ない. ②は数列の極限で「1対1／数Ⅲ」p.16 とほぼ同じ内容. ③は確率で, 4回取り出されたカードに書かれた数字が何種類か, というもので標準的.

④は行列で(2)が一部整数問題との融合. 与えられた条件から行列の成分を求めてしまえばよいが, ここで手が止まると時間を浪費するし, 整数の処理も方針を誤るとハマル. ①〜③を手早く片付け, これらより難しめの④がどこまで解けたかで差がついたはずだ.

【目標】 30分で完答したい.

解 答

（1） 行列 A, B の成分はすぐに求まる.
（2） X^{-1} の, 例えば左上成分を整数とするような a の候補を絞る.

         ＊   ＊

（1） 条件より

$$A\begin{pmatrix}x\\y\end{pmatrix}=\begin{pmatrix}x+y\\x-y\end{pmatrix}=\begin{pmatrix}1&1\\1&-1\end{pmatrix}\begin{pmatrix}x\\y\end{pmatrix} \quad \therefore\ A=\begin{pmatrix}1&1\\1&-1\end{pmatrix}$$

$$B\begin{pmatrix}x\\y\end{pmatrix}=\begin{pmatrix}2x+y+ax\\x+2y-ay\end{pmatrix}=\begin{pmatrix}2+a&1\\1&2-a\end{pmatrix}\begin{pmatrix}x\\y\end{pmatrix} \quad \therefore\ B=\begin{pmatrix}2+a&1\\1&2-a\end{pmatrix}$$

$AX=B$ より $X=A^{-1}B=\dfrac{1}{-2}\begin{pmatrix}-1&-1\\-1&1\end{pmatrix}B=\dfrac{1}{2}\begin{pmatrix}3+a&3-a\\1+a&a-1\end{pmatrix}$ ……☆

X^{-1} が存在しないためには $\dfrac{3+a}{2}\cdot\dfrac{a-1}{2}-\dfrac{3-a}{2}\cdot\dfrac{1+a}{2}=0$

$2a^2-6=0 \quad \therefore\ a=\pm\sqrt{3}$

（2） (1)と a が整数より X^{-1} は存在し, $X=A^{-1}B$ から

$$X^{-1}=B^{-1}A=\dfrac{1}{3-a^2}\begin{pmatrix}2-a&-1\\-1&2+a\end{pmatrix}\begin{pmatrix}1&1\\1&-1\end{pmatrix}$$

$$=\dfrac{1}{3-a^2}\begin{pmatrix}1-a&3-a\\1+a&-3-a\end{pmatrix}$$

まず X^{-1} の左上成分 $\dfrac{1-a}{3-a^2}$ が整数となる a を求める. …………※

$a=1$ のとき適し, このとき X^{-1} の成分はすべて整数.

$\dfrac{1-a}{3-a^2}\ (\neq 0)$ が整数であるためには, $\left|\dfrac{1-a}{3-a^2}\right|\geq 1$ でなければならない.

このとき $\dfrac{|1-a|}{|3-a^2|}\geq 1 \quad \therefore\ |a-1|\geq|a^2-3|$

⇐ 約数・倍数に着目するのではなく, 範囲を絞ることを考える.

⇐ $\begin{pmatrix}a&b\\c&d\end{pmatrix}\begin{pmatrix}x\\y\end{pmatrix}$ を $\begin{pmatrix}ax+by\\cx+dy\end{pmatrix}$ にするのと逆向きの変形.

⇐ $A^{-1}B=\dfrac{1}{2}\begin{pmatrix}1&1\\1&-1\end{pmatrix}\begin{pmatrix}2+a&1\\1&2-a\end{pmatrix}$

⇐ $(A^{-1}B)(B^{-1}A)=A^{-1}BB^{-1}A=E$ だから, $X^{-1}=(A^{-1}B)^{-1}=B^{-1}A$
一般に, $(PQ)^{-1}=Q^{-1}P^{-1}$
なお, ☆から X^{-1} を求めてもよい.

⇐ $y=\dfrac{1-x}{3-x^2}$ のグラフを描く手もある（☞解説）.

⇐ 整数 $k\ (\neq 0)$ は ± 1, ± 2, $\cdots$ のどれかなので, $|k|<1$ のはずはない. つまり, すくなくとも $|k|\geq 1$ でなければならない（$|k|\geq 1$ が必要）.

228

右のグラフで y 座標の大小を考え，整数 a の候補は
$$a=-2,\ -1,\ 2$$
このとき X^{-1} の4つの成分は，確かにすべて整数となる．

以上より，求める整数 a の値は
$$a=-2,\ -1,\ 1,\ 2$$

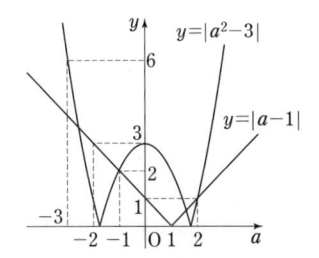

⇦ グラフから，$|a-1|\geqq|a^2-3|$ の部分を読み取る．

⇦ この確認は省略できない（十分性の確認）．

解　説

【行列式 det を主体にした(1)の別解】

（前半，A，B の成分を求める所までは同じ）

$C=\begin{pmatrix} p & q \\ r & s \end{pmatrix}$ に対し，C の行列式を $\det(C)=ps-qr$ とおくと，任意の2次正方行列 C，D について
$$\det(CD)=(\det C)\cdot(\det D)$$
が成立する（証明は成分計算による）．

$A=\begin{pmatrix} 1 & 1 \\ 1 & -1 \end{pmatrix}$ より，$\det A=1\cdot(-1)-1\cdot 1=-2\ne 0$

よって A^{-1} は存在し，$\det A^{-1}\ne 0$

$AX=B$ より $X=A^{-1}B$

$\det X=\det(A^{-1}B)=(\det A^{-1})\cdot(\det B)$　………①

X^{-1} が存在しないための条件は，$\det X=0$

$\det A^{-1}\ne 0$ であるから，①より $\det B=0$

$(2+a)(2-a)-1^2=0$　∴　$a=\pm\sqrt{3}$

【範囲を絞ることで整数問題を解く】

本問のように，

分母が2次以上の分数式が整数となる

問題を解くには "範囲を絞る" ことが有効である．

解答では，（分数式）が0と0でないときに場合分けして，（分数式）$\ne 0$ が整数となるのは，
$$|（分数式）|\geqq 1$$
でなければならないことに着目した．

（分母の次数）>（分子の次数）のとき，$|a|$ が十分大きくなると，（分数式）は0に近くなるので，$|a|$ はあまり大きくなれないわけである．

そこで解答の※以降は
$$f(x)=\frac{1-x}{3-x^2}=\frac{x-1}{x^2-3}$$
とし，$y=f(x)$ のグラフのうち $y=0$ と $|y|\geqq 1$ をみたす整数 x，つまり $x=-2$，-1，1，2 を求める a の候補としてもよい．

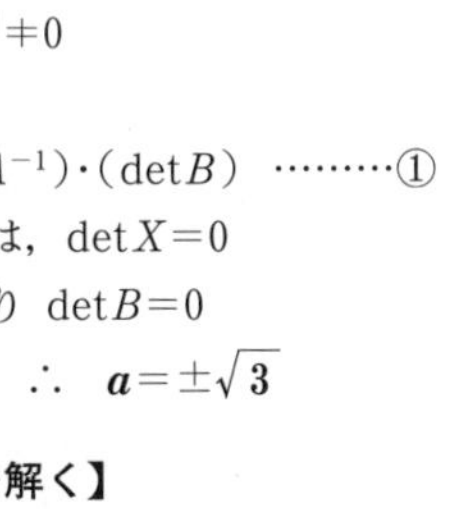

＊　　　　　＊

"範囲を絞る" 類題として，今年の阪大の問題を紹介する．

l，m，n を3以上の整数とする．
等式 $\left(\dfrac{n}{m}-\dfrac{n}{2}+1\right)l=2$ を満たす l，m，n の組をすべて求めよ．
（10　阪大・理系）

$\left(\dfrac{n}{m}-\dfrac{n}{2}+1\right)l=2$ の両辺に $2m$ をかけ

$(2n-mn+2m)l=4m$ ………①

ここで「右辺が4の倍数だから l の偶，奇で場合分けして左辺が4で割り切れる m，n の条件は…」とするのではなく，l，m はともに正だから①の符号だけを考え

$(2n-mn+2m)\times$（正の数）$=$（正の数）

よって少なくとも $2n-mn+2m>0$ を導く．これから

$mn<2m+2n$ ………②

正の数 m，n をかけたとき（=②の左辺）と，たして2倍したとき（=②の右辺）のどちらが大きいかといえば，m，n がともにある程度大きいときは前者の方だろうから，②の不等式が破綻しないためには m，n はあまり大きくなれない．

②の形では変数 m，n が両辺に散らばり扱いにくいので，左辺にすべて移項し

$mn-2m-2n<0$　∴　$(m-2)(n-2)<4$ …③

$m\geqq 3$，$n\geqq 3$ より2つの（　）内は1以上で，しかも整数である．となると③の左辺は 1×1，1×2，1×3（と，かける順序を入れ替えたもの）しかない．

$m-2$	1	1	2	3
$n-2$	1	2	1	1

∴

m	3	3	4	5
n	3	4	3	3

これと①から l を求めると，順に 4，6，8，12，20 となるから，答えは

$(l,\ m,\ n)=(4,\ 3,\ 3),\ (6,\ 3,\ 4),\ (8,\ 4,\ 3),$
$(12,\ 3,\ 5),\ (20,\ 5,\ 3)$

（奥山）

受験報告

○ 12 東京工業大学 （解説は p.72）

▶一浪君が受けてきた**東工大**の受験報告です．試験会場が大岡山であると確認する（−6日）．そして，入試当日，家を2時間前に出て余裕で大岡山に着く（−50分）．受験番号一覧で教室を確認する（−40分）．しかし，大岡山キャンパスの一覧に自分の番号がない．「まさか印刷ミスか…」と思いながら裏ページを見ると無事発見…しかし，よく見ると上の方に［田町キャンパス］と書かれていた．頭がまっ白になる（−30分）．すぐに携帯でルートを調べ大急ぎで会場に向かうが5分の遅刻．さらには，息まであがった状態で問題を解くはめに…（5分）．まず落ち着いて新傾向となった問題を見る．うちの塾ではどの先生も180分なら5問だろうと予想していたがなんと6問という予想大外れ．とりあえず解きやすそうな①から（10分）．①(1)これは図を書かなくても $\overrightarrow{DE}$ を分解してクリアー（15分）．(2)目の積が10の倍数…あれ，東工大らしくない問題だぞとびっくりしながら余事象でクリアー（25分）．②へ．これも，まさかの小問集合!!だったら①と合体すればいいのにー．(1)は，夏休みに解いたはずなのにド忘れして(2)へ（35分）．(2)は書き出してみると［a］が整数 b となるとき，bの約数は必ず3個になると運よく見つけ，なんとか苦手な国語を駆使してクリア（50分）．③へ．③(1)は難なくクリアーだが(2)の場合分けに苦戦．とばして④へ（90分）．④はなんか慶應・医のような問題に似ているなぁと思いながら(1)(2)はクリアーしたが(3)がうまくはさみうちにもっていけず⑤へ（130分）．180分もあるから余裕と思っていたが気付けば残り50分で焦る．⑤(1)は単純な文字でクリアーだが(2)が複雑な文字式となり時間がないのもあいまって頭が働かない（160分）．しかたがなく⑥へいくが，まったく解けずに終了．朝から色々事件が起こったり，塾の予想が大外れしたりと受験は恐ろしいものだと再認識した東工大の入試でした．ちなみに出来は，①○○②×③○×④○○×⑤○×⑥×でした．

（三大珍味ならびにクロロ・ドルチェ・ニッチ）

○ 12 名古屋大学・理系 （解説は p.140）

▶**名古屋大学**理学部の受験報告です．試験直前に試験官がチョークの粉の吸引機（黒板消しをきれいにするやつ）について雑談を始める．その雑談に思わずふきそうになる（試験官と受験生のギャップが…）（−3分）．とかなんとかで笑いながら試験開始．解答用紙を破り，問題を一生懸命に読む．❶完答できそう ❷うーん分からん ❸無理な気がする ❹途中までは行けそうだな とまぁ大体のあたりをつけて試験開始（5分）．❶の完答をまず目指す．ところが，$S(t)=-\dfrac{27}{4}t^4$ になったり（$t<0$ で関数の上下を入れ替え忘れる）とか，(3)で $b=6a^3,\ -2a^3$ のどっちかを迷ったり，時間を浪費．いつのまにか小一時間経っていることに気付く．しかし，これは確実に完答（55分）．あせっているので何も考えず❷へ．(1)をだーっと計算するも，(2)がよく分からないので無視し，❹へ．(1)(2)を落ち着いて解く．(3)でなぜか詰まる（今思うとサービス問題）．分からないので無理だと思うが③へ．XとYの組み合わせの個数を出してみるも，よく分からん（実際解答には無関係らしい）ので，15分くらいで全捨てを決意．ここで，意外と残り時間がないことに気付く（90分）．とりあえず❷の(2)へ．奇関数に気付かず（バカ），真面目に部分積分したうえに，計算を間違う．当然(3)は解けず．あきらめて❹へ移動（110分）．(3)はやっぱり分からない（本当になぜわからなかったのか不明）．というわけで(4)をダメ元で考える．すると10分くらいで，神様が「r による帰納法」と囁いてくれた……！帰納法で証明（ぽいもの）を書き，手を震わせながら書き終える．ここで(3)をやっと思いつくのだが，書き直す暇もなく試験終了．結果は
❶○○○❷○△×③××××❹○○×△
くらいか．まぁ足を引っ張ってはいないと思う（差をつけれてないとも思うけど）．受かるとしたら英語で受かるだろうし，落ちるなら数学だろうと思いました（あぁ大数ファンとして情けない…）．

（奇関数を見抜けなかった男）

○ 12 神戸大学・理系 （解説は p.185）

▶脱サラ再受験生による**神戸大**医学部の受験報告です．

昨年の反省？か，今年は透かし読み不可能．①から始める．(1)は $l:x=k$ とおき，$0 \leq k \leq 1,\ 1 < |k|$ で場合分けして図示説明．(2)は点と直線の距離の公式を用いて2乗すると…失敗する．(3)も同様だから飛ばす．②へ．(1)は基本問題で(2)も $A=P+xE\ \therefore\ A^n=(P+2E)^n$ でこれも容易…のはずが $P+2^nE$ としてしまうが気づかない．③に進む．(1), (2)は瞬殺（(2)で「合成関数の微分法より」と書いた方が良かったか？）．(3)は，定数になるのだろうが，どう示せばよいのか???飛ばす．④へ．これは誘導が親切すぎる．しかし，得てしてこういうときにミスしやすい自分と計算に注意して(3)まで終える．(4)は $\pi<3.2$ と評価すると，ちょうど「(3)の値」>0 となり，これまた親切な設定．ありがとう．❺は，出た！バームクーヘン．が，私には数式での説明が出来ないのでキチンと「図説」する．t の方向に注意して… $\dfrac{32}{105}\pi$ と，それらしい答を得る．検算も OK（80分）．ここで③(3)に戻る．「特殊な場合」$x=1$ とすると…なるほど，$2f(1)=2\displaystyle\int_0^1 \dfrac{dt}{1+t^2}$ つまり $f(1)=2\cdot\dfrac{\pi}{4}=\dfrac{\pi}{2}$ で，(1), (2)とより，これは x の値に依らず成り立つ．残るは①(2)(3)のみ．(2)も図を描いて l と x 軸のなす角を θ とし，交点を $(c, 0)$ とおくと，$(1+c)\sin\theta+(1-c)\sin\theta=1$ $\therefore\ \sin\theta=\dfrac{1}{2}\ \therefore\ \theta=\dfrac{\pi}{6}$

（これを答えとするミス）．(3)は台形に中線定理を用いて $\dfrac{1}{2}$ がすぐに出た（110分）．全部できたの？まさか？このあと②(2)の計算ミスに気づかぬまま終了．結果は
①○△②○△(≒×)③○○○❹○○○❺○○の9割弱．

3/8 悲願の合格！ 生物はリアル5割でした．やはり受験は数学なり．大数および安田先生には本当にお世話になりました．
（temps・fugit）

受験報告

○11 東北大学・理系（解説は p.44）

▶東北大学医学部医学科の受験報告です．朝試験会場に着くが，人の数がものすごい….9：40までに入室なのに9：20から受付開始って遅すぎだろ！と思う．9：20になり入室，トイレに行こうとしたら早くも長蛇の列が…．「こりゃ無理だわ」と思い，あきらめて教室で待機．問題が配られたが時間があったのでトイレへ行かせてもらう（−10分）．そしてSTART！ 全問見渡してみる．❶はパッと見意味不明．❷はメンドウだけかな．❸は確率だけど相性はどうなのか．❹ベクトル，キター！ ❺え，複素数…（汗）全く対策してない．❻去年に引き続き1次変換か．❷から始めてみると，(1)は簡単，(2)はとりあえず軌跡の方程式は作るがグラフがイメージできない….とばして❸へ（15分）．(1)メンドウな設定だけど回数が少ないしラク．(2)「少なくとも…」これは余事象だ！と思うが，去年の❸(3)みたいに実は普通にやった方が楽なのか？と思い，それで進めてみる．しかし詰まったので❹へ（30分）．❹ベクトルは好きなのでここは完答しようと意気込む．まず，$\vec{OR}\cdot\vec{AB}$ を θ，t で表し，$-1<\cos\theta<1$ で $\vec{OR}\cdot\vec{AB}=0$ を満たす t が存在しない条件を考える．そうして答えが出たので，とりあえず一安心（$0<t<1$を考慮していなかったため余計な答えも含まれている）．まずは1完（←0です）(50分)．❻へ行き，これは連立漸化式を作るのかと思い，やってみ

たがいまいちしっくりこない．ここでとりあえず P_1，P_2，P_3，… と具体的に求めることを思いつきやってみる．「ム，これは予想できるではないか！」と気付き数学的帰納法で示して，あとは2次関数の問題．完答(70分)．❷へ戻り，よくよく式を見ると，$x=f(y)$ の形にすればグラフわかるじゃんと思い，進めていく．そして完答（←計算ミスしてるため実は完答してない）(90分)．❸を落ち着いて再チャレンジ．(2)終了．(3)は3回目の操作のとき赤玉の残ってる数で場合分けして完答(110分)．❺も一応やっとくかと思い，それっぽく計算しておく．❶へ(120分)．問題をよく読むと，与えられた不等式の項を全て左辺に移し a の2次不等式として，それが $-1≦a≦2$ において成り立つような (x, y) の存在領域を求めればよいことに気付く．こういう考え方ができるようになったのも大数のおかげかな？と思いながら解く．そして(1)(2)完答(140分)．見直しをしていると❷のミスに気付く(147分)．高速で直し，(2)を $2\sqrt{2}/3$ とする(149分)．そして終了(150分)．

終わってみると易化だったのかな？と思うが試験中はそんなこと全く思わなかった．試験中はテンパるので，私にとっての❹みたいに「これは絶対解ける」と思う問題を自分の中で持っていると試験中に落ち着くことができると思いますよ（←私の場合はミスってましたがww）．

結果❶○○❷○○❸○○❹△(≒○)❺△××❻○
（AKBのドラマが2/26からなのは受験生のためだと思う人）

▶東北大学薬学部受験報告です．1日目の出来が良く，気分良く入室（−40分）．試験開始と共に❶を解くが，不等号をミスして a についての2次方程式の範囲が定まらず，とりあえず放置(25分)．❷は単純な媒介変数の積分で，3回確認し，とりあえず1完(40分)．❸(1)(2)はサックリ行き，❶への誘導ではなかったのでガッカリしたが，3回目だけを考えればよく，難なく完答(55分)．❹もまた，内積=0のときを考えるだけで，あえなく終了(75分)．昨年と比較したときの明らかな易化で喜びを感じつつ，❺を見ると…，複素数…とりあえず❻からすることに(78分)．帰納法と2次関数の最小を考えるだけでラクに突破(108分)．目標としていた5完に向けて❺に挑む．自信のないまま(1)(2)を解答．「(3)が解けそうで解けない」と思うと，❶を放置していたことに気付き，❶へ(125分)．計算ミスを全て修正するも図示する時間がなく終了．出来は❶△❷○○❸○○❹○❺○○△❻○で，目標達成．センターで7割しかとれませんでしたが，かろうじて逆転し，合格することができました．やっぱ東北大は2次勝負なんですね…. （M.K.）

○11 東京工業大学（解説は p.74）

▶東工大1類の受験報告．学コンをお守りにして，気合い入れていると試験の時が来た．①2009年の類題である．②いつだかの類題である．③状況の設定がやけに簡単である．④これは類題．全体を見渡したところで②を絶対値で場合分け．次に③に移り図をかいてみると $\frac{1}{2}|ad-bc|$ の形になることに気づき，$Y(1, t)$ とおき $△OPQ$ を t の関数でビブンし，極大で最大となる t を求める．答え $\frac{k-1}{2(k+1)}$ を一目散に出し，頭が活性化した頃に②の三角関数を丁寧に計算する．絶対値の場合分けし，$f(x)$ を t の関数で表し，最小値を出す．(2)は明かにサービス．$\left[0, \frac{1}{2}\right]$ と $\left[\frac{1}{2}, 1\right]$ に分けて値を求める．次に④の(1)を論証

を背理法により，l を x 軸にもちこみ，D と l の $x=k$ による2交点をA，B，$K(k, 0)$ とし，$\max(\pi KA^2, \pi KB^2)$ または $\pi(KA^2-KB^2)$ に注意して，やっぱりおかしいことを示した．(2)は3円の中心の角を $\alpha+\beta+\gamma=\pi$ だのして求める．過去の類題と同じ，D と $x(l)$ 軸のなす角を θ とおいてそこから正方形 STUV，T=Oとおいて，直線 SV と VU との各々の x 軸との交点 P，Q とおき，グルグル回転してみると三角錐になることを利用し，Vの交点を直線 SV，VU をレンリツして $(\cos\theta+\sin\theta, \cos\theta-\sin\theta)$ と出してあとは体積を θ の関数で表し，$\pi\sqrt{2}\sin\left(\theta+\frac{\pi}{4}\right)$ のキレイな形に帰着する．答えは $\sqrt{2}\pi$ である．ラスト①に移る．$y=mx$ と $x=0$ の2つの場合に分けて成分計算．$y=mx$ のときに分母0

になるようなところがあったのでそこも場合分けし，$m=n$，$n+1$ を出し，$x=0$ のときには成立はしないことを示しておわりである．(2)は $\frac{1}{2}|ad-bc|$ と 1/6 公式のくみあわせ，センターレベルのサービス問題である．(3)は $S_n=\frac{n(n+1)}{2}+\frac{1}{6}$ となったので，パタパタしておわりである．時計をみるとあと35分も余っていた．計算モレがないかなだの今年は類題に誘導をつけるのは東工大らしくないだの考えていると，試験官が「おわり」だの言ってた．結果は，①○②○③○④○ である．英語と理科合わせて130程度なので合格発表まで不安である．学コンのおかげさまである．ありがとうさぎ～． （推古天皇）

あとがき

　毎年の入試から，「合否を分けたこの1題」を集めて刊行してきました．集めてきた問題は良問ばかりで，しかも1題1題じっくり解説してあります．

　その2010〜2012年で取り上げた問題から，さらに問題を選りすぐり，ほぼ全分野をカバーするように68題を精選しました．

　選び出して，改めて解説を見てみると，他の参考書などにはない特徴に気づきました．たとえば，p.96の上智大の曲線はレムニスケートなのですが，レムニスケートに関する性質などをいろいろ解説してあります．おそらくこのような解説をみなさんが目にする機会はほとんどないのではないでしょうか．

　また，類題も充実しています．たとえば p.80 の医科歯科大の問題は，無限級数の和がテーマで，同様の手法で解ける類題（札幌医大など）を紹介してあります．

　このように関連事項を詳しく解説してありますから，1問1問をより深く理解できるはずです．

　みなさんの実力 up に役立てて頂ければ幸いです． （坪田）

この問題が合否を決める！　2010〜2012年入試

平成25年6月13日　第1刷発行　Ⓒ 2013

定価：本体 1,700 円＋税

編　者　東京出版編集部
発行者　黒木美左雄
発行所　東　京　出　版
　　　　〒150-0012　東京都渋谷区広尾 3-12-7
　　　　電　話（03）3407-3387
　　　　振　替　00160-7-5286
　　　　URL　http://www.tokyo-s.jp/

整版所　錦美堂整版
印刷所　光陽メディア
製本所　技秀堂

落丁・乱丁の場合はご連絡下さい．送料弊社負担にてお取替えいたします．

Printed in Japan　　　ISBN 978-4-88742-195-0